매드
사이언스
북

국립중앙도서관 출판시도서목록(CIP)

매드 사이언스 북 / 레토 슈나이더 지음 ; 이정모 옮김.
—서울: 뿌리와이파리, 2008
p. ; cm.

원서명: Das Buch der verrückten Experimente
원저자명: Reto U. Schneider
독일어 원작을 한국어로 번역
ISBN: 978-89-90024-85-5 03400 : \15000

과학사(역사)[科學史]

409-KDC4
509-DDC21 CIP2008003201

매드 사이언스 북

엉뚱하고 기발한 과학실험 111

레토 슈나이더 지음
이정모 옮김

뿌리와 이파리

『매드 사이언스 북』의 홈페이지는 www.madsciencebook.com이다.
본문의 여백에 이 표시가 있다는 것은 www.madsciencebook.com에서
그 실험과 관련된 동영상 클립과 웹 링크, 그 밖의 정보들을 더 얻을 수 있다는 뜻이다.

부모님께 바칩니다.

차례

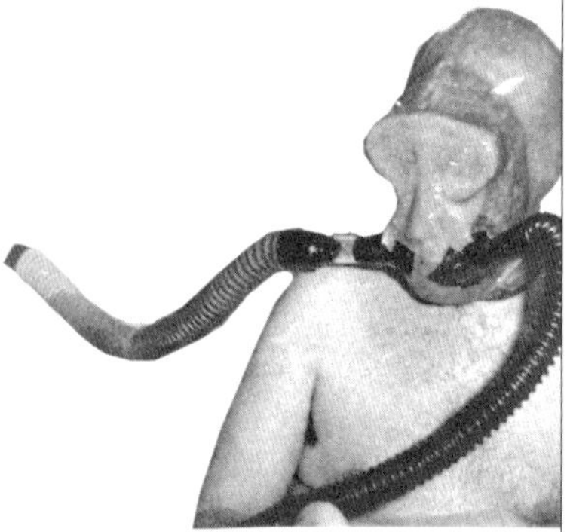

LABORATOIRE DE MEDECINE DU COLLÈGE DE FRANCE
12, Rue Claude-Bernard. — PARIS
EXTRAIT ORGANIQUE
pour expériences scientifiques
Envoi gratuit de MM. BROWN-SEQUARD et d'ARSONVAL
N B — Sous aucun prétexte ce produit ne peut être vendu.

Women Will Boss Men in Sex Study

1930년대

1940년대

1950년대

1960년대

1970년대

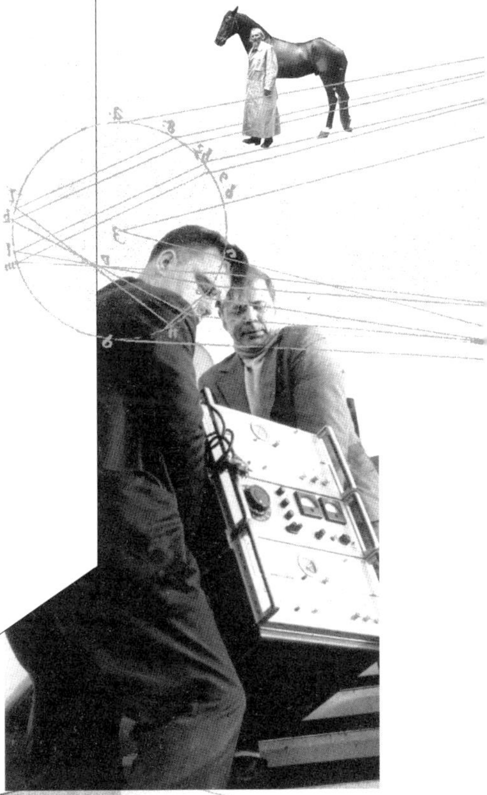

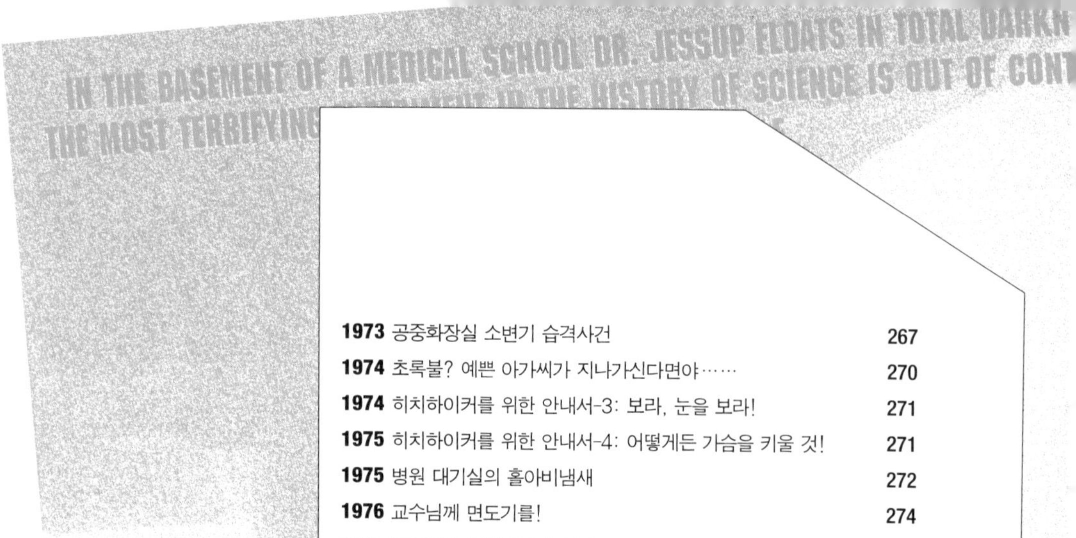
IN THE BASEMENT OF A MEDICAL SCHOOL DR. JESSUP FLOATS IN TOTAL DARKN
THE MOST TERRIFYING

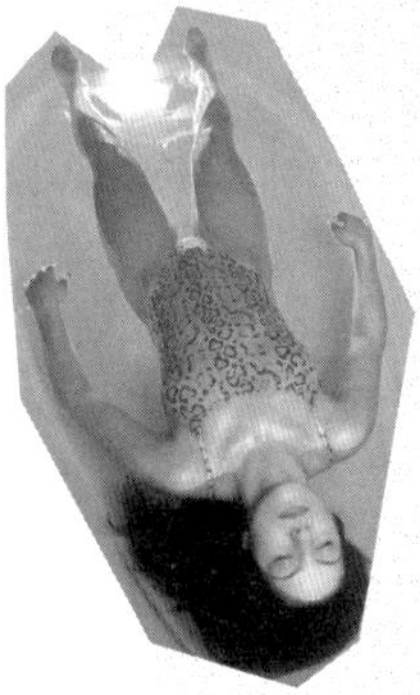

1980년대

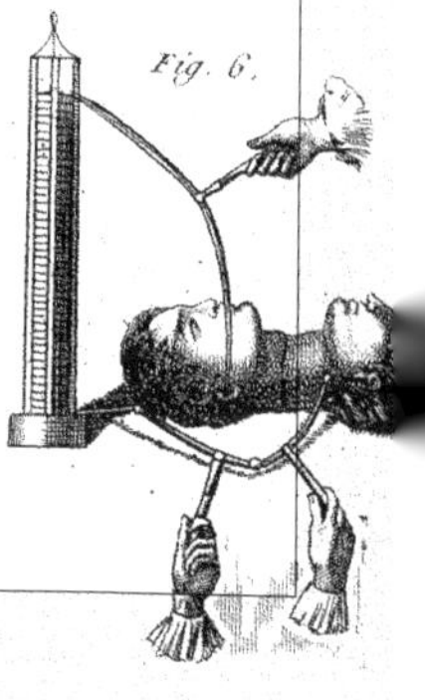
Fig. 6.

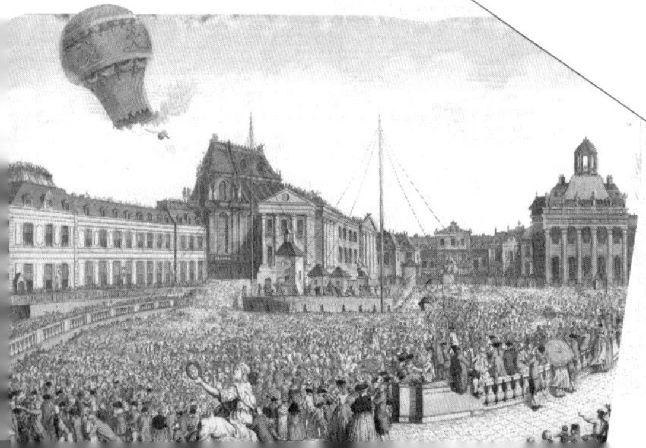

1990년대

2000년대

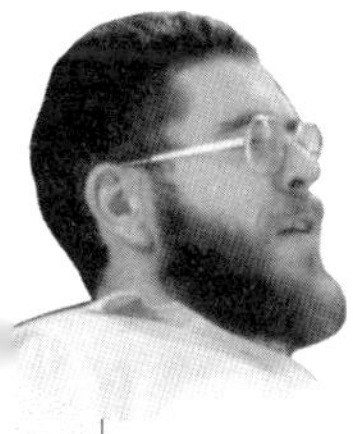

머리말

이 책은 사실 부산물로 태어났다. 과학저널리스트들은 자기 분야의 광대한 지식을 수집해야 한다. 지금은 발행되지 않는 스위스의 한 시사잡지의 과학팀장을 맡고 있는 동안에 나는 괴상한 실험들에 관한 자료를 많이 모았다. 하지만 불행히도, 편집장은 기본적인 저널리즘의 규범을 벗어난 그런 실험들을 실을 생각이 없었다. 그것들은 전혀 중요하지 않거나, 너무 오래되었거나, 혹은 둘 다였으니까.

하지만 나는 과학저널리즘에서 '뉴스'란 무척이나 애매한 개념이라고 생각한다. 대부분의 사람들에게 뉴턴은 지금도 뉴스가 아니던가. 나는 파일들을 버리지 않고 모아두기로 했다. 몇 년 후, 나는 스위스의 주요 일간지인 『노이에 취리히 차이퉁Neue Züricher Zeitung』에서 내는 잡지 『폴리오NZZ-Folio』에 과학칼럼을 써달라는 제안을 받았다. 칼럼은 꼭 최근의 사건과 관련되거나 전통적인 의미의 중요성을 가질 필요가 없었다. 마침내 내게 '강의실의 위장 살인사건', '기니피그 고환에서 얻은 무병장수 약'이나 '개에게도 로봇과 사귈 기회를' 같은 글을 쓸 수 있는 기회가 생긴 것이다. 곧 애독자들이 생겨났다. 여성 독자들은 '히치하이커 팁'을 추가해주었고, 남성 독자들은 '라스베이거스에서 벌어진 스트립쇼 실험'에 관한 더 자세한 정보를 요청해왔다.

사람들은 곧잘 묻는다. "도대체 이런 괴상한 실험들을 어디서 찾아냈어요?" 그러나 정말로 흥미로운 것은 도대체 어떻게 하면 이런 것들을 찾아내지 못할까 하는 것이다. 하지만 절대로 과학자들에게는 묻지 마시라! 정말이다. 내가 해봤다. 과학자들은 대개 이렇게 대답했다. "내 분야에서는 괴상한 실험 같은 건 없었습니다." 그리고 내가 발굴한 괴상한 연구를 들고 찾아가면, 그들은 '초록불인데 왜 안가는 거야, 빵빵!'이나 '살짝 스치기만 하면 팁이 팍팍!' 같은 실험이 왜 우스운지를 이해하지 못하겠다는 눈으로 나를 멍하니 쳐다볼 뿐이었다.

이 '미친 실험의 책'(이 책의 원제–옮긴이)에 실린 대부분의 실험들이 괴상해 보인다는 사실이 그 실험들이 가치가 없다고 말하는 것은 결코 아니다(비록 일부는 정말로 쓸모가 없다는 걸 부인할 수 없지만). 어떤 것들은 언뜻 어리석고 터무니없어 보이지만, 실제로는 정말로 정교하고 '과학적'이다. 그런데도 내가 '미친'에 대해 더 설명해야 한다면, '실험은 미친 짓이다.' 여기에는 서로 다른 이유들이 있는데, 그것은 곧 '마약에 취한 성금요일' 같은 낯선 질문이나, '리모컨 투우' 같은 보기 드문 방법, 그리고 '음모 빗질에 관한 표준 지침'과 같은 별난 깨달음 때문이다.

이 책은 또 과학저널에 실린 공식적인 논문을 다루는 만큼이나 실험의 비공식적인 과정 역시 대등하게 다루고 있다. 나는 실험의 배경과 미발표 자료, 신문기사를 조사하고, 할 수만 있다면 실험에 참여했던 이들도 직접 취재했다. 이 과정에서 나는, 결혼생활을 파경으로 이끌고 연구자로서의 경력마저 끝장내버린 실험, 신문의 톱기사를 장식한 실험, 그리고 실제로는 일어난 적이 없는데도 전설의 반열에 오른 실험들에 관한 단서들을 접하게 되었다. 또한 이 미친 실험 덩어리들이 최첨단 연구에 관한 무수한 보고보다 과학의 본질을 오히려 더 잘 말해준다는 결론에 이르게 되었다.

과학논문에서 우리는 실험이 직선적인 과정이라는 인상을 받는다. 연구자들은 관련 자료를 조사하고, 가설을 세우고, 시계처럼 정밀하게 실험을 설계하여, 실행에 옮긴다는 이미지 말이다. 하지만 한 과학자가 말했듯이, 그리고 독자들도 이내 알아채게 되듯이, 실험은 실제로는 전쟁처럼 치러진다. "적과 일단 마주치게 되면, 모든 계획은 허사가 됩니다."

레토 U. 슈나이더

옮긴이의 말

우리 인생의 미친, 멋지고 기똥찬 실험을 위하여

"과학은 정말 과학적일까?"

과학이 과학적이지 않으면 도대체 그 어떤 것이 과학적일 것이며, 과학이 과학적이지 않으면 그것은 이미 과학이 아닐진대, 무슨 뚱딴지같은 소리냐고 물을지 모르겠다. 하지만 1983년에 생화학도로서 대학에 입학한 후 사반세기가 지난 지금까지 여전히 과학 언저리에 머물고 있는 내가 가장 궁금해하는 문제다. "과학은 과학적일까?"

"쟤, 과학자 맞아?"

나를 두고 하는 말이다. 내가 과학자가 아니면, 문학자란 말인가? 나는 경기도 일산의 중산마을에 살고 있고, 우리집 앞에는 '오두막'이라는 작은 맥줏집이 있다. 나는 교회에는 일주일에 한 번밖에 못 가지만 오두막에는 두세 번은 간다. 내가 날라리 신자여서가 아니라, 교회와 달리 오두막은 내가 움직일 수 있는 시간에 언제나 열려 있기 때문이다.

게다가 거기에 가면 내 또래의 술친구들이 있다. 우리는 오뎅탕을 놓고 이런저런 이야기를 나눈다. 정치 이야기, 애들 교육 이야기, 동네 이야기, 직장 이야기 등등. 직업은 다 다르지만 각자 n분의 1의 지분을 갖고 자기 주장을 한다. 물론 정치적 입장에 따라 거의 모든 사안에서 의견이 갈린다. 그래도 서로 상대방의 입장을 충분히 존중해주는 까닭에 5년이 넘도록 술친구로 잘 지내오고 있다.

그런데 유독 과학 이야기만 나오면 모두 내 입만 바라본다. (원래 그렇게 겸손한 친구들이 아닌데도) 술친구들은 자기들을 스스로 문외한으로 낮추고, 나를 권위자의 자리에 세운다. 그리고 경건한 자세로 나를 바라본다. 나에게는 n분의 n의 지분이 주어지는 것이다. 그러나 그것은 잠깐이다. 내 이야기가 끝나면, 누군가는 꼭 이렇게 말한다. "쟤, 과학자 맞아?"

"과학은 치밀하고 엄밀하고 정밀한가?"

술친구들이 나를 과학자로 인정하기 꺼려하는 까닭은 내가, 내가 하는 말이, 그리고 내가 하는 짓이 별로 치밀하고 엄밀하고 정밀해 보이지 않기 때문일 것이다. 우리는 과학에는 시험관과 피펫이 있어야 하고, 복잡한 공학용 계산기가 필요하며, 일반인은 감히 접근할 수 없는 단정하고 뛰어난 보안을 갖춘 공간이 필요하다고 생각한다. 그리고 보안경 너머에 초롱초롱 빛나는 눈망울도 빼놓을 수 없다. 그래서 과학은 감히 우리가 할 수 없는 일이라고 생각한다. 우리는 기본적으로 미분과 적분이 딸리지 않는가!

나에게도 이런 콤플렉스가 있었다. 그래서 대학 입학과 동시에 일제 샤프 공학용 계산기를 샀다. 물론 거기에 있는 많은 기능 가운데 써본 것은 거의 없다. 아니, 아예 필요가 없었다. 내가 생활한 한국과 독일의 실험실은 결코 단정한 공간이 아니었으며, 내 과학자 친구 가운데 초롱초롱한 눈을 가진 친구는 음, 기억이 안 난다. 또 적어도 생화학과에서는 대학교 2학년부터는 미분과 적분이 전혀(!) 쓸 일이 없었다.

실험을 할 때는 이전 논문을 참고한다. 그런데 어느 논문에 이런 대목이 있었다. "물질 A를 0.157M(몰) 농도의 용액 B에 넣고……." 나는 선배 과학자의 실험방법에 따라 0.157M 용액을 만들기 위해 정밀저울 앞에서 끙끙대며 사투를 벌이고 있었다. 그때 지나가시던 지도교수님이 뒤통수를 툭 치며 하시는 말씀, "야, 그 사람이 무슨 계산을 해서 0.157M 용액을 만들었겠니? 그냥 한 숟가락 퍼서 넣은 거지!"

"지렁이는 소리를 들을 수 있을까?"

우리말로 그대로 옮기면 『미친 실험의 책』이라는 독일어책을 받아보고 가장 먼저 펼쳐본 쪽에는 '다윈, 지렁이에게 파곳을 불어주다'(1837)라는 실험이 실려 있었다. 찰스 다윈은 1809년에 태어나 1832년부터 1836년까지 비글호를 타고 지구를 한 바퀴 돌았으며 1859년에 『종의 기원』을 출판했다. 『종의 기원』의 출판이 늦어진 것은 자연선택에 대한 그의 통찰이 나오기까지는 시간이 필요했을뿐더러 그가 아내와 세상을 배려했기 때문이기도 했다.

그런데 그것만이 아니었나보다. 그는 그 사이에 지렁이를 데리고 실험을 했다. 지렁이가 소리를 들을 수 있는지 궁금했던 것이다. 그는 지렁이에게 피아노도 쳐주고 플루트도 연주해주었다. 그리고 낮은 음을 내는 파곳도 불어주었으며 고래고래 고함도 질러보았다. 지렁이는 어떻게 반응했을까? 어떤 특정한 악기에 반응을 했다면 흥미진진한 해석을 할 수 있었을 테지만, 안타깝게도 지렁이는 꼼짝도 하지 않았다고 한다. 다윈은 이 주제를 자그마치 40년이 넘는 세월 동안 깊이 연구했다. 그리고 그 결과를 『지렁이 행동 관찰을 통한 농토 형성』(1881)에 기록했다. 그는 계산기를 쓰지도 않고 그래프도 한 장 그리지 않은 채, 이렇게 결론을 내렸다. "지렁이에게는 어떠한 청각기관도 없다."

"이 책에 실린 실험들은 정말 미친 것들일까?"

대답은 '야인Jain'이다. '야인'은 영어 예스Yes와 노No에 해당하는 독일어 야Ja와 나인Nein을 합친 말로, '그렇기도 하고, 아니기도 하지'라는 뜻이다. 독일 사람들은 일상생활에서 꽤 많이 쓴다. 왜? 그럴 일이 많으니까. 우리가 '그렇기도 하고, 아니기도 하지'라는 말을 자주 쓰지 않는 이유는 그렇게 말할 일이 드물어서가 아니라 단지 그렇게 말하기가 귀찮아서일 것이다.

어쨌든, 이 책에 실린 실험들은 대체로 진지하며, (고등학교 1학년 『공통과학』 제1장에서 설명하는 대로) 과학적이다. 어떤 현상이 있으면, 여기에 대한 다양한 의견과 가능성을 살펴본 후(조사), 가장 타당해 보이는 설명을 고르고(가설), 그것을 실험과 관찰을 통해 확인하고(검증), 그 결과에서 결론을 만들어내는(이론) 것이다. 이런 관점에서 보면 이 책에 실린 111가지 실험은 모두 미친 실험이 아니라 정상적인 실험이다. 그러면 뭐가 미쳤다는 건가? 미친 것은 실험이나 과학이 아니라 사람이다. 과학자가, 또는 그 실험을 받아들이는 대중이 미쳤다. 그리고 미치기는 미쳤는데, 그 종류가 다양하다.

"미쳤어!"

독일에 유학 가서 독일어를 처음 배울 때의 일이다. 독일인 선생님이 학생들을 자기 집에 초대했다. 여전히 말을 잘 못할 때였는데, 와인을 몇 잔 했더니 혀가 좀 돌아가는 것 같았다. 학생 중에 프랑스에서 온 철학도 여학생이 한 명 있었다. 빼어난 미모와는 달리 말도 없고 동료들과 잘 어울리지 못해서, 측은한 마음에 나도 프랑스 철학자의 책을 읽었다며 말을 걸었다. 사실 내가 읽은 프랑스 철학자의 책이라고는 (내가 대학 다닐 때는 대학교 신입생 필독서였던) 장 폴 사르트르의 『지식인을 위한 변명』이 전부였다. 이 아가씨는 사르트르를 좀 안다는 내 말을 듣고 "톨Toll!"이라고 외쳤다. 분명히 웃으면서, 기뻐하면서 말했다. 그런데 집에 와서 사전을 찾아보니 '톨'은 '미친'이란 뜻이었다. 그녀는 나에게 "미쳤어!"라고 말했던 것이다. 그 후, 그녀와는 말할 기회가 없었다. 아니 말하고 싶지 않았다.

거의 1년이나 지나고 나서, 나는 그 '톨'이 사전에는 '미쳤어'라고 되어 있지만 실제 생활에서는 "와, 멋진데!"로 쓰인다는 걸 알았다. 그렇다. "미쳤어!"에는 "기똥찬데!", "와, 멋진데!"라는 뜻이 있는 것이다. 이 책에 실린 '미친 실험'들도 그렇다. '멋지고 기똥찬 실험'이란 뜻이다.

"실험을 그만둘래, 아예 집을 나갈래?"

지금까지 노벨 생리의학상을 수상한 과학자 가운데 한 명만 꼽으라면 열에 여덟아홉이 꼽는 사람은 의사 배리 마셜 박사다. 어쩌면 그는 조국 오스트레일리아보다 우리나라에서 인지도가 더 높을지도 모른다. 그것은 순전히 '헬리코박터 프로젝트 윌'이라는 광고 덕분이다. 헬리코박터 (흔히 '파일로리'라고 불리는) 필로리Helicobacter Pylori 균은 이제 대장균만큼이나 유명한 박테리아가 되었다. 얼마나 유명한지, 과학에는 정말 문외한인 우리 어머니도 잘 아시고, 나에게 광고에 나오는 요구르트를 자주 권하신다. "이것 좀 마셔라. 이 안에는 몸에 좋다는 헬리코박터 파일로리가 그렇게 많다는구나."

서른세 살의 배리 마셜은 헬리코박터가 잔뜩 들어 있는 죽을 마셨다. 대학 당국에 실험허가를 요청하지도 않고 아내에게도 알리지 않은 채 말이다. 자기 몸을 실험대상으로 삼은 그 실험을 결코 허락받을 수 없다는 걸 그는 잘 알고 있었기 때문이다. 그는 결국 위궤양의 원인이 스트레스가 아니라 세균이며, 헬리코박터가 위염과 위암의 원인이 될 수도 있다는 사실을 밝혀냈고, 그 공로로 2005년 노벨상을 수상했다.

나는 이 실험을 대학논술 모의고사에 출제한 바 있다. 실험이 재미있기도 하거니와 그 실험을 디자인하는 과정에, 어떤 질병과 그 질병의 원인이 되는 병원균의 관계를 입증하기 위해 독일 의사 로베르트 코흐가 1882년에 정립한 '코흐의 공리'를 실제로 적용하기에 아주 적합한 사례였기 때문이다. 이 실험은 가장 고전적인 방식으로 수행되었으며, 과학은 과학적임을 보여준다.

그렇다고 해서 배리 마셜이 미치지 않았다고 말할 수는 없다. 그는 미쳤다. 과학에 대한 열정이 그를 미치게 한 것이다. 오죽하면 그의 아내가 그에게 이렇게 말했겠는가? "실험을 그만둘래, 아예 집을 나갈래?"

"우리나라에는 곱게 미친 과학자들이 없는가?"

내가 아는 대부분의 과학자들은 미치지 않았다. 아니, 처음에는 미쳐 있었는데 점차 정상이 되어간다. 나이가 들수록 열정이 식는 것은 어쩔 수 없는 것 같다. 여전히 열정에 불타는 사람들, 나는 그들에게 미쳤다고 말한다. 단 독일어로. "Toll!"

이 책에는 우리나라 과학자 이야기는 나오지 않는다. 그래서 한 가지 사례만 소개하고자 한다. 충북대 엄기선 교수는 '아시아조충'이라는 새로운 기생충을 연구한다. 그는 돼지 5천 마리를 뒤져 딱 하나 찾은 유충을 스스로 먹었다. 그는 75일 후 그 유충이 어른으로 자랐다는 것을 대변검사로 확인했고, 그 발견을 논문으로 발표했다. 정말 놀랄 만한 일은 그 다음이다. "원래는 확인만 한 뒤 바로 약을 먹어 죽일 계획이었는데, 좀 아까운 생각이 들어서 5년 동안 뱃속에서 키우며 이것저것 실험을 했지요."

나에게 이 이야기를 들려준 단국대 의대 기생충학교실의 서민 교수도 만만찮다. 그는 동양안충이라는 눈에 사는 기생충을 연구한다. 그런데 개에게 넣은 유충이 번번이 죽자 자기 눈에다 유충을 넣었다. 하지만 며칠 동안이나 눈의 통증을 참고 견딘 보람도 없이, 그 연구는 아쉽게도 실패로 끝났다고 한다. 이들과 비슷한 사례를 독자들은 이 책의 '환자의 토사물을 먹으며 쓴 박사논문'(1802)과 '내 귓속에 진드기!' 실험(1968)에서 만날 수 있다.

"과학자들은 곱게만 미치는가?"
하늘을 동경하며 새처럼 하늘로 날아오르고 싶어하는 꿈만큼 강렬한 인간의 욕망이 또 있을까? "우리는 왜 날 수 없지?"라는 질문에 가장 먼저 나오는 대답은 "날개가 없어서"다. 그래서일까? 1742년, 프랑스의 백빌 후작은 곤충과 같은 모양의 날개 네 개를 두 팔 두 다리에 붙이고 센 강을 날아서 건너려고 시도했다. 시도는 실패로 끝났고, 그는 크게 다치고 말았다. 하지만 여기서 놀라운 일은 그가 그 실험에 직접 나섰다는 것이다. 그도 자신의 시도가 미친 짓인 줄을 잘 알았기 때문이다. 그래서 그는 하인을 시키지 않고 자신이 직접 했다. 곱게 미친 것이다.

그러나 과학세계에는 곱게 미치지 못한 사람도 많다. 천연두의 예방접종을 창시하여 수많은 사람들을 구한 제너는 치사하게 자기가 부리던 하인의 아들을 첫 번째 실험대상으로 삼았다. 자신의 아들이나 조카가 아니라 감히 저항할 수 없는 하인의 아들을 택한 것이다. 정말 다행스럽게도, 이제 이런 일은 불가능하다. 헬싱키 선언 이후 선진국들은 연구활동에 엄격한 윤리적 잣대를 들이밀었고, 그 선언을 준수하지 않은 논문은 학술지 채택이 거부될 정도에 이르렀다. 우리도 연구원에게 난자 제공을 강요했던 스타 과학자의 몰락을 똑똑히 목격한 바 있다.

이 책에는 이런 종류의 진짜 미친 과학자들이 꽤 소개된다. 그들의 공통점은 과학적 성과를 내는 데에 급급해서 사람을 사람으로 존중할 줄 몰랐다는 점이다.

"그렇다면, 우리는?"

어릴 때 친구와 말다툼을 하다가 좀 밀린다 싶으면, 비장의 무기를 꺼내든다. "내가 텔레비전에서 봤어!" 대학에 간 다음에는 "~에 따르면 말이야"가 텔레비전을 대신하기도 했다. 그리고 이젠 '논문으로 과학잡지에 발표되었다'는 말이 절대적인 진리로 작용한다. 황우석 사건 이후 『네이처』나 『사이언스』도 그 빛이 바래기는 했지만, 그 힘은 여전히 강력하다. 그런데 우리가 언제 『네이처』나 『사이언스』 읽고 황우석 박사의 성과를 알았던가, 신문 보고 알았지.

이런 사기에 가까운 사례들이 이 책에도 많이 등장한다. '영혼의 무게는 21그램'(1901)이라든지, 영화에 5초마다 한 번씩 '코카콜라를 사먹어라!'라는 메시지가 담긴 필름을 삽입했더니 관객이 실제로 그렇게 하더라는 '심리학의 원자폭탄' 실험(1957)은 여전히 우리에게 전설로 남아 있다. 이런 사례 가운데에는 실제로 행해지지도 않은 것들이 있는데도, 우리는 여전히 그 존재하지 않는 실험을 인용한다.

우리 같은 보통 사람들에게, 과학은 두려운 존재다. 생물기술BT, 정보기술IT, 나노기술NT 같은 단어만 나오면 우리는 주눅이 든다. 오죽하면 오두막의 술친구들이 나를 가끔 존경의 눈으로 보겠는가? 그리고 그 두려움은 때로는 열광으로 변한다. 33조 원이나 벌어준다는데 그까짓 난자 제공쯤이야, 하면서 우리는 그분께서 가시는 걸음걸음마다 '진달래꽃 아름 따다 뿌리'며 환호하지 않았던가. 우리가 과학을 두려움의 대상으로만 남겨둔다면, 과학자들은 얼마든지 옳지 않은 쪽으로 미칠 수 있다.

이러그러하게, 이 책은 미친 과학자들의 미친 실험으로 가득 찬 미친 책이다. 아무데나 펼쳐서 아무렇게나 읽어도, 우스워서 미치고 무서워서 미치고 어이없고 황당해서 미칠 가능성이 다분하다. 그러니 독자여, 마음껏 미치시라. 그러다 보면, 이 미친 실험들이야말로 오늘날의 과학을 만들어낸 인간의 열정과 광기로 가득한 우리의 '어제'였으며, 과학이 더 이상 두려운 존재가 아니라 '미쳐야 미친다'는 우리 인생의 자연스러운 한 부분이라는 걸 느끼게 될 것이다. 그리고 그리하여, 우리 각자가 '어떻게' 미쳐서 '어디에' 미칠 것인가를 생각해볼 기회가 될 수 있다면, 이 책의 목적은 달성되고도 남은 것이리라.

『매드 사이언스 북』을 옮기게 된 것은 행운이었다. 옮기는 과정에서 많은 생각거리를 얻었고 또 많이 배울 수 있었기 때문이다. 그리고, '과학은 정말 과학적일까?'에 대한 내 대답은 '야인'이다. 정말로, 그렇기도 하고 아니기도 하다. 하지만 이 책을 "정말로 이정모 혼자 옮겼을까?"에 대한 대답은 단호하게 "아니오"다. 옮기는 동안에는 정영목 선생님의 도움을 받았고, 옮긴 뒤에는 뿌리와이파리의 뛰어난 편집진에게 엄청나게 신세를 졌다. 만약 그들이 없었다면, 이 책은 나에게 여러 모로 부끄러운 작품으로 남았을 것이다. 이 기회에 굳이 밝혀 뿌리와이파리 편집진에게 무한히 감사하며 그들의 성실함과 책에 대한 애정에 마음으로부터 경의를 표한다. 그럼에도 불구하고 이 책에서 오류와 부족함이 발견된다면, 그것은 오롯이 지은이와 옮긴이의 책임이다. 그리고 때때로 미친 실험에 관한 이야기들을 즐거운 마음으로 들어주었던 오두막의 친구들과 이 책을 읽는 독자 여러분께도 감사드린다.

2008년 가을에
이정모

덧붙임 이 책에 소개된 실험을 따라하지 마십시오!
옮긴이와 출판사는 그 실험으로 인해 발생하는 어떤 불상사도 책임지지 않습니다.

1304

그리고 디트리히는 무지개를 좇았다

1304~10년의 어느 때인가, 도미니크회 수도사 디트리히 폰 프라이베르크는 유리공에 물을 가득 채우고 햇빛에 비춰보았다. 아주 간단해 보이는 행동일지도 모르지만, 그것은 후대에 '중세 유럽에서 가장 위대한 과학적 성과'로 평가받게 되는 역사적인 사건이었다.

디트리히 말고도 수많은 학자들이 무지개의 비밀을 캐내고자 했다. 어떤 이는 하늘에 생긴 무지개의 둥근 아치가 원반 모양의 태양이 반사된 것이라 생각했고, 다른 이는 비구름이 렌즈 역할을 해서 생긴 것이라고 믿었다. 어쨌든 비가 햇빛을 반사한 것이라는 사실은 명확했다. 해를 등지고 있을 때만 무지개가 보였기 때문이다. 하지만 무지개는 왜 항상 원의 일부분의 모습을 하고 있을까? 색깔의 순서는 어떻게 정해진 걸까? 그리고 하나의 무지개 위에 종종 생기는 또 다른 무지개의 색깔은 순서가 왜 반대일까?

단순히 무지개를 쳐다보고 있는 것만으로는 아무것도 알아낼 수가 없었다. 자연현상을 실험실 안으로 가져와 연구하자니, 그것 또한 쉬운 일은 아니었다. 햇빛이 물병에 비치면 여러 색으로 나뉜다는 것은 알고 있었지만, 축소된 비구름이라고 생각했던 물병에서는 무지개가 생기지 않았다.

뭔가 완전히 새로운 사고가 필요했다. 디트리히 폰 프라이베르크가 해낸 것이 바로 그 사고의 전환이었다. 그가 이루어낸 혁신은, 공 모양의 물병을 축소된 '구름'으로 보는 대신 확대된 '물방울'로 여긴

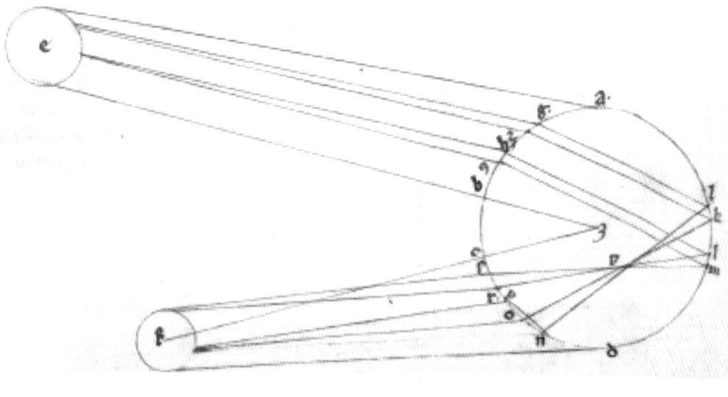

디트리히 폰 프라이베르크가 그린 첫 번째 무지개의 생성원리. 햇빛(왼쪽 위)이 물방울(오른쪽)에 들어가면 반대쪽으로 굴절하고 또 한 번 굴절하여 다양한 색깔로 분리되어 눈(왼쪽 아래)에 도달한다.

것이었다. 햇빛이 각각의 물방울에 비치면 어떤 현상이 일어나는지를 이해할 수 있는 사람이라면, 비가 내릴 때 수많은 물방울이 똑같은 현상을 동시에 일으킬 때 무슨 일이 벌어질지를 추론해낼 수 있을 것이다.

폰 프라이베르크는 먼저 각각의 햇빛의 궤적을 추적했다. 그는 처음에는 광선이 물방울의 윗부분에 도달하도록 맞추어놓고 유리공을 관찰했다. 광선은 굴절되어 가파른 각도로 꺾인 다음 물을 통과했다. 공의 뒤쪽에서 광선의 일부는 공을 떠났고, 일부는 그곳에서 반사되어 물을 반대방향으로 가로지른 후 유리공 아래쪽 해에 가장 가까운 벽에 이르렀다. 이때 또 한 번 굴절이 일어났다.

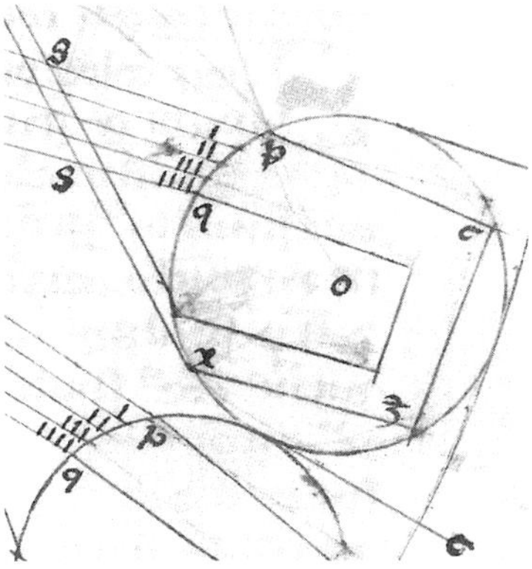

첫 번째 무지개와는 달리 두 번째 무지개는 햇빛(왼쪽 위의 두 줄기 선)이 빠져나가기 전에 물방울의 반대쪽 벽에서 두 번 반사해서 생긴다(다섯 개의 선).

폰 프라이베르크는 다른 실험을 통해 태양광선이 물과 유리를 지나는 동안 여러 색깔로 분산된다는 것을 알게 되었다. 각각의 물방울이 동시에 빛을 온갖 색깔과 방향으로 분산시킨다. 우리는 이 가운데 우리 눈에 들어오는 순간의 반사광 다발을 보는 것이다. 빗방울이 떨어지면, 햇빛 가운데 42도 각도로 반사되는 빨간 다발이, 이어서 주황색, 노란색, 초록색, 파란색 다발들이, 그리고 끝으로 약 41도의 반사각을 보이는 보라색 다발이 우리 앞에 펼쳐진다. 무지개는 이를테면 줄 지어 떨어지는 거울들의 일종, 즉 각각의 색깔로 반사되는 빗방울들의 연속체인 것이다. 땅으로 떨어져내린 물방울의 자리는 계속 더 위에서 내려온 다른 물방울이 채우기 때문에, 무지개의 색깔 띠는 가만히 멈추어 있는 것처럼 보인다.

madsciencebook.com
무지개가 어떻게 생기는지를 보여주는 예쁜 애니메이션이 있다. 마우스를 클릭해 빗방울을 햇빛 속으로 움직여보라.

그렇다면, 첫 번째 무지개보다 위쪽에 생기는 더 큰 무지개는 어떻게 된 걸까? 폰 프라이베르크가 유리공 아래쪽으로 들어간 광선의 궤적을 추적하자 답이 나왔다. 이 광선은 유리공 아래쪽을 통과하면서 분산되는데, 그 가운데 둔각으로 굴절된 일부가 물을 가로질러 공의 뒤쪽 벽면에 부딪힌다. 그 빛은 그곳에서 반사되어 뒤쪽 벽면의 위쪽에 도달하고, 거기에서 다시 한 번 반사되어 태양 쪽의 벽면을 통해 밖으로 빠져나간다. 그러므로, 두 번째 무지개는 반사가 두 번 일어날 때 생기고, 그런 까닭에 무지개의 색깔 역시 첫 번째 무지개와는 반대 순서로 늘어선다. 그리고 두 번째 무지개는 언제나 첫 번째 무지개보다 빛이 약한데, 그것은 반사가 두 번 일어나면서 빛을 많이 잃기 때문이다.

★Dietrich von Freiberg, 『무지개의 생성과 광선에 의한 인상에 관하여De iride et radialibus impressionbus』(1310년경).

다만 디트리히 폰 프라이베르크가 잘못 생각한 부분이 하나 있다. 그는 무지개에서 보이는 빨강, 노랑, 파랑 그리고 초록의 색깔들은 빛이 들어간 깊이와 물의 투명도가 다르기 때문에 생긴다고 믿었다. 빛이 분산될 때 색깔마다 파장이 다르기 때문에 그런 현상이 생긴다는 사실이 알려진 것은 한참 후의 일이다.

폰 프라이베르크의 실험은 과학사에서 최초의 실험 가운데 하나였다. 각각의 구성요소의 성질에서 전체의 성질을 이끌어낸 그의 실험방법은 '환원주의'로 일컬어지며 자연과학 일반의 가장 성공적인 원리가 되었다. 비록 무지개 연구가를 비판하는 이들에게 "무지개의 시정詩情을 파괴했다"는 욕은 먹었지만.

1600
저울 위의 인생, 생명의 무게를 재다

만약 그때도 『기네스북』이 있었다면, 산토리오 산토리오는 너끈히 기네스북에 오르고도 남았을 것이다. 파도바 대학 출신의 이 유명한 의사보다 오랫동안 저울에 올라가 있었던 사람은 이전에도 이후에도 없다.

산토리오는 책상과 의자, 침대 등 모든 것을 밧줄을 써서 천장의 저울에 매달아놓았고, 그 장치를 이용해 30년 동안 몸무게의 시시콜콜한 변화를 낱낱이 측정했다. 자기가 먹은 음식과 배설물의 무게 역시 측정 대상이었다. 그리고 그는 이 실험으로 얻은 인체 기능에 관한 결론들을 오늘날 고전으로 평가받는 간결한 격언 형식의 작품집 『의학의 척도』로 발표했다.

★Santorio Santorio, 『의학의 척도De Statica Medicina』, 1614. 영문판은 『산토리오 격언집 Being the Aphorisms of Sanctorius』, J. Osborn, 1728.

그중에서도 유명한 것은 사람이 섭취한 영양 가운데에서 극히 일부만이 똥과 오줌으로 다시 배설된다는 놀라운 사실을 발견한 일이었다. “하루에 8파운드의 고기와 음료를 섭취하면, 우리가 눈치채지 못하는 사이에 5파운드가 증발한다.”

산토리오는 ‘보이지 않는 증발’의 정체가 대부분 땀이라는 사실을 알지 못했다. 하지만 그는 그 양을 측정한 첫 인물이며, 그는 이 실험을 통해 정량실험定量實驗의학의 창시자가 되었다. 그때까지만 해도 의사들의 연구는 그저 상황을 묘사하는 수준이었다.

동판화에서 보듯이 산토리오의 집은 침대, 책상, 의자 등 모든 것이 저울에 매달려 있다.

하지만 유감스럽게도, 산토리오는 자신의 실험을 자세히 기록하지 않았다. 덕분에, 그가 작품집 제2장 「성교에 관하여」의 실험을 어떻게 했는지 알고 싶은 독자들은 각자의 상상력을 동원해야만 한다. “과격한 성교는 통상적인 증발의 4분의 1을 막는다.”

1604
갈릴레오 머릿속의 돌멩이

돌을 들지 않고도 무거운 돌멩이가 가벼운 돌멩이보다 먼저 떨어진다는 잘못된 주장을 반박할 수 있을까? 17세기 초, 이탈리아 학자 갈릴레오 갈릴레이는 그것을 자신이 고안해낸 사고실험을 통해 반박해냈다. 당시는 ‘자유낙하하는 물체의 속도는 무게에 비례한다’는 고대 그리스 학자 아리스토텔레스의 이론이 2,000년째 통용되고 있었던 시대였다.

갈릴레이는 사고실험에서 무거운 돌과 가벼운 돌을 묶은 다음, 이제 이 돌들이 얼마나 빨리 떨어질 것인가를 스스로에게 물었다. 아리스토텔레스가 옳다면, 무거운 돌은 가벼운 돌보다 빨리 떨어질 것이다. 그렇다면 "더 느린 돌은 더 빨리 떨어지는 무거운 돌의 속도를 늦추고 동시에 무거운 돌은 가벼운 돌의 속도를 빠르게 한다. 결국 두 돌멩이는 느린 것과 빠른 것 사이의 어떤 속도를 갖는다." 한편, 아리스토텔레스가 옳다면, 무거운 돌멩이에 가벼운 돌을 한데 묶으면 무거운 돌멩이 하나보다 더 무겁고, 따라서 무거운 돌멩이 하나일 때보다 더 빨리 떨어져야 한다.

그러므로 아리스토텔레스의 원리는 모순에 봉착한다. 이 모순을 해소하는 길은 물체의 자유낙하 속도가 무게와는 무관하다는 사실을 받아들이는 것뿐이다.

납덩어리가 이파리보다 빨리 떨어지는 것과 같은 일상의 경험은 두 물체의 무게와는 상관 없이 물체의 형태와 표면에 작용하는 공기의 저항 때문에 발생하는 현상이다. 아직도 못 믿겠다면, 공기저항이 없는 달에 가서 실험해보시라(→251쪽).

madsciencebook.com
미국 라이스 대학이 갈릴레오 갈릴레이와 그 시대에 심혈을 기울인 웹사이트 갈릴레오 프로젝트에서는 갈릴레이의 전기와 동시대인들의 초상, 역사적 사건 등의 무궁무진한 정보를 얻을 수 있다.

★Galileo Galilei, 『두 가지 과학에 대한 대화Discorsi e Dimostrazioni Matematische Intorno a Due Nuove Scienze appresso gli Elzevirii』, 1638.

1620
물이 나무가 되다

"오븐에서 말린 200파운드(약 90.8킬로그램, 1파운드는 약 454그램—옮긴이)의 흙을 화분에 담아 비에 적신 다음, 무게 5파운드(약 2.3킬로그램)짜리 버드나무 묘목을 심었다." 얀 밥티스타 판 헬몬트의 실험은 이렇게 단순하게 시작되었다.

이 벨기에 학자는 이것이 자신의 가장 유명한 실험이 될 것이라고는 상상도 하지 못했을 터였다. 그는 이 실험 이전에도 벌써 여러 가지 눈부시게 멋진 실험들을 해온 사람이었으니까.

예를 들자면 그는 1파운드의 수은으로 8온스(약 224그램, 1온스는 약 28그램—옮긴이)의 금을 만들었고, 생명을 창조하는 비법을 발견했다. "밀로 가득 채운 통의 주둥이를 더러운 셔츠로 막은 다음 21일 동안 놓아두면 냄새가 변한다. 이때 그 분해물을 밀이 담긴 그릇에 부으면, 밀이 생쥐로 변한다." 생쥐를 만들어내는 실험에서, 그는 정말로 동물들이 태어났다는 것보다 암컷과 수컷이 모두 생겨났다는 사실에 더 놀랐다고 한다.

판 헬몬트는 최후의 연금술사alchemist이자 최초의 화학자chemist로, 마술과 과학이 뒤범벅된 세계관을 지니고 있었다. 1579년 브뤼셀의 유복한 가정에서 태어난 그는 루뱅 대학의 모든 학과를 전전한 끝에 1599년에 의학박사 학위를 취득했지만, 짧은 강사 경력을 끝으로 공적인 무대에서 떠났다.

그는 자신의 실험실에서 기체를 연구했고, 물질의 발효를 관찰했으며, 신약을 개발했다. 위의 버드나무 실험을 하기 위해 그가 언세 삽과 곡괭이를 들었는지는 정확히 알려져 있지 않다. 판 헬몬트가 죽고 4년이 지난 1648년에 그의 아들이 아버지가 했던 모든 연구를 모아 『의학의 기원』이란 책으로 출판한 다음에야 사람들은 그가 했던 실험을 알게 되었다.

이 책에서 판 헬몬트는 자신의 자연철학을 상세하게 설명하고 있는데, 버드나무 실험 또한 그것을 확증하기 위해 고안된 것이었다. 모든 물질은 물, 불, 흙, 공기의 네 원소로 구성되어 있다고 말한 아리스토텔레스와 달리, 판 헬몬트는 모든 물질이 단 두 가지 원소, 즉 공기와 물로 구성되어 있다고 믿었다. 불에서는 아무것도 생기지 않으며, 흙은 순수성과 단순성에서 물보다 떨어진다는 것이다. 게다가 하느님의 창조의 역사에서도 물은 첫째 날이 시작되기도 전에 등장하지 않던가! 판 헬몬트는 돌과 흙, 동물과 식물 등 모든 물질은 결국 물에서 생겨난다고 확신했다. 버드나무 실험은 그의 가설을 식물을 통해 입증하기 위한 실험이었다.

버드나무를 심고 5년이 지난 후, 그는 흙에서 나무를 뽑아 흙과 나무의 무게를 쟀다. 그 사이에 줄어든 흙의 무게는 2온스(약 56그램)에 불과했지만, 나무는 원래 무게의 30배로 자라 자그마치 169파운드(약 76.7킬로그램)에 이르렀다.

이것으로 판 헬몬트는 당시의 과학 수준으로 보았을 때는 유일하게 합리적인 결론을 내렸다. "164파운드에 이르는 목재와 나무껍질 그리고 뿌리는 오로지 물에서 나온 것이다." 왜냐하면 그는 나무에 규칙적으로 물을 주었을 뿐 나무 스스로 자라도록 놔두었기 때문이다.

물론 결과가 그다지 놀라운 게 아니라는 것은 판 헬몬트도 잘 알고 있었다. 그 이전에 이미 많은 학자들이 사고실험을 통해 똑같은 결과를 얻었기 때문이다. 하지만 그는 흙, 나무 그리고 저울을 이용하여 실제로 실험을 벌였고, 그리하여 지식 획득의 도구로서 과학실험이라는 길을 개척한 최초의 인물이 되었다.

판 헬몬트의 아이디어에 자극받은 학자들 역시 자신들의 실험실에서 화분 식물에 관한 실험들을 벌이느라 분주해졌다. 그리고 그들은 이 벨기에 학자의 해석이 완벽하지 못하다는 것을 발견했다. 식물이 자라는 데에는 물뿐만 아니라 공기와 빛 그리고 흙 속 광물질mineral의 미량원소들 또한 필수불가결인 것이다.

madsciencebook.com
식물이 빛의 도움으로 물과 이산화탄소에서 에너지가 풍부한 화합물을 만들어내는 과정을 잘 보여주는 애니메이션을 보라.

헬몬트의 실험은 후대에 '광합성'이라고 부르게 된 비밀스러운 과정을 설명하는 중요한 첫걸음이었다. 광합성이란 물과 이산화탄소처럼 에너지가 빈약한 화합물이 빛을 이용하여 에너지가 풍부한 화합물로 변해 동물의 양분이 되는 과정을 말한다. 그리고 초기의 그 학자들은 자신도 모르게 동물과 식물의 가장 중요한 차이점을 지적해낸 셈이 되었다. 오직 식물만이 그 방법을 통해 태양에너지를 화학적 화합물의 형태로 저장할 수 있다는 것 말이다. 사람을 포함한 모든 동물은 직간접적으로 이 과정에 의존한다.

★Jan Baptista van Helmont, 『의학의 기원Ortus Medicinae』, Elsevier, 1648. 부분번역을 『화학의 원전 1400~1900 A Source Book in Chemistry, 1400~1900』, McGraw Hill, 1952에서 볼 수 있다.

판 헬몬트의 실험은 20세기에 르네상스를 맞이했다. 이 실험은 학생들의 명석함을 평가하는 시험문제로, 그리고 실험을 단순하고도 우아하게 고안해내는 실습 재료로 이용되었다. 다만 학업기간이 쓸데없이 길어지지 않도록, 학생들에게는 버드나무 대신 무가 추천되었다.

1729
미모사 시계

프랑스 천문학자 장 자크 도르투 드 매랑은 자기 화분 하나를 식기장에 넣는 순간 자신이 과학의 새로운 영역을 열었다는 사실을 알아채지 못했다. 사실 이 미모사 실험의 결과는 너무나 하찮은 것으로 보였기 때문에, 그는 굳이 번거롭게 출판할 생각조차 하지 않았다.

미모사는 낮에는 잎을 열고 밤에는 잎을 닫는다. 드 매랑은 낮인지 밤인지 구분이 안 되는 상황에서는 미모사가 어떤 반응을 보일지 궁금했다. 1729년 여름이 끝나갈 무렵, 미모사를 캄캄한 상자에 넣어 실험한 그는 미모사 잎은 햇빛이 없어도 정확한 시간에 열고 닫기를 반복한다는 사실을 발견했다. 아카데미 프랑세즈의 회원이었던 드 매랑의 친구 한 사람은 프랑스에서 가장 권위 있는 과학 학회인 왕립 과학아카데미에 "미모사는 해를 보지 않고도 감지할 수 있다"는 편지를 보냈다.

그러나 그 결론은 옳은 게 아니었다. 한참의 시간이 흐른 뒤에, 사람들은 미모사가 해를 감지하는 것이 아니라 몸 안에 시계를 가지고 있다는 것을 확인할 수 있었다. 어쨌든 드 매랑은 오늘날 생체시계에 관한 학문인 시간생물학의 창립자로 인정받고 있다. 200년 후, 한 과학자가 드 매랑의 실험을 인간에게도 적용했다. 그는 조수와 함께 동굴 속으로 들어가 한 달을 살았다(→122쪽).

프랑스 천문학자 장 자크 도르투 드 매랑은 어둠 속에 미모사를 놓고 이 것으로부터 새로운 학문영역을 창시했다.

★Jean-Jacques d'Ortous de Mairan, 「식물 관찰Observation Botanique」, 『왕립 과학아카데미의 역사Historie de l'Académie Royale des Sciences』, 1729, p. 35.

1758
철학자의 스타킹

"나는 한동안 저녁에 스타킹을 벗을 때마다 거기에서 자꾸 따닥거리는 소리가 나는 것을 관찰했다." 영국 학자 로버트 시머는 당시의 가장 중요한 학술잡지 『왕립협회 철학회보』에 실은 자신의 논문을 이렇게 시작했다. 시머의 친구들 역시 스타킹을 벗을 때 비슷한 경험을 하지만 그가 알기에 그 누구도 이 현상을 '철학적 방법'으로 통찰하지 않았기 때문에, 자신이 '가능한 한 엄밀한 실험'을 통해 그 현상을 규명하기로 마음먹었다는 것이었다.

그의 주장은 결코 과장이 아니었다. 시머는 왕립학회 모임에서 세 차례나 스타킹 실험을 했다. 이 실험의 놀라운 결과에 대한 상세한 보고는 분량이 무려 30쪽에 이르렀고, 나중에 프랑스에서는 그에게 '맨발의 철학자'라는 별명을 붙여주었다.

관찰에는 어떠한 부족함도 없었다. '실험재료(스타킹)의 간결함'과 '실험과정의 엄청난 용이함(스타킹을 늘였다 줄였다 하는 것)' 덕에 누구나 원할 때 혼자 힘으로 실험을 수행할 수 있었기 때문이다. 무명, 양털 그리고 비단으로 짠 스타킹을 가지고 실험한 그는 양털스타킹과 비단스타킹이 실험에 가장 적합하다는 것을 알았다. 양털스타킹을 비단스타킹 위에 신든 반대로 하든 아무런 상관이 없었다. 어쨌든 스타킹 두 개를 함께 벗은 다음 둘을 떼어내기만 하면 되었다. 그러면 전기가 발생했다. 시머는 스타킹이 마치 바람을 불어넣은 것처럼 부풀어 오르고, 그 스타킹 두 개를 가까이 하면 서로 끌어당기기 때문에 그런 현상이 생기는 것이라고 생각했다.

양말을 사용한 전기 실험은 시머에게 '맨발의 철학자'라는 별명을 붙여주었다.

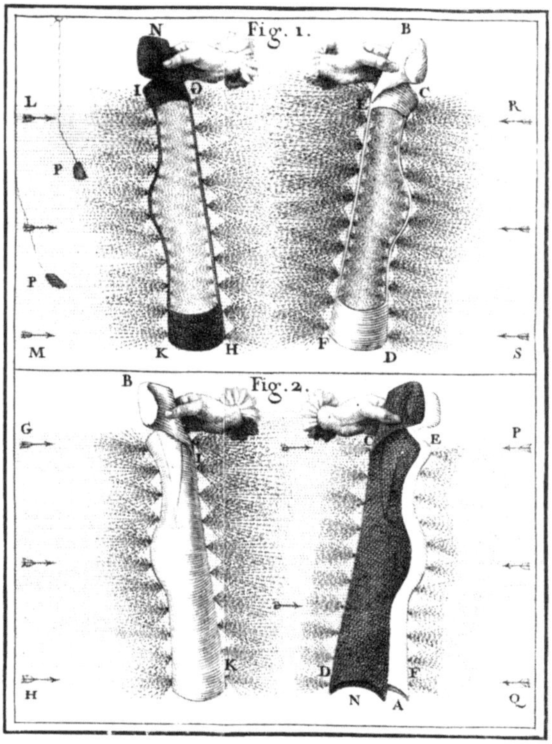

두 번째 실험에서는 가장 강력한 효과를 보여주기 위해 검은색과 흰색 비단스타킹을 썼다. 그리고 작업 방식을 바꾸었다. "실험을 하려면 스타킹을 신었다 벗었다 해야 하는데, 스타킹을 발에 신고 벗어서 전기를 발생시키는 것은 꽤나 성가신 일이었다. 그래서 그 방법은 깨끗이 포기하기로 했다. 스타킹을 손에 끼고 벗을 때 생기는 전기는 만족스러웠다." 거기에는 스타킹을 실험에 오래 사용할 수 있다는 장점도 있었다. 왜냐하면 "다른 전기기구처럼 이것도 깨끗하게 유지해야 했기 때문이다."

시머는 실험에 손을 쓴다고 사람들이 비웃는다는 걸 잘 알고 있었지만, 그가 친구에게 보낸 편지를 보면 그들을 어느 만큼은 이해하고 또 동정하기까지 했던 듯하다. "어쩌면 스타킹을 신고 벗는 것을 자주 언급하는 데에 대해 사람들이 역겨움을 느낄지도 모르겠네. 하지만 자네에게 고백하건대, 전혀 철학적으로 보이지 않고 또 우스꽝스러운 느낌이 들기 쉬운 이 실험이 빈정대기를 즐기는 하찮은 철학자들 사이에서 웃음거리로 전락하는 게 내겐 전혀 놀라운 일이 아니라네. 그 얼뜨기들은 자기가 몰랐던 어떤 새로운 힘에 맞닥뜨리는 걸 좋아하지 않으니까 말일세."

★Robert Symmer, 「전기와 관련한 새로운 실험과 관찰New Experiments and Observations Concerning Electricity」, 『왕립협회 철학회보Philosophical Transactions of the Royal Society』 61, 1759, pp. 340-389.

1772
내시에겐 전기가 통하지 않을까

전기를 저장할 수 있는 장치인 라이덴 병이 발명된 지 얼마 지나지 않아 파리에는 희한한 소문이 돌았다. 당시에는 이 장치를 써서 손을 잡고 늘어선 인간사슬을 감전시키는 게 유행이었는데, 상류사회의 신사숙녀들은 전기충격으로 스무 명이 동시에 엉덩방아를 찧는 장면을 보고 박장대소하며 즐거워했다. 심지어는 왕이 직접 이 놀라운 전기작용의 시범을 보이기도 했다. 한번은 180명의 군인에게, 그 다음은 카르투지오회 수도사 200명에게(혹은 많은 문서들이 주장하듯이 700명에게?). 그런데 한 시범행사에서 예상치 못한 일이 벌어졌다. 전기작용이 사슬의 중간에서 사라져버린 것이다.

예를 들어 유명한 학자 조제프 애냥 시고 드 라 퐁이 파리의 한 학교 운동장에서 60명을 감전시키려고 시도했을 때, 전기충격은 겨우 열여섯 번째 사람까지만 도달했다. 사람들은 거기에 서 있던 청년이 '남자의 특징으로 완전무장하지 않았기 때문'이라고 믿었고, 그로부터 '그곳에 자연의 저주를 받은 사람을 감전시키는 것은 불가능하다'는 풍문이 떠돌게 되었다.

시고 드 라 퐁은 그런 생각을 우습게 여겼다. 하지만 그가 원했던 대로 왕의 궁정에서 시범을 보이게 되었을 때, 기회는 단 한 번뿐이었다. 피실험자는 '상태를 의심할 여지가 없는' 궁정음악가, 그러니까 거세한 카스트라토 세 명이었다. 그리고 그가 옳았다. 왕의 '내시'들은 전류를 끊지 못했다. 아니, 그들은 전기충격에 더 예민하게 반응했다.

훗날 독일의 물리학자이자 철학자 게오르크 크리스토프 리히텐베르크는 "그리하여 이 전기 발생장치는 종교재판소와 혼인재판소 법정의 유용한 도구가 되는 영예를 잃고 말았다"고 썼다.

★Joseph Aignan Sigaud de la Fond, 『전기현상에 관한 실험의 역사: 기원부터 현재까지Précis historique et expérimental des phénomènes électriques: depuis l'origine de cette découverte husqu'à ce jour』, Rue et Hôtel Serpente, 1785, p. 231.

전류가 모든 인간사슬에 다 흐르지 못했던 까닭은 남자의 발기불능(혹은 마찬가지로 추측되던 여성의 불감증) 때문이 아니라 사람들이 딛고 선 바닥의 전도성 때문이었다. 예를 들어 습기가 있는 곳에서는 전기의 대부분이 사람들의 다리를 타고 땅으로 흘러버려서 더는 인간사슬을 따라 흐르지 못했던 것이다.

1774
과학을 위한 사우나

1774년 1월 23일, 영국인 의사 찰스 블랙든은 동료 조지 포디스가 벌이던 일련의 실험에 초대를 받았다. 두 남자가 그날 학문 연구를 위해 수행한 작업은 오늘날 수백만 명의 사람들이 건강을 위해 매주 하는 일과 거의 다를 게 없었다. 그들은 사우나에 갔던 것이다. 하지만 그들의 사우나행은 인류 역사상 가장 잘 기록된 사우나 방문이었다. 블랙든이 『왕립협회 철학회보』의 24쪽에 걸쳐서 자신과 다른 실험 참가자에게 열이 어떻게 전달되었는가를 자세히 서술해두었기 때문이다. 블랙든과 포디스 외에도 존경하는the Hon. 필립 대령, 시포스 경, 조지 홈 경, 문다스 씨, 뱅크스 씨, 가장 땀을 많이 흘린 슬랜더 씨, 노스 박사가 실험에 참여했다.

의사 조디 포디스는 열을 연구하기 위해 사우나를 지었다.

포디스는 당시 자신이 지은 건물이 오늘날의 사우나와 비슷했다는 사실을 몰랐던 것 같다. 건물에는 방이 셋 있었는데, 그중 둥근 지붕으로 된 방이 가장 뜨거웠다. 방바닥에 설치한 관으로는 뜨거운 증기를 들여보내고 바깥벽에는 포디스의 하인들이 양동이로 뜨거운 물을 끼얹어가며 이중으로 열을 가했기 때문이었다.

사람은 도대체 몇 도까지 견딜 수 있을까. 그들은 바로 그것이 알고 싶었다. 그들은 45도에서 시작해서 100도, 나중에는 127도까지 온도를 올렸다. 처음에는 외출복에 장갑과 스타킹까지 갖춰 입고 시작했지만, 8분이 지나자 땀이 나기 시작했고 나중에는 모두 발가벗었다. 발가벗을 때쯤, 그들은 프라이팬에 비프스테이크를 올려놓았다.

45분이 지나자 비프스테이크가 "푹 익는 정도를 넘어서, 거의 말라버렸다"고 블랙든은 기록했다. 두 번째 스테이크가 '웰던으로 푹 익기까지'는 33분이 걸렸다. 손풀무를 써서 뜨거운 공기를 순환시키자 세 번째 스테이크는 단 13분 만에 익어버렸다. 100도가 넘는 열이었으니, 그들에게도 그건 사실 놀랄 일이 아니었다. 하지만 정작 블랙든을 놀라게 만든 것은 그처럼 찌는 듯한 고온에서도 자신들에게는 어떤 역효과도 발생하지 않았다는 사실이었다.

죽은 고기는 곧바로 익어버렸는데, 살아서 숨 쉬는 사람은 똑같은 조건에서 아무런 해도 입지 않고 멀쩡하게 방을 떠날 수 있었다. 블랙든은 살아 있는 생명체에는 열을 제거하는 특별한 능력이 있다고 결론지었다. 그의 주장에 땀 때문에 몸이 식는다는 얘기는 없었다. 그가 주장한 것은 다만, 생명체에는 '생명력과 직접적인 연관이 있어 보이는 자연의 설비'가 따로 있다는 것이었다.

★Charles Blagden, 「가열된 공간에서의 실험과 관찰Experiments and Observation in a heated Room」, 『왕립협회 철학회보』 65, 1775, pp. 111-123.
그리고 같은 저자의 「가열된 공간에서의 발전된 실험과 관찰Further Experiments and Observation in a heated Room」, 『왕립협회 철학회보』 65, 1775, pp. 484-495.

이 점에서 블랙든은 오류를 범했다. 열을 방해하는 혹은 제거하는 생명력이 따로 있는 것은 아니다. 몸이 식는 것은 오로지 땀과 침 같은 습기의 증발 덕분이고, 여기에는 혈관의 확장이 관련되어 있다.

1783
오리와 양과 닭, 버드나무 바구니를 타고 하늘을 날다

이런 실험이 더 일찍 벌어지지 않은 이유를 도저히 이해할 수가 없다. 실험의 물리적 기초는 이미 2,000년 전에 정립되어 있었다. 실험에 필요한 재료 역시 이미 오래전부터 있었다. 하지만 1783년 9월 19일에 이르러서야 비로소, 승객들이 열기구를 타고 하늘로 오를 수 있었던 것이다. 승객은 오리(물의 동물)와 양(땅의 동물)과 닭(공기의 동물)이었다.

프랑스의 리용 남쪽 아노네 마을의 조제프 미셸 몽골피에와 자크 에티엔 몽골피에 형제가 풍선 실험을 한 것은 이미 1년 전이었다. 몽골피에 형제가 그 실험을 구상하게 된 경위에 대해서는 여러 판본의 전설이 있다. 말리려고 벽난로 선반에 걸쳐놓은 아내의 속치마가 따뜻한 공기로 부풀어오른 데에서 아이디어를 얻었다는 설이 있는가 하면, 아무 생각 없이 불더미에 집어던진 종이봉지가 하늘로 날아오르는 것을 보고 구상했다고 하기도 하고, 하늘로 피어오르는 연기 또는 구름을 보고 착상이 떠올랐다는 설도 있다. 좌우당간 조제프 몽골피에는 '주머니에 구름을 집어넣어 구름의 힘으로 주머니를 떠오르게' 하고 싶었다. 그리고 그가 시도한 방법은 불을 피워 연기를 낸 다음 그 연기를 커다란 종이봉투에 담아내는 것이었다. 에티엔 또한 형의 아이디어에 매혹당했고, 둘은 이번에는 커다란 풍선을 함께 만들어냈다.

제지업자 가문의 몽골피에 형제가 만들었다는 놀라운 비행체의 소문을 전해들은 루이 16세는 이들을 초대해 베르사유에서 시범을 보이도록 했다. 그 시범을 위해 특별히 준비한 기구가 뇌우로 부서져버리는 바람에, 그들은 단 며칠 사이에 새로 만들어야 했다. 에티엔 몽골피에와 그의 직원들은 긴 면직물을 조심스럽게 자르고 꿰매어 실린더가 달린 공球을 만든 다음 전체를 종이로 감쌌다. 시범을 보이기로 한 날 아침 8시에야 겨우 베르사유에 도착한 열기구는 연기를 피우고 열기구를 띄워 올리도록 특별히 세운 받침대 위에서 조립되었다.

몽골피에는 자신이 기구를 띄우기에 가장 알맞은 기체를 찾았다고 확신했다. 불을 피우면 고약한 냄새가 나는 연기가 바로 그것이었다. 그는 연기와 악취는 아무런 관계도 없다는 사실을 아직 알지 못했다. 사실, 공기를 팽창시켜서 같은 부피의 찬 공기보다 무게를 가볍게

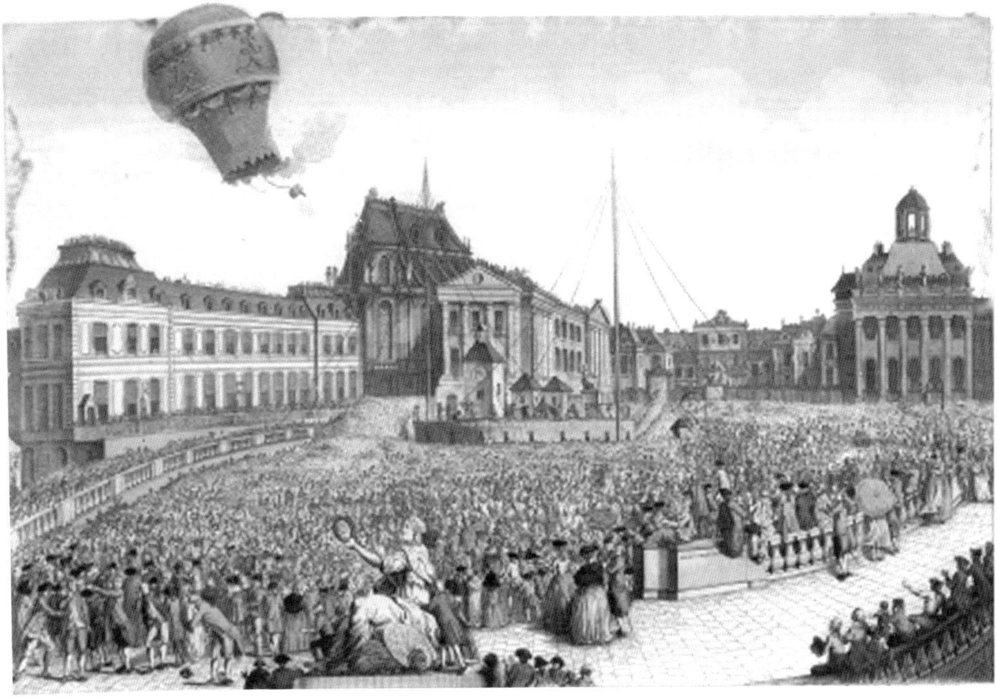

1783년 9월 19일 베르사유에서 열기구의 첫 번째 항공여행이 있었다. 여기에는 양, 닭 그리고 오리가 한 마리씩 탔다.

만드는 것은 바로 열이다.

정오가 되자 몽골피에는 받침대 밑에다 불을 피우라고 지시했다. 땔감은 짚 80파운드와 양털 8파운드, 그리고 낡은 신발들과 썩어가는 고기였다. 왕과 손님들은 안전한 곳에 멀리 떨어져서 쇼를 관람했다.

"기구는 4분 만에 다 채워졌어"라고 에티엔은 아노네에 남아 있었던 형에게 편지를 썼다. "사람들이 잡고 있던 줄을 동시에 놓자마자 기구는 장엄하게 공중으로 솟아오르기 시작했어. 그런데 그 직후에 바람이 불어서 기구가 흔들리는데, 그때는 실패하는 줄 알고 얼마나 조마조마했는지 몰라." 하지만 18미터 높이의 기구는 금방 중심을 잡더니 다시 위로 솟아오르기 시작했고, 버드나무 바구니에 담긴 양과 닭과 오리는 지상에서 440미터 높이의 하늘나라를 만끽했다.

광장에 몰려든 수천 명의 군중이 놀란 눈으로 기구를 쳐다보다가 이내 환호성을 지르기 시작했다. 출발한 지 8분 후, 기구는 3킬로미터 떨어진 곳에 사뿐히 내려앉았다. 그때 기구가 나뭇가지를 스치는 바람에 바구니가 터지고, 짐승들이 바구니에서 빠져나왔다. 양은 근처 풀밭에서 평온히 풀을 뜯어먹었고, 오리도 무사했다. 그러나 수탉한테는 문제가 좀 있었다. 수탉은 오른쪽 날개에 상처가 나 있었고, 그래서 사람이 기구에 타고 올라가도 안전할지 여부를 놓고 구경꾼들 사이에서 논란이 벌어졌다. 하지만 곧 닭이 부상을 입는 장면을 목격한 사람이 나타났다. 그것은 '출발하기 30분 전쯤 양에게 발길질을 당했기 때문'이었다.

★Tiberius Cavallo, 『경기구조종술의 역사와 실제 The History and Practice of Aerostation』, 1785, p. 68.

한 달 후인 1783년 10월 15일, 처음으로 사람이 기구에 타고 하늘로 올랐다.

1802
단두대에서 잘린 머리에 전기를 흘리면

1802년 1월의 어느 추운 날, 조반니 알디니는 이탈리아 볼로냐의 법정광장과 그리 멀지 않은 곳에서 실험재료가 도착하기를 기다리고 있었다. 커다란 나무탁자 위에는 외과수술용 메스와 톱, 전선이 갖춰져 있었고, 그 옆에는 무릎 높이까지 오는 낯선 모양의 기둥, 볼타 전지가 세워져 있었다. 볼타 전지는 100개씩의 아연과 은, 그리고 소금물에 적신 가죽 판을 번갈아 쌓아서 전기를 지속적으로 만들어낼 수 있는 최초의 장치(축전지)였는데, 그것으로 비로소 전기를 연구할 수 있게 되었다. 하지만 알디니는 그걸 전혀 알지 못했다. 그때는 전자가 '전자'라는 이름으로 불리기 100년 전이었으니, 자기 앞에 놓여 있는 것이 전자를 움직여 전류를 만들어내는 배터리라는 것을 어찌 알았겠는가?

사실 알디니는 과학자라기보다는 실용적인 문제에 관심이 많은 쇼맨이었다. 그는 이미 100볼트짜리 볼타 전지를 이용해 머리가 잘린 황소가 눈을 깜박거리게 만든 적이 있었다. 이제 그는 똑같은 실험을 '훨씬 존귀한 대상'에게 시도할 작정이었다. 그리고 그 실험에는 '생명력이 가능한 한 최대로 보존된 인간의 몸'이 필요했다. 이 조건에 맞는 장소는 딱 한 군데, 즉 단두대뿐이었다.

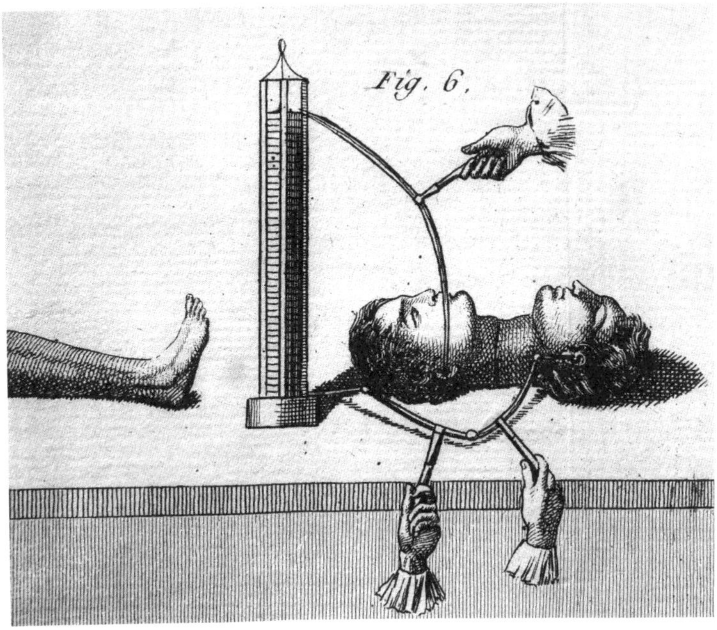

단두대에서 잘린 사람의 머리를 이용한 전기실험을 보다가 관중들은 기절했다. 조반니 알디니는 볼로냐에서 볼타 전지를 이용해서 머리 두 개를 움찔대게 만들었다.

조반니 알디니는, 개구리 다리를 이용한 수없이 많은 실험들을 통해 서로 다른 금속을 접촉시켜 개구리 뒷다리를 건드리면 근육이 움츠러든다는 것을 발견한 루이기 갈바니의 조카다. 갈바니는 개구리 뒷다리에 잠복해 있던 '동물전기'가 금속에 의해 해방되기 때문에 그런 현상이 생긴다고 생각했다(사실은 정반대로, 그 원시적인 배터리에 개구리 뒷다리가 감전된 것이었지만). 그리고 그때 개구리 뒷다리가 마치 살아 있는 것처럼 움직였기 때문에, 갈바니는 생명체에는 '동물전기'가 있으며, 그것은 무생물의 전기와는 다른 것이라고 생각했다. 하지만 1800년에 볼타 전지를 발명한 알레산드로 볼타는 반대로 번개를 일으키는 것이나 개구리 뒷다리에 경련을 일으키는 것이나 같은 종류의 전기라고 생각했다.

개구리들에게, 갈바니의 실험은 엄청난 재앙이었다. 개구리 뒷다리와 두 종류의 금속만 있으면, 유럽 어느 곳에서고 학자들과 아마추어 과학자들이 똑같은 실험을 했다. 스코틀랜드의 의사 제임스 린드도 그 가운데 한 사람이었다. 그리고 퍼시 셸리라는 학생이 그의 실험실에 자주 드나들었는데, 그는 나중에 소설 『프랑켄슈타인』의 작가 메리 셸리의 남편이 된다. 이 소설에는 시체에서 떼어낸 몸의 여러 부분을 조립한 다음 전기로 생명을 깨운다는 내용이 나온다. 개구리 뒷다리 실험이 세계적으로 유명한 문학작품의 탄생에 기여한 것이다.

madsciencebook.com
메리 셸리가 쓴 『프랑켄슈타인』의 전문을 볼 수 있다.

그건 그렇고, 알디니에게 도착한 첫 번째 실험재료는 사형이 집행된 지 45분 된 시체였다. 알디니는 잘린 머리를 탁자 위에 올려놓고 양쪽 귀에 전선을 꽂았다. "모든 얼굴근육이 격렬한 경련을 일으키더니 불규칙한 모습으로 팽팽하게 긴장되어 가장 흉측하게 찡그린 얼굴표정을 만들어냈다." 그리고 전선 하나를 뽑아내어 먼저 입에다, 다음에는 코에다 꽂았다. 그는 시체의 머리카락을 모두 밀어내고 톱으로 두개골을 가른 다음 뇌를 여기저기 쑤셔댔다. 그러다가 이제는 또 어디에 전선을 꽂으면 좋을까 하고 생각하던 참에 두 번째 시체의 머리가 도착했다.

알디니는 머리 두 개를 단두대에서 잘린 목의 절단면이 맞닿도록 붙여놓고 전기를 흘렸다. 나중에 그는 자신의 책 『갈바니즘에 관한 실험과 이론』에 "얼굴 두 개가 번갈아 찡그리는데, 정말 놀랍고 무서웠다"고 썼다. 그리고 바로 그 순간, 구경하던 사람들이 기절해 쓰러지기 시작했다.

하지만 이 같은 무시무시한 실험에서 얻어낸 지식은 보잘 것이 없었다. 알디니가 그의 마지막 실험이었던 마흔 번째 실험을 마친 뒤 내린 결론이, 갈바니즘(전기가 동물에 미치는 효과 – 옮긴이)의 본질을 밝히기 위해서는 더 많은 실험이 필요하다는 것이었으니 말이다.

★Giovanni Aldini, 『갈바니즘에 관한 실험과 이론Essai théorique et expérimental sur le Galvanisme』, L'Imprimerie de Fournier fils, 1804, p. 121.

사람들이 사형수가 등장하는 전기 서커스를 그리 좋아하지 않는다는 것을 잘 알고 있었던 그는, 섬뜩한 실험들을 설명하는 사이사이에 사형수의 머리를 쓰는 데에 대한 역겨움을 뛰어넘는 자신의 고귀한 이유를 강조했다. 그것은 바로 진리와 인간 그리고 과학에 대한 사랑이었다.

알디니는 단두대에서 목이 잘린 게 아니라 교수형을 당한 사람을 가지고 실험하는 것은 비도덕적이라고 생각했다. 아직 그 몸뚱이가 한 덩어리기 때문이다. 그는 그런 짓을 하는 자는 '야만적인 실험자'라고 했다. 하지만 그 자신도 인정했듯이, 그가 그런 결론에 도달한 것은 1803년 1월 17일에 런던에서 교수형에 처해진 살인자 토머스 포스터의 시체로 열네 번째 실험을 벌인 뒤였다.

1802 환자의 토사물을 먹으며 쓴 박사논문

박사논문 쓰기가 힘들고 고통스럽다는 학생들은 불평불만을 늘어놓기 전에 200년 전 펜실베이니아 대학에 제출한 스터빈스 퍼스의 학위논문을 살펴보는 게 좋을 것이다.

퍼스가 막 열아홉 살이 되었을 때, 그는 황열병이 사람에서 사람으로 전염되지 않는다는 사실을 증명하겠다고 나섰다. 주로 적도지방에서 발생하던 이 질병은 그 무렵에는 미국 남부에서도 나타나고 있었다. 첫 증상은 독감과 비슷했다. 그리고 3~4일간 고열과 오한과 두통에 시달리며 구토를 반복했다. 토사물은 까맣고, 피부는 누렇게 떴다. 그렇게 7~10일이 지나면 사망에 이르는 경우가 많았다.

황열병이 종종 전염병처럼 확산되었기 때문에, 사람들은 환자의 옷이나 이불 또는 환자가 쓰던 물건들이 병을 옮긴다고 믿었다. 처음에는 퍼스도 마찬가지였다. 그러나 그는 이내 생각을 바꾸었다. 간호사나 의사, 그리고 환자 가족과 장의사가 일반인보다 황열병에 더 잘 걸린다는 증거가 없었기 때문이다.

퍼스는 황열병 환자와 접촉하는 것이 전혀 위험하지 않다는 사실을 실험으로 증명하기로 했다. 그는 우선 황열병 환자의 토사물에 푹 적신 빵을 자기 강아지에게 먹였다. 사흘이 지나자, 강아지는 빵 없이 토사물만도 잘 먹었다. 강아지는 건강했다. 다음에는 고양이에게 같은 것을 먹였지만, 고양이 역시 병에 걸리지 않았다. 다시 개 차례가 되었다. 퍼스는 개의 등을 절개한 후 토사물로 상처를 채우고 꿰매었다. 개는 여전히 건강했다. 토사물을 목정맥에 직접 주사한 후에야 개가 죽었다. 하지만 퍼스는 개가 죽은 것은 황열병 때문이 아니라고 확신했다. 다른 실험에서 정맥에 물을 주사했을 때도 개가 죽었기 때문이다.

1802년 10월 4일, 그는 마지막으로 새로운 동물을 실험에 도입했다. 바로 자기 자신이었다. 그는 팔뚝을 절개한 뒤 황열병 환자의 토사물을 상처에 넣었다. 아무 일도 일어나지 않았다. 확실한 결과를 얻어내기 위해 그는 자기 몸의 스무 군데가 넘는 곳에 같은 실험을 반복했다. 퍼스는 더 나아가 토사물을 자기 눈에 집어넣고, 토사물을 불 위에 올려놓은 다음 그 증기를 들이마셨으며, 토사물을 말려서 환약으로 만들어 삼키고, 희석한 토사물을 먹고, 마침내 "희석하지 않은 토사물을, 용량을 14그램에서 56그램까지 점차 늘려가며 먹었다"고 학위논문에 썼다.

환자의 토사물로는 전염되지 않는다는 확신이 들자, 그는 환자의 피와 침, 땀 그리고 오줌을 먹었다. 그는 피를 '상당량' 마시고, 몸 곳곳을 절개해 환자의 피와 침, 땀, 오줌을 부었다. 사실 그는 대단히 운이 좋았다. 피를 통해서는 바이러스가 전염될 수도 있기 때문이다. 아마 퍼스에게 이미 면역이 생겼거나 그가 마셨을 때는 피 속에 바이러스가 없었을 것이다. 어쨌든 그는 여전히 건강했고, 환자와 함께 있는 것만으로는 황열병에 걸리지 않는다는 것이 분명해졌다.

그러나 그의 영웅적인 실험은 의학의 발전에는 거의 이바지하지 못했다. 그는 황열병이 사람들 사이에서 전염되지 않는다는 사실을 밝혀냈지만, 황열병은 어떻게 확산되는가 하는 훨씬 중요한 의문은 풀지 못했던 것이다.

★Stubbins Ffirth, 『악성 열에 관하여: 추리, 관찰, 실험을 통한 비전염성의 증명 시도On Malignant Fever: With Attempt to Prove its Non-Contagious Nature, from Reason, Observation, and Experiment』, B. Graves, 1804.

하지만 퍼스는 이미 결정적인 지표를 내놓고 있었다. 그는 1804년에 황열병은 "덥거나 따뜻한 날씨에 발생하며, 추울 때는 중단되고, 기온이 영하로 떨어지면 절대로 확산되지 않는다"는 다른 전염병과 구별되는 특징을 찾아냈던 것이다. 모기가 바이러스를 옮긴다는 사실이 밝혀진 것은 그로부터 100년이 지난 뒤였지만.

1825
배에 구멍난 사나이

1822년 6월 6일 정오 무렵, 윌리엄 보몬트는 피 흘리는 병사 옆에 무릎을 꿇고 앉았다. 미시간 호와 휴런 호 사이의 미국과 캐나다 국경에 있는 매키낙 요새의 창고에서 총알이 한 발 발사되어 병사 알렉시스 생마르탱의 배에 명중했던 것이다.

보몬트는 부상병에게서 뼛조각과 옷 파편을 제거하고 허파를 찌른 갈비뼈 하나를 잘라냈으며 밀가루와 뜨거운 물, 석탄과 효모 반죽을 발랐다. 군의관으로서 총상을 다뤄온 그동안의 경험으로는 거의 가망이 없었다. 하지만 그것은 오판이었다. 28세의 병사는 체온이 매우 높았고 폐렴이 생겼으며 보몬트에 의해 동맥이 절단되었지만, 상황은 나아졌다. 다만 상처만 아물지 않았을 뿐이었다.

생마르탱이 섭취한 음식은 왼쪽 가슴 밑에 뚫린 구멍으로 흘러나왔다. 처음에는 식사를 하고 그 음식이 소화될 때까지 구멍으로 흘러나오지 않도록 하는 데에 붕대가 많이 필요했지만, 나중에는 피부에 생겨난 혹이 밸브 역할을 했다. 손가락으로 밸브를 누르기만 하면, 위장이 가볍게 눌리긴 해도 더 이상 붕대는 필요하지 않았다.

보몬트는 자기가 생마르탱을 돌본 데에 개인적인 욕심은 전혀 없었다고 했다. 하지만 그로 인해 그가 생마르탱의 구멍을 이용할 기회를 제공받았던 것은 명백해 보인다. 어쨌든 보몬트는 오랜 회복기간을 거친 병사가 자신의 보호를 벗어나 몬트리올로 후송되는 것을 막았다.

1825년 8월 1일 정오, 보몬트는 명주실에 꿴 '양념을 진하게 한 쇠고기 한 조각, 소금에 절인 날돼지고기 한 조각, 오래된 빵 한 조각, 익히지 않은 배추 한 쪽'을 생마르탱의 뱃속에 쑤셔넣었다. 그리고 정각 한 시와 두 시, 세 시에 실을 꺼냈다. 그가 벌인 수많은 실험의 시작이었다. 두 번째 실험에서 보몬트는 위액이 호스를 통해 소금에 절인 쇠고기가 담긴 그릇으로 흘러나오게 했다. 고기가 그의 눈앞에서 소화되었다.

군의관 윌리엄 보몬트가 알렉시스 생마르탱의 배에 난 구멍에서 위액이 흐르지 못하도록 막고 있다. 이 그림은 실험 100년 후에 <미국 의학의 선구자들> 연작 가운데 하나로 그려졌다.

이 실험으로 오래된 의문 하나가 풀렸다. 소화는 순전히 화학적인 과정인가, 아니면 몸속에서 소화와 부패를 구별하는 어떤 생명력이 필요한가? 생명력은 필요없었고, 접시에 담긴 위액으로 족했다. 즉, 화학이면 충분했다. 보몬트는 또한 침과 위액의 작용을 비교함으로써 위액이란 위에 고인 침에 지나지 않는다는 가설을 뒤집었고, 희석된 산보다 위액이 음식물을 더 빨리 소화시킨다는 사실을 확인했다. 나중에 다른 연구자가 위에서 단백질을 분해하는 효소인 펩신을 발견했다(펩신은 1836년에 독일의 생리학자 슈반Theodor Schwann에 의해 발견되었다. 그리고 최초의 동물효소인 펩신의 이름은 '소화'를 뜻하는 그리스어 펩시스pepsis에서 따온 것이다—옮긴이).

보몬트가 실험을 시작한 직후인 1825년 9월, 생마르탱은 보몬트가 강조했듯이 '내 허락도 없이' 캐나다로 떠나버렸다. 그는 그곳에서 결혼을 하고 두 아이를 낳았다. 하지만 보몬트는 2년 후 그를 찾아냈고, 마침내 1829년에는 돈을 지불하는 조건으로 그가 돌아오게 만들었다.

보몬트는 다시 생마르탱의 위장을 관찰했고, 위장의 점막을 조사했으며, 그에게 엄청난 양의 식사를 하게 하고는 20분 후에 음식물을 다시 꺼냈다. 그는 다양한 음식의 소화시간을 재고, 여기에 미치는 날씨의 영향을 조사했다. 그의 모르모트는 계약에 의해 보몬트에게 '복무하고, 어디든지 따라가며', '모든 지시에 복종'해야 했다. 그 대가는 1년에 150달러의 돈과 숙식 제공이었다.

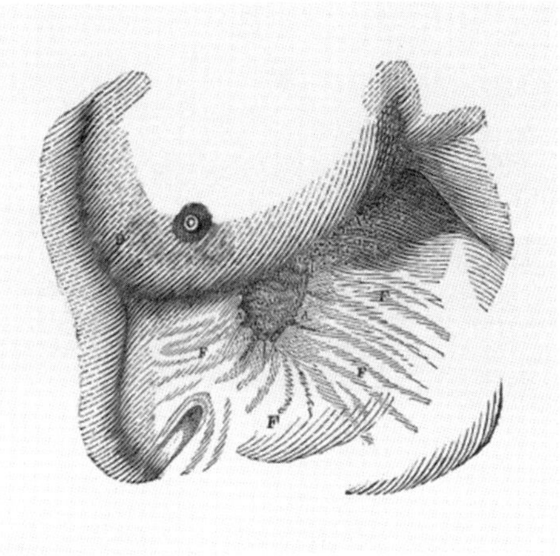

의학사에서 가장 유명한 가슴 사진. 총상을 입은 병사 알렉시스 생마르탱의 가슴에는 위와 직접 통하는 구멍이 남았다.

실험은 힘겨웠다. 여러 달에 걸쳐서 생마르탱은 매일, 1832년에는 심지어 성탄절에도 실험대상이 되어야 했다. 1834년, 견디다 못한 그는 캐나다 남부로 가족을 만나러 갔다가 다시는 돌아오지 않았다. 보몬트는 그로부터 19년 후에 죽었지만, 그는 죽기 직전까지도 생마르탱을 다시 데려오려고 애썼다. 보몬트는 그 실험들로 그 분야의 명사가 되었고 런던과 파리의 동료들은 모두 배에 구멍난 사람을 보고 싶어했지만, 그는 다른 의사들이 자기 보물과 직접 접촉할까 봐 노심초사했다.

보몬트에게 알렉시스 생마르탱은 실험대상에 불과했다. 그는 자기에게 그럴 권리가 있다고 믿었다. 대부분의 당시 의사들처럼, 그는 자신의 실험으로 어떤 사태가 일어날지에 대해서도 몇 년 동안이나 가족과 떨어져 지내야 하는 생마르탱의 처지에 대해서도 별다른 고려를 하지 않았다. 그는 오늘날 고전에 속하는 그의 책 『위액과 소화생리학에 관한 실험과 관찰』(1833)의 서문에서 그를 도와준 일련의 의사들을 거론하며 감사를 표했지만, 그의 모르모트에 대해서는 일언반구도 없었다.

★William Beaumont, 『위액과 소화생리학에 관한 실험과 관찰 Experiments and Observations on the Gastric Juice and the Physiology of Digestion』, F. P. Allen, 1833.

알렉시스 생마르탱은 보몬트가 죽은 지 24년 후인 1880년 6월 24일에 세상을 떠났다. 많은 의사들이 그를 검시하고 그의 위장을 박물관에 보존하기를 원했다. 하지만 그의 가족은 시신이 썩을 때까지 집에 모셔두는 쪽을 택했다. 그리고 그를 땅에 묻었다. 무덤의 깊이는 2미터 40센티미터나 되어서, 아무도 도굴할 수 없었다.

1837
다윈, 지렁이에게 파곳을 불어주다

실험동물의 관점에서만 상상해야 하는 실험이 있다. 이를테면 '흙이 담긴 화분에 사는 지렁이가 난간에 오르면 무엇을 볼까' 같은 주제가 그렇다. 역사상 가장 뛰어난 자연과학자 가운데 한 사람인 찰스 다윈은 파곳(바순과 비슷한 악기—옮긴이)을 화분에 아주 가까이 댄 다음 뺨을 부풀려서 가장 낮은 음을 연주했다. 지렁이가 깜짝 놀라리라고 믿었다면, 그는 아마 실망했을 것이다. 그러나 이 대학자는 지렁이를 위해 이미 플루트와 피아노를 연주한 바 있었다.

다윈이 단지 진화론의 토대만 세운 것은 아니다. 그는 40년이 넘는 세월에 걸쳐 지렁이의 일생을 깊이 연구했다. 그는 지렁이가 소리를 들을 수 있는지 없는지를 알고 싶었다. 그러나 지렁이는 어떤 악기 소리에도 반응을 보이지 않았고, 고함소리에도 꿈쩍도 하지 않았다. 다윈은 1881년에 이르러서야 출간한 『지렁이의 행동 관찰을 통한 농토 형성』에서 이렇게 결론지었다. "지렁이에게는 어떠한 청각기관도 없다."

★Charles Darwin, 『지렁이의 행동 관찰을 통한 농토 형성 The Formation of Vegetable Mould, through the Action of Worms』, John Murray, 1881, p. 12.

1845
달리는 기차에서 트럼펫을 연주하라

그 실험은 어쩌면 다다이스트를 위한 콘서트였다고 할 수 있을지도 모르겠다. 1845년 6월 3일, 네덜란드 위트레흐트와 마르선 사이를 오간 기관차에 달린 무개차에는 세 사람이 타고 있었다. 첫 번째 사람은 기록지에 숫자를 적어넣었고, 두 번째 사람이 신호를 보내면 세 번째 사람은 트럼펫으로 G(솔)음을 냈다.

기관차의 화부 옆에서는 크리스토프 보이스 발로트가 하늘을 쳐다보며 날씨가 돌변하지 않기만을 바라고 있었다. 지난 2월, 이 28세의 물리학자는 처음 시도한 실험을 중단해야만 했다. 눈발이 음악가의 얼굴로 휘몰아친데다 추위 때문에 악기의 음마저 변했기 때문이다. 하지만 6월 3일은 온화한 여름 날씨여서 실험은 순조롭게 진행되었다. 여섯 대의 트럼펫과 두 개의 시계 그리고 열차를 동원한 이 실험은 오스트리아의 어느 무명 교수가 1842년에 별의 색깔에 대해 논한 내용을 검증하기 위한 것이었다.

보이스 발로트가 '도플러 교수의 논문'을 입수한 지도 3년이 지났다. 「쌍성과 다른 천체의 유색광에 관하여」라는 논문에서 크리스티안 도플러는 광원光源이 매우 빠른 속도로 접근하거나 멀어질 경우 그 색깔이 정지했을 때와 달라진다고 썼다. 일상생활에서는 이런 현상이 관찰되지 않는다. 매우 빠른 속도라는 전제조건 때문이다. 그러나 도플러는 자신의 이론을 확인하는 데에는 별을 바라보는 것만으로 충분하다고 주장했다.

천문학자들은 밤하늘의 별을 두 종류로 분류했다. 흰 별과 색깔이 있는 별. 흰 별은 움직이지 않는 것처럼 보이는 단일성單一星인데, 색깔이 있는 별은 공통의 질량중심을 한가운데에 놓고 상대방 주위를 일정한 주기로 공전하는 쌍성雙星에 속한다. 도플러는 쌍성이 지구와 가까워졌다 멀어졌다 하기 때문에 색깔이 생긴다고 믿었다. 이 이론은 물리학사에 '도플러 효과'로 기록되어 있다.

빛의 본질에 관한 여러 논쟁을 거쳐 도플러와 같은 시대 사람들은 다음과 같은 일치된 견해에 도달했다. 빛은 파동처럼 전달되고 제각기 다른 그 빛의 진동속도에 따라 빛의 색깔이 달라지는데, 보라색의 진동속도가 가장 빠르고 파랑, 초록, 노랑, 주황으로 갈수록 느려지며 빨간색이 가장 느리다.

그러니까 어떤 빛이 빨갛거나 파랗게 보이는 것은 그 빛이 눈에 얼마나 빠른 '진동'으로 부딪치느냐에 달려 있다. 여기에는 광원과 관찰자의 운동이 큰 역할을 한다. 그러나 도플러에게는 놀랍게도, 아무도 여기에 주목하지 않았다. 빛을 향해 움직이는 사람은 파동에 맞서 움직이므로 가만히 있는 사람보다 빛의 파동에 빨리 부딪힌다. 반대로 빛에서 멀어지는 사람은 파동에서 도망치므로 빛이 그를 따라잡는 데에 더 많은 시간이 걸린다. 즉, 더 늦게 도착하는 결과가 된다. 이것은 반대로 관찰자가 가만히 있고 빛이 움직이는 경우에도 마찬가

도플러 효과를 증명하는 실험과정에서 물리학자 크리스토프 보이스 발로트는 규율 없는 트럼펫 연주자들 때문에 꽤나 고생을 해야 했다.

지다.

도플러는 이 효과를 배를 예로 들어 구체적으로 설명했다. 파도에 맞서서 나가는 배는 "가만히 있거나 파도와 같은 방향으로 나가는 배보다 같은 시간 동안에 무수히 많은, 그리고 훨씬 강한 파도에 시달려야 한다."

그는 맨눈으로 이 효과를 관찰하기 위해서는 어느 정도의 속도가 필요한지를 논문에 계산해놓았다. '초속 33마일(약 53킬로미터).' 도플러 효과를 증명해 보이겠다는 제아무리 낙관적인 연구자라도 실험을 포기할 만한 값이었다.

madsciencebook.com
도플러 효과에 대한 애니메이션을 보라.

하지만 도플러가 눈치챈 해법이 있었다. 소리는 빛의 속도보다 훨씬 느리지만, 빛과 마찬가지로 파동으로 퍼진다. 따라서 그가 주장하는 효과는 '완벽할 정도로' 음파에도 적용될 것이다. 소리는 빠른 속도로 조금씩 변하는 기압의 파동이 우리 귀에서 감지되는 것이다. 파도에 맞서서 항해하는 배와 마찬가지로, 우리가 음원 쪽으로 움직이면 음정은 음원에서 내보낸 것보다 더 높게 들린다. 도플러는 관찰자가 초당 68피트(시속 70킬로미터)로 다가서면 음정이 B(시)에서 반음이 더 높은 C(도)로 올라갈 것이라고 계산했다.

시속 70킬로미터는 지난 세기 말에 발명된 증기기관차가 당시에 낼 수 있는 최고속도였다. 보이스 발로트는 더치 라인 철도회사의 책임자를 찾아갔고, 그는 '기관차를 마음대로 사용할 수 있도록 허락'한다는 내무대신의 승인을 얻어주었다.

보이스 발로트는 처음에는 기관차의 경적소리를 이용했다. 소리가 커서 멀리서도 잘 들렸기 때문이다. 하지만 예비실험에서, 음악가들은 정확한 소리를 내는 데에 반해 경적은 음이 일정하지 않다는 게 밝혀졌다. 그래서 보이스 발로트는 조수들에게 위트레흐트에서 구할 수 있는 최고급 트럼펫을 마련해주었다. 그 가운데 한 명은 다른 조수 두 명과 함께 기차에 오르고, 세 조로 나뉜 다른 조수들은 철로를 따라 400미터 간격으로 늘어선 채 기차가 오기를 기다렸다.

가는 길에는, 기차에 탄 조수가 트럼펫으로 '과학을 위한 G음'을 불었다. 그리고 철로에 대기했던 음악가들이 음의 차이를 기록했다. 돌아오는 기차에서는 역할을 바꾸었다. 이번에는 철로에서 트럼펫을 불었고, 기차에 탄 음악가들이 음을 확인했다.

보이스 발로트는 간단한 실험이라고 생각했지만, 실제로는 무척이나 힘들었다. 음정의 차이를 최대한 크게 만들기 위해서는 기차가 최대한 빨리 달려야 했는데, 빨리 달릴수록 소음이 커져서 트럼펫 소리를 제대로 들을 수 없었던 것이다. 게다가 기차가 금세 지나가버리는 바람에 소리를 들을 수 있는 시간도 매우 짧았다. 기자의 운행속도를 늦추면 음정 차이는 감지할 수 없을 만큼 작아졌다. 결국 보이스 발로트는 시속 18~72킬로미터의 속도를 택했고, 두 개의 시계로 속도를 쟀다. 그러나 분통이 터질 일이, 화부는 속도를 일정하게 유지하지 못했다.

보이스 발로트의 가장 큰 문제는 기술적인 것이 아니라 인간의 문제였던 것으로 보인다. 그는 세밀한 실험계획을 짰지만, 연주자들은 약속된 시간에 정확히 연주하지 못했다. 한 번은 한 사람이 G음을 내는 것을 잊어버렸으며, 또 한 번은 두 사람이 동시에 트럼펫을 불었다. 『포겐도르프 물리학 및 화학 연보』는 보이스 발로트에게 '규율 잡힌 사람'들로 다시 실험할 것을 요구했다.

보이스 발로트는 트럼펫에 밸브 장치를 붙여서 트럼펫 소리를 키운 다음 6월 3일과 5일에 다시 실험을 했다. 그 실험에서, 비록 '불규칙'하긴 했지만, 그는 드디어 도플러 효과를 증명할 수 있었다. 음악가들은 트럼펫 주자가 멀어질 때보다 가까이 다가올 때 음이 높아진다는 사실에 동의했다. 다만 실험 전에 일부 음악가들이 이의를 제기했듯이 빠르게 달리는 기차의 소음 속에서는 그 효과를 느낄 수 없었는데, 이것을 보이스 발로트는 간단히 설명했다. "기차는 순수한 음을 내지 못하고 다양한 음정의 소리가 섞여 있다. 따라서 음의 이동을 음악의 귀로 구분하는 것은 불가능하다."

비슷한 이유로, 보이스 발로트는 도플러가 착각했다고 믿었다. 도플러의 이론은 의심의 여지 없이 옳지만, 별의 색깔에 관한 그의 설명은 그렇지 않다는 것이다. 별빛 역시 다양한 색이 혼합된 것이다. 도플러 효과에 의해 진동수가 모두 올라간다면, 쌍성에서는 가장 낮은 주파수인 빨간색이 결여되어야만 한다.

도플러는 이 색깔의 변화가 쌍성에서 보일 것이라고 믿었지만, 그는 별들이 눈에 보이지 않는 적외선 영역에서도 빛난다는 것을 간과했다. 적외선의 파동은 빨간색보다 더 느리다. 그리고 도플러 효과에 의해 가시영역으로 이동할 수 있다. 따라서 인간의 눈으로 보기에는 쌍성에서도 빨간색이 관찰되는 것이다. 도플러는 논문의 제목으로 하필 도플러 효과에 의해 생기는 것이 아닌 '쌍성의 색깔'이라는 현상을 선택했다. 별은 처음부터 색깔 있는 빛을 방출한다.

★Christoph Byus(Bujis) Ballot, 「네덜란드 철도에 대한 음향학적 연구—도플러 교수 이론에 대한 교육적 논평을 덧붙여서 Akustische Versuche auf der Niederländischen Eisenbahn, nebst gelerntlichen Bemerkungen zur Theorie des Hrn. Prof. Doppler」, 『포겐도르프 물리학 및 화학 연보 Poggendorff's Annalen der Physik und Chemie』 66, 1845, pp. 321-351.

현재라면 도플러는 아마도 쌍성 대신 앰뷸런스로 자신의 이론을 설명할 것이다. 앰뷸런스가 다가오면 사이렌 소리가 높아지고 멀어지면 낮아진다는 것은 모두가 아는 사실이다.

오늘날 천문학, 화학과 의학 분야의 수없이 많은 기술들은 도플러 효과를 바탕으로 응용된 것이다. 비행기 항법장치가 도플러 효과로 작동하며, 만약 도플러 효과가 없었다면 빅뱅 이론도 탄생하지 못했을 것이다. 그리고 레이더 장치 역시 도플러 효과를 이용한다.

보이스 발로트는 미래를 내다보지 못했다. 그는 도플러 효과의 실용적 응용분야를 이렇게밖에 예측하지 못했다. "아마도 악기를 개선할 수 있을 것이다."

1852
음탕한 얼굴근육

프랑스 의사 기욤 벵자맹 아르망 뒤셴 드 불로뉴는 오늘날 박물관에 걸려 있고 미술책에도 나오는 그림에 등장하는 노인의 이름을 끝내 밝히지 않았다. 우리가 그의 책 『인간 안면 표현 메커니즘』에서 알 수 있는 것이라고는 그 노인이 구두장이였으며 그의 얼굴 표정이 '좋은 성격'과 '제한적인 지능'을 보여주기에 적합했다는 것뿐이다.

뒤센은 실험의 대상을 고를 때 피실험자들의 운명보다는 독자들이 반응을 보일 만큼 아름답지는 않은 얼굴을 선택하는 데에 관심을 쏟았다. "내 전기물리학적 실험을 위해 사진을 찍은 노인들은 대부분 천하고 흉해 보였다. 그들은 이 세계에서 오로지 한 사람에게만 쓸모 있게 보였을 뿐이다."

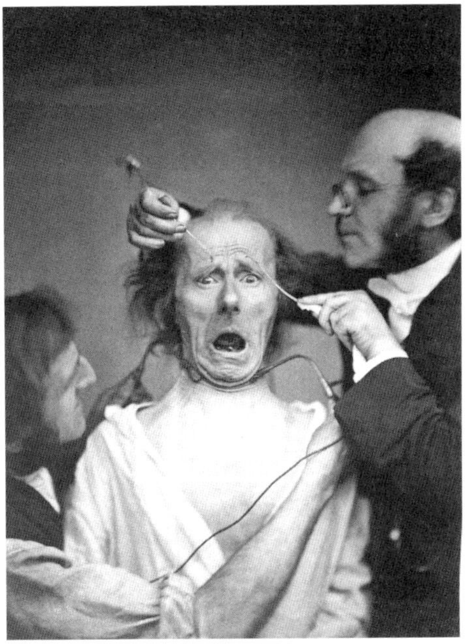

기욤 뒤센 드 불로뉴(오른쪽)가 전류를 이용해 '얼굴 표정의 철자법'을 실험하고 있다.

하지만 뒤센이 이빨 빠진 노인을 선호한 데에는 다른 이유가 있었다. 이 노인은 주름진 피부 때문에 근육이 도드라져 보이고, 또 오랫동안 심한 안면 감각상실에 시달리고 있었다. 뒤센은 '시체처럼 개별 근육의 활성을 효율적으로 연구할 수 있는' 값으로 따질 수 없는 소중한 기회를 얻었다. 그러나 죽은 사람 얼굴에 전기를 이용해 감정을 만들어내서는 그럴싸한 장면이 연출되지 않는다는 것을 그는 경험을 통해 알고 있었다. "따라서 이 노인이 딱 좋은 피실험자였다." 구두장이의 사진을 보면 고문 장면이 떠오를지 모르지만, 실험하는 동안 그는 아무런 고통도 느끼지 않았고 호흡은 규칙적이고 평온하게 유지되었다고 뒤센은 자신 있게 증언했다.

1842년 36세의 나이에 프랑스 북부 영불해협 연안의 불로뉴쉬르메르에서 파리로 이사한 뒤센은 당시 확실한 일자리를 얻지 못해 이 병원 저 병원을 전전하며 환자들을 치료하고 있었다. 그 가운데 센강 좌안의 살페트리에르 병원에는 병명이 명확하지 않은 마비환자들이 많이 입원해 있었다. 주로 간질병 환자, 경련 환자, 하반신마비 환자들을 진료한 그는 이들의 근육을 하나씩 전기로 자극해가며 신경성 질환에 관한 카탈로그를 만들었다.

마비된 근육을 전기로 자극할 수 있다면, 이것은 조절메커니즘이 손상되었기 때문이라고 뒤센은 결론지었다. 즉, 뇌 속이나 뇌와의 연결에 결함이 있다는 것이다. 만약 그게 아니라면 근육 자체에 문제가 있는 것이다. 오늘날 이 연구는 가장 유명한 근육위축 질병의 이름으로 기억되고 있다. 뒤센형 근이영양증Duchenne type muscular dystrophy이 바로 그것이다.

뒤센이 연구한 근육은 모두 얼굴근육이었다. 그리고 그의 연구는 과학뿐만 아니라 미학까지 함께 추구했다. 그는 전극과 교류交流 전기로 '인간 얼굴의 인상을 결정짓는 법칙'을 유도할 수 있으리라고 생각했다. 이 법칙은 하느님이 창조한 보편적인 '얼굴 인상의 정형외과학'으로, 어떤 감정을 품으면 모든 인간이 같은 얼굴근육을 움직인다는 것이다.

실험하는 동안 뒤센은 얼굴을 전기로 자극해 가능하면 순수하게 보이는 감정의 동요를 유발하려고 애썼다. 그는 전극을 네 개씩이나 써가며 분노, 즐거움 또는 놀라움을 보여주는 얼굴의 인상을 만들었다. 많은 경우에 양쪽 얼굴에서 다른 감정을 불러일으키기도 했다.

그는 감정에 따라 활성화된 근육에 각 감정의 이름을 붙였다. 예를 들어, 슬픔의 근육(입꼬리내림근 *m. depressor anguli oris*), 고통의 근육(눈썹주름근 *m. corrugator supercilii*), 음탕의 근육(코근 *m. nasalis*의 한 부분) 등이 그것이다. 그리고 진짜 웃음과 가짜 웃음의 차이는 눈둘레근의 가쪽 부분*orbicularis oculi, pars lateralis* 에 있는데, 이 근육은 자연스러운 진짜 웃음의 경우에만 활성화된다. 이 근육은 "의지에 복종하지 않는다"고 뒤센은 말했다. "그 근육의 결함은 거짓 우정을 폭로한다."

madsciencebook.com
당신은 진짜 웃음과 가짜 웃음을 구별할 수 있는지, 직접 시험해보라.

전극자극법에는 전기로 근육을 자극한 효과가 아주 잠깐 동안밖에 지속되지 않는다는 치명적인 결점이 있었다. 그런 까닭에, 때마침 얼마 전에 순간적인 현상을 기록으로 남길 수 있는 사진술이 발명되지 않았더라면 뒤센은 오늘날 그저 역사적으로 흥미 있는 신경학자로 남는 데에 그쳤을 것이다. 그리고 그의 실험 사진은 사진의 역사에서도 그에게 한 자리를 마련해주었다. 뒤센의 첫 번째 논문에 나오는 '흉한 구두장이' 원본 인화에는 오늘날 엄청난 가격이 매겨져 있다. 찰스 다윈 역시 1872년에 출간된 『인간과 동물의 감정표현에 대하여』에 뒤센의 사진을 여러 장 사용했다.

이 노인이 뒤센의 피실험자들 가운데 가장 유명한 사람이기는 하지만, 그뿐만은 아니었다. 예를 들어 뒤센은 한 젊은 부인의 눈병을 전기자극으로 치료했다. 그녀가 이 불편한 과정에 익숙해지자, 뒤센은 그 여인을 통해 때로는 간절히 비는 듯한, 때로는 음탕하게 웃는 듯한, 때로는 요람 옆의 엄마 같은, 때로는 맥베스의 아내 같은 과장된 표정을 연출해냈다. 그 사진들에는 초현실적인 분위기가 감돌았다. 왜냐하면 사진 한쪽 구석에서 불쑥 튀어나와 여인의 얼굴에 전극을 누르는 뒤센의 손이 함께 찍혀 있었기 때문이다.

★Guillaume Bejamin Armand Duchenne de Boulogne, 『인간 안면 표현 메커니즘Méchanisme de la physionomie humaine』, Jules Renouard, 1862.

뒤센 드 불로뉴는 몇 번인가 모델에게 과장된 표정을 짓도록 연출했다. 그는 이 사진에 '매혹적인 여인'이라는 제목을 붙였다.

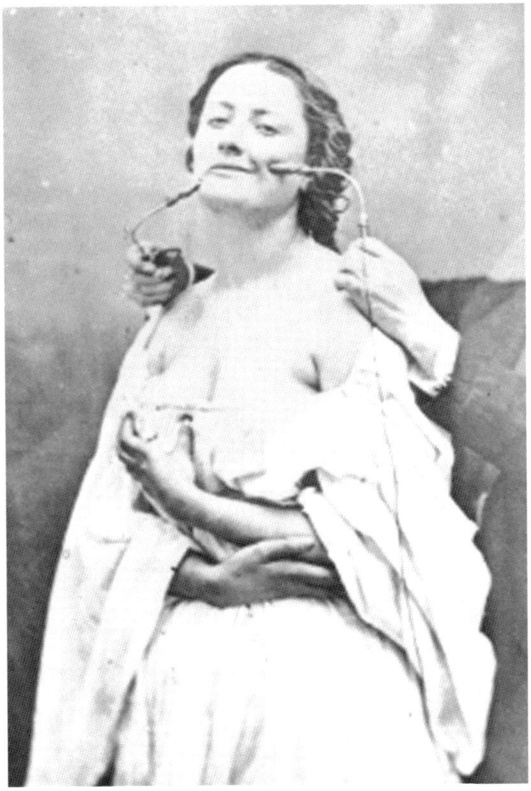

뒤센은 자신의 연구를 지식을 얻기 위한 수단으로만 보지 않았다. 그는 얼굴에 관한 자신의 연구로 예술의 흐름을 바꾸고 싶어했다. 이를 위해 그는 예술가들이 '영혼의 움직임을 진실하고 완벽하게 표현'하도록 이끄는 법칙을 만들어야 했다.

그는 수많은 고대의 위대한 조각가들을 좋게 평가하지 않았다. 그들이 비록 대충은 옳았지만, 조각품의 표정 가운데 많은 것들이 '물리적으로 불가능한' 것이라는 이유 때문이었다. 이를테면 예술사가들이 걸작으로 칭송하는 고대 그리스의 라오콘 상은 이마에 결함이 있다고 한다. 라오콘 상을 공동제작한 로도스의 조각가 폴리도로스와 아게산드로스 그리고 아테노도로스는 피부 밑에서 작용하는 눈썹주름근(추미근)에 대해 아무것도 몰랐음이 분명하다.

예술가들이 '변하지 않는 자연법칙'을 따랐다면 인상이 얼마나 더 아름다워졌을지를 증명하기 위해, 뒤센은 자연스러운 자세를 석고로 떴다. 물론 이 작품 외에도 그가 창조한 작품들이 더 있다. 그는 자신이 예술을 '해부학적 현실주의'로 깎아내렸다는 비난을 반박했다. 그리고 그는 마침내 '엄밀한 과학적 분석'을 토대로 한 자신의 예술비평을 정립해냈다.

1883
까짓것, 딴 놈이 하는데 뭐!

인간은 게으르다. 자신이 주목받고 있지 않다고 믿을 때는 더욱 그렇다. 예전부터 잘 알려져 있긴 했지만, 이 사실이 과학적으로 증명된 것은 19세기 말의 프랑스 농학자 막스 링겔만에 이르러서였다.

링겔만은 5미터짜리 밧줄이 연결된 힘측정기만으로 이 고상한 실험을 수행했다. 링겔만은 그랑주앙 농업학교 학생 스무 명에게 혼자나 여럿이서 밧줄을 잡아당기게 했다. 실험 결과 힘측정기에는 비겁하게 꽁무니를 빼는 경향이 숫자로 나타났는데, 두 사람이 함께 밧줄을 당길 때는 각각의 사람이 혼자 당길 때에 비해 평균 93퍼센트의 힘밖에 쓰지 않았다. 그 힘은 세 사람일 때는 85퍼센트, 네 사람일 때는 77퍼센트로 떨어졌다. 게으름의 나선은 점점 커져서, 여덟 명이 잡아당길 때는 사람들은 자기 힘의 50퍼센트밖에 쓰지 않았다.

심리학자들은 인간 본성의 이런 좀스러운 경향을 '링겔만 효과'라고 부른다. 집단작업에 투여된 전체 역량이 각 개인 역량의 합에 미치지 못하는 까닭은 한편으로는 온 힘을 다할 동기가 부여되지 않았기 때문이며, 다른 한편으로는 각 개인의 기여가 공개되지 않기 때문이다. 그 결과 남의 노력에 편승해 덕이나 보겠다는 생각이 들게 된다.

그러나 링겔만은 그 결과를 달리 해석할 수 있는 가능성도 함께 보았다. 효율성이 떨어진 까닭이 '사회적 태만'보다는 집단의 구성원

1974년에 워싱턴 대학에서 재현한 1883년의 줄다리기 실험. 결과는 같았다. 당기는 사람이 많을수록 개인이 당기는 힘은 적어졌다.

들이 줄을 당길 때 박자를 맞추기 어렵기 때문일 수도 있다는 것이다. 곧, 학생들이 밧줄을 동시에 잡아당기지 못하면 측정된 힘은 각 개인의 힘의 합보다 작게 된다. 그리하여 인간은 이타적인 존재로 재탄생한다.

하지만 이 희망은 1970년대에 미국 워싱턴 대학의 앨런 잉햄이 현대적인 방법으로 링겔만의 실험을 재현했을 때 여지없이 깨지고 말았다. 잉햄은 실험 참가자 안에 그저 줄을 잡고만 있도록 지시한 동료들을 섞어넣었다. 그리고 각 실험마다 사정을 알지 못하는 사람은 딱 한 명만 끼도록 배치했다. 피실험자들은 한 번은 혼자서, 다음에는 둘이서, 그 다음은 셋, 넷, 다섯, 여섯 그리고 일곱 명이 집단으로 작업한다고 믿어 의심치 않았다. 피실험자는 모두 눈을 가린 채 맨 앞에 섰기 때문에, 다른 사람들이 전혀 힘을 쓰지 않고 줄만 잡고 있다는 사실을 알 수 없었다. 그리고 그는 최선을 다할 만한 실제적인 동기를 부여받은 상태였다. 그러나 그는 함께 잡아당기기로 되어 있는 사람의 숫자에 따라 자신의 힘을 조절했다.

팀 단위의 작업이 현대 노동세계로 도입된 이래, 경영학에서는 팀 작업을 다룰 때마다 링겔만 효과가 다시 거론되고 있다. 하지만 팀 Team이란 단어에는 그것이 진정으로 의미하는 바가 무엇인지를 잘

★Max Ringelmann, 「인간 노동의 원동력에 관한 연구Recherches sur les Moteurs Animé Travails de l'Homme」, 『국립 농학연구소 연보Annales de l'Institut National Agronomique』 2(12), 1913, pp. 2-39.

Alan G. Ingham 외, 「링겔만 효과: 집단의 크기와 집단 업적에 관한 연구 The Ringelmann effect: Studies of group size and group performance」, 『실험 사회 심리학Journal of Experimental Social Psychology』 10, 1974, pp. 371-384.

보여주는 오래된 위트가 숨어 있으니, 링겔만의 결론을 다시 거론할 필요는 없을 것 같다. Team: Toll, ein anderer macht's. 즉, '까짓것, 딴 놈이 하는데 뭐!'

1885
단두대에서 잘린 머리는 얼마 동안 살아 있을까

장 바티스트 뱅상 라보르드는 프랑스의 시골 사람들이 파리 사람들보다 그 조항을 엄격하게 지키지 않는다는 사실이 기뻤다. '문명화된 유럽에서 아직 우리에게만 남아 있는', 일을 불필요하게 어렵게 만드는 법 때문에 파리에서는 여러 모로 힘이 들었기 때문이다. 라보르드의 불평도 일리가 있었던바, 법대로 하자면 사형에 처해진 시체는 '과학적으로 연구하기에 적합한 상태로 직접 공급되는 대신' 공동묘지로 운반해 매장했다는 증서를 발급받아야 했던 것이다.

라보르드의 실험목적은 바로 몸통에서 분리된 머리가 얼마나 더 생존하는가를 알아내는 것이었다. 1791년 프랑스에서 기요틴(단두대)이 공식으로 인정된 인도적인 처형방법으로서 도입된 이래, 그것이 과연 인도적인가 하는 의문이 계속 제기되어온 터였다. 참수 후에도 15분쯤은 의식이 남아 있어서 고통을 느낀다고 주장하는 과학자들이 있었고, 정확한 사망시점의 문제는 문학작품에도 등장했다.

빅토르 위고의 소설『어느 사형수의 마지막 날』에서 죄수는 일기에 이렇게 쓴다. "그 다음에는 고통스럽지 않다. 그런데 정말일까? 누가 그렇게 얘기했지? 잘린 머리의 주인이었던 사람이 광주리 가에서 사람들에게 '나는 아프지 않다!'고 소리라도 쳤단 말인가?" 빌리에 드 릴라당의 소설『단두대의 비밀』에서, 외과의사 아르망 벨포는 살인미수 혐의로 사형선고를 받은 에드몽-데지레 쿠티 들라 폼므레 박사와 참수된 후에도 의식이 남아 있으면 눈을 세 번 깜빡이기로 약속한다.

이런 발상은 작가의 머리에서만 나오는 게 아니었다. 과학자들도 참수 후의 정확한 사망시점 문제를 창조적인 방법으로, 그러니까 참수당한 머리의 빰을 때려보기도 하고 소리를 지르거나 이름을 부르고 반응을 기다리는 식으로 풀어보려고 시도했다. 라보르드의 방법은 그보다는 좀 더 독창적인 것이었다. 그는 벌써 여러 차례 처형당한 사람의 머리와 개의 순환계를 연결시켜보았던 것이다. 하지만 그 '빌어먹을 놈의 법률'이 훔쳐간 몇 분이 결정적이었다. 그래서 파리에서는 시간을 벌기 위해 묘지 앞에서 운구마차의 도착을 기다렸다가 실험실로 향하는 덜컹대는 마차 안에서 아직 온기가 남아 있는 머리로 실험을 한 적도 있었다.

그러나 시골에서는 모든 것이 간단했다. 1885년 7월 2일, 그는 파리에서 동쪽으로 150킬로미터 떨어진 소도시 트로아의 들라 투르 광장에서 사형수 가니의 참수를 설레는 마음으로 기다렸다. 가니는 6개월 전 공범과 함께 글루아르-디외라는 농가에서 집주인과 그의 어머니, 그리고 하녀를 살해한 사람이었다.

트로아의 한 의사의 지원과 호의적인 시장의 동의 덕분에 라보르드는 처형 7분 후에 가니의 머리를 입수할 수 있었다. 그는 즉시 가니의 왼쪽 목동맥과 개의 목동맥을 연결했다. 살인자의 오른쪽 목동맥으로는 소의 따뜻한 피를 주사하려고 했다. 하지만 시골에서 참수된 시체의 상태는 도시의 것보다 훨씬 형편없었다. "깔끔하게 절단되지 않아 조직이 짓뭉개지고 갈기갈기 찢어져서 동맥을 찾기가 어려웠다"는 기록이 남아 있다. 그러나 혈액공급 없이 잘린 머리의 눈앞에 촛불을 놓아두는 것만으로도 효과가 나타났다. 동공이 좁아진 것이다. 그리고 마침내 20분 후, 상호 수혈이 시작되었다.

효과는 즉시 나타났다. "특히 개의 혈액이 공급되는 왼쪽이 선홍색으로 물들어서, 이전의 내 실험을 본 적이 없는 사람들이 깜짝 놀랐다." 이제 라보르드는 두개골에 낸 구멍을 통해 뇌에 전류를 방전했다. 그러나 최대 전류를 흘려보냈는데도 아무 일도 일어나지 않았다. "시간이 지날수록 사람들의 얼굴에는 실망의 빛이 역력했다."

그러나 라보르드는 실망하지 않고 새로운 구멍을 뚫었다. 그 가

★Jean Baptiste Vincent Laborde, 「참수 후의 뇌 활동 연구 (1). 참수형을 받은 가니와 외르트방에 관한 신연구 L'exitabilité cérébrale après décapitation (1). Nouvelles recherches sur deux suppliciés: Gagny et Heurtevent」, 『과학보 반연간 2호Revue scientifique 2e semestre』, 1885, pp. 673-677.

운데 하나에서, 오른쪽이었는데, 뭔가가 발견되었다. 뇌의 그 위치를 전기로 자극하자 얼굴 왼쪽의 근육에 경련이 일어났던 것이다. 심지어는 참수된 지 40분이 지난 다음에도 이 떨리는 소리가 들렸다는 사실을 라보르드는 자랑스럽게 확인했다.

하지만 안타깝게도, 이 무시무시한 실험에서 얻어낸 지식은 매우 보잘것없었다. 머리가 잘린 후 즉시 혈액을 수혈하면 그렇지 않은 경우보다 적어도 두 배로 뇌의 활성이 유지된다는 것 정도였다. 라보르드는 처형당한 사람의 잘린 머리가 얼마 동안이나 의식이 있는지에 대해서는 아무것도 밝혀내지 못했다.

1889 기니피그 고환은 회춘의 묘약?

샤를 에두아르 브룬세카르에게는 자신의 몸이 실험대상이었다. 그는 자기 몸에 직접 약을 투여하는 데에 거리낌이 없었다. 이 이상한 의사는 이미 참수당한 시체에 자기 피를 수혈하고, 콜레라 환자의 토사물을 먹고, 해면을 실에 묶어 삼켜서는 위액에 푹 적셔 끄집어낸 적이 있었다.

하지만 그 어느 것도 1889년 5월 15일에 시작한 실험처럼 커다란 파문을 불러일으키지는 못했다. 그날은 수요일이었다. 그는 파리의 콜레주 드 프랑스에 있는 실험실에서 젊고 튼실한 개의 고환을 갈아 여기에 증류수를 조금 넣고 여과해서 자신의 왼쪽 팔에 주사했다.

명망 있는 의사 샤를 에두아르 브룬세카르는 동물 고환의 분말주스를 주사하면 젊어진다고 믿었다.

브룬세카르는 "노인의 정력감퇴는 부분적으로는 고환 기능의 약화 때문이다"고 믿었다. 노쇠증세는 어린 나이에 거세한 내시에게 나타나는 증세와 똑같고, 지나치게 자주 자위행위를 하는 남자에게도 같은 증상이 나타난다고 했다. 따라서, 결론은 이렇다. 고환이 핏속으로 공급한 어떤 물질이 신체 전체에 활력을 불어넣는 작용을 한다.

노화에 맞설 수 있는 방법은 명백했다. 일흔두 살인 브룬세카르는 실험실에서 자주 쉬어야 했고, 불면과 변비에 시달리고 있었다.

그는 이 진기한 조제약이 '조직의 구조를 변화시켜서 노화를 막

회춘제 포장. 브룬세카르는 이것을 처방받은 환자들의 병력기록부를 받는 조건으로 의사들에게 무료로 제공했다.

거나 지연시키기'를 바랐다. 그는 이틀 동안 여러 차례 주사를 놓았다. 나흘째 날 개 고환 주스가 떨어지자, 이번에는 기니피그 고환을 갈았다.

브룬세카르는 실험 이틀째에 벌써 효과를 느낄 수 있었다. 그는 계단을 뛰어오르고, 실험실에 오래 머물렀으며, 저녁에는 논문을 썼다. 오줌발에도 효과가 나타났다. '오줌이 땅에 떨어질 때까지 날아가는 거리가' 눈에 띄게 늘어났다. 오줌발이 적어도 25퍼센트는 더 멀리 날아갔던 것이다. 1889년 6월 1일, 그는 파리에서 열린 생물학회에 실험 결과를 보고했다. 이때 명료하지는 않지만 의미심장한 문장 하나가 사람들의 환상을 자극했다. "제가 상실하지는 않았지만 상당히 약화되었던 다른 능력이 개선되었다고 말씀드릴 수 있습니다."

'불로장생약'이 나왔다는 기사가 신문에 실리고 별난 의사의 처방이 널리 알려지는 데에는 오랜 시간이 필요하지 않았다. 그러나 그것이 불러온 것은 장수가 아니라 수많은 패혈증 증세였다. 브룬세카르는 자신이 개발한 고환추출물로 돈을 벌 생각은 없었다. 그는 고환추출물을 의사들에게 무료로 제공하는 대신 그것을 처방한 환자들의 병력기록부를 받았다. 하지만 그가 자기 이름이 붙은 의심스러운 약 광고까지 막을 수는 없었다. 예를 들어 '세스카린'은 '동물에너지의 정수'를 담고 있으며 빈혈에서 독감에 이르기까지 효능이 있다고 광고했다.

브룬세카르에게 나타난 회춘효과는 아마도 위약placebo효과였

★Charles-Éduard Brown-Séquard, 「살아 있는 기니피그와 개의 고환에서 추출한 액체를 주사함으로써 생기는 인체 효과들 Des effets produits chez l'homme par des injections sous-cutanées d'un liquide retiré des testicules frais de cobaye et de chien」, 『생물학회지Competes Rendus de la Société de Biologie』 41, 1889, pp. 415-422.

을 것으로 추측된다. 이 효과는 재현되지 않았다. 그러나 그의 조야한 실험은 현대의학에서 흔히 쓰는 호르몬요법의 선구였다. 브룬세카르는 초기의 효과를 더 이상 보지 못했다. 실험을 한 지 겨우 5년이 지난 1894년 4월 2일, 그는 일흔여섯의 나이로 파리에서 죽었다.

반대자들의 조롱은 그가 죽은 후에도 그치지 않았다. 브룬세카르가 런던에서 '내가 스무 살 젊어진 까닭'이라는 강연을 하기로 한 바로 전날 죽었다는 소문이 돌았던 것이다.

1894
강아지를 96시간 동안 잠을 안 재우면

잠이 얼마나 중요한지를 제대로 설명하기란 참 어려운 일이다. 러시아의 여성 과학자 마리 드 마나세인은 강아지 네 마리를 죽을 때까지 재우지 않았다. 그러자 96시간 만에 첫 번째 강아지가 죽었고, 143시간 만에 마지막 강아지가 죽었다. 두 번째 실험은 강아지 여섯 마리를 96~120시간 동안 재우지 않은 다음 살려낼 수 있는지를 보는 것이었다. 하지만 실패였다. 강아지는 모두 죽고 말았다.

그녀는 이 실험에서 "잠을 전혀 재우지 않는 것은 영양을 전혀 공급하지 않는 것보다 생명에 훨씬 더 큰 위협이 된다"는 결론을 얻었다. 개는 20~25일간 굶고도 다시 건강을 회복할 수 있다. 수면이 불필요한 습관이라는 몇몇 학자의 주장은 드 마나세인의 실험을 통해 부정되었다. 그러나 그녀는 도대체 왜 강아지들이 죽었는지에 대해서는 답을 찾지 못했다. 고등생물체가 왜 잠을 자야 하는지는 아직도 분명하지 않다.

'매우 힘든' 실험이었기 때문에 그녀는 더는 실험을 진행하지 않았다. 하지만 강아지들이 얼마나 힘들었는지에 대해서는 그녀는 아무 기록도 남기지 않았다.

★Marie de Manacéïne, 「완전불면의 영향력에 대한 실험 소고Quelques observations expérimentales sur l'influence de l'insomnie absolue」, 『이탈리아 생물학 아카이브 Archives Italiennes de Biologie』 21, 1894, pp. 322-325.

1894

높은 곳에서 고양이 떨어뜨리기

1894년 파리 과학아카데미는, 누구든 "고양이가 높은 곳에서 떨어질 때 어떻게 언제나 발로 땅을 디딜 수 있는지를 물리법칙에 근거해 해명"해달라고 호소했다. 사실 문외한에게야 그건 문제도 아니었다. 그거야, 고양이한테는 땅에 발이 먼저 닿도록 기민하게 몸을 움직이는 재주가 있으니까 그런 거지 뭐겠어. 하지만 물리학을 조금이라도 아는 사람이라면 고양이들이 뭔가 물리적으로는 불가능한 곡예를 부린다고 생각할 수밖에 없었다.

문제는 떨어지는 고양이가 발로 밀어낼 게 아무것도 없다는 점이다. 그러므로 고양이의 몸 앞부분이 돌게 되면, 뒷부분은 필연적으로 반대쪽으로 회전할 수밖에 없다. 고양이가 몸 앞부분을 오른쪽으로 180도 튼다면 뒷부분은 왼쪽으로 180도 돌아야 한다. 따라서 이론적으로 고양이는 몸이 꼬인 채로 착지해야 한다. 하지만 실제로는 안 그렇지 않은가.

처음에 과학자들은 고양이가 실험자의 손에서 반동을 얻는 거라고 생각했다. 그러나 반동을 못 얻도록 네 발을 끈으로 매달았다가 떨어뜨려도 고양이는 회전에 성공했다. 마찬가지로, 공기를 이용한다는 가설도 이치에 맞지 않았다.

마침내 이 수수께끼를 푼 사람은 프랑스의 생리학자 에티엔 쥘 마레였다. 공작에 뛰어난 소질이 있었던 마레는 온갖 기계장치들을 발명했는데, 그중 하나인 영화카메라는 고양이의 착지과정을 1분에 60회 연속으로 촬영할 수 있었다. 몇몇 물리학자는 연속촬영된 화면을 보면서도 고양이가 뭔가를 밀치지 않고 회전한다는 데에 의심을 거두지 못했다. 하지만 그 가운데 한 명이 고양이의 비결을 알아냈다.

움직임은 두 단계로 일어난다. 고양이는 먼저 몸의 앞부분을 땅바닥 쪽으로 회전시킨다. 그리고 같은 방향으로 뒷부분을 뒤집는다. 이 두 동작 사이에, 고양이는 몸의 앞뒤 부분이 서로 밀어내도록 네 발의 위치를 조정한다. 고양이는 이때 피겨스케이팅 피루에트(한쪽 발

madsciencebook.com
마레의 인생과 그의 카메라 그리고 많은 영화를 볼 수 있다. 그중에는 떨어지는 고양이, 개, 토끼에 관한 것도 있다.

고양이는 어떻게 항상 발로 착지할까? 의사이자 발명가인 에티엔 쥘 마레는 연속사진으로 그 비밀을 밝혔다.

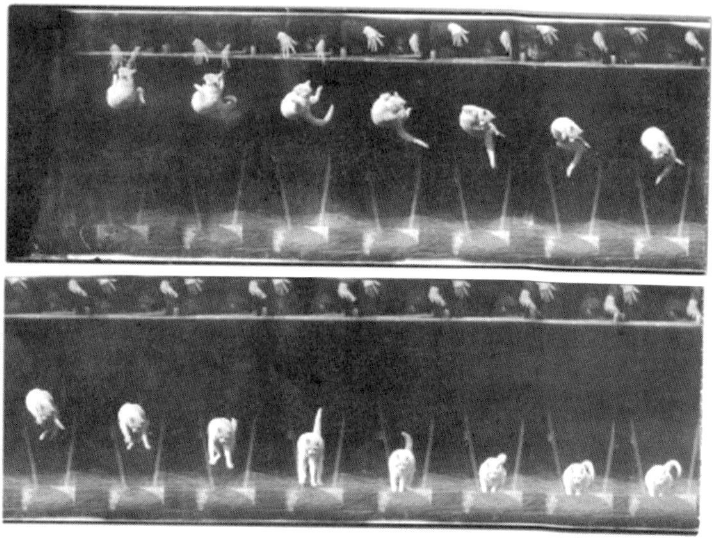

끝으로 서서 돌기-옮긴이)의 원리를 이용한다. 피루에트를 하는 피겨스케이팅 선수는 팔을 몸에 붙이면 빨리 돌고 팔을 뻗으면 천천히 도는데, 고양이는 이 두 동작을 동시에 취한다. 앞다리는 몸에 붙이고 뒷다리는 쭉 내뻗는 것이다. 그렇게 해서 고양이는 앞부분을 재빨리 땅쪽으로 180도 회전시키는 동시에 내뻗은 뒷다리의 저항을 이용해 뒷부분은 반대방향으로 조금만 돌게 할 수 있다. 그리고 다음에는 뒷부분의 착지자세를 갖추기 위해 처음과는 반대동작을 취한다. 이번에는 앞다리를 뻗고 뒷다리를 몸에 붙이는 것이다.

★Étienne Jules Marey, 「동물 역학: 고공낙하에서 일부 동물들이 발끝으로 착지할 때 취하는 동작들 Mécanique animale: Des movements que certains animaux exécutent pour retomber sur leurs pieds losqu'ils sont précipités d'un lieu élevé」, 『자연La Nature』, 1894, pp. 369-370.

마레의 연속사진 이후 추락하는 동물을 찍는 게 유행이 되었다. 사람들은 곧 개와 토끼, 원숭이 그리고 '살찐 작은 기니피그'까지 떨어뜨렸는데, 놀랍게도 동물들은 아무 문제 없이 배를 180도 회전시켰다. 이들은 동물의 눈을 가리거나 꼬리 또는 평형기관을 잘라내고 실험하기도 했다. 하지만 심지어는 꼬리와 평형기관을 모두 제거한 고양이마저도 아무 문제 없이 회전했다. 눈 뜬 고양이가 특히 방향을 잘 찾은 것은 말할 필요도 없다.

1960년대에, 한 과학자는 70년 동안 이어진 고양이 낙하실험들에 대한 최종 결론을 내렸다. "몸을 회전시키는 고양이는 흥미로운 문제를 수도 없이 제기했지만, 그 해답은 다른 고양이들을 빼고는 그 누구에게도 실용적인 가치가 없었다."

1895 아이오와의 잠 못 드는 밤

첫인상으로는, 그리 위험해 보이지 않는 실험이었다. 세 명의 남자가 90시간 동안 깨어 있고, 미국 아이오와 대학 심리학실험실의 과학자 조지 패트릭과 앨런 길버트가 불면의 효과에 대해 연구했다. 그런데 왜 90시간이었을까? 패트릭과 길버트는 여기에 대해 아무 말도 하지 않았지만, 그럴듯한 추측이 있다. 이 실험이 있기 얼마 전 러시아 과학자 마리 드 마나세인이 개를 이용해 불면실험을 했는데, 모든 개가 죽은 그 실험에서 첫 개가 죽은 것은 96시간 후였던 것이다(→58쪽).

실험 참가자들이 그걸 알고 있었을까? 어쨌든, 논문에 J. A. G.라는 머리글자로 등장하는 첫 번째 참가자는 1895년 11월 27일 수요일 아침 여섯 시에 일어나 토요일 자정에 잠들었다. 낮에는 평소와 똑같이 활동하고 밤에는 게임과 독서, 산보를 했다. 실험 후반기의 50시간 동안에는 그가 잠들어버리지 않도록 끊임없이 감시해야 했다. 이틀 밤이 지나자, 환각증상이 나타났다. 그는 바닥이 '끈적끈적해 보이는 분자층에서 튀어나와 빠르게 움직이며 진동하는 입자들로' 덮여 있어서 걸을 수가 없다고 하소연했다.

J. A. G.와 다른 피실험자들은 여섯 시간마다 두 시간이나 걸리는 검사를 받아야 했다. 불면의 시간이 길어질수록 집중력과 사고력이 눈에 띄게 떨어지는 게 확인되었다.

패트릭과 길버트는 잠을 못 잔 시간에 따라 수면의 깊이가 어떻게 달라지는지 알고 싶었다. 그래서 두 사람은 한 실험 참가자를 방에 홀로 재운 다음, 한 시간마다 점차 강도를 높여가며 전기충격을 가했다. 그는 깨어날 때마다 침대 옆의 단추를 누르라는 지시를 받았다.

자동적으로 전기를 공급하는 기계에서 나오는 최대 전기량도 그를 깨우기에는 충분하지 않았다. 그는 수동으로 최대 충격을 가한 다

★George Thomas White Patrick & J. Allen Gilbert, 「불면의 효과에 대하여 On the Effects of Loss of Sleep」, 『심리학 리뷰 The Psychological Review』 3(5), 1896, pp. 469-483.

음에야 깨어났다. 그리고 그는 두 시간 후에 가장 깊은 숙면상태에 도달했다. 이때 그를 깨워서 머리맡의 단추를 누르게 하는 것은 불가능했다. 대신 그는 고통에 찬 비명을 질렀다.

1896
뒤집힌 세계

낮 열두 시였다. 조지 스트래튼은 이전에는 그 누구도 내린 적 없는 명령을 자신의 뇌에 내렸다. 버클리에 있는 캘리포니아 주립대학의 서른한 살 먹은 이 심리학자는 자기 얼굴에 괴상한 마스크를 고정했다. 마스크는 눈 부위에 쿠션을 단 석고틀에, 오른쪽 눈에는 네 개의 렌즈가 달린 짧은 관이 튀어나와 있고 왼쪽 눈은 석고로 메워져 있었다. 오른쪽 눈앞의 렌즈는 위에 있는 것은 아래로, 아래에 있는 것은 위로, 세상을 뒤집어놓았다. 그러므로 마스크를 쓰는 순간, 행동 하나하나에 아주 짧은 움직임마다 끊임없는 교정이 뒤따라야 하는 무척이나 성가신 상황이 벌어지게 되어 있었다. 스트래튼은 일주일 동안 자신의 뇌가 위아래가 뒤바뀐 새로운 세계에 어떻게 적응하는지를 관찰했다.

스트래튼의 실험은 수백 년의 수수께끼를 풀어주었다. 1604년 요하네스 케플러는 우리 눈의 망막에 어떻게 상이 맺히는지를 밝혀냈다. 몇 년 후 누군가가 황소 눈의 뒷부분에서 가죽을 벗겨내어 케플러가 옳았다는 것을 확인했다. 광선은 눈의 렌즈에서 교차했다. 망막에 맺힌 상은 물구나무선 세계였다.

그런데 왜 우리는 세계를 똑바로 볼까? 그것은 자연스러운 의문이지만, 거기에서 나올 건 없다. 스크린에 뒤집힌 상을 보고 이게 물구나무섰다고 알아챌 작은 사람이 뇌 속에 사는 건 아니다. 눈이 보낸 신호를 처리하는 뇌세포망은 위아래를 구분하지 못한다. 뇌는 단순히 그림과 소리, 맛에 대한 인상을 만들어서, 우리가 그것을 본 곳으로 발을 옮기거나 반대로 하게 만든다.

이제, 두 번째 문제다. 우리가 이 세상을, 사물을 똑바로 선 모습으로 인식하려면 망막의 상은 반드시 뒤집힌 상이어야 할까? 아니면 뇌는 다른 방향에도 금세 적응하고 익숙해질까?

실험 초기, 스트래튼은 가벼운 어지럼증을 느꼈다. 머리를 돌릴 때마다 그를 둘러싼 모든 것이 헤엄쳐다니는 것처럼 보였다. 옛 세계상은 집요해서 쉽게 사라지지 않았다. 스트래튼이 뒤집힌 사물을 대할 때마다, 뇌는 곧바로 옛 기억을 되살려 그것을 똑바로 세워주었다. 그가 뭔가를 집으려고 할 때마다 엉뚱한 손이 나갔다. 새로운 시각에 적응이 되지 않아 글을 쓸 수가 없었으므로, 그는 종이를 보지 않은 채 메모했다. 하지만 시간이 지날수록 뇌도 뛰어난 적응력을 발휘했다. 닷새째 되던 날 스트래튼은 손으로 더듬지 않고도 집안을 돌아다닐 수 있게 되었다.

적응에 시간이 가장 오래 걸린 것은 자기 몸에 관련된 일들이었다. 스트래튼의 뇌는 눈과 귀, 피부가 끊임없이 보내오는 모순된 신호들을 하나로 묶어내느라 고생했다. 그는 자신의 팔다리가 보이지 않는 동안에는 팔다리가 익숙한 곳에 있다고 느꼈지만, 팔다리가 시야에 들어오자마자 뇌는 그가 그 팔다리를 본 곳과 충돌했다. 그것은 괴이한 환각들을 불러일으켰다. 발이 하나만 보일 때, 스트래튼은 보이지 않는 다른 발은 옛 모습 그대로 볼 수밖에 없었다. 두 발이 180도 반대방향으로 뻗어 있는 것이다.

게다가 시각은 항상 청각보다 앞서나갔다. 자신의 걸음걸이는 옛 지각형식을 가지고 있을 때와는 반대방향에서 오는 것처럼 보였다. 역상逆像안경 때문에 시야에서 사라진 신체부분들은 뒤집힌 방향감각에 저항했다. 식사를 할 때면 그의 새로운 시각은 그가 포크를 눈 위의 어딘가로 가져가고 있다는 환상을 만들었지만, 그 환상은 음식이 입술에 닿는 순간에 깨졌다. 가끔 이마가 눈 아래에 있다고 생각되는 입체파의 묘사가 생겨났다. 한번은 입이 눈썹 위에 붙은 적도 있었다.

교과서들은 자주, 실험이 끝날 무렵에는 스트래튼이 꽤나 오랫동안 세계를 다시 똑바로 인식할 수 있었다는 듯한 인상을 풍긴다. 하지

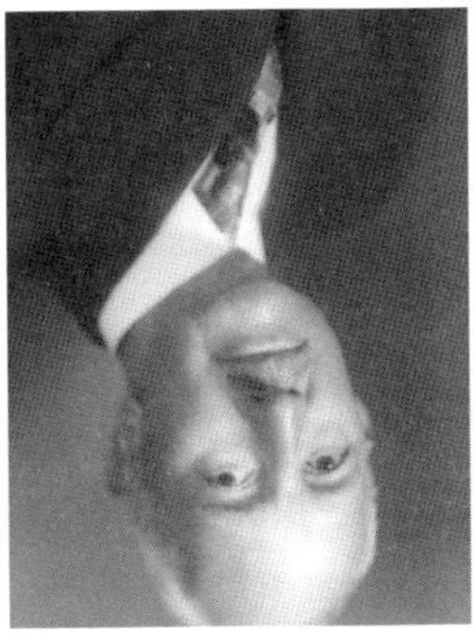

심리학자 조지 스트래튼의 망막에는 이 사진이 똑바로 서 있다. 그는 왜 뒤집혀 보일까?

만 실은 그는 엄청난 집중력을 발휘해서야 겨우, 그것도 아주 잠깐 동안 똑바로 선 세계를 그려낼 수 있었다.

★George M. Stratton, 「망막 이미지의 전도가 없는 시각 Vision without Inversion of the Retinal Image」, 『심리학 리뷰 Psychological Review』 4, 1897, pp. 341-360, 463-481.

어쨌든 그는 87시간 동안 역상안경을 쓴 뒤에—밤에는 안대를 착용했다—"그러므로, 망막에 뒤집혀 맺히는 상이 '바로 보이는 시각'에 필수적인 것은 아니다"는 결론을 내렸다. 다시 말해 뇌는 왜곡된 상에 부딪혔을 때 그가 지각하는 것과 느끼는 것 사이에 조화를 회복하는 능력을 가지고 있다.

'바로 보이는 시각'이 무엇을 뜻하는지를 이해하는 열쇠 또한 이 감각들의 조화에 들어 있다. 눈에 보이는 사물은 그 자체로는 똑바로도 뒤집혀서도 보일 수 없으며, 그것은 오직 다른 감각들이 알려준 정보와의 조화 속에서 결정되기 때문이다. 실험이 끝날 무렵까지도 대부분 뒤집혀 있었던 스트래튼의 세계가 그의 뇌에는 아무 상관이 없었던 것은 뇌가 그의 새로운 지각과 타협을 해서가 아니라 오히려 뇌가 예전에 세계가 어떻게 보였던가를 기억하고 있었기 때문인 것이다.

스트래튼이 역상안경을 벗었을 때, 낯설어 보이긴 했지만 세상은 똑바로 서 있었다. 그는 뭔가를 잡을 때 잘못된 팔을 사용했으며, 뻗어야 할 때는 구부렸다. 하지만 이 장애는 하루가 지나자 사라졌다.

실험은 반복되고 또 발전되었다. 어떤 피실험자는 마치 눈이 머리 뒤에 달린 것처럼 시각을 굴절시키는 거울을 착용했다. 결과는 기본적으로 같았다. 뇌는 적응을 잘했고, 역상안경을 쓴 그 피실험자는 심지어 산을 오르고 러시아워에 자전거를 탈 수도 있었다.

1899
채소밭의 시체

1899년과 1990년의 5월과 9월 사이에 크라카우 대학 법의학연구소는 마음 약한 사람들이 산보하는 것을 말릴 수밖에 없었다. 병리학자 에두아르트 리터 폰 니차비토프스키가 '사체동물상이론死體動物相理論' 실험을 하고 있기 때문이었다. 그는 법의학연구소 건물을 둘러싸고 있는 커다란 채소밭 몇 군데에서 사체곤충이 발생한 책임이 사산된 아기에게 있다는 사실을 실험을 통해 밝히고자 했다. 그래서 죽은 송아지, 고양이, 여우, 쥐와 고슴도치를 추가로 가져다놓고 비교했다.

니차비토프스키는 곤충들이 사체 속에 살면서 썩은 고기를 먹는지, 동물과 인간 사체에 사는 곤충의 종류가 각기 다른지, 계절이 사체동물에게 어떤 영향을 미치는지, 그리고 사체를 뼈만 남기고 먹어치우는 데에 시간이 얼마나 걸리는지를 밝히고자 했다.

그는 매일 밭에 가서 썩은 사체에 사는 곤충을 채집했다. 어느 사체에서는 11종의 곤충을 발견했다. 금초록빛 파리 *Lucilia caesar L.* 구더기는 사체를 발견한 첫날 연한 부분의 4분의 3을 먹어버렸다. 딱정벌레 *Necrodes litoralis*는 이미 죽은 지 일주일 되는 사체를 놓고 힘든 일을 하고 있었다. 뼈만 남기고 해치우기까지 여름에는 14일 정도, 그리고 봄과 가을에는 그보다 조금 더 걸렸다. 니차비토프스키는 이따금씩 제기되는 인간 시체에 사는 곤충의 혼합이 아주 특이하다는 주장은 증명하지 못했다. 다른 죽은 동물에서도 같은 종류의 곤충을 발견했기 때문이다.

이 병리학자는 사체에 사는 곤충에 대한 지식이 사망시점에 대한 역추론을 가능하게 한다고 말하기도 했는데, 이 지식은 당시에는 제한된 지역에서만 통용되었다. 오늘날 범죄곤충학은 범죄학의 한 분야로 확립되어 있다.

madsciencebook.com
독일의 법의학자인 마르크 베네케 Mark Benecke의 홈페이지 www.benecke.com에서는 법의학 분야와 관련된 곤충에 대해 더 많은 것—대부분의 경우 원하는 것보다 더 많이—을 경험할 수 있다.

★Eduard Ritter von Niezabitowski, 「사체동물상이론에 관한 실험연구 Experimentelle Beiträge zur Lehre von der Leichenfauna」, 『계간 법의학 및 공공위생Vierteljahresschrift für gerichtliche Medizin und Öffentliches Sanitätswesen』 (1), 1902, pp. 44-50.

1899 그곳의 털 잡아당기기

아마 신경과민이었을 것이다. 아니면 바늘을 잘못 찔렀든지. 아우구스트 힐데브란트가 상사인 아우구스트 비어에게 주사를 놓는 순간, 모든 것이 어긋나고 말았다. 척수액이 너무 많이 흘러나왔고, 코카인 용액은 대부분 옆으로 흘러버렸다. 1898년 8월 24일 저녁 7시의 일이었다. 곧이어 블랙코미디와 같은 획기적인 실험이 이어졌다. 이 일로 비어는 스타가 되었으며, 힐데브란트는 내출혈, 자상 및 화상 담당 조수가 되었다.

의사 아우구스트 비어는 자신의 조수에게 새로운 마취법을 시험했다.

아우구스트 비어는 킬 왕립외과병원 과장으로 다리 절단수술을 통해 이미 수차례에 걸쳐 새로운 마취법을 시험한 바 있다. 그는 신체 곳곳에 이르는 모든 신경세포가 함께 모이는 척주관脊柱管 자리에 코카인 용액을 주사했다. 예를 들어, 척주관의 위쪽은 팔, 어깨, 가슴, 아래쪽은 하복부와 다리로 가는 신경이 연결되어 있다. 코카인 용액은 신경을 마취하는 작용을 하기 때문에 주사를 놓는 위치와 강도에 따라 통증을 느끼는 정도가 달랐다.

당시에는 이미 웃음가스(아산화질소N_2O—옮긴이), 에테르, 클로르포름을 마취제로 사용했다. 하지만 이런 마취제들은 환자를 깊은 혼수상태에 빠뜨렸으며, 용량을 잘못 투여하면 죽음에 이를 수도 있었다.

척수마취가 유일한 탈출구였다. 환자에게 시험을 마친 비어는 스스로 그 효과를 시험해보고 싶었다. 하지만 불행하게도 조수 힐데브란트의 실수로 그만 너무나 많은 척수액을 잃어버리는 바람에 실험을 연기할 수밖에 없었다. 그때 힐데브란트가 스스로 피실험자로 나섰다. 저녁 7시 30분, 비어는 그에게 0.5밀리리터의 코카인 용액을 주사했고, 그 경과를 실험노트에 기록했다.

> 10분 후, 넓적다리뼈 바로 아랫부분에 커다란 외과용 주삿바늘을 꽂았다. 아무런 통증도 없었다.
>
> 13분 후, 불 붙인 담배로 두 다리를 지졌지만, 뜨겁다는 느낌만 받았을 뿐 통증은 느끼지 않았다.
>
> 20분 후, 거웃을 잡아당겼을 때는 살갗의 주름살이 들어올려지는 듯한 느낌만 받았지만, 젖꼭지 주변의 가슴털을 잡아뜯었을 때는 심한 통증을 느꼈다. 피실험자는 발가락을 뒤로 힘껏 젖혔을 때도 별다른 불쾌감을 호소하지 않았다.
>
> 23분 후, 망치로 정강이를 세게 쳤는데도 아무런 통증도 느끼지 않았다.

25분 후, 고환을 강하게 누르고 심하게 잡아당겨도 아무런 감각이 없었다.

45분이 지나자 감각이 정상으로 돌아왔고, 두 사람은 식사를 했다. 그들은 와인을 마시고 담배를 피웠다. 그것은 "이루 말할 수 없이 좋았다"고, 비어는 나중에 말했다. 덕택에 그는 두통으로 아흐레나 누워 있어야 했다. 힐데브란트는 더해서, 구토를 하고 참을 수 없는 두통과 피하출혈, 그리고 전신통증에 시달렸다.

실험 논문이 발표되자마자 척수마취가 급격히 확산되었다. 오늘날에도 척수마취는 (비록 코카인을 쓰지는 않지만) 의학에서 정석으로 취급된다.

★August Bier, 「척수 코카인요법 실험 Versuche über Cocainisirung des Rückenmarkes」, 『독일외과학 Deutsche Zeitschrift für Chirurgie』 51, 1899, pp. 361-369.

힐데브란트는 후에 척수마취의 아버지는 비어가 아니라 미국인인 제임스 레너드 코닝이라고 말하며, 옛 상사에게 등을 돌렸다. 실제로 코닝이 비슷한 실험을 하기는 했다. 그러나 실제로 그 효능을 확인한 사람은 비어였다.

힐데브란트가 왜 비어와 사이가 틀어졌는지 그 이유는 밝혀지지 않았다. 까다로운 성격 때문이었을까? 힐데브란트는 신경질적인 성격으로 유명하다. 아니면 그가 비어 논문의 피실험자가 아니라 공저자로 대접받기를 원했다는 소문이 사실일까? 아무튼 이 실험은 상사가 조수의 고환을 잡아당긴 사건으로 의학사에 길이 남게 되었다.

1900
에움길의 쥐

1690년, 궁정 정원사 조지 런던과 헨리 와이즈가 런던 남서부에 미로정원을 만들기 시작했다. 윌리엄 3세의 명에 따라 그들은 햄프턴 궁전 정원에 작은 덤불로 800미터짜리 꼬불꼬불한 길을 만들었다. 오늘날에도 매년 33만 명의 방문객들이 이곳에서 길을 잃고 헤맨다. 200년 후, 심리학자 윌러드 스몰이 나무판에 몇 개의 철조망으로 새로운 햄프턴 궁전 미로정원을 만들어 쥐를 키웠다.

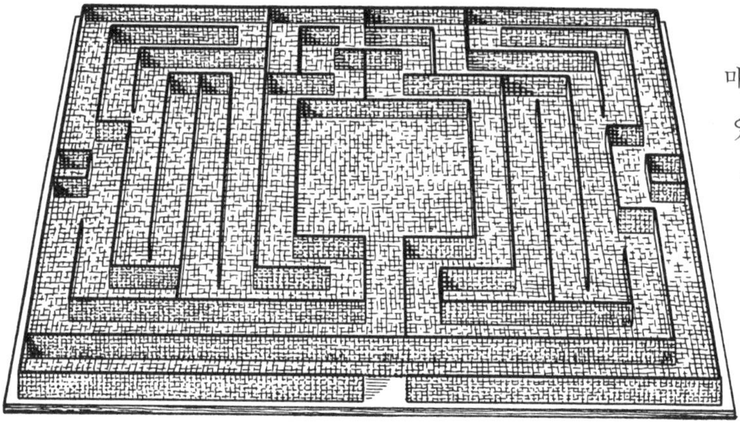

과학적인 목적으로 최초로 만든 쥐의 미궁. 런던 햄프턴 궁의 미로정원을 본떴다.

사연은 이렇다. 미국 매사추세츠 주 우스터에 있는 클라크 대학의 한 연구원이 쥐의 지능을 연구하기 위한 방법을 찾고 있었다. 가능한 한 쥐의 행동에 영향을 미치지 않도록 통제된 환경이 필요했다.

쥐들이 꼬불꼬불한 길을 좋아한다는 데에 생각이 미친 스몰은 작은 미궁labyrinth을 만들기로 했다. 언젠가 읽은 적이 있는 캥거루쥐에 관한 논문에서 아이디어를 얻었을지도 모른다. 그는 자신의 설계도가 "이 실험을 위한 장비와 눈에 띄게 유사해 보인다"고만 썼다.

스몰은 그 미로가 심리학에서 얼마나 유례를 찾아볼 수 없을 정도로 성공적인 장비이며 얼마나 한계를 뛰어넘는 것인지 꿈에도 짐작하지 못했을 것이다. 이 미로 속의 쥐는 과학과 인생이라는 미로 속에서 길을 잃고 헤매는 현대인의 상징으로 떠올랐다. 인터넷에서 '미로maze 속의 쥐'를 검색해보면 순식간에 수천 마리는 찾아낼 수 있다. 미국 정부는 '미궁에 빠진 쥐'와 같고, 김 대리는 월요일 아침마다 자신이 한 마리의 쥐라고 느낀다.

인터넷 사이트 www.achievinghappiness.com에는 더는 자신을 '미궁 속의 쥐'처럼 느끼지 않도록 도와주는 '행복 공식'이 있다. 미궁 속의 쥐는 나아가 우리에게 새로운 종류의 만화를 선사해주었다. 다른 아무런 보조장치 없이 과학실험만 가지고도 여러 가지 착상을 떠올릴 수 있지 않은가.

★Willard S. Small, 「쥐의 정신과정에 대한 실험적 연구Experimental study of the mental processes of the rat」, 『미국 심리학American Journal of Psychology』 12, 1900-1901, pp. 206-239.

스몰은 브리태니커 백과사전의 '미궁'이란 항목에서 영국 미로정원에 관한 내용을 보았다. 그는 여기에서 힌트를 얻어 햄프턴 궁전을 모방하기로 했다. 그가 만든 미로는 가로 2.4미터, 세로 1.8미터 크기의 직사각형이다(햄프턴 정원의 미로는 사다리꼴이다). 10센티미터 높이의 철조망으로 통로를 막았고, 바닥에는 톱밥을 깔았으며, 한가운데에 먹이를 두었다.

그런 다음 입구에 쥐를 놓았다. 처음 두 번은 쥐가 실험실 소음에 겁을 집어먹는 바람에 실패했다. 세 번째 실험에서는 15분 뒤 이 작은 짐승이 먹이가 있는 지점에서 발견되었고, 네 번째 실험에서는 10분, 다섯 번째는 1분 45초, 그리고 여섯 번째는 3분, 일곱 번째는 50초 후에 각각 먹이가 있는 지점에 도착했다. 쥐들은 실험이 거듭될수록 미로를 더 잘 파악했다.

이 결과는 얼핏 진부해 보이지만, 실은 놀라운 사실을 담고 있었다. 쥐들은 먹이를 발견한 다음에야 비로소 그 많은 시도 가운데 어느 것이 옳은지 알게 되었기 때문이다. 쥐는 5분 전에 어디서 왼쪽으로 꺾었고, 또 3분 전에 어디서 오른쪽으로 돌았는지를 기억해야만 했다.

심리학자 에드워드 리 손다이크는 이것을, 유기체를 만족시키는 효과(먹이)는 유기체에게 불쾌한 효과를 주는 것보다 더 큰 가능성을 가져온다는 '효과의 법칙'으로 설명했다. 30년 후 심리학자

"저 사람들이 새로운 환경에 적응한 것처럼 보이는군요."

"음, 당신이 내게 물어본다면 말인데, 당신은 실험심리학자로 보이지는 않는군요."

"내가 자발적으로 실험에 등록한 건 아니에요. 하지만 난 수수께끼를 좋아하죠."

스키너는 새로운 단어를 사용한 이론을 마련하여 또 다른 만화가들이 애호하는 소재를 제공했고, 인간의 본성에 대한 그의 이론은 수많은 적을 만들어냈다(→111쪽).

1901
범죄학 강의실의 살인 실험

계획대로, 총알은 저녁 7시 45분에 발사되었다. 1901년 12월 4일 수요일, 베를린 대학의 범죄학 세미나에서 프란츠 폰 리스트 교수가 프랑스 법학자 가브리엘 타르드의 이론에 대한 소개를 막 끝냈다. 이때 수강생 한 명이 일어나 말했다.

"타르드의 이론을 기독교적 도덕철학의 관점에서 잠깐 살펴봤으면 합니다."

"그런 관점 따위는 없어!"

옆 사람이 소리쳤고, 이어서 험한 말들이 오갔다.

"댁한테 물어본 게 아니니까, 가만히 좀 계쇼!"

"건방진 놈 같으니라고!"

"한마디만 더 하면 그땐……."

말다툼은 주먹다짐으로 바뀌었다.

시비를 건 이가 권총을 꺼내들어 상대방의 이마에 총구를 갖다댔다. 폰 리스트 교수가 급히 끼어들어 총을 쥔 손을 내리쳤다. 총구가 심장 부근으로 내려갔을 때, 총성이 울렸다.

청중은, 권총은 장난감이고 험악한 다툼 역시 독일의 심리학자 윌리엄 슈테른이 제안한 실험의 일부라는 것을 알지 못했다. 슈테른은 심리학계의 팔방미인이었다. IQ 검사를 생각해낸 것도 그였다. 그는 발달심리학을 연구했으며, 『진술陳述심리학』 지의 발행인이었다. 이 전문학술지의 연구자들은 '사람들은 얼마나 정확히 기억하는가' 하는 문제에 매달려 있었다.

슈테른은 피실험자들에게 45초 동안 그림을 보여준 다음 그것을 묘사하라고 했을 때, 대부분의 사람들이 제대로 기억해내지 못한다는 사실을 알게 되었다. 많은 사람들이 실제로는 없었던 어떤 물건들을 보았다고 확신했던 것이다. 사람의 기억력을 신뢰할 수 있는가 여부는 특히 법정에서 결정적으로 중요한 의미를 지닌다. 그래서 슈테른은 사람들이 실제 범죄와 유사한 상황을 목격하게 하는 실험을 제안했다.

총알이 발사된 뒤에야 사람들은 이 험악한 싸움이 연극이었음을 알았다. 그들 가운데 열다섯 명(나이 많은 법학도와 시보試補들)이 자신이 목격한 상황을 말이나 글로 진술했다. 세 명은 당일 저녁 또는 다음날 낮에 했고, 아홉 명은 일주일 후에, 그리고 세 명은 5주가 지난 후에 진술했다. 그 결과를 보면, 열다섯 단계로 나눈 각각의 상황을 정확히 진술한 사람은 단 한 명도 없었다. 오류의 비율은 27~80퍼센트에 이르렀다.

예상대로, 많은 목격자들은 그 당시 오간 대화를 정확히 기억해 내지 못했다. 더욱 놀라운 것은 몇몇 목격자들이 없던 이야기도 지어냈다는 사실이다. 그들은 입을 다물고 있었던 청중들이 말을 했다고, 그리고 그 자리에 가만히 서 있었던 두 싸움꾼이 쫓고 쫓겼다고 진술했다.

목격자 진술의 신뢰성이 낮다는 이 실험 결과는 법률가들을 토론으로 이끌었다. 프란츠 폰 리스트는 『독일 법률가 신문』에서 이렇게 물었다. "우리의 가장 확실한 근거, 즉 의심의 여지 없는 목격자의 진술이 정확한 과학적 연구에 의해 흔들릴 때, 우리의 귀중한 입증자료에 대한 신뢰성의 믿음이 무너질 때, 도대체 우리 형법 법률가들은 어떻게 될까?" 실험을 고안했던 윌리엄 슈테른은 법정에서 증인의 진술을 판단할 때 전문가의 조언을 받도록 하자는 제안을 내놓았다. 지금은 그것이 관례가 되어 있다.

이 권총 실험과 같이 피실험자들이 실험인지를 모르고 참여하는 방식인 '놀람실험'은 1900년대 초부터 유행했다. 한 번은 학생들에게 강의실 문 앞에서 거짓으로 시끄럽게 싸우도록 하고, 또 한 번은 한

madsciencebook.com
당신은 믿을 만한 증인인가? 직접 목격 실험을 해보고 판단하라.

학생에게 얼굴에 마스크를 쓰고 강의실에 20분 동안 앉아 있게 한 다음, 며칠 후 수강생들에게 그 마스크가 어떤 마스크였는지를 물었다. 아홉 개의 마스크 가운데 그 마스크를 찾아낸 사람은 스물두 명 중 단 네 명에 불과했다.

★Jaffa, S., 「베를린 대학 범죄학 세미나에서의 심리학 실험 Ein psychologische Experiment im kriminalistischen Seminar der Universität Berlin」, 『진술심리학Beiträge zur Psychologie der Aussage』(1), 1903, pp. 79-99.

하지만 몇몇 실험들은 연극의 도가 지나쳤다. 1903년에 열린 괴팅겐 정신과의사-범죄심리학자협회 모임에서는 연설 도중에 '한 손에는 돼지 오줌보를, 다른 손에는 빨간 터키모자를 흔드는 어릿광대'가 뛰어들더니, 그 뒤를 '튀는 복장을 하고 손에는 권총 한 자루를 든 흑인'이 쫓았다. 나중에 그 자리에 있던 청중에게 그 상황을 묻는 설문조사를 했는데, 사람들의 진술은 역시 제각각이었다.

후에 이 권총 실험은 사람의 기억이 얼마나 믿을 게 못 되는지를 또 한 번 여실히 증명했다. 1955년에 발행된 범죄심리학 교과서에서 베를린의 그 권총 발사 사건이 '단도 난자' 사건으로 바뀌어버린 것이다.

1901
영혼의 무게, 21그램

정말 중요한 기사였다. 『뉴욕 타임스』조차 1907년 3월 11일자 5면에 "의사는 영혼에 무게가 있다고 믿는다"고 썼다. 바로 매사추세츠 주 하버힐 출신의 의사 던컨 맥두걸이 6년 전에 시작한 희한한 실험에 대한 보도였다.

맥두걸은 오래전부터 영혼의 본성에 대해 연구해왔다. 그의 기발한 논리대로 사람이 죽은 뒤에도 정신적인 능력이 여전히 존재한다면, 그것은 살아 있는 신체 속에서 일정한 공간을 차지해야만 한다. 그리고 '새로운 과학지식'에 따르면 공간을 차지하는 모든 것은 얼마간의 무게가 있으므로, '사람이 사망하는 동안 무게를 재면' 영혼의 무게를 알 수 있을 것이다. 그래서 맥두걸은 정밀한 저울을 만들었다. 침대를 매달고 있는 이 저울은 5그램부터 측정할 수 있었다.

저울의 민감도는 피실험자에 따라 심하게 달라졌다. 맥두걸은 나중에 전문학술지 『미국 의학』에 "심하게 탈진해 근육이 거의 움직이지 않는 병에 걸려 죽어가는 환자가 제일 적합해 보였다. 그래야 저울이 완벽한 평형을 유지하고 죽는 순간의 작은 변화까지 감지할 수 있기 때문이다"라고 썼다. 예를 들어, 폐렴에 걸린 사람은 이 실험에 적합하지 않다. 그들은 '저울의 평형을 깨뜨리기에 충분할 만큼 싸우기' 때문이다.

가장 좋은 피실험자는 결핵 환자로 밝혀졌다. 우리가 익히 알고 있듯, 최후의 순간에 활동성이 없기 때문이다. 맥두걸은 매사추세츠 주 도체스터에 있는 컬리스 프리홈 결핵요양소에서 그들을 발견했다. 맥두걸은 환자들이 죽기 몇 주 전에 그들의 동의를 얻었다고 『미국 심리학회 저널』에 썼다. 그래도 여전히 맥두걸의 생물신학 연구를 회의적으로 바라보는 사람들이 있었다. 맥두걸은 자신이 몸무게를 잰 환자 여섯 명 가운데 한 명은 저울의 0점 조정이 제대로 되지 않았다고 불평했다. "우리의 연구를 반대하는 사람들의 엄청난 방해공작" 때문이라는 것이었다.

맥두걸은 오후 5시 30분에 첫 번째로 죽어가는 사람을 영혼저울에 올려놓았다. 3시간 40분이 지난 후 "그는 마지막 숨을 쉬었고, 죽음과 동시에 저울의 가로장이 위쪽 차단막에 부딪치는 소리가 들렸다." 다시 균형을 맞추기 위해 맥두걸은 1달러짜리 동전 두 개를 올려놓아야 했다. 21그램이었다.

다음 다섯 명의 피실험자들은 혼란스러운 장면을 연출했다. 두 명은 측정이 유효하지 않았다. 또 다른 한 명은 사망 후 몸무게가 늘었다. 체중이 떨어졌다가 오르고 다시 떨어진 경우도 두 명 있었다. 게다

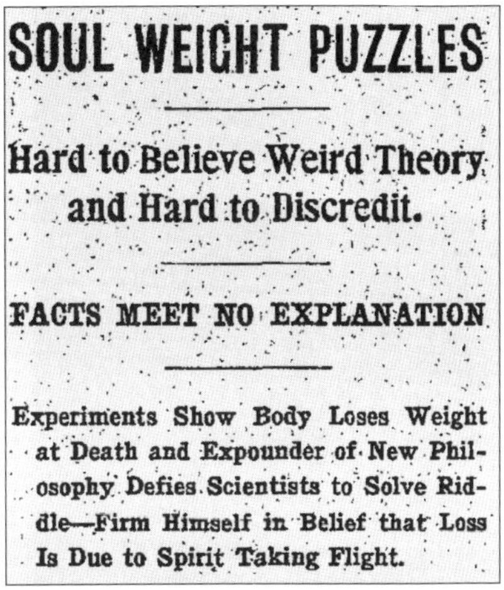
SOUL WEIGHT PUZZLES

Hard to Believe Weird Theory and Hard to Discredit.

FACTS MEET NO EXPLANATION

Experiments Show Body Loses Weight at Death and Expounder of New Philosophy Defies Scientists to Solve Riddle—Firm Himself in Belief that Loss Is Due to Spirit Taking Flight.

"영혼 무게의 수수께끼—믿을 수도 안 믿을 수도 없는 기묘한 이론—데이터에 대한 아무런 설명도 없어"(『워싱턴 포스트』 1907년 3월 18일자)

"영혼의 무게를 재는 계획—의사가 전기의자를 이용한 실험을 제안—새로운 이론을 위한 적절한 실험"(『워싱턴 포스트』 1907년 3월 12일자)

PLAN TO WEIGH SOULS

Physician Proposes Experiment with Death Chair.

FAIR TEST OF NEW THEORY

Dr. Carrington, of New York, Says Proposed Method Would Do Away with Uncertainty Present in New England Experiments When It Is Said Immortal Part of Man Weighs an Ounce.

영화 <21그램>(2003)의 감독 알레한드로 곤잘레스 이냐리투는 영혼의 무게를 측정한 100년 전 실험으로 제목을 정했다.

가 정확한 사망시점을 판정하기가 어려웠다. 그러나 이런 사소한 문제들은 인간 영혼의 존재에 대한 증거를 밝힌다는 그의 믿음에 아무런 손상도 입히지 못했다.

그는 이 소견을 확인해주는 두 번째 실험을 수행했다. 몸무게가 15~75파운드 나가는 개 15마리를 저울 위에서 죽였다. 조금도 체중이 감소하지 않았다. 『미국 의학』 지에 실린 맥두걸의 논문은 개들이 저울에서 죽었다는 것을 어떻게 확인했는지 밝히지 않았지만, 아마도 독살했을 것으로 짐작된다. 맥두걸은 이 실험에 만족하지 않았다. 기이한 실험을 위해 15마리의 건강한 생명을 죽여서가 아니라 이번 실험의 결과를 이전 피실험자의 것과 직접 비교할 수가 없었기 때문이다. 실험에 사용한 개도 첫 번째 피실험자와 같이 심각한 병에 걸려서 움직이지 못했어야 이상적이었을 것이라고 맥두걸은 썼다. "하지만 내게 그런 병에 걸린 개를 얻는 행운은 없었다."

맥두걸의 실험에 대한 전문가 집단의 의견은 더욱 혼란스러웠다. 동료 가운데에는 맥두걸이 '역사상 가장 중요한 과학적 발견'을 했다면서 실험방법의 개선책에 대해 토론하는 사람이 있는가 하면, 멍청한 실험이라고 폄하하는 사람도 있었다. 특히 죽어가는 환자들을 실험에 이용했다는 것이 문제였다. 부패가 빨리 시작되어 체중변화를 일으키기 때문이었다. 뉴욕의 한 의사는 『워싱턴 포스트』에서 "정상적이고 완벽하게 건강한 사람으로 실험했더라면 정말 좋았을 텐데"라고 언급했다. 그는 전기의자를 저울에 매달아 몸무게의 변화를 재자고 제안하기도 했다.

포기하지 않고 실험을 계속하던 맥두걸은 1911년에 육체를 떠나는 영혼의 '순수하고 강렬한 빛'을 보았다고 주장해 다시 한 번 주목을 받았다.

이 실험의 유일한 유산은 첫 번째 피실험자의 체중감소였다. 이

★Duncan MacDougall, 「영혼물질에 관한 가설—영혼물질의 존재에 관한 실험적 증거와 함께Hypothesis Concerning Soul Substances Together with Experimental Evidence of the Existence of Such Substances」, 『미국 의학American Medicine』, 1907.4, pp. 240-243.

21그램이 지난 100년 동안 대중사회에서 영혼의 무게로 유령처럼 떠돌아다녔다. 심지어 2003년에는 영화에도 등장했다. 삶과 죽음의 깊은 의미를 다룬 영화 <21그램>(알레한드로 곤잘레스 이냐리투 감독)이 바로 그것이다.

1902
파블로프가 벨을 울릴 때

러시아 의사 이반 페트로비치 파블로프는 보기 드문 기록을 갖고 있다. 개를 이용한 20세기 초의 그의 실험에서 이름을 딴 그룹밴드가 가장 많다는 것이 그것이다.

1970년대에는 '파블로프의 개와 조건반사 소울 레뷰 콘서트 콰이어Pavlov's Dog And the Condition Reflex Soul Revue and Concert Choir'가 있었고, 1980년대에는 '이반 파블로프와 타액분비군Ivan Pavlov and the Salivation Army'이 데뷔했으며, 1990년대에는 블루그래스(미국 컨트리뮤직 가운데 가장 촌스러운 스타일—옮긴이) 밴드 '파블로프의 개Pavlo's Dawgs'(Dawg에는 '개'와 함께 '젠장'이라는 뜻도 있다—옮긴이)와 록밴드 '조건반응Conditioned Response'이 있었다. 그리고 새천년이 시작된 다음에는 영국의 민속극 <파블로프의 고양이Pavlov's Cat>가 공연되었다. 음악인들만 파블로프와 관련

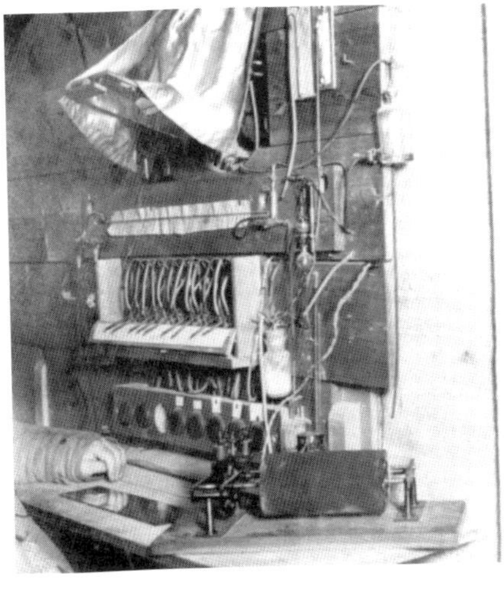

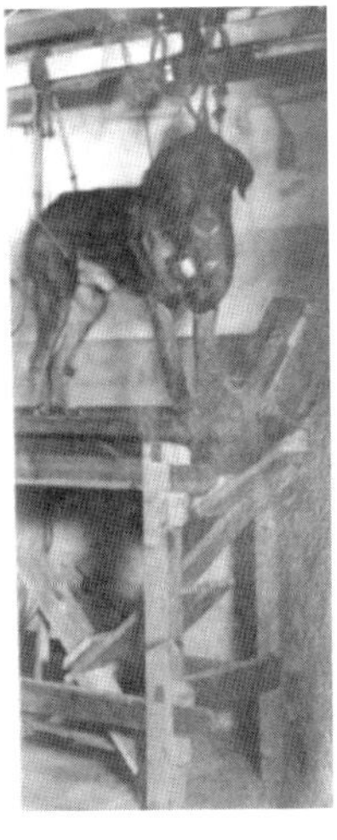

실험 공간의 모습. 파블로프는 개를 완전히 고립시키기 위해서 실험 공간을 실험실에 매달아놓았다. 모든 조작은 바깥에서 손잡이와 여기에 연결된 줄(왼쪽)을 통해 이루어졌다.

이반 페트로비치 파블로프는 1904년 노벨 생리학상을 수상했다. 하지만 그는 나중에 수행한 개의 조건반사 실험으로 더 유명해졌다.

한 이름을 지은 것은 아니다. '파블로프의 개'는 아일랜드의 광고회사, 영국의 술집, 캐나다의 극단, 미국 볼티모어에 있는 원월드 카페에서 파는 술 이름이기도 하다.

파블로프는 소화와 관련한 연구로 1904년에 노벨 생리의학상을 수상했다. 하지만 그가 전 세계적으로 유명해진 것은 이것 때문이 아니다. 이것을 연구하는 과정에서 우연히 발견한 기초적인 학습 메커니즘이 훨씬 더 큰 역할을 했다.

파블로프는 소화에 관한 연구를 하던 중 침샘의 기능에 관심이 생겼다. 그는 침샘의 작용을 관찰하기 위해 살아 있는 개의 뺨에 구멍을 뚫고, 침샘에서 나오는 침을 작은 그릇에 직접 받았다. 개에게 주는 음식에 따라 나오는 침의 성분을 파악하는 것이 그의 본래 목적이었다.

그런데 문제가 발생했다. 개에게 몇 번 먹이를 주고 나자, 먹이를 보기만 해도 개가 침을 흘렸던 것이다. 처음에 파블로프는 그런 반응이 실험을 방해하는 요소라고 생각해서 어떤 예고도 없이 입에 먹이를 넣는 기술을 개발했다. 하지만 개는 아주 작은 신호만 가지고도 먹이와 연결지었다. 연구자를 보거나 발자국 소리만 듣고도 침을 흘리기 시작했던 것이다.

madsciencebook.com
파블로프에 관한 교육영화 한 편을 볼 수 있다.

파블로프는 곧 이 현상을 실험의 오점이 아니라 새로운 연구영역으로 바라보았다. 그는 먹이를 주기 전에 보내는 신호를 여러 가지로 조절했다. 5초 전에 메트로놈을 작동시키거나 차임벨을 울렸다. 몇 번 시도하자 — 차임벨의 경우 딱 한 번이면 충분했다 — 신호만으로도 침을 흘렸다. 종소리가 나면 먹이를 준다는 것을 개가 학습한 것이다.

개 스스로 주변 환경의 작은 힌트만으로도 먹이신호를 눈치챘으므로, 파블로프는 상트페테르부르크에 방음설비를 갖춘 새로운

그 어떤 실험도 이처럼 많은 그룹밴드가 이름을 딴 적이 없다. 미국 록밴드 조건반응의 1997년 앨범 <파블로프의 개>.

건물을 지었다. 여기서는 손잡이와 줄을 통해 멀리서도 필요한 모든 작동을 할 수 있었다.

"그러면, 이제 나에게 먹이를 주지 마시고요, 그냥 종만 한 번 치세요."

파블로프가 발견한 기초적인 학습 메커니즘을 '고전적 조건화'라고 한다. 자연적인 자극-반응(먹이-침 분비) 조합에 새로운 자극(종소리)이 결합되었다. 이때 새로운 자극은 피학습자가 본능적으로 타고난 행동만 유발할 수 있다. 또한 이 메커니즘에서는 거의 모든 임의적인 조합이 가능하다. 이에 반해, 어떻게 새로운 행동을 학습하는지에 관해서는 30년 후 미국의 심리학자 스키너가 '스키너 상자'를 이용해 연구한다(→111쪽).

madscienebook.com
고전적인 조건화를 쉽게 설명해주는 애니메이션을 보라.

파블로프는 이 실험에서 조건화가 어떻게 사라지는지도 밝혀냈다. 개에게 종을 친 후에도 먹이를 주지 않는 실험을 몇 차례 반복하자, 개는 종소리와 먹이의 상관관계를 잊어버렸다. 나중에 발달한 행동치료법은 이 원리를 바탕으로 한다. 예를 들어, 행동치료에서 환자는 공포를 일으키는 상황에 직면하게 되고, 이 방법에 따라 상황과 공포 사이의 연결이 사라지게 된다.

★Ivan Petrovich Pavlov, 『조건반사: 대뇌피질의 생리활동에 관한 연구Conditioned Reflexes: An Investigation of the Physiological Activity of the Cerebral Cortex』, Oxford University Press, 1927.

오늘날 '파블로프의 개'는 일상적인 개념이다. 문화비평가들에게 파블로프의 개는 광고에 의해 '소비하는 동물'로 조련되어 특정한 자극에 의해 예측된 구매행동을 하는 서구 산업사회의 대중을 상징한다.

역사상 유명한 과학자들 가운데 자신의 이름을 딴 밴드가 파블로프보다 많은 사람은 현재까지 없다. 1973년 '파블로프의 개'로 이름을 바꾼 '파블로프의 개와 조건반사 소울 레뷰 콘서트 콰이어'는 데뷔 앨범으로 당시까지 미국 음반사상 최고 선지급금인 60만 달러를 받았다. 3년 후 음반회사는 망하고 음악가는 파산해 해산되고 말았지만.

1904
천재 말 한스의 숫자계산법

1904년 여름, 보호막이 둘러진 북베를린의 어느 마당에서 특이한 광경이 펼쳐졌다. 정년퇴직한 교사 빌헬름 폰 오스텐이 점심때마다 임대지의 한가운데서 그의 말 한스Hans의 특별한 능력을 실연한 것이다.

한스는 분수셈을 했고, 사람 수를 세고, 그림을 알아보았으며, 시계를 볼 줄 알고, 완벽한 음감을 가졌으며, 1년치 달력을 모두 암기했다. 전 세계의 신문들이 앞다투어 이 천재 말에 대해 보도했다. 『멕시칸 헤럴드』는 심지어 이 말이 얼마 있지 않아 미주 순회공연을 할 것이라는 추측기사를 내보내기까지 했다. 한스를 찬양하는 노래가 나오고, 장난감과 술에 한스라는 이름이 붙여졌다. 하지만 오늘날 사람들이 그 이름을 기억하는 까닭은 그의 명석함 때문이 아니라 그의 지능을 부정하는 실험 때문이다.

빌헬름 폰 오스텐은 4년 동안 한스를 학생처럼 가르쳤다. 말을 마당의 칠판 앞에 세워놓고 계산틀을 이용해 산수를, 철자칠판을 이용해 읽는 법을 가르쳤으며, 아동용 하모니카로 음악을 전수했다. 말馬은 말言을 하지 못하므로, 고개를 끄덕이거나 흔들고 아니면 편자로 바닥을 두드려서 대답했다.

알파벳과 음계의 소리 그리고 카드 이름은 숫자로 바꾼 다음 편자로 바닥을 두드려서 표현했다. 에이스는 한 번, 킹은 두 번, 퀸은 세 번, 하는 식으로. 그 교수법은 사람들이 "잘만 다듬는다면 아마 호텐토트족(남아프리카의 원주민 종족-옮긴이)에게도 실제로 적용할 수 있을 것"이라고 인정할 정도였다.

과학계도 한스에게 주목했다. 각 분야의 명망가들이 한스를 주의깊게 살펴보았는데, 이 가운데는 서커스단장 파울 부슈, 동물원장 루트비히 헤크, 수의사 미츠너 박사 그리고 당시 가장 저명한 심리학자 가운데 한 명이었던 베를린 대학의 카를 슈툼프가 있었다. 이들은 1904년 9월 12일 한스의 능력을 목격하고 희한한 감정서에 서명했다. 이들 13명을 일컫는 '한스 위원회'는 폰 오스텐이 어떠한 속임수

세계에서 가장 유명한 말 똑똑한 한스에게 셈법 가르치기. 하지만 풍스텐의 '진지하고 상세한' 실험은 한스의 놀라운 능력 뒤에 실제로 숨어 있는 것을 밝혀냈다.

도 쓰지 않았음을 보증했다. 한스가 그것이 무엇인지를 알았건 몰랐건, 한스에게는 증서가 수여되었다. 여기에는 이렇게 씌어 있었다. "지금까지 유사한 사례가 없지는 않았지만, 그것들과는 근본적으로 구별되는 유일한 사건이다."

이 수말이 사람보다 못한 것은 언어뿐이라고, 이들 중 한 명이 흥분하여 말했다. 그리고 경험 많은 한 교사는 이 말이 '13~14세 소년 수준'이라고 평가했다. 한스가 어쩌다가 답을 틀리는 것은 '한스가 일부러 자신의 자립성을 보여주는, 거의 유머감각에 가까운 신호'로 해석되었다. 몇몇 동물학자들은 한스에게서 동물과 인간의 영혼이 동등하다는 증거를 보았다.

감정서는 이 현상을 "진지하고 상세하게 과학적으로 연구할 필요가 있다"는 문장으로 끝을 맺었다. 심리학자 슈툼프는 이 과제를 제자인 오스카 풍스트에게 맡겼다. 하지만 얼마 후, 풍스트는 실험을 통해 한스의 지능이 별다르지 않다는 것을 알아냈고, '계산하는 말'보다 더 놀라운 사실을 발견했다.

풍스트의 첫 번째 실험은 한스가 정말로 인간의 도움 없이 과제를 풀 수 있는지를 확인하는 것이었다. 만약 풀 수 있다면, 한스에게 제시한 문제의 답을 실험자가 '알든 모르든' 한스의 답에는 차이가 없어야 한다. 풍스트는 한스에게 자신이 제시하는 카드에 적힌 숫자만큼 발을 구르는 과제를 내었다. 그는 말에게만 카드를 보여주기도 하고, 때로는 자신이 그 카드를 보기도 했다. 결과는 명백했다. 풍스트가 카드에 적힌 숫자를 보았을 때는 한스가 답을 맞힐 확률이 98퍼센트에 달했지만, 풍스트가 숫자를 보지 않았을 때는 확률이 겨우 8퍼센트밖에 되지 않았다.

이번에는 한스의 계산능력을 조사하기 위해 두 사람이 양쪽 귀에 대고 숫자 하나를 속삭이게 한 후 말에게 덧셈을 시켰다. 이 조건에서는 오직 한스만이 결과를 알 수 있다. 한스는 실패했다. 풍스트는 "이 수말이 주변 환경에서 어떤 자극을 받는" 것이 분명하다고 생각했다. 그러나 주인이 숫자를 제시하고 그것을 계산하는 서커스단의 동물들과 달리 한스의 주인 폰 오스텐은 실험현장에 없었다. 이것은 매우 놀라운 사실이다. 한스에게 눈짓을 할 수 있는 유일한 사람은 실험 책임자, 곧 풍스트 자신인 것이다. 그러나 그는 그것을 전혀 깨닫지 못했다.

정말로 한스가 출제자에게서 힌트를 얻었단 말인가? 풍스트는 말에게 안대를 씌웠다. 말이 계속 풍스트의 얼굴을 엿보려 하고 안대

베를린 그리베노프 가 10번지 집의 정원에서 점심때 공연하는 똑똑한 한스.

교사와 학생: 계산틀과 철자칠판 같은 학습도구 앞에 서 있는 빌헬름 폰 오스텐과 한스.

가 자꾸 벗겨지는 바람에, 실험은 어려웠다. 그럼에도 불구하고 실험은 이루어졌고, 결과는 명백했다. 풍스트를 보지 못하자, 한스는 더는 옳은 대답을 하지 못했다. 이로써 한스가 출제자로부터 답을 찾았다는 것이 분명해졌다.

풍스트는 중립적인 상태에서도 실험했다. 꼼꼼하게 관찰한 끝에, 풍스트는 한스가 출제자의 머릿짓 같은 아주 작은 무의식적인 움직임에 이끌리는 것이 틀림없다는 결론에 도달했다. 말에게 질문을 던진 사람은 발을 구르는 모습을 보기 위해 아주 조금 머리를 끄덕인다. 이 것이 한스에게는 발을 굴려 걷기 시작하는 신호다. 답이 되는 숫자 앞에 오면 출제자는 한스를 쳐다본다. 그러면 말이 선다.

이 가설을 검증하기 위해 풍스트는 새로운 실험을 고안했다. 각기 다른 거리만큼 떨어져서 한스에게 문제를 내는 것이다. 거리가 멀어질수록 답의 신뢰도는 낮아졌다. 한스는 거리가 멀어질수록 신체의 신호를 정확하게 읽지 못했다. 곧이어 풍스트는 답이 1인 과제를 냈다. 그의 추측이 옳다면, 한스에게는 틀림없이 이 문제가 가장 어려울 것이다. 왜냐하면 실험을 하는 사람이 말에게 시작신호와 종료신호를 거의 동시에 보여주어야 하기 때문이다. 실제로 한스는 답이 1일 때

"똑똑한 한스가 제국의회를 보고 '오래 머무르는 말이 없군' 하고 생각했다. '아듀, 베를린!'" 베를린을 떠나는 한스를 그린 『와그르르 Kladderdatsch』(1909)의 캐리커처.

가장 큰 어려움을 겪었다.

그리고 결정적인 증거가 나왔다. 출제자가 아무 문제도 내지 않고 몸을 앞으로 살짝 기울이기만 했는데도, 똑똑한 한스가 똑딱거리며 걷기 시작했던 것이다.

이와 같은 일련의 기발한 실험만으로도 고전의 반열에 오를 수 있었을 테지만, 더 빛나는 장면이 또 있다. 1904년 11월, 풍스트는 25명의 사람들을 차례로 베를린 대학 심리학연구소로 데려왔다. 그 사람들이 어떤 숫자 하나를 떠올리면 풍스트 자신이 딱 그 숫자만큼 손가락으로 책상을 두들기겠다고 했을 때, 어떤 일이 벌어질지 예상한 사람은 아무도 없었다. 풍스트는 자신의 유명한 책 『똑똑한 한스』에서 그 실험에 대해 이렇게 썼다. "그것은 마치 말 못 하는 말이 아니라 말하는 말들과 실험하는 느낌이었다." 풍스트는 25명 중 23명의 무의식적인 신체신호를 읽어내어 답을 맞히는 데에 성공했다.

풍스트의 연구는 각 실험의 가장 큰 방해요소가 실험자의 기대임을 명확히 보여주었다. 이후 수많은 연구들이 밝혔듯이, 연구자는 자기도 모르는 사이에 자신이 예측하는 방향으로 실험 결과에 영향을 미친다. 풍스트는 한스가 걷기를 멈추기 바랄 때 무의식적으로 그에게 신호를 보냈다. 현대 심리학에서는 이 현상을 '실험자효과'라고 부르는데, 실험을 고안할 때는 반드시 이것을 고려해야 하는 것으로 되어 있다. 풍스트의 실험은 심지어 오늘날에도 '똑똑한 한스 현상'을 토론하는 심포지엄들이 열릴 정도로 유명한 연구로 남아 있다.

그런데, 과연 풍스트가 그 실험들의 진짜 주인공이었을까? 뭔가 미심쩍다고 생각한 독일 심리학자 호르스트 군틀라흐는 전통적으로 전해져 내려온 이 사건들 속에서 명백한 모순점들을 찾아냈다. 예를 들면, 풍스트는 실험을 채 끝내지도 않은 상태에서 몇 년의 시간을 들

A Marvel in Animal Education in Germany

"The Wonder Horse" of Berlin Described by Prof. Amos W. Patten of Northwestern University.

'독일 동물교육의 기적'(『스티븐스 포인트 데일리 저널Stevens Point Daily Journal』 1904년 10월 13일자). 한스의 거짓 능력은 미국에도 보도되었다.

여 박사논문을 썼다. 그는 왜 간단하게 '똑똑한 한스'를 주제로 한 논문을 써서 제출하지 않았을까? 그리고 어떻게, 연구조수도 아닌 오스카 풍스트가 그 책의 단독 저자가 될 수 있었을까? 일반적으로 교수는 자신이 지도하는 학생의 연구에 자기 이름을 함께 싣는다. 풍스트는 그 뒤로 단 한 권의 책도 쓰지 않았고, 심지어는 논문 한 편 발표한 적도 없다. 군틀라흐는 그 책의 대부분은 풍스트가 아니라 스승인 슈툼프가 썼다고 생각한다. 하지만 몇 달 동안이나 한스를 천재 말이라고 믿었다며 자신을 조롱하는 동료들과 언론 앞에서, 그는 더 이상 자신을 말과 연관짓고 싶지 않았다는 것이다.

이 실험으로 빌헬름 폰 오스텐은 모든 것을 잃었다. 결과가 드러나기 시작하자 그는 카를 슈툼프에게 과학자들이 다시는 오지 않았으면 좋겠다는 내용의 편지를 썼다. 물론 폰 오스텐은 결코 사기꾼이 아니다. 그 역시 풍스트처럼 '무의식적'인 신호를 보냈을 뿐이다. 베를린에서 공연하는 동안 폰 오스텐이 한스에게 낸 문제에는 한스가 어떤 특정한 사람을 좋아하는지 싫어하는지를 묻는 문제도 들어 있었다. 한번은 그가 한스에게 이렇게 물었다. "한스, 너는 추밀고문관이신 슈툼프 씨를 좋아하니?" 한스는 고개를 저었다.

★Oskar Pfungst, 『똑똑한 한스: 폰 오스텐 씨의 말Der kluge Hans. Das Pferd Herrn von Osten』, Johann Ambrosius Barth, 1907.

빌헬름 폰 오스텐은 1909년 6월 29일에 죽었다. 임종 때 그는 말이 자신의 인생을 망쳤다며 "그 말이 평생 무거운 모르타르 마차나 끌다가 죽기를 바란다"고 저주했다. 그는 한스를 엘버펠트의 상인 카를 크랄에게 넘겼는데, 이 사람도 자신의 수말 무하메드Muhamed와

차리프Zarif를 가르치기 위해 '강의용 마구간'을 지었다. 안타깝게도, 제1차 세계대전의 발발과 함께 이 말들은 모두 징발되었다.

1912
사랑하는 세~포의 생일 축~하합니다~!

1월 17일은 뉴욕 록펠러 연구소의 알렉시스 카렐 실험실에 매우 특별한 날이었다. 해마다 그날이 오면, 그곳에서는 모든 직원이 한데 모여 뚜껑이 닫힌 파이렉스 병(내열유리의 일종 – 옮긴이)을 앞에 두고 <생일 축하합니다!>를 합창했다. 1912년 1월 17일에 카렐이 배양액 속에 넣어놓은 닭 심장세포의 생일을 축하하는 것이었다. 그들이 '영생세포'라고 부르는 이 세포들은 『뉴욕 월드 텔레그램』이라는 신문이 매년 1월 세포들의 건강상태를 보도할 정도로 유명했다.

생명체의 몸 밖에서 세포의 생명을 유지하는 실험은 카렐이 최초가 아니었다. 후에 그가 이 분야에서 유명해진 것은 다른 그 무엇보다도 기술적 재능과 쇼맨십 덕이었다. 카렐을 닭 심장세포 배양실험으로 이끈 것은 그가 갑상선과 신장 세포 배양에 성공했다는 사실에 대한 다른 과학자들의 의심이었다. 그리고 영생세포는 다양한 성장조건 하에서 벌인 수많은 세포배양 실험 가운데 725번 세포의 배양을 통해 1912년 초에 출현했다. 닭 배아의 심장에서 떼어낸 작은 조각들이 혈장과 증류수로 만든 39도의 용액 속에서 세포분열을 일으켰던 것이다.

며칠 후 심장 조직은 파쇄되었고, 세포분열을 일으킨 조각들은 여러 개의 2차배양기에 담겨 새로운 배지를 공급받았다. 생물학자들은 이 세포배양 실험을 통해 가장 중대한 질문 가운데 하나를 해결할 수 있기를 기대했다. 우리는 왜 늙는가? 우리가 늙는 것은 점점 상해가는 개별적인 체세포 때문인가, 아

알렉시스 카렐은 이 용기에 그 유명한 '영생세포'들을 보관했다. 세포는 34살까지 살았다.

조수 한 명이 새로운 배양액으로 세포를 배양하고 있다. '영생세포'는 이런 방식으로 영생을 누릴 수 있었던 듯하다.

니면 우리 세포의 전체 시스템 때문인가?

카렐은 세포가 죽지 않도록 조심스럽게 보관했다. 그는 실험을 시작하던 해에 이미 이렇게 썼다. "늙고 죽는 것은 불필요한 현상이다." 연구의 목적은 "유기체 외부에서 조직의 생명을 영원히 연장시킬 수 있는" 조건을 발견하는 것이었다. 그가 이것을 발견하기만 하면 "우리는 영생을 창조할 수 있다."

카렐이 이 실험을 시작한 지 얼마 지나지 않아 혈관봉합술에 관한 연구로 노벨상을 타자, 영생세포는 정말로 유명해졌다. 미네소타주 세인트폴의 『루럴 위클리Rural Weekly』는 1912년 10월 24일자에 다음과 같은 기사를 실었다. "그는 시험관에서 심장을 키웠으며 노벨상 상금으로 3만9천 달러를 받았다." 그리고 "카렐은 여러 동물의 다양한 부분에서 전체 개체를 키워낼 수 있다"고도 덧붙였다. 이것은 두말 할 필요도 없이 과장이고, 영생세포에 관한 것도 마찬가지였다. 실험내용이 기사로 옮겨지면서, 겨우 밀리미터 크기의 조직 조각은 놀랍게도 대리석 받침대 위에 놓인 유리그릇 안에서 벌떡벌떡 고동치는 닭의 심장으로 변신해버렸다. 이 심장은 때때로 가지치기를 해주어야 했다. 그래야 실험실이 미어터지지 않을

"알에서 깨어나지 않은 닭의 심장이 10년이 지난 다음에도 여전히 뛰고 있다." 열 번째 생일을 맞은 세포는 『르노 이브닝 가제트Reno Evening Gazette』(1922년 1월 17일자)의 1면을 장식했다.

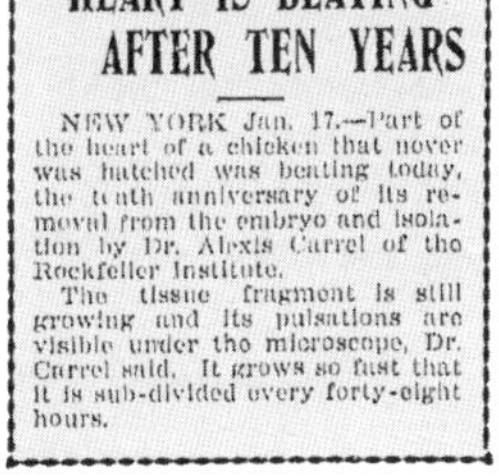

UNHATCHED CHICK'S HEART IS BEATING AFTER TEN YEARS

NEW YORK Jan. 17.—Part of the heart of a chicken that never was hatched was beating today, the tenth anniversary of its removal from the embryo and isolation by Dr. Alexis Carrel of the Rockfeller Institute.

The tissue fragment is still growing and its pulsations are visible under the microscope, Dr. Carrel said. It grows so fast that it is sub-divided every forty-eight hours.

알렉시스 카렐은 1912년 노벨 생리 의학상을 수상했다. 1914년에 그린 캐리커처에서 보듯이, 그는 병아리 이식실험 때문에 마법의 손을 가진 외과의사로 비쳐졌다.

테니까.

1940년, 카렐이 록펠러 연구소를 떠나자 『뉴욕 월드 텔레그램』은 세포의 부고를 전했다. 하지만, 세포는 죽지 않았다. 카렐의 동료들이 세포를 계속 돌보았으니까. 그들이 마침내 세포를 포기한 것은 1946년 4월 26일에 이르러서였다. 후에 생물학자들이 세포가 신체 외부에서 특정한 횟수만큼 분열한 다음에는 죽는다는 사실을 발견했을 때, 이들에게는 수수께끼가 하나 생겼다. 아니 그런데, 카렐의 세포는 서른네 살이 되도록 살아서 나이를 계속 먹지 않았던가!

카렐의 실험을 검증하려고 시도한 모든 반복실험은 실패로 끝났다. 신체 외부에서 세포를 살릴 수는 있었지만, 그 어떤 세포도 카렐의 파이렉스 병에서처럼 오래 살아남지는 못했다. 이 사례를 연구한 얀 비트코브스키에 따르면, 여기에는 세 가지 가능성이 있다고 한다. 첫째, 카렐의 세포가 돌연변이를 일으켜서 암세포처럼 영원히 분열할 수 있었을 가능성, 둘째, 실수로 배양액 속에 있는 늙은 세포들에 새로운 세포를 더했을 가능성, 그리고 마지막으로 원래의 세포는 이미 오래전에 죽었는데 카렐이나 조수들이 끊임없이 새로이 세포를 배양하면서 대중에게 오래된 것으로 소개했을 가능성. 만약 세 번째 경우라면, 생물학에서 가장 유명한 실험 가운데 하나인 이 실험은 분명히 사기다!

사실 그것이 사기라는 암시는 1930년대부터 이미 나와 있었다. 카렐의 세포는 진짜가 아니라는 소문들이 떠돌았고, 심지어는 여자 조수 한 명이 방문객에게 이런 말까지 했다고 한다. "아시다시피, 우리가 만약 세포 라인을 잃어버리게 되면 카렐 박사님이 엄청 흥분하실 테니까, 우린 이따금씩 몇 개의 배아세포를 그냥 섞어버린답니다."

나중에 한 과학자가 조롱조로 말했듯이, "누구도 저항할 수 없는

★Alexis Carell, 「유기체 외부에서의 조직의 영구적인 생명에 대하여 On the Permanent Life of Tissue Outside the Organism」, 『실험의학The Journal of Experimental Medicine』 15, 1912, pp. 516-528.

노화의 과정이 카렐이 더 이상 자신을 방어하지 못하게 했다." 카렐은 1944년 11월 5일에 파리에서 세상을 떠났다. 자신의 '영생세포'보다 2년 더 일찍.

1914 상자 하나, 상자 둘, 침팬지의 바나나 따먹기

그 사진은 매우 상징적이다. 3층으로 쌓아올린 나무상자 위에 침팬지가 올라서서 바나나를 잡고 있다. 심리학과 학생들은 세대에 세대를 이어가며 여기에서 이성적인 능력을 지닌 유인원의 역사를 읽었다. 이 유인원은 특정한 목적을 위해 상자를 쌓아올린다는 탁월한 생각을 해냈고, 이를 통해 다른 방법으로는 얻을 수 없는 과일에 도달했다. 하지만 속사정은 그리 간단치 않았다.

유인원의 사고능력 검사를 고안한 독일의 심리학자 볼프강 쾰러는 1913년 말에 카나리아 군도의 테네리파 섬에 상륙했다. 유인원연구소장에 취임하기 위해서였다. 처음에는 1년만 머물 생각이었지만 그사이 제1차 세계대전이 발발했고, 그로 인해 그는 5년을 더 있어야 했다.

이 시기에 쾰러는 유인원의 지능에 관한 일련의 고상한 실험을 수행했다. 실험을 통해 그는 "침팬지는 '인간과 같은 종류의 통찰력이 있는 행동'을 보인다"는 결론에 이르렀다. 당시의 진화생물학자들에게는 만족스러운 발견이었다. 다윈의 자연선택론이 발표된 1859년에서 그리 오래 지나지 않은 그 무렵, 생물학자들은 그 증거를 찾아내려고 동분서주하고 있었다. 인간과 유인원의 신체적 유사성은 둘의 친척관계에 대한 증거였다. 다윈은 여기에서 멈추지 않고 인간과 유인원이 정신적으로도 가까울 것이라고 확신했다. 둘이 얼마나 가까운지를, 쾰러는 실험을 통해 밝히고자 했다.

1914년 1월 24일, 그는 침팬지 여섯 마리를 2미터 높이의 방에 넣은 다음, 천장 구석에 바나나를 매달고 방 한가운데에는 나무상자를 놓아두었다. 그리고 기다렸다. 모든 침팬지가 바나나를 잡으려고

지능 증명? 암컷 침팬지 그란데가 바나나를 따먹기 위해 상자를 쌓았다.

기를 쓰고 뛰어올랐지만, 그것은 헛수고였다. "그러나 술탄은 곧 포기했다"고 쾰러는 썼다. "술탄은 불안한 표정으로 방을 빙빙 돌더니, 갑자기 상자 앞에 서서는 그것을 집어들고 목표물 아래까지 곧장 다가갔다. 그리고 상자 위로 올라섰다. 하지만 바나나는 (수평 방향으로) 50 센티미터 정도 떨어져 있었다. 술탄은 곧바로 있는 힘껏 뛰어올라 바나나를 잡아챘다." 술탄은 문제를 해결했다. 순간적으로 통찰력이 생기자 그는 직접적이고 목표 지향적으로 행동했다.

그런데 놀랍게도, 침팬지들은 그 다음 문제에서 오랫동안 실패를 거듭했다. 이번에는 바나나를 더 높이 매달아서 상자 두 개를 쌓아야만 바나나에 닿을 수 있었다. 쾰러는 그 문제가 유인원들에게는 "명백히 구분되는 두 부분, 즉 하나는 아주 쉽게 풀 수 있지만 또 하나는 도저히 풀 수가 없는 두 부분"으로 구성된 문제라는 것을 알게 되었다. 바나나 밑으로 상자를 옮기는 것은 쉽지만, 그 위에 상자를 하나 더 쌓는 것은 대단히 어려운 문제였던 것이다. 이 '주목할 만한 사실'에 쾰러는 당황했다. 인간의 경우와는 완전히 달랐기 때문이다. 밑에 상자를 놓고 올라갔을 때 바나나를 얻는다는 통찰력이 생기면, 높이에 따라 상자를 두 개, 세 개 쌓아올리는 것은 인간에게 어려운 일이 아니다. 인간에게 "두 번째 상자를 첫 번째 상자 위에 올리는 일은, 바닥에 첫 번째 상자를 놓는 일을 반복하는 것에 불과하다." 하지만 유인원에게는 그렇지 않았다.

사진에 보이는 암컷 침팬지 그란데는 두 번째 상자를 들고 계속 애를 썼다. 그란데는 마침내 작은 탑을 쌓는 데에 성공하기는 했지만, 그 뒤로도 몇 년 동안이나 같은 실수를 반복했다. 심지어 그란데는 몇 차례나 성공한 다음에도 두 번째 상자로 무엇을 해야 할지를 갑자기 까맣게 잊어버리기 일쑤였다. 쾰러는 침팬지에게는 그들이 쌓아올린 상자 탑이 어떻게 하면 균형을 유지할 수 있는지에 대한 이해가 전혀 없었으며, 그들은 "탑을 쌓을 때 발생하는 거의 모든 '균형 문제'를 통찰력이 아니라 순수한 시행착오의 과정을 통해 풀었다"고 결론지었다.

쾰러의 실험은 오늘날에도 여전히 고전으로 남아 있으며, 응용된 형태로 반복하여 수행되고 있다. 하지만 이 실험들이 인간과 침팬지의 유사성에 대해 무엇을 밝혀주었는지는 말하기 어렵다. 결국, 어떤 부분에서 나타나는 인간과 침팬지의 비슷한 행동이 반드시 유사한 사고과정의 결과에서 나온 것이라고 볼 수는 없기 때문이다.

★Wolfgang Köhler, 『유인원의 지능검사Intelligenzprüfungen an Menschenaffen』, Springer, 1921.

1917
왓슨 박사의 이혼

메리 아이크스 왓슨은 과학실험 때문에 이혼한 몇 안 되는 여성 가운데 한 사람이다. 신문들은 신이 나서 이 아름답지 못한 이혼에 관한 기사를 써댔다. 메리의 남편 존 왓슨은 영향력 있는 심리학자였다. 그는 1915년에 미국 심리학회장으로 선출되었으며, 1919년에는 볼티모어에 있는 존스홉킨스 대학의 제자들이 뽑은 가장 멋진 교수로 선정되기도 했다. 어쩌면, 그가 봉착하게 된 문제들의 한 원인은 거기에 있었을지도 모른다. 그는 정말로, 너무 잘생긴 인물이었기 때문이다.

왓슨은 제1차 세계대전 때 미군들이 죄로 가득한 유럽의 전장으로 떠나기 직전에 틀어주는 계몽영화를 본 적이 있었다. 그 영화에 나오는 무시무시한 성병 장면은 창녀들과 접촉하지 말라는 경고였다. 전쟁이 끝날 무렵, 왓슨은 이 영화를 시민들과 의사들에게 보여주고 그들과 인터뷰했다. 그는 많은 의사들이 섹스를 본질적으로 비도덕적인 행위로, 따라서 일종의 병으로 생각한다는 것을 알게 되었다.

왓슨에게, 그것은 섹스를 더 이상 의학적 연구의 대상으로만 남겨두어서는 안 된다는 명확한 신호였다. 이제 심리학자들이 인간의 성생활을 연구해야 할 때가 온 것이다. 그의 실험은 오랫동안 비공개로 진행되었다. 왓슨이 죽은 후에 그의 친구이자 동료인 데크 콜먼은 왓슨이 스스로 행한 실험의 훌륭한 예를 가지고 이 분야를 이끌었다고 밝혔다. 하지만, 이제는 그 콜먼도 죽은 뒤라 더 물어볼 데도 없지만, 왓슨의 전기작가 가운데 일부는 그런 실험들이 실제로 벌어졌다는 사실에 대해 여전히 회의적이다.

콜먼에 따르면, 대략 1917년부터, 그러니까 왓슨이 서른아홉 살이던 해부터 그는 스무 살이나 어린 여학생 로절리 레이너와 함께 대단히 은밀한 실험들을 진행했다. 레이너와 섹스를 하면서 그녀와 자신의 육체적 반응들을 기록했던 것이다.

1974년에 낸 책 『인간 행동의 이해Understanding Human Behavior』에서 처음으로 이 실험을 보고한 제임스 맥코넬은 왓슨이 그와 같은 방법으로 이 분야 최초의 연구성과를 올릴 수 있었을 것이라고 추측했다. 물론, 왓슨 부인은 남편의 학문적 업적을 제대로 평가하지 못했다. 그녀는 의심을 품고 증거를 찾아나섰다.

레이너는 저명한 가문 출신으로 당시 부모와 함께 살고 있었다. 이들이 왓슨 부부를 집으로 초대했을 때, 메리 아이크스 왓슨은 저녁 내내 두통에 시달렸다며 잠시 쉬게 해달라고 청했다. 그리고 그녀는 2층에서 휴식을 취하는 대신 로절리 레이너의 방을 뒤져 남편이 보낸 연애편지를 찾아냈다. 이 편지가 돌고 돌아 『볼티모어 선Baltimore Sun』에 실렸다. "……내 몸의 모든 세포는 그대의 것이오, 하나든 혹은 전체든…… 수술로 우리를 한몸으로 만든다 할지라도, 이미 내가 하고 있는 것보다 나를 더 당신의 것으로 만들 수는 없다오."

이혼을 하고 존스홉킨스 대학 총장의 촉구에 따라 교수직을 포기한 왓슨은 광고회사에서 일했다. 그리고 레이너와 결혼하여 1935년에 그리 많지 않은 나이로 죽을 때까지 그녀와 함께 살았다. 그는 대학을 떠나기 전에 가장 유명한 심리학 실험 가운데 하나인 '꼬마 앨버트의 비명'이라는 실험(→91쪽)을 그녀와 함께 하기도 했다.

왓슨의 전 부인이 (이혼판결문을 포함하여) 그의 모든 섹스 실험 데이터를 없애버린 뒤로, 다른 한 쌍이 섹스를 학문적으로 관찰하여 모

★Horace Winchell Magoun, 「존 왓슨과 인간 성행동에 관한 연구John B. Watson and the Study of Human Sexual Behavior」, 『섹스 연구Journal of Sex Research』 17, 1981, pp. 368-378.

든 면에서 만족스러운 결과를 얻기까지는 10년이 걸렸다(→105쪽).

1920
꼬마 앨버트의 비명

그 꼬마의 이름이 정말 앨버트였을까? 논문에 적힌 대로 앨버트 B.일까? 그렇다면 사람들은 아마도 그를 찾아낼 수 있었을 것이다. 그리고 그가 살아 있다면, 그는 80대 중반일 것이다. 그러나 설사 그를 찾아낸다고 해도, 그는 자신이 그 유명한 '꼬마 앨버트Little Albert'인 줄은 꿈에도 모를 것이다. 심리학과 학생 치고 그 비명소리를 모르는 사람이 없는 꼬마 앨버트 말이다. 그는 생후 9개월 만에 출연한 영화에서 흰쥐 한 마리와 함께 주인공을 맡았다. 그는 영화에서 흰쥐를 눈에 띄게 무서워했는데, 어쩌면 그것 때문에 자신을 알아볼 수 있을지도 모른다.

앨버트는 엄마가 보모로 일하던 장애아동시설 해리엇 레인 탁아소에서 많은 시간을 보냈다. 심리학자 존 왓슨과 그의 조수 로절리 레이너가 이 젖먹이를 실험대상으로 택한 데에는 이유가 있었다. "그 아이는 대체로 차분하고 얌전했다." 이 정서적인 안정감이 그들의 실험에 앨버트가 선택된 까닭이었다. "우리는…… 이 실험에서 (앨버트가 정서적으로 안정되어 있는 편이므로) 비교적 해를 적게 끼칠 수 있을 것이라고 생각했다."

존 왓슨은 앨버트를 이용해 파블로프가 개에게서 얻은 지식(→75쪽)을 인간에게 적용해보려고 했다. 그는, 인간이 자극에 따라 반응하는 기계라고 전제하고 인간의 행동을 보상과 처벌로 조정하여 변화시킬 수 있다고 보는 행동연구를 중심에 놓은 행동주의 심리학의 창시자다. 왓슨은 뇌에서 일어나는 일에 대한 어떠한 추측도 그것이 객관적으로 접근할 수 없는 과정이라는 점 때문에 위험하다고 생각했다. 인간의 행동은 외부의 자극에 대한 연쇄반응으로만 이해할 수 있다는 것이었다.

그러나 왓슨의 이론에는 난점이 있었다. 젖먹이에게서 발견할 수

심리학에서 가장 유명한 아이의 비명: 마스크를 쓴 존 왓슨과 로절리 레이너가 꼬마 앨버트를 데리고 공포의 일반화를 실험하고 있다.

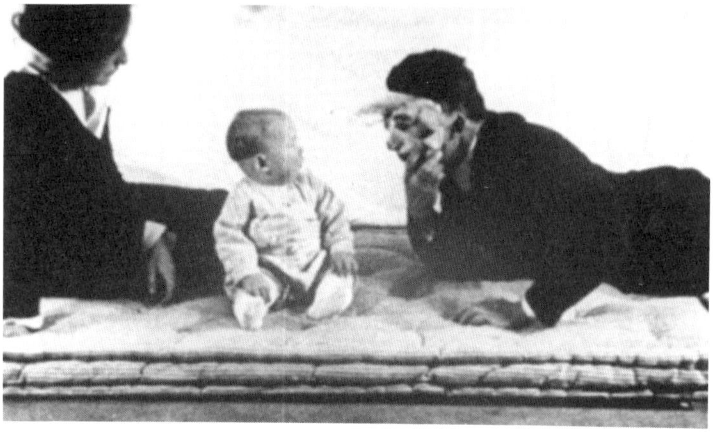

있는 선천적인 반응은 시끄러운 소음에 대한 공포나 자유로이 움직이지 못하게 하는 데에 대한 분노 같은 몇 가지 유형에 불과했다. 이에 반해 성인은 가능한 모든 사람, 사물, 사건에 대해 반응을 보인다. 여기서 왓슨과 레이너는 결론을 내렸다. "감정을 불러일으키고 극적으로 확대시키는 자극을 일으키는 간단한 방법이 있어야 한다." 그리고 그 방법은 바로 조건화라고 생각했다.

첫 번째 실험을 한 날, 앨버트는 생후 8개월 26일이었다. 왓슨은 아이의 등 뒤에 매달린 쇠막대를 망치로 쳤다. 앨버트는 즉각적인 반응을 보였다. "아이는 깜짝 놀라 몸을 움찔했고, 숨을 멈추었으며, 전형적인 방식으로 손을 들어올렸다. 두 번째로 때렸을 때는 같은 반응에 더해 입술을 오므리며 떨었다. 세 번째로 때리자, 아이는 울음을 터뜨렸다." 그것은 시끄러운 소리에 대한 선천적인 공포였다. 왓슨은 이 본능적 공포를 이용해 아이에게 새로운 사물에 대한 공포를 학습시키려 했다.

왓슨과 레이너가 자신들의 글에서 죄책감 비슷한 감정을 드러낸 곳은 딱 한 구절뿐이었다. 그것도 "아이가 탁아소의 보호된 공간이 아니라 거칠고 엉망진창인 집에 있게 되면 어차피 이런 연결(소음에 대한 선천적인 공포와 새로운 사물에 대한 공포의 연결—옮긴이)이 생겨날 것이다"라며 자신들의 실험을 합리화하는 대목에서였다.

앨버트가 11개월 4일이 되었을 때 왓슨은 그에게 흰쥐에 대한 공포를 심어주었다. 그는 흰쥐를 바구니에서 꺼낸 다음, 앉아 있는 아이의 주변을 돌아다니게 했다. 앨버트는 전혀 무서워하지 않았을 뿐 아니라 오히려 쥐를 향해 손을 뻗기도 했다. 아이가 쥐를 만지는 바로 그 순간, 왓슨은 쇠막대를 때렸다. "아이는 움찔하더니 앞으로 넘어져서 매트리스에 얼굴을 부딪혔다. 그러나 비명은 지르지 않았다." 다음 실험에서 왓슨이 또다시 쇠막대를 때리자 아이는 울먹이기 시작했다. 왓슨과 레이너는 일주일 후 실험을 계속했다. 앨버트가 쥐를 만질 때마다 그들은 쇠막대를 쳐서 시끄러운 소리를 냈다. 두 번, 세 번, 네 번. 그들은 중간에 앨버트에게 쥐를 보여주고, 그들이 목표에 도달했는지를 확인했다. 쥐와 소음의 연결을 일곱 번 겪고 나자, 앨버트는 쥐가 보이기만 해도 비명을 지르기 시작했다. 왓슨과 레이너는 시끄러운 소음에 대한 공포를 새로운 자극, 즉 쥐에 연결한 것이다.

5일 후, 왓슨은 흰쥐에 대한 앨버트의 공포가 다른 동물과 사물로 이전되는지 알아보기로 했다. 실제로 아이는 이제 토끼와 개, 물개코트를 무서워했고, 솜과 털 그리고 산타클로스 마스크는 조금 덜 무서워했다. 비교를 위해 앨버트에게 나무블록을 보여주었더니, 그것은 전혀 무서워하지 않고 금방 가지고 놀기 시작했다.

꼬마 앨버트를 찍은 왓슨의 기이한 영화 덕분에 유명해진 이 실험은 오늘날 심리학의 고전이 되어 있다. 그리고 고전임을 반증하듯, 여러 잘못된 버전이 떠돌아다닌다. 예를 들면 왓슨이 앨버트에게 보여준 것이 고양이, 머프(여성의 방한용 토시—옮긴이), 하얀 털장갑, 그리고 곰인형이라는 교과서가 있다. 그리고 앨버트의 반응은 특정한 이론에 맞추어 새롭게 해석되기도 했다. 게다가 몇몇 저자들은 왓슨이 실험을 끝내면서 앨버트의 조건화된 공포를 어떻게 다시 없앴는지도 자세하게 묘사했다. 그러나 사실 그는 그렇게 하지 않았다. 이것은 매우 경악스러운 일이다. 왓슨은 앨버트가 언제 엄마와 함께 탁아소를 떠나며, 실험이 어떤 결과를 가져오리라는 것을 미리 정확하게 알고

madsciencebook.com
꼬마 앨버트 실험의 원본 영상을 볼 수 있다.

있었기 때문이다. 그는 실험 결과를 발표한 논문에 "이 반응들을 없앨 방법이 우연히 발견되지 않는다면, 그것은 아마도 영원히 지속될 것이다"라고 썼다.

얼마 후 왓슨은 다른 실험을 하던 중에 로절리 레이너와 가까워져 대학에서 쫓겨났다(→89쪽). 그 후 그는 아이들에게 너무 많은 애정을 쏟지 말라고 경고하는 대중적인 교육서를 출판했다. 꼬마 앨버트 실험의 오류가 증명된 것은 그로부터 40년 후에 심리학자 해리 할로가 원숭이를 대상으로 벌인 잔인한 실험을 통해서였다(→172쪽).

★John Broadus Watson & Rosalie Rayner, 「조건 감정 반응 Conditioned Emotional Reaction」, 『실험심리학Journal of Experimental Psychology』 3(1), 1920, pp. 1-14.

꼬마 앨버트가 아직도 살아 있다면 자신의 유명세가 음악세계에까지 뻗쳐 있다는 것으로 조금이나마 위안을 받을지도 모르겠다. 텍사스 밴드 '균열Crevice'의 2002년 앨범 제목이 바로 <꼬마 앨버트를 위한 자장가Lullaby for Little Albert>기 때문이다. 그 CD 박스의 뒷면에는 영화의 스틸사진이 인쇄되어 있다. 혹시 앨버트가 실제로 이 자장가를 들으면서 잠들지는 않았는지 궁금한가? 크레비스는 아주 시끄럽고 실험적인 곡을 연주한다.

1923
딱정벌레 암컷에게 수컷 머리를 붙여놓으면……

발터 핀클러는 신중하게 실험대상을 골랐다. 물에서 사는 새까만 딱정벌레 물땡땡이*Hydrophilus piceus*는 키우기도 까다롭지 않고, 성생활 연구에도 적합해 보였다. 핀클러의 설명에 따르면, 물땡땡이는 '밤에 또는 몰래' 교미하지 않는다. 이것이 결정적인 이유였다. 왜냐하면 빈 생물학연구소의 이 과학자는 딱정벌레의 교미체위를 '성본능의 시금석'으로 써먹고 싶었기 때문이다.

얼마 전부터 그는 곤충을 대상으로 이식실험을 하고 있었다. 방법은 간단했지만, 그의 성공을 의심한 사람들이 눈치챘듯이 '유감스럽게도 잔인했다.' 핀클러는 2, 3일 동안 곤충을 굶기고 황산에테르로 마취한 다음 가위로 머리를 잘라냈다. 그 머리를 머리가 제거된 다른 동물의 몸에 이식한 뒤 머리가 몸에 붙을 때까지 오랫동안 고정해두었다.

핀클러는 같은 방법으로 다른 종의 곤충 사이에 머리를 바꿔 붙이는 데에도 성공했다고 주장했다. 그는 논문에 이렇게 썼다. "이 수서水棲 딱정벌레는 물방개붙이의 머리를 붙인 채 마치 그때까지 한번도 다른 머리를 가진 적이 없는 것처럼 자연스럽게 헤엄쳐 돌아다녔다."

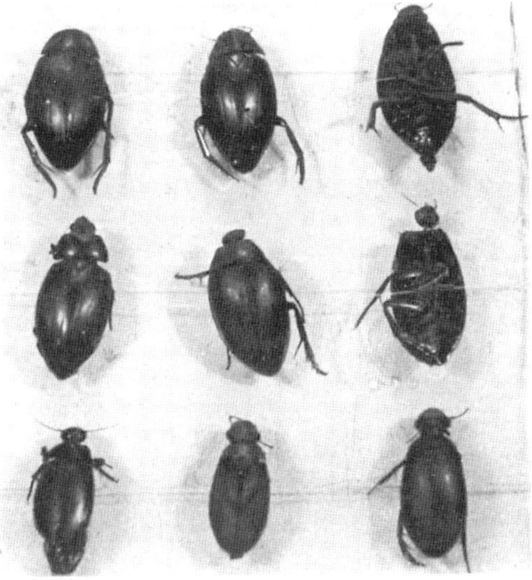

발터 핀클러의 희한한 딱정벌레들. 윗줄 오른쪽은 정상적인 물땡땡이, 아랫줄 왼쪽은 정상적인 물방개붙이. 나머지는 모두 머리를 이식한 것들이다.

그리 되면, 이런 질문이 나오는 것은 이제 시간 문제였다. 암컷과 수컷 딱정벌레의 머리를 바꿔놓으면 무슨 일이 벌어질까? 성 행동을 결정하는 것은 머리와 몸 가운데 어느 쪽일까?

핀클러는 이 수수께끼를 풀기 전에 '수서 딱정벌레에도 동성연애가 있는가?'라는 문제를 먼저 해결해야만 했다. 예를 들어 '성적 충동의 비정상적인 발현'이 나타났을 때, 그 괴물의 행동을 지배한 것이 이성애자인 암컷 머리인지 동성애자인 수컷 몸인지를 모르게 될 수도 있기 때문이었다. 비록 다양한 딱정벌레들에 이런 '도착증'이 있긴 하지만, 핀클러가 물땡땡이를 관찰한 2년 동안에는 그런 현상이 목격되지 않았다.

실험이 시작되었다. 핀클러는 그 곤충들을 다양한 조합으로 수술해 병에 담고, 그가 나중에 멋지게 표제어로 써먹은 '수컷 본능으로 미쳐 날뛰는 암컷 몸통'을 관찰했다. 그리고 이어서 "수컷 머리를 단 암컷들이…… 교미를 준비하는데, 마치 자기들이 수컷인 것처럼 행동했다"고 썼다. 암컷들의 행동을 묘사하는 대목에서 핀클러는 자신의 여성관을 감추지 않았다. "그리고, 음탕한 암컷을 진정한 암컷이라 할 수 있는가? 이 딱정벌레는 벌어지는 상황에 그대로 몸을 맡겼을 뿐만 아니라 심지어는 그 짓을 즐기면서 '네가 하고 싶은 걸 나랑 하자!'는 자세를 취했다." 하지만, 이들의 교미장면을 묘사하면서 그는 자신처럼 노련한 과학자조차도 암컷 딱정벌레의 가장 내밀한 성생활에 대해 구석구석까지 알지는 못한다는 것을 시인했다. 몸을 떨어 수컷을 떼쳐내는 암컷의 전형적인 거부행동에 대해 그는 이렇게 썼다. "그게 진짜로 싫다는 것인지 그런 척하는 것뿐인지, 누가 알겠는가? 인간 여성의 경우도 모르는 판에, 딱정벌레 암컷이라니!"

★Walter Finkler, 「곤충의 머리 이식Kopftransplantation an Insekten」, 『미시해부학 및 발달메커니즘 아카이브Archiv für mikorskopische Anatomie und Entwicklungsmechanik』 99, 1923, pp. 104-133.

핀클러의 실험을 검증하기 위해 시도된 수많은 반복실험은 모두 실패로 끝났다. 1924년, 곤충연구가 한스 블룬크와 발터 슈파이어는 자신들이 한 실험을 무려 52쪽에 걸쳐 자세히 서술하는 노고를 감수한 다음 이렇게 썼다. "그 어떤 실험 결과와도 부합되지 않는 빈 출신 저자의 진술을 고려할 때, 과학계는 더 이상 이 저자와 그의 논문에 매달릴 아무런 이유도 찾을 수 없다."

실제로 핀클러의 논문에서는 명백히 불합리한 대목들이 다수 발견되었다. 물론 그가 실험자효과(→ 78쪽)의 희생양일 가능성도 있지만, 사기꾼일 가능성이 더 크다.

1926
퍼즐: 양초를 방문에 고정하라!

심리학 강의실을 벗어나 두뇌게임으로까지 도약한 몇 안 되는 실험 가운데 하나가 여기에 있다. 당신도 당장 해볼 수 있다.

먼저, 성냥갑만 한 마분지 상자 세 개를 책상에 올려놓으라. 그리고 각각의 상자에 압정과 작은 초 한 개를 넣고, 성냥을 채우라. 당신이 풀어야 할 과제는 이렇다. 당신의 방문 눈높이쯤에 초 세 개를 바닥에 수직이 되도록 고정하라.

어떤가? 해답은 아주 간단하다. 압정으로 상자를 문에 고정시킨 다음 그걸 받침대 삼아 초를 세우면 된다.

이 과제를 푸는 결정적인 단계는 바로 상자의 기능을 '용기'에서 '받침대'로 재해석하는 것이다. 오늘날 많은 연구자들은 심리학자들이 말하는 '기능적 고착functional fixedness'에서 벗어나 한 사물에서 이전에 생각하지 못했던 기능을 발견하는 능력이 창의성의 비밀이라고 본다.

이 초 세우기는 독일의 심리학자 카를 둔커가 피실험자들에게 제시한 많은 과제들 가운데 하나였다. 실세로 제시된 과제는 조금 더 복잡해서, 책상 위에는 세 개의 성냥갑 옆에 문제를 해결하는 데에 쓸모가 없는 또 다른 물건이 놓여 있었다. 둔커는 피실험자들에게 모든 물건을 사용할 수 있으며, 치열하게 사고해야 한다고 분명하게 지시했다. 그는 사고의 흐름을 관찰하고 싶었다.

그는 이 실험을 한 번은 상자들을 압정, 초, 성냥으로 가득 채우고, 또 한 번은 빈 상자 옆에 압정, 초, 성냥을 놓아두는 두 가지 조건으로 진행했다. 빈 상자를 두었을 때는 피실험자 일곱 명 모두가 문제를 쉽게 풀었지만, 상자를 가득 채워둔 실험에서는 세 명밖에 풀지 못했다. 둔커가 예측한 대로, 실제 용기로 쓰이고 있는 가득 찬 상자일 때보다 아무것도 넣지 않은 빈 상자일 때 피실험자들이 상자에서 '용기'라는 원래의 기능을 제거하기가 쉬웠던 것이다.

둔커는 '재구성recentering', 곧 어떤 사물에서 그 고유한 기능을 쉽게 제거하는 조건들을 찾기 위해 실험에 실험을 거듭했다. 재구성은 상자 속의 내용물이 문제 해결과 아무런 상관도 없을 때, 예를 들어 둔커가 단추로 상자를 채웠을 때 쉽게 일어났다. '압정과 압정으로 문에 쉽게 고정되는 무엇인가를 이용하시오!' 같은 특별한 지시 역시 도움이 되었다.

둔커는 1935년에 출간된 저서 『생산적 사고의 심리학』을 통해 자신의 실험을 공개했는데, 이 책은 오늘날 심리학사에서 결정적인 출판물로 꼽힌다. 그때 그의 나이 서른두 살이었다. 그러나 그는 공산당에 동조한다는 이유로 교수자격 심사에서 두 번이나 떨어졌고, 5년 후에는 우울증으로 스스로 목숨을 끊었다.

★Karl Duncker, 『생산적 사고의 심리학Zur Psychologie des produktiven Denkens』, Springer, 1935.

1927
달빛 아래에서 벌어진 호손 공장의 조립 실험

태초의 시작인 '빛'에 관한 실험은, 이성적으로 생각하는 사람이라면 누구나 오래전부터 알고 있었던 것을 증명했을 뿐이었다. 조명이 더 좋으면 일도 더 잘 된다는 것 말이다. 그러나 혼란스러운 실험 결과로 인해 그 실험은 노동심리학에서 가장 유명한 실험이 되었다. 그리고 실험 결과를 어떻게 해석할지를 둘러싸고 아직도 논란이 벌어지고 있다.

전기제품과 전구를 생산하는 업체들은 1920년대 들어 전기조명이 사고를 막고 시력을 보호하며 생산성을 높인다고 주장했다. 그들은 체계적인 실험을 통해 고객들에게 전기조명의 장점을 알리고자 했다.

그 실험 가운데 하나가 1924년 시카고에 있는 웨스턴 일렉트릭사 호손 공장에서 펼쳐졌다. 방법은 간단해서, 부서마다 체계적으로 조명의 밝기를 달리 한 다음 각 부서의 생산성을 측정하는 것이었다. 조명이 좋을수록 생산된 물품의 개수가 많아진다는 결론이 나왔다. 하지만 그것은 오류였다. 실제로 실험과정을 들여다보면, 세 곳의 실험군에서 생산량이 많았던 것은 사실이지만 그 원인은 조명과는 무관했다. 게다가 전기조명의 혜택을 전혀 못 받았던 대조군에서도 생산성이 올라갔다.

생산성의 수수께끼를 풀었다는 호손 공장의 티룸. 하지만 실험 결과를 놓고 아직까지 논쟁이 벌어지고 있다.

한 부분실험에서는 매우 기묘한 결과가 나왔다. 실험자는 직원 두 명을 옷보관소의 극단적으로 나쁜 조명 아래에서 일하게 했다. 그런데도 이들의 생산성은 이전과 같았거나 오히려 높아졌다. 조도照度를 보름달빛 수준인 0.06칸델라까지 떨어뜨린 다음에야 생산성이 떨어지기 시작했다.

노동심리학을 배우는 학생들은 지금도 이 에피소드를 배운다. 실험 결과에 당황한 연구자들은 해석을 놓고 오랫동안 다투다가 마침내 심리적 요소들을 고려하기 시작했다. 말하자면 그때까지 그 연구자들은 공장에서 일하는 노동자들을 고립된 기계로 간주하고 다뤄온 순진한 기술자인 셈이었다.

사실 과학자들은 조명 이외의 다른 요소들이 데이터에 영향을 끼쳤으리라는 것을 처음부터 예상하고 있었다. 그들은 심지어 어두운 옷보관소에서 벌인 실험에 대해서도, 성실한 직원들은 가장 열악한 조건에서도 자신들의 생산성을 그대로 유지해낼 것이라고 정확하게 예견했다.

1990년대 초에 낸 『지식 가공하기』를 집필하기 위해 이 모든 실험의 원 데이터를 면밀하게 재검토한 과학사가 리처드 길레스피는 수많은 모순과 맞닥뜨렸다. 자신들의 연구를 완벽한 가설과 실험 그리고 지식으로 만들어 내세우기 위해 논문의 공식 저자들은 벌어진 사건들의 순서를 뒤바꾸어 놓았고, 모순되는 해석이 나올 부분들을 덮어버렸으며, 나중에야 조금씩 깨닫게 된 통찰을 당시에 갑작스럽게 떠오른 영감에서 얻어낸 것처럼 소급해서 발표했던 것이다.

길레스피는, 600쪽이 넘는 분량으로 이 실험을 서술한 책 『경영과 노동자Management and Worker』(1939)가 "여러 세대에 걸쳐 사회과학자들을 착각으로 이끌었다"고 말했다. 가장 널리 읽힌 이 교과서의 실험에 대한 해석은 실험 데이터가 아니라 저자들한테서 나온 것이었기 때문이다.

실험이 끝난 뒤로 1970년대까지 이어진 새로운 해석들 또한 속

시원한 해명보다는 혼동을 가져왔다. 한 전문가가 "호손에서 어떤 일이 일어났는지, 우리는 결코 정확히 알 수 없을 겁니다"라고 체념할 정도였다.

이 조도照度 실험의 결과에 관해서는 어떤 보고서도 제출된 바 없다. 전기산업계는 그들에게 전혀 이득이 안 되는 실험 결과를 발표하는 데에는 아무런 흥미도 없었기 때문이다. 그 대신, 훗날 '호손 실험'이라는 이름으로 사회과학사에 등장하게 되는 일련의 실험이 호손 공장에서 시작되었다. 이 실험은 다음과 같은 훨씬 넓은 범위의 문제에 답을 내놓기 위한 것이었다. 노동자는 어떤 태도로 작업에 임하는가? 왜 오후에는 생산성이 떨어지는가? 휴식은 생산성에 긍정적인 영향을 미치는가?

이 문제를 풀기 위해, R-1498 계전기를 조립하는 여섯 자리가 실험공간으로 준비되었다. R-1498은 전화교환소에서 쓰이는 전자기 스위치인데, 32개의 부품으로 구성되어 있으며, 노동자가 대략 1분에 하나씩 만들어낼 수 있었다. 그들이 완성된 계전기를 경사진 선반에 놓으면 상자로 미끄러져 들어가 개수를 셀 수 있었다.

피실험자인 여성노동자 여섯 명은 실험공간의 각기 분리된 자리에 앉았다. 그들의 임금은 수백 명에 이르는 해당 부서 노동자들의 생산성과는 무관하게, 오로지 그들 여섯 명의 생산성에 따라 계산되었다. 이런 경제적 자극이 없을 경우 노동자들이 일과 성을 다해 협력하지 않게 되어 실험에 악영향을 미칠까 봐 우려했기 때문이다.

그러나 연구자들의 그 선택이야말로 결과적으로 실험에 악영향을 끼치고 말았다. 나중에 평가한바, 조직적인 이유로 도입된 임금체계가 의도와는 달리 실험 결과에 커다란 영향을 미쳤던 것으로 나왔으니 말이다.

여성노동자들이 계전기를 조립하는 작업대 건너편에는 호머 하이버거가 앉아 있었다. 그는 노동을 감시하는 감독관이자 작업시간과 실험에 관한 모든 사항을 낱낱이 기록하는 실험자였다.

그러나 그것만으로는 이 과학자의 연구에 대한 열정을 만족시킬 수 없었다. 그래서 15세에서 28세 사이의 젊은 여성노동자 여섯 명은 매달 의사의 진찰을 받아야 했고, 하이버거는 그 진찰기록을 통해 피실험자들의 생리주기를 포함한 사생활의 온갖 정보를 낱낱이 파악했다.

1927년 8월에 처음으로 휴식시간이 도입되었다. 처음에는 오전과 오후에 5분씩, 다음에는 각 10분씩, 다음에는 5분 휴식을 여섯 차례, 마지막으로는 오전에 무료 간식시간 15분과 오후에 10분. 생산력은 높아졌고, 계전기 생산량이 시간당 49.7개에서 55.8개로 늘었다.

여성노동자들은 연구자들이 자신들에게 최대한 협력하도록 지시받았다는 것을 금방 알아차리고 실험에 영향을 미치기 시작했다. 대부분은, 조명이 너무 밝으니 좀 어둡게 해달라거나 연구자들이 계속 자신들을 지켜보고 있어서 신경이 쓰이니 작업대 앞에 가림막을 쳐달라는 식의 사소한 바람이었다. 가림막을 쳐달라는 요구가 바로 받아들여지지 않자, 한 여성노동자가 말했다. "가림막을 쳐서 우리 치마가 보이지 않는다면, 우린 누가 더 빨리 일하는지 시합을 할 텐데……." 즉시 가림막이 설치되었다.

또 여성노동자들은 정기적으로 실시되는 의사의 진찰과 그가 던지는 개인적인 질문들을 불편해했다. 분위기를 더 부드럽게 하기 위해 의사들이 일터로 찾아와도 상황은 달라지지 않았다. 그들이 기분이 풀리고 분위기가 좋아진 것은 케이크와 아이스크림, 그리고 즐거운 시간을 보낼 라디오를 갖춘 간소한 파티를 열고 의사들이 그곳으로 찾아오게 되면서부터였다. 여기에는 차tea도 제공되었기 때문에, 공장의 다른 직원들은 실험공간을 티룸T-Room이라고도 불렀다.

이 무렵부터 여성노동자들은 일하는 도중에 잡담을 하기 시작했다. 잡담 때문에 실험이 영향을 받을까 봐 두려워한 연구자들이 경고를 했지만, 애들린 보가토비치와 아이린 리바키라는 두 여성은 경고를 새겨듣지 않았다. 하이버거가 리바키에게 그녀의 생산성이 낮다고

호손 실험에서 발생한 데이터 해석의 문제를 해결하기 위해 초빙되었던 경제학자 엘튼 메이요.

주의를 주자, 그녀는 이렇게 대답했다. "언제는 하고 싶은 대로 일하라더니, 정작 그렇게 하니까 이젠 그러면 안 된다는 건가요?"

학문의 관점에서 볼 때, 생산성이 낮다고 여성노동자에게 주의를 준다는 것은 우스꽝스러운 일이었다. 게다가 연구자들이 알고자 했던 것이 바로 '생산성'과 '휴식' 사이의 상관관계가 아니었던가. 어쨌든, 결혼을 앞둔 보가토비치가 시도때도없이 리바키와 수다를 떨면서 상황은 더욱 악화되었고, 1928년 1월 25일 보가토비치와 리바키는 결국 다른 여성노동자들로 교체되었다.

휴식이 생산성 제고에 긍정적인 영향을 미친다는 결과가 예측됨에 따라, 티룸의 휴식은 공장 전체로 확대되었다. 그러나 연구자들은 확신하지 못했다. 25퍼센트의 생산성 증가가 과연 오로지 휴식 때문이었을까? 1928년, 호손의 경영자들은 학자 두 명에게 도움을 청했다. 매사추세츠 공대의 클레어 터너와 하버드 비즈니스스쿨의 엘튼 메이요가 바로 그들이었다.

그러나 이들도 처음에는 혼란만 가중시켰다. 그들은 성격검사를 실시했고, 여성노동자들의 식성을 물었으며, 혈압을 측정했다. 이들 데이터와 생산성 사이에는 아무런 상관관계도 보이지 않았다. 월경주기 역시 생산성에 영향을 미치지 않았다.

그러는 사이에 티룸의 실험은 12기에 이르렀으며, 이전에 도입된 휴식들은 다시 취소되었다. 하지만 생산성은 여전히 증가했는데, 그 수치는 휴식이 도입되지 않았던 3기보다 19퍼센트나 높은 것이었다.

공식 논문에서, 실험 12기는 드디어 '깨달음'을 얻은 시기다. 여성노동자들은 감정적으로 예민한 존재이며, 그들은 적절한 대우를 받아야 하고, 그들은 비공식적인 집단을 형성하며, 서로 경쟁하고, 의식적으로 노동생산성을 조정한다는 사실을 깨닫기까지는 실로 길고도 오랜 과정이 필요했던 것이다.

여성들은 자신들의 생산성이 높아진 것은 작업장 분위기가 느슨해지고 부드러워진 덕분이라고 보았다. 연구자들도 그렇게 생각했다. 그래서 1930년 초에는 오랫동안 티룸에서 여성노동자들과 느슨한 관계를 가져온 하이버거를 빼고 실험을 해보았다. 하지만 그 후에도 특별히 눈에 띄는 경향은 나타나지 않았다. 급료체계가 생산성 제고에 미치는 영향을 살펴보기 위해 티룸 밖에서 진행한 실험에서도 뚜렷한 결론은 나오지 않았다.

문제를 해결하기 위한 마지막 수단은 인류학이었다. 현지연구자가 남태평양의 섬에서 원주민을 관찰하듯이, 연구자 한 사람이 티룸에 앉아서 실험자와 여성노동자를 동시에 관찰했다. 그러나 일 년이나 여성노동자를 연구하고 은밀히 관찰해왔던 하이버거는 자기 자신이 연구대상이 되는 것을 원치 않았다. 1933년 2월, 티룸은 결국 폐쇄되었다.

실험이 이루어진 5년 사이에 생산성이 어떻게 46퍼센트나 높아졌는지는 아직도 논쟁 중이다. 데이터는 어떻게도 해석할 수 있었다. 작은 집단을 단위로 한 급료체계가 지렛대 역할을 했을까? 휴식시간 덕분이었을까? 티룸에서 오직 계전기 한 가지만 만들었기 때문이었을까? 당시의 좋은 작업태도 때문이었을까? 느슨하고 우호적인 감독 때문이었을까? 여기에 더해, 여성노동자들이 사이가 좋았다는 점도 자주 거론되는 요소다. 예를 들어, 여성들은 그 집단 전체의 생산성을 의식적으로 조절했다. 그들은 최선을 다해 일하는 것은 바보 같은 짓이라고 생각했다. 생산량이 지나치게 많아지면 회사는 계전기당 급료를 줄일 것이기 때문이다. 따라서 생산성은 대단히 주의 깊게 조절되었다.

연구팀은 애당초 공장의 여성노동자들을 연구하겠다는 의도로 출발했지만, 거기에서 그들이 실제로 마주치고 발견한 것은 노동자는 사회적 존재라는 사실이었다. 그리하여 호손 실험의 실질적인 결과로서, 작업장의 분위기와 동기 부여, 책임과 정체성이 신세대 경영의 슬로건이 되었다. 하지만 그때도 역시, 실험 결과는 이런 식으로 이상화

★Richard Gillespie, 『지식 가공하기: 호손 실험의 역사 Manufacturing Knowledge: A History of the Hawthorne Experiment』, Press Syndicate of the University of Cambridge, 1991.

Elton Mayo, 『산업문명의 인간 문제The Human Problems of an Industrial Civilization』, MacMillan, 1933.

되었다. 노동생산성이 높아진 까닭은 "여성노동자들이 자기 스스로 가치와 목표를 발전시킬 수 있었기 때문이다. 연구의 조건은 노동자들이 아무런 제약도 없이 자유롭게 작업장에서의 사회적 행동에 대한 표준 규범들을 세울 수 있도록 해주었고, 아무도 그 규범에 간섭하지 않았으며, 그 규범들로 인해 노동자들은 언제나 자신의 노동에 중요한 의미를 부여할 수 있었다." 그러나 노동자들 스스로 만든 표준이 감독관에게 맞는 표준은 아니다. 티룸에서 쫓겨난 애들린 보가토비치와 아이린 리바키는 여기에 대해 뭐라고 이야기할까?

덧붙여두자면, 이 실험에서 부딪힌 어려움들은 사회과학의 멋진 용어로 바뀌어 길이 남게 되었다. 실험을 진행하는 동안에 나타난 예상치 못한 효과, 그것도 그 실험 자체에서 비롯된 효과를 가리키는 '호손 효과'가 그것이다.

1927
키스 한 번에 병균이 4만 마리?

★Klaus, J. H., 「키스 한 번에 병균이 4만 마리40,000 Germs in a Kiss」, 『과학과 발명Science and Invention』 15(169), 1927, p. 14.

전염병에 대한 지식이 대중에게 널리 퍼진 것은 20세기 초반 무렵이다. 그에 따라 전염병을 예방하는 희한한 방법들이 개발되었는데, 그 가운데에는 소위 '반反키스동맹'이란 것도 있었다. 이들은 성인 남녀가 아이들에게 하는 키스와 여성끼리의 키스에 맞서 싸웠다. 심지어 파리의 반키스동맹은 모든 키스에 반대했다.

키스할 때마다 4만 마리의 병균이 옮는다는 주장이 곧 프랑스인들 사이에 퍼져나갔다. 그들은 사람들이 키스를 하려고 할 때마다 이 사실을 떠올린다면 키스는 금방 사라질 것이라고 확신했다. 그러면서 그들은 일본에서 미국이나 유럽 영화가 상영되기 전에 모든 키스 장면이 삭제되는 이유가 무엇이겠냐고, 자못 웅변조로 물었다. 명백하게도, 일본인들은 병에 걸리고 싶지 않기 때문에 키스의 기술을 배울 마음이 전혀 없는 것이다.

한편 이러한 프랑스인들 때문에 키스를 금지당하고 싶지 않았던 미국인들은 잡지 『과학과 발명Science and Invention』 1927년 3월호에 실린 실험을 통해 과학적인 검증에 나섰다. 편집장은 일단의 남녀에게 멸균된 배지培地에 키스를 하도록 요구했다. 그리고 그 배지를 37.5도로 유지되는 배양기에 24시간 동안 넣어두었다. 키스할 때 이식된 균들은 그사이 눈으로 확인할 수 있을 정도의 군집으로 발달했다. 그 군집의 개수를 세어 보면 키스 때 옮겨진 애당초의 균의 수를 알 수 있다.

실험실에서 발견된 군집의 수는 몇몇 프랑스인들의 주장처럼 4만 개가 아니라 평균 500개에 불과했다. 그런데, 립스틱을 바른 여인의 입술에서는 약 200개가 더 옮았다. 『과학과 발명』은 남자들이 립스틱 바른 여인과 키스하기를 거부할 과학적인 근거가 마련된 셈이라고 결론지었다.

「키스 한 번에 병균이 4만 마리」(『과학과 발명』 1927년 5월호)

1928
심장박동으로 본 오르가슴 곡선

미국인 의사 에른스트 보애스가 개발한 심장박동 측정기는 모든 심장 전문가들의 꿈이었다. 환자가 안정을 취하고 있는 상태에서만 쓸 수 있었던 이전의 장치들과 달리, 이것은 어떤 활동을 하고 있든 그 사람의 맥박을 자동적이고 연속적으로 기록할 수 있었다.

보애스와 그의 동료 에른스트 골드슈미트는 즉시 남성 51명과 여성 52명의 일상생활을 좇아가며 여러 가지 활동을 하는 동안의 맥박을 쟀다. 그랬더니, 식사(102), 전화(106), 아침배변(106.7), 음악감상(107.5), 춤(130.6), 체조(142.6) 등 하는 일에 따라 최대 심장박동수가 달랐다. 그런데 분당 148.5로 최고 횟수를 기록한 것은 바로 오르가슴 때였다. 보애스와 골드슈미트의 공저 『심장박동수』는 그들이 어떻게 그것을 정확히 잴 수 있었는지에 대해서는 자세히 설명하지 않은 채 "우리는 운 좋게도 성교하고 있는 부부의 심장박동을 측정할 기회를 얻었다"고만 쓰고는, 곧장 실험 결과들로 초점을 옮기고 있다.

체조보다 오르가슴이 심장에 더 많은 부하를 준다는 것이 사실 세상을 떠들썩하게 할 만큼 놀라운 일은 아니다. 하지만 심장박동수 곡선에서 정말 놀라운 일은 따로 있었다. 비록 두 저자는 그것이 세상에 흔해빠진 일인 것처럼 은근슬쩍 얼버무리고 넘어갔지만 말이다. "여성의 심장박동수 곡선은 네 개의 극대점을 보여주는데, 각 극대점은 오르가슴을 나타낸다." 그것은 이 여성이 그날 밤 11시 25분부터 11시 45분 사이에 네 차례나(!) 오르가슴에 도달했다는 것을 뜻한다. 그것도 성가시게 고무밴드로 가슴에 기록장치까지 30미터나 이어진 전극을 두 개나 묶고서 말이다.

보애스와 골드슈미트가 단 논평은 딱 이것뿐이었다. "이 심장박동수 곡선은 성교가 심장순환계에 미치는 부하를 명백히 보여주며, 성교 도중이나 이후의 급작스러운 사망을 해명하는 데에 도움이 된다. 푸셉(다른 연구자)은 개들도 교미하는 동안에 혈압이 올라간다는 것을 밝힌 바 있다."

처음으로 이 네 개의 극대점에 주목한 사람은 1933년 출간된 『인

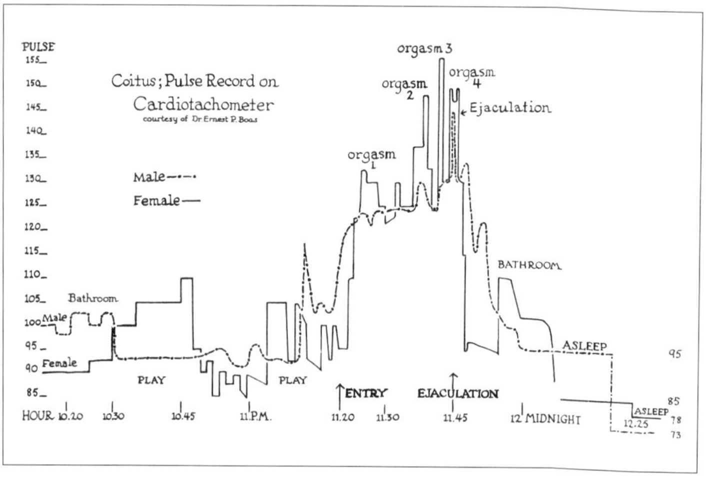

성교하는 동안의 심장박동수 측정. 피실험자는 11시 20~45분에 네 차례의 오르가슴을 경험했다. 연구자는 그것을 남성의 '능숙한 테크닉'의 결과라고 생각했다.

간 성교 해부학Human Sex Anatomy』에 이 다이어그램을 인용한 성연구가 로버트 디킨슨이었다. 그는 이 네 개의 극대점은 그가 '능숙한 테크닉'이라고 표현한 남성의 능력에서 기인한 것으로, 그 남성은 25분 동안 여성의 질 속에 머물면서 여성이 '완벽한 만족'을 느끼도록 해주었다고 서술했다.

그로부터 22년 후에 성교하는 동안의 신체적 기능들을 검사받은 한 피실험자는 오르가슴 실험에 참여했던 그 여성이 꼭 평균적인 여성은 아니었다는 사실을 보여주었다(→142쪽).

★Ernst E. Boas & Ernst F. Goldschmidt, 『심장박동수 The Heart Rate』, C. C. Thomas, 1932.

1928
팔뚝에 맘바 독을 주사 놓고

그다지 눈길을 끄는 제목은 아니었다. 어떤 '의사 F. 아이겐베르거'가 『미국 항혈청연구소 회보』 1928년 6월호에 발표한 논문 「맘바 독의 활동에 관한 몇 가지 임상학적 관찰」 말이다. 그러나 이 연구는 저자 프리드리히 아이겐베르거의 생명을 앗아갈 뻔했다.

1928년 봄, 그는 맘바 독사의 독 한 방울을 열 방울의 식염수로 희석한 후 0.2밀리리터를 자신의 왼쪽 팔뚝에 주사했다. 그리고 차에 올라탔다. 그가 왜 세상에서 가장 위험한 뱀의 독을 스스로 주사했는지 세상 사람들이 의아해한 것은 당연했다. 게다가 그러고서 차에 오른 것은 또 뭐란 말인가.

1893년 오스트리아에서 출생한 아이겐베르거는 1922년에 미국으로 이주해 위스콘신의 시보이건 병원에서 일했다. 그는 아내와 함께 세상 곳곳으로 여행을 다니며, 여행지의 모습을 담아온 필름으로 공개강연을 하곤 했다. 그가 여행지에서 수집한 기념품 가운데 최고의 자랑거리는 멜라네시아(오스트레일리아 북동쪽의 군도—옮긴이) 원주민 추장의 두개골이었다. 이 사실은 그의 부고에도 언급되어 있다.

아이겐베르거 부부는 멕시코풍으로 지은 눈에 잘 띄는 집에 살았다. 그들은 정원에 여러 가지 진귀한 아열대성 난초를 심었을 뿐만 아니라 퓨마와 표범 그리고 긴팔원숭이도 한 마리씩 키웠다. 그리고 뱀

독을 언제나 실험 직전에 '신선하게 추출'했다고 적혀 있는 그의 논문으로 미루어, 아이겐베르거는 아마 초록 맘바도 한 마리쯤 키웠을 것이다.

게다가 그는 이전에도 기니피그와 자기 자신에게 방울뱀 독을 주사해 실험한 적이 있다고 언급했다. 그때는, 몹시 아프긴 했지만 주사 부위가 부분적으로 부어오른 정도였다. 그가 맘바 독 실험에서도 비슷한 결과가 나오리라고 예상했으리라는 것은 의심할 여지가 없다. 그러나 이번에는 달랐다. 그는 갑자기 외부의 모든 자극에 대해 극도로 민감해졌다. "내 차의 진동과 엔진 소음이 너무 커서 괴로웠습니다. 바퀴가 네 개 모두 터져버린 줄 알았지요. 바퀴를 살펴보기 위해 차를 세운 뒤에야 진짜 이유를 알게 되었습니다."

가벼운 중독 증세가 생긴 지 20분이 지나자, 그는 자신이 곧 죽을지도 모른다고 생각했다. 그는 독 기운을 떨어뜨리기 위해 팔꿈치 위를 지혈기로 붙들어 매고, 부은 곳을 10센티미터쯤 절개한 다음, 독이 씻기기를 바라면서 상처에 뜨거운 과망간산용액을 부었다.

하지만 독은 이미 온몸으로 퍼진 뒤였다. 아이겐베르거는 '입술, 무릎, 손가락 끝의 감각이 없어지고 독이 얼굴 전체와 목으로 퍼지는' 느낌을 받았다. 손가락과 발가락도 마비되었다. 눈 역시 아팠다. 말하고 침을 삼키는 데에 힘이 들었다. "전반적인 증상이 최악이었지만, 이리저리 돌아다녔지요. 자리에 누우면 의식을 잃을 것 같았거든요."

맥박이 160까지 올라갔을 때, 아이겐베르거는 스트리크닌(중추신경흥분제의 일종—옮긴이) 주사를 놓아달라고 요구했다. 스트리크닌에는 각성효과가 있기 때문에, 그것은 오늘날의 관점에서 보면 퍽이나 이상한 처방이다. 그러나 아이겐베르거가 스트리크닌을 달라고 한 것은 아마도 당시에는 스트리크닌이 뱀독을 제거해준다고 믿었기 때문일 것이다. 여섯 시간이 지나자 전신의 통증이 가라앉았다. 하룻밤을 독감 앓듯이 앓고 나자 다음날에는 중독 증상이 말끔히 사라졌다.

★Friedrich Eigenberger, 「맘바 독의 활동에 관한 몇 가지 임상학적 관찰Some Clinical Observations on the Action of Mamba Venom」, 『미국 항혈청연구소 회보 Bulletin of the Antivenin Institute of America』 2(2), 1928, pp. 45-46.

아이겐베르거는 자신의 판단착오로 하마터면 죽을 뻔했다는 것을 깨달았다. 그가 맘바 독을 그렇게 많이 주사한 이유는 생쥐에게 주사했던 맘바 독이 상대적으로 더 천천히 작용했기 때문이었다. 생쥐는 방울뱀에게 물렸을 때보다 맘바에게 물렸을 때 더 오래 산다. 하지만 방울뱀 독과 맘바 독은 작용하는 방식이 전혀 다르다. 방울뱀 독은 혈관과 혈구를 목표로 삼는다. 조직을 파괴하고, 혈액응고를 방해하거나 촉진한다. 그러나 대부분의 경우는 아이겐베르거가 서술한 대로 통증과 함께 부어오를 뿐이다. 이에 반해 맘바 독은 신경독으로, 중추신경계에 작용해 호흡곤란과 심장마비를 일으킨다.

도대체 그가 왜 이 실험을 했는지, 그리고 혈액에 뱀독을 주사한 뒤 운전석에는 왜 앉았는지에 대해서는 아직까지도 대답이 나오지 않았다. 그러나 그는 1961년에 죽을 때까지 또 다른 비슷한 실험을 여러 차례 한 것으로 보인다. 그 실험들은 정원에 맹수를 키우고 탁자 위에 두개골을 올려놓고 사는 이 기이한 병리학자에게도 분명히 매우 위험했을 것이다.

1928 잘린 채 살아 있는 개 머리

사진을 보면, 마치 무슨 서커스 장면 같다. 한가운데에는 개의 잘린 머리가 접시에 놓여 있고, 그 앞에는 한 쌍의 튜브가 펌프 하나와 병 한 개 그리고 피가 가득한 그릇이 놓여 있는 스탠드와 이어져 있다. 그 주변에는 사람들이 다닥다닥 들러붙어 이 장면을 흥미롭게 바라보고 있다. 이들은 과학의 기적, 즉 잘린 채 살아 있는 개 머리를 목격한 증인들이다.

러시아 외과의사 세르게이 브루호넨코와 S. 체출린은 수술을 통해 개의 머리를 몸통에서 떼어냈다. 대중 과학잡지 『과학과 발명』은 동물실험이 얼마나 유용한지에 대해서는 한마디 언급도 없이 "참혹하고 비인간적으로 보인다"고 잘라 말했다. 사진에서 개의 머리는 반쯤 입이 벌어져 있으

영원한 삶으로 보이는가? 러시아 실험의 살아 있는 개의 머리.

몸통에서 떼어낸 살아 있는 개 머리를 전시하고 있는 사진. 그러나 관객들의 비정상적인 배치로 보아 나중에 조작된 사진으로 보인다.

madsciencebook.com
이 실험의 원본 필름을 포함한 러시아 영화기록보관소의 다큐멘터리를 볼 수 있다.

★Sergei Brukhoneko & Tchetchulin, S., 「절단된 개 머리를 이용한 실험Experiences avec la téte isolée du chien」 『일반 생리학 및 병리학 저널 Journal de Physiologie et de Pathologie Générale』 27(1), 1929, pp. 31-45, 64-79.

며, 과학자들은 문외한들에게 이 머리가 실제로 살아 있다는 것을 가능한 한 흥미진진하게 보여주려는 것처럼 보인다. 이들이 개의 눈에 전등을 비추자 동공이 좁아졌고, 입에 식초를 흘려넣자 바로 뱉어내었으며, 쓴맛이 나는 키닌을 주자 눈물을 흘렸고, 단것을 넣어주자 그것을 삼킨 뒤에 식도 쪽으로 흘려보냈다.

물론 두 사람이 머리 분리 실험을 한 최초의 인물들은 아니다(→ 54쪽). 그러나 이전의 실험과 달리 이들은 머리에 기계로 된 심장을 달아서 생명을 유지시켰다. 목정맥에서 나온 피는 고무호스를 통해 그릇으로 흘러들어 산소와 결합한 후 다시 개의 머리보다 조금 높은 곳에 있는 병으로 옮겨지고, 일정한 압력을 받아 병 밑바닥에 뚫린 구멍에서 목동맥을 통해 다시 머리로 들어간다. 전기 펌프 하나가 이 원시적인 심장-허파 기관을 움직인다. 혈액은 화학처리되어 응고되지 않는다.

이 희한한 실험은 사람들의 판타지를 자극했다. 사람 머리로도 이것이 가능할까? 그렇다면, 이제 지상에서 영생이 가능해지는 것인가? 한 프랑스 과학자는 영생연구소의 설립을 제안했고, 열광에 빠진 『과학과 발명』은 이렇게 물었다. "과학의 지속적인 발전과 진보 앞에서 SF 작가들의 무한한 상상력이 그 빛을 잃어버리는 게 아닐까요?"

1930
스키너 박사의 상자

버러스 프레데릭 스키너는 하버드 대학 심리학과 공작실에서 자신이 조립한 상자가 세상에서 가장 유명한 실험장치가 될 거라고는 상상도 하지 못했다. 후에 어떤 록밴드는 이 실험장치에서 그들의 이름을 따왔고, 만화가들은 여기에서 만화 소재를 발견했다. 그리고 만화영화 <심슨 가족>은 이것을 패러디했다. 심지어 자동먹이공급장치가 달린 상자는 스키너의 딸의 자살과도 관련되어 인구에 회자되었다.

당시 스물여섯 살의 스키너는 쥐의 행동을 계측할 수 있는 장치를 찾고 있었다. 그는 그 무렵 과학자들 사이에서 유행하던 '미로'를 이상적인 실험도구로 보지 않았다(→ 67쪽). 그가 남긴 『비망록』에는 "동물의 행동은 수없이 많은 '반사'로 구성되어 있으므로, 그것들을 하나하나 조사하지 않으면 안 되었다"고 쓰여 있다.

그래서 그는 시험주로試驗走路의 작은 부분 한 곳, 즉 쥐가 그곳을 통해 아무런 혼란도 겪지 않고 미로로 들어갈 수 있도록 소리가 나지 않는 문이 달린 방음상자에 초점을 맞추었다. 그러나 그는 곧 장치의 미로 부분을 완전히 떼어내어 버렸다. 그는 동물의 행동을 시계처럼 정밀하게 계측할 수 있는 장치를 만들려고 시도했다. 그러나 그것을 제대로 만들어서 써먹기에는 설계가 너무 어지러웠다. 스키너는 자신보다 30년 앞서서 고전적 조건화를 발견한 파블로프의 연구를 읽었다(→ 75쪽). 파블로프가 이용한 방법은 선천적인 반응을 새로운 자극과 결합시킬 수 있도록 해주었다. 스키너는 이미 존재하는 반응을 연구하는 데에 그치지 않고 새로운 행동이 어떻게 발생하는지를 알아내고 싶었다.

마침내 그는 실험상자에 손잡이를 다는 아이디어를 고안해냈다. 이 상자는 쥐들이 레버를 누를 때마다 먹이가 제공되게 되어 있었다. 물론 쥐들은 처음에는 그걸 알지 못했으므로, 우연히 손잡이를 눌렀을 때만 먹이를 얻을 수 있었다. 하지만 그런 행운이 몇 차례 반복되자, 쥐들은 둘의 연관관계를 익혔다. 그 결과, 레버를 누르는 시간 간격이 점점 짧아졌다. 스키너는 쥐의 행동 변화를 측정하기 위한 간단한 잣대를 발견해낸 것이다. 그 척도는 특정한 행동이 일어나는 '빈도'였다.

파블로프의 개와는 달리, 스키너의 실험에서는 동물들이 선천적인 반응을 보여준 것이 아니라 새로운 행동을 학습했다. 이 실험들을 바탕으로 발전시킨 스키너의 이론은 세 가지 요소로 구성되어 있다. 첫째, 생명체는 항상 자발적인 행동들을 보여준다. 둘째, 긍정적이든 부정적이든 특정한 행동의 결과는 유기체가 그 행동을 되풀이할 가능성을 높이거나 줄인다. 그리고 셋째로, 결과를 결정하는 것은 바로 환경이다. 그는 이 전체 과정을 (파블로프의 '고전적 조건화'와 구별하여) '조작적 조건화'라고 이름붙였다.

심리학자 스키너와 그가 동물의 학습행동 연구에 사용한 스키너 상자.

스키너는 이 과정에서 뇌 안에서 벌어지는 일들에는 관심이 없었다. 그는 정신의 활동을 직접적으로 관찰하는 것은 불가능하기 때문에, 뇌의 작용에 대한 연구는 비과학적이라고 보았다. 스키너는 존 왓슨과 함께 인간과 동물의 행동은 결국 외부 자극에 대한 일련의 반응이라고 주장하는 행동주의 진영을 이끌었다.

스키너 상자에는 미로와 같은 이전의 실험장치들보다 훨씬 커다란 이점이 있었다. 그것은 쥐가 레버를 눌러서 먹이를 얻은 다음에는 인간이 더 이상 끼어들지 않고도 모든 것이 자동으로 준비된다는 것이었다.

자동기록장치가 쥐가 손잡이를 누른 시간을 자동으로 기록했으므로, 스키너는 그 기록을 통해 다양한 조건에서의 동물의 학습행동을 연구할 수 있었다. 예를 들어 쥐가 손잡이를 다섯 번, 또는 다른 임의의 횟수만큼 연달아 눌러야만 먹이를 얻을 수 있다면, 어떤 일이 일어날까? 반대로 어떤 특정한 행동을 수행해야만 벌을 모면한다면, 무은 일이 벌어질까? 학습된 행동은 어떻게 다시 없앨 것인가? 스키너 상자는 동물행동 연구의 자동화를 이루어낸 셈이었다.

보상하면 어떤 특정한 행동이 강화(정적 강화 positive reinforcement)되고 처벌하면 약화(부적 강화 negative reinforcement)된다는 조작적 조건화의 방법은 얼핏 진부해 보일지도 모른다. 하지만 스키너는 조작적 조건화를 통해 동물들에게 그저 레버를 누르는 것 이상의 많은 것을 학습시켰다.

madsciencebook.com
스키너의 실험에 관한 짧은 다큐멘터리를 볼 수 있다.

그는 비둘기 한 마리에게 장난감 피아노로 동요를 연주하는 법을, 그리고 다른 두 마리에게는 일종의 탁구를 치는 법을 가르쳤다. 이때 그는 동물들이 목표를 완전히 달성한 다음이 아니라 목표에 조금씩 다가갈 때마다 보상하는 트릭을 썼다. 예를 들어, 그는 비둘기가 부리로 첫 번째 피아노 건반을 우연히 눌렀을 때 먹이를 주었다. 그리고 다음번에는 두 번째까지 눌렀을 때, 그 다음에는 세 번째 건반까지, 또 그 다음에는 네 번째까지 하는 식으로 비둘기가 눌러야 하는 건반의 숫자를 늘려가서, 비둘기는 드디어 <울타리를 넘으면 아웃이야, 얘들아>를 악보대로 연주할 수 있게 되었다.

인간은 그런 방식으로 동물들이 아주 다양한 임무를 수행하도록 훈련시킬 수 있었다. 제2차 세계대전 중에 스키너는 미군을 위해 대단히 기이한 대함 폭격유도 시스템을 연구했다. 그것은 조작적 조건화 훈련을 거친 비둘기들을 포탄 앞머리에 실어둔 다음, 그 비둘기들이 창을 통해 보이는 목표 배의 위치에 맞추어 모니터를 쪼면 그 신호에 따라 정확한 포탄의 발사각도와 목표지점이 조정되도록 고안된 시스템이었다. 이 유도시스템은 실험실에서는 훌륭하게 작동했지만, 실전에는 결국 배치되지 않았다.

"오! 나쁘지 않아. 빛이 들어오면 난 레버를 눌러. 그러면 그들은 내게 수표를 지불하지. 자네는 어떻게 지내나?"

'스키너 상자'라는 개념은 스키너가 창안한 게 아니지만, 그 개념은 금세 유명해졌다. 스키너는 심지어 둘째딸 데보라를 스키너 상자에서

"음식을 원한다면 손잡이를 누르시오!"

키웠다는 혐의까지 뒤집어쓰게 되었고, 나중에는 데보라가 정신병원에 수용되어 끝내는 자살하고 말았다는 소문마저 나돌았다. 이 현대판 전설은 1945년에 『여성의 가정Ladies' Home Journal』에 실린 한 기사에서 비롯된 것이었다. 스키너가 데보라를 위해 만든 방음과 난방이 되는 유리상자, 곧 어린이놀이터에 관한 기사였다. 불행하게도, 그 기사의 제목은 '상자 속의 아기'였다. 기사를 읽은 대부분의 독자들은 데보라가 스키너의 쥐나 비둘기처럼 상자 속에 갇힌 채 실험동물처럼 자란 것으로 오해했다. 스키너의 딸은 현재 런던에서 미술가로 활동하고 있으며, 자신이 자살했다는 끈질긴 헛소문을 없애기 위해 가끔 언론에 등장하고 있다.

스키너는 미국 심리학계에서 논쟁적인 인물이었다. 그의 발견은 특히 교육에 큰 영향을 끼쳤다. 그의 실험은 교사들이 학생들을 격려하거나 질책하는 방법과 흡사했기 때문이다.

스키너에게 세계는 하나의 커다란 스키너 상자였고, 그는 그것으로 인간의 모든 행동을 설명할 수 있다고 확신했다. 스키너는 1971년에 출간된 논쟁적인 책 『자유와 존엄을 넘어Beyond Freedom & Dignity』에서 인류의 복지를 위해 조건화 기술을 폭넓게 도입하자고 제안했다. 인간을 훈련시켜 사회에 이로운 방식으로 행동하도록 만들자는 것이었다.

★Burrhus Frederic Skinner, 『유기체의 행동: 실험적 분석 The Bahavior of Organisms: An Experimental Analysis』, Appleton-Century, 1938.

1930
그 호텔은 중국인을 받아주었을까

리처드 라피에르는 전화가 연결되자마자 상대방의 대답을 예측할 수 있었을 것이다. 아니나 다를까, 그가 "그 호텔에 중요한 중국 신사 한 분을 모실 수 있을까요?"라고 미처 다 묻기도 전에 전화선 너머에서는 "아니오!"라는 소리가 들려왔다.

딱 두 달 전에, 스탠퍼드 대학의 사회학 교수 라피에르는 친구인 한 중국인 부부와 함께 방금 통화한 바로 그 호텔에 묵었다. 그곳은 아시아인을 배척하기로 악명 높은 어느 소도시의 가장 좋은 호텔이었는데, 놀랍게도 그날 밤 라피에르 일행은 아무런 어려움도 없이 방을 얻을 수 있었다.

호텔 지배인은 전화로는 그렇게 말하지만, 두 달 전에는 정반대로 행동하지 않았던가. 이것은 예외적인 경우일까? 아니면 변덕쟁이의 행동일까? 그것도 아니라면, 여기에는 다른 무엇인가가 있다는 얘기일까? 실험을 해보면 명확해질 터였다.

사람들이 특정한 상황에서 그들이 어떻게 행동할 것인지를 다른 사람에게 말할 때 근본적으로 어려움을 겪는다면, 그것은 대단히 큰 문제를 낳게 된다. 사회과학 연구는 많은 부분을 설문조사에 의존한다. 당신은 하나님을 믿는가? 당신은 전철에서 아르메니아 여인에게 자리를 양보하겠는가? 당신은 아시아인을 어떻게 생각하는가? 질문에 대한 사람들의 응답을 평가할 때, 연구자들은 암묵적으로 그들이 일상생활에서도 역시 설문조사의 답변과 마찬가지로 행동할 것이라고 가정한다. 하지만 가정이 옳지 않다면 수많은 설문조사 결과들은 무효, 또는 적어도 무의미한 것이 되고 만다. 결국, 알아내야 할 것은 사람들이 설문지에 어떤 행동을 하겠다고 답하는가가 아니라 그들은 실제로 어떤 행동을 하는가인 것이다.

그래서, 라피에르는 1930년에서 31년에 걸쳐서 두 차례나 그의 중국인 친구들과 함께 미국을 가로지르는 여행길에 나섰다. 그가 젊은 부부와 함께 자동차로 달린 거리는 1만 마일에 이르렀다. 그사이 그들은 호텔 예순여섯 곳에서 묵고 레스토랑 백여든네 곳에서 식사를 했지만, 그들이 거절당한 것은 딱 한 차례뿐이었다. 빈 방 있느냐는 라피에르의 질문에, 자동차 안을 들여다본 싸구려 방갈로 주인은 퉁명스러운 목소리로 이렇게 대답했다. "없어! 난 쪽발이는 싫어!"

그 외에는 세 사람은 최대한 정중한 대접을 받았다. 시골에서는 많은 사람들이 그때까지 한 번도 아시아인과 접촉해본 적이 없었지만, 세 사람을 대하는 그들의 반응은 거절이 아니라 극진한 환대 쪽

사회학자 리처드 라피에르는 미국을 횡단하면서 사람들이 꼭 자기 생각대로 행동하는 것은 아니라는 사실을 확인했다.

이었다.

라피에르는 호텔의 접수계원, 짐꾼, 사환, 식당 여급과 만나면서 벌어진 모든 일을 꼼꼼히 기록했다. 물론 자신도 인정했듯이 그것은 주관적인 기록이었지만, 그들은 지금 모든 요소를 제어해야 하는 연구실 실험을 벌이고 있는 게 아니었다.

그래도 그는 자신이 사태의 진행에 되도록 영향을 덜 미치게 하려고, 가능하면 중국인 부부가 나서서 묵을 방을 청하게 하고 자신은 짐을 들고 뒤따르곤 했다. 식당에도 종종 그들을 먼저 보내고 자신은 나중에 합류했다. 중국인 부부가 자연스럽게 행동할 수 있도록, 그는 자신들이 실험을 하고 있다는 사실을 알리지 않았다.

여행이 끝났을 때 라피에르는, 사람들의 태도에 영향을 미친 주요한 요소는 '인종'이 아니라 말쑥한 옷차림과 적절한 순간의 미소 그리고 중국인 친구들의 완벽한 영어실력이었다고 결론지었다. 그는 자신을 유명하게 만들어준 이 실험에 대해 쓴 논문 「태도 대 행동」에 "자기 나라를 여행하려는 백인에게는 단 한 명의 중국인만 동반하기를 추천한다"고 썼다.

그런데, 사람들의 이와 같은 실제 행동은 과연 설문조사 결과와 일치할까? 라피에르는 설문조사를 통해 미국인들이 아시아인에 대해 심한 편견을 가지고 있다는 것을 알아냈다. 사람들의 실제 경험과 그들이 평소에 지니고 있는 태도를 비교하기 위해, 그는 자신이 누구라는 걸 밝히지 않은 채 6개월 전에 그들이 방문했던 모든 호텔과 레스토랑에 편지를 보냈다. "당신은 중국인을 손님으로 받으시겠습니까?" 128명의 응답자 중 단 한 명만이 '예'라고 대답했다. 다른 응답자 거의 모두가 중국인을 거절하겠다고 대답했고, 두서너 사람 정도가 아직 결정을 못 내렸다고 답했을 뿐이었다.

라피에르는 곧바로 이런 부정적인 결과가 혹시라도 자신의 여행으로 인해 유발된 건 아닐까 하고 자문했다. 중국인들과 함께 그곳들을 찾았던 당시에는 아무런 부정적인 반응도 감지하지 못했지만, 어쩌면 거기에 머무르는 동안에 자신도 모르게 그들에게 나쁜 인상을 남긴 건 아닐까? 그래서 그는 같은 내용의 편지를 자신들이 방문한 적이 없는 여러 호텔과 레스토랑에 보냈다. 결과는 똑같았다. 어느 누구도 중국인을 상대하고 싶어하지 않았다. 라피에르는 "이상의 데이터를 보면, 중국인이 미합중국을 여행하겠다고 나서는 것은 정말 어리석은 행위로 보인다"고 썼다. 그러나 실제 경험이 보여준 것은 다른 그림이었다.

이 사회학자는, 주어진 특정한 상황에서 사람들이 어떤 행동을 할 것인지를 예측하는 데에는 설문조사에 근본적인 결함이 있다는 결론을 내렸다. "설문지는 A씨가 종이 위의 단어들의 특정한 조합에 직면했을 때 무엇을 쓰고 말할지를 잘 보여준다. 그러나 그가 B씨를 만났을 때 어떤 행동을 할 것인지를 보여주지는 않는다. B씨는 단어들의 조합을 훨씬 능가하는 그 무엇이다. 그는 인간이고, 그는 행동한다."

★Richard T. LaPiere, 「태도 대 행동Attitudes vs. Actions」, 『사회를 움직이는 힘Social Forces』 13, 1934, pp. 230–237.

1931
침팬지 구아와 사내아이 도널드는 한 가족

아무리 특이한 어린 시절을 보낸 침팬지라 해도, 구아Gua처럼 희한한 경험을 한 침팬지는 아마 없을 것이다. 1931년 6월 26일에 갓 7개월이 된 구아는 인간의 가정으로 입양되었다. 애완동물이 아니라 그 집의 10개월 된 사내아이 도널드와 똑같은 대접을 받는 완전한 가족이 된 것이다.

1927년 윈스럽 켈로그가 정통적이라고 하기는 힘든 이 실험을 고안했을 때, 그는 겨우 스물아홉이었다. 그 계기가 된 것은 아마도 신문에 난 늑대소녀 기사였을 것이다. 동인도의 한 동굴에서 늑대떼와 함께 살고 있었던 어린 여자아이 두 명이 발견되었다. 아이들은 늑대처럼 먹고 마셨으며, 네 발로 걸을 때만 두 손을 썼다. 구조된 뒤에 그 아이들은 두 발로 서는 법을 배웠지만, 밤이면 늑대처럼 울부짖고 새를 덮쳐서는 날것으로 뜯어먹는 버릇은 교육을 통해서도 사라지지 않았다. 말도 거의 배우지 못했다.

전문가들은 그 까닭을 늑대소녀들의 지능이 낮기 때문이라고 진단했다. 그러나 켈로그의 생각은 달랐다. 그는 아이들의 야성적인 행동은 늑대를 통해 습득된 것이며, 아주 어린 시절에 받은 각인이 다시 작동하기 때문에 그 아이들이 새로운 환경에 적응하기란 무척 어려울 것이라고 생각했다.

켈로그는 이 가설을 검증하기 위해 정상적인 평균적 지능수준의 젖먹이를 야생동물이 사는 곳으로 보내 그 아기의 행동을 연구해야 한다고 썼지만, 이 '과학적 열정'은 당연하게도 윤리적 · 법적 이유로 인해 실행에 옮겨질 수 없었다. 그러나 정반대의 실험, 곧 침팬지 새끼를 인간 아기와 같은 조건에서 양육하는 것은 가능했다.

침팬지의 양부모는 단 한순간도 아이를 침팬지로 다루어서는 안 된다. 침팬지에게 뽀뽀해주고 애지중지 보살펴주어야 하며, 유모차에 태워 산보를 나가고, 숟가락으로 음식 먹는 것을 가르치고, 변기사용법을 가르쳐주어야 한다. 켈로그는 처음엔 침팬지가 '이해심이 넘치는 부모'를 둔 탁아소의 아기들과 함께 놀도록 하는 게 좋겠다고 생각했다. 하지만 더 좋은 것은 침팬지와 아기의 발달을 직접 비교할 수 있도록 어느 집에서 아예 침팬지를 입양하는 것이었다.

도널드와 구아는 아홉 달 동안 함께 살았다.

켈로그는 이 실험을 통해 어린아이의 발달에 더 우세한 영향을 미치는 것이 '자연 nature'인가 '문화 nurture'인가, 다시 말해 '환경'인가 '유전'인가를 규명할 수 있으리라고 생각했다. 만약 침팬지가 아이만큼 발달하지 못한다면, 그것은 동물의 본능이 지배적이라는 것을 뜻한다. 하지만 침팬지가 보통의 아이들의 전형적인 반응을 보인다면, 그것은 환경의 힘을 보여주는 증

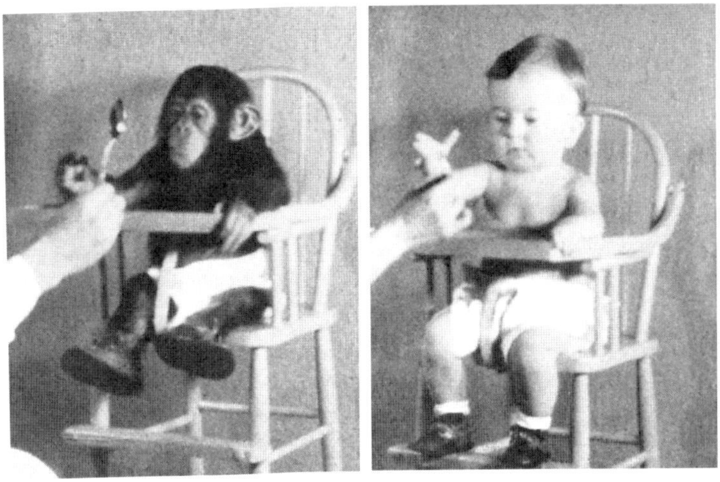

자연과 문화, 어느 것이 더 지배적일까? 구아를 인간으로 양육할 수 있을까? 켈로그 부부는 침팬지와 인간의 아이를 똑같이 다루었다.

거가 된다.

실험을 시작하기 전에, 켈로그는 아내 루엘라를 설득하지 않으면 안 되었다. 그가 선택한 침팬지의 양부모는 바로 자기 자신과 아내였고, 그는 그들이 앞으로 낳을 아이를 실험의 대조군으로서 침팬지와 함께 키우려고 했기 때문이다. 이 실험에 대해 기술한 책 『유인원과 어린이』의 서문을 보면, 그것은 루엘라의 의지와는 달랐다는 것을 알 수 있다. "우리 둘 가운데 한 사람의 열정은 다른 한 사람의 엄청난 저항에 부딪혔으며, 합의는 불가능해 보였다." 그러나 윈스럽 켈로그는 결국 자신의 뜻을 관철시켰다. 그사이에 그는 인디애나 대학의 심리학 교수가 되었지만, 실험을 계속하기 위해 플로리다 주 오렌지파크에 있는 예일 대학 유인원실험국 인근에 살았다.

구아가 도착한 순간부터 루엘라와 윈스럽 켈로그는 실험에 전념했다. 그들은 하루 종일 구아와 도널드를 똑같이 꼼꼼하게 보살폈다. 날마다 키와 몸무게, 혈압을 재고, 시지각과 운동기능을 시험했다. 공포에 대한 민감성을 시험하기 위해 아이들 등 뒤에서 권총에 장전된 공포탄을 쏘고, 이들의 반응을 필름에 담았다.

켈로그가 남긴 실험기록은 그가 과학적 정확성에 얼마나 집착했는지를 여실히 보여준다. "둘의 두개골의 차이는 숟가락이나 유사한 물건으로 그곳을 내리쳤을 때 나는 소리로 쉽게 구분할 수 있었다. 처음 몇 달 동안 도널드의 머리에서는 둔중한 소리가 들렸지만, 구아 머리에서는 맑은 소리가 울려 나왔다."

『유인원과 어린이』는 구아와 도널드의 발달을 꼼꼼히 기록했다. 하지만 실망스럽게도, 왜 실험이 9개월 만에 끝났는지에 대해서는 정확한 설명이 없다. 켈로그의 옛 제자들을 찾아다니며 실험에 관해 조사한 심리학자 루디 벤저민은 아마도 실험이 예상치 못한 방향으로 흘렀을 것이라고 추측한다. 확실히, 구아는 놀라울 정도로 인간의 환경에 잘 적응했다. 도널드보다 말을 더 잘 들었고, 입맞춤으로 용서를 청했으며, 똥도 먼저 가렸다. 하지만 한 가지 점에서는 도널드가 우월했다. 그는 흉내를 잘 냈다. 구아가 리더가 되어 장난감을 발견하고 놀이를 개발하면, 도널드는 그것을 그대로 따라했다. 말도 마찬가지였다. 도널드는 구아가 먹이를 달라고 할 때 내는 소리를 완벽하게 흉내냈고, 오렌지를 청할 때는 구아와 똑같이 헐떡거리는 소리를 냈다.

많은 경우 구아가 도널드보다 나았다. 하지만 도널드가 더 나은 경우가 하나 있었는데, 그것은 모방이었다.

실험이 끝났을 때 19개월이었던 도널드가 사용할 줄 아는 낱말은 세 개밖에 없었다. 평균적인 미국의 또래아이들은 50개의 단어를 구사할 줄 알고, 그 단어들로 문장을 만들기 시작한다. 그러니까 윈스럽 켈로그는 침팬지를 인간으로 키우려고 했지만, 거꾸로 인간을 침팬지로 키우고 말았던 것이다. 적어도 루엘라가 그 꼴을 더 이상 한가하게 지켜보고만 있으려 하지 않았으리라는 것은 충분히 이해할 수 있다. 실험이 끝난 뒤 구아는 오렌지파크의 유인원 우리로 돌아갔고, 철창에 갇혀 진짜 엄마와 함께 사는 걸 힘겨워하다가 이듬해에 죽고 말았다.

이 실험은 큰 관심을 끌었고, 켈로그는 혹독한 비판을 받았다. 많은 사람들이 그가 자신의 아이를 그런 실험에 끌어들인 것은 무책임한 짓이라고 비난했다. 켈로그는 센세이션을 불러일으켰고 언론은 집요하게 그를 추적했다. 켈로그 자신은 나중에, 이런 종류의 연구에는 실험의 진정한 목적을 오해하고 그것을 조롱하는 사람들을 제압할 수 있는 '결연한 과학자'가 필요하다고 썼다.

윈스럽 켈로그는 『유인원과 어린이』를 출간한 다음 연구영역을 바꾸었다. 그는 1972년 6월 22일에 74세의 나이로 플로리다에서 사망했고, 몇 달 후 아내 루엘라가 뒤를 이었다.

언어발달에서 뒤처졌던 도널드 켈로그는 금방 정상이 되었고, 나중에 하버드 대학 의대에서 의학을 공부한 뒤 정신과의사가 되었다. 하지만 그는 부모가 세상을 뜬 지 몇 달 후 스스로 목숨을 끊었고, 그것은 자주 이 실험의 주석으로 덧붙여진다. 이 대목에 대해 심리학자이자 심리학사의 전문가인 루디 벤저민은 이렇게 썼다. "당연히, 도널드 켈로그의 자살과 그가 구아와 함께 지내고 헤어졌던 어린아이 시절의 경험을 연관 지으려는 사람들이 있다. 그러나 그의 우울증은, 대단히 엄한데다 자신과 관련된 모든 사람에게 완벽을 요구하는 아버지

도널드와 구아를 유모차에 태우고 산보하는 루엘라 켈로그. 그녀는 처음에는 자기 아이를 데리고 실험하는 데에 찬성하지 않았다.

놀람실험을 하고 있는 심리학자 윈스럽 켈로그. 그가 아이들과 구아 뒤에서 총을 쏘는 장면을 영상에 담았다.

밑에서 자랐다는 점으로 훨씬 더 잘 설명할 수 있다."

★Winthrop N. Kellogg & Luela A. Kellog, 『유인원과 어린이 The Ape and the Child』, Hafner Publishing company, 1933.

도널드 켈로그가 자살했을 때, 그의 아들 제프는 아홉 살이었다. 벤저민과 달리, 제프는 아버지의 자살이 실험의 직접적인 결과라고 확신한다. "루디도 말했듯이, 할아버지는 아버지에게 무심했고, 한 번도 따뜻하게 대한 적이 없었어요. 오로지 성과에만 집착하는 사람이었지요. 그렇지만 루디는 그 실험의 영향이 훨씬 더 컸다는 것을 간과하고 있어요. 그건 그가 실험심리학자기 때문이겠지요." 실험의 여파를 다룬 미출간 논문에서, 그는 아버지의 죽음을 '45년에 걸친 살인'이라고 불렀다. (도널드의 자살 이전의 45년을 말한다. 도널드가 태어나기도 전에 그의 아버지 윈스럽은 실험을 계획하기 시작했으니까.)

1938
하루는 28시간이다!

너대니얼 클라이트먼은 오래전부터 특이한 실험을 많이 했지만, 단 한 차례도 주목받아본 적이 없었다. 그러나 1938년 7월 6일, 그가 제자 브루스 리처드슨과 함께 거대한 동굴에서 나왔을 때, 출구에는 수많은 촬영팀과 사진가들이 모여 있었다. 신문에 실린 수염으로 뒤덮인 얼굴과 긴 외투 그리고 축축한 두건을 둘러쓴 불쌍한 몰골의 두 사나이의 사진은 부랑아를 연상시키기에 충분했다. 시카고 대학의 두 과학자는 32일 동안 동굴 속에서 수면의 본성을 연구하고 나온 터였다.

당시 43세였던 클라이트먼은 스스로 실험대상이 되는 데에 익숙했다. 그는 한번은 180시간 동안 잠을 자지 않고 그 영향을 연구하기도 했다. 또 신체리듬을 24시간에서 48시간으로 바꾸려고 시도하기도 했지만, 그것은 실패로 끝났다. 그는 38시간 동안 깨어 있고 9시간 자는 생활을 한 달이나 계속했다. 어떤 학생은 12시간 리듬을 실험했다. 그는 4시부터 7시 30분까지, 그리고 다시 16시에서 19시 30분까지, 하루에 3시간 30분씩 두 번 취침하는 생활을 33일 동안이나 했다. 하지만 이 시도도 실패했다.

수면 연구에서 가장 큰 수수께끼 가운데 하나는 24시간에 적응되어 있는 사람의 수면리듬이 단순히 하루의 길이에 맞게 익숙해진 것인지, 아니면 언제든지 변할 수 있는 것인지, 그것도 아니라면 인체 내부에 프로그램으로 짜여 고정된 시계가 있는지 하는 문제였다.

이전 실험에서 수면리듬을 두 배로 길게 늘이거나 절반으로 줄이는 실험이 실패로 돌아갔기 때문에, 클라이트먼은 시카고 대학의 다음 실험을 24시간에 근접한 두 가지 수면리듬으로 결정했다. 그가 선택한 것은 21시간과 28시간으로, 일주일을 8일로 나누면 정확히 21시간이 되고 6일로 나누면 28시간이었다. 실험에 나설 두 사람이 결정되었다. 클라이트먼이 그 가운데 한 명이었다.

실험대상자가 변화된 수면리듬에 잘 적응했는지의 여부는 체온

두 명의 수면연구자가 거대한 동굴의 이 방에서 32일을 보냈다. 쥐 때문에 침대 다리는 양동이 속에 놓여 있다.

아침 세수를 하고 있는 수면연구가 너대니얼 클라이트먼(왼쪽)과 그의 제자 브루스 리처드슨.

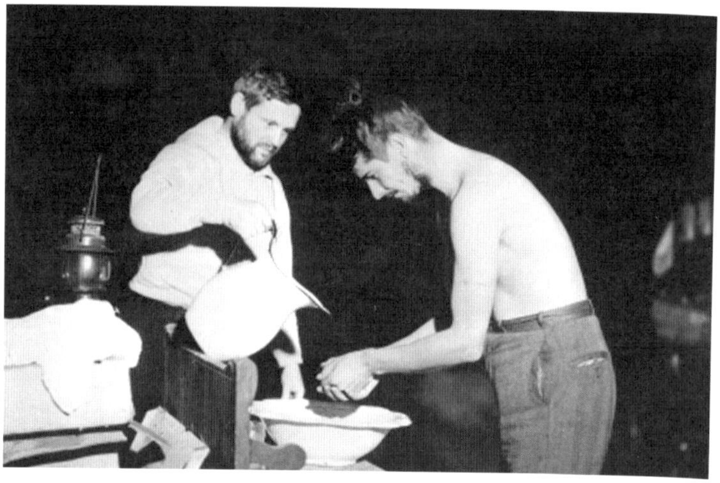

으로 확인했다. 잠을 자는 동안에는 신진대사가 줄어들기 때문에 일반적으로 체온이 떨어지며, 깨어 있을 때는 최고에 도달한다. 체온변화가 새로운 취침-기상의 진행과 일치하여 변한다면, 신체는 새로운 리듬에 적응했다고 볼 수 있다.

21/28시간 실험의 결과는 애매했다. 실험에 참여한 학생의 체온리듬은 새로운 수면리듬과 맞아떨어졌지만, 클라이트먼의 리듬은 24시간 언저리에 머물렀다. 실험장소가 실험에 장애가 되었을 가능성이 있었다. 낮의 햇빛 리듬이 적응을 방해할 수도 있고, 어쩌면 적지 않은 소음과 높고 낮은 기온이 영향을 미쳤을 수도 있다. 그래서 클라이트먼은 낮과 밤이 없는 곳을 물색했다. 그가 찾아낸 곳은 켄터키 주에 있는 매머드 동굴Mammoth Cave 안의, 너비 20미터에 높이 8미터쯤 되는 지하공간이었다. '오두본 거리'라는 이름이 붙은 이곳에는 온종일 어둠과 적막이 흐를 뿐 아니라 기온도 1년 내내 12도 안팎을 유지했다. 이곳은 과연 '하루는 28시간'을 위한 이상적인 장소가 되어줄까?

madsciencebook.com
클라이트먼의 실험에 관한 뉴스 영상을 보라.

매머드 동굴 호텔 측에서는 '오두본 거리의 아파트'(언론이 이 지하공간에 붙여준 이름이었다)에 책상과 의자, 세면대 하나씩과 침대 두 개를 설치해주었다. 침대는 다리가 보통 침대보다 길었는데, 그것은 습기와 쥐를 막기 위해서였다. 음식은 날마다 호텔 요리사가 배달해주었다.

클라이트먼과 리처드슨은 하루의 일정을 아홉 시간 자고, 열 시간 연구하고, 아홉 시간 자유를 누리도록 짰다. 그리고 깨어 있을 때는 두 시간마다, 잘 때는 네 시간마다 체온을 쟀다.

한 주가 지나자, 리처드슨은 새로운 리듬에 적응했다. 그의 체온이 28시간 리듬을 보여준 것이다. 하지만 스무 살이 더 많은 클라이트먼은 실험이 끝나도록 리듬을 바꾸지 못했다. 그는 밤 10시만 되면 피곤을 느꼈고, 8시간 후에는 다시 생생해졌다. 계획된 시간표에 따라 연구하고 자유시간을 갖고 또 취침한 것과는 아무런 상관이 없었다. 이번에도 결과는 모호했다. 클라이트먼은 기자에게, 어쨌든 수염은 꾸준히 자란다는 사실을 발견했다고 말했다.

★Nathaniel Kleitman, 『수면과 깨어 있음Sleep and Wakefulness』, University of Chicago Press, 1963, pp. 175-182.

이후의 실험에서 인간에게는 신체 내부의 시계가 있다는 것이 밝혀졌다. 이 시계는 보통 24시간에 맞추어져 있다. 그리고 매일 하루의 실제 길이를 측정해 새롭게 검정檢定한다.

1945
48주 동안의 길고 긴 굶주림

실험이 시작되고 4개월이 지난 뒤의 일이다. 레스터 글릭이 '식사하는 사람들을 구경하기 위해' 레스토랑을 전전하던 그날 1945년 7월 6일까지는, 아무 문제도 일어나지 않았다. 실험의 규칙인 '단짝친구 시스템'에 따라, 그는 그날도 다른 실험 참가자인 짐과 함께였다. 이들은 잘 빼입은 어떤 부인이 포크커틀릿을 주문하고 그것을 깨작대다가 반이나 남기는 것을 보았다. 그녀가 후식으로 나온 코코넛크림케이크를 거의 남기고 식사를 마치자, 두 남자는 화가 나서 더는 참을 수가 없었다.

그들은 그 부인이 돈을 지불하고 레스토랑을 떠나자마자 따라나가 그녀를 잡아 세운 다음, 그녀에게 세계의 기아와 또 그녀의 행동이 기아 문제에 어떤 기여를 하고 있는지를 일깨워주었다. 그 부인은 '사람 살려!' 하는 비명을 지르며 달아났다. 레스터와 짐은 2월 12일부터 거의 넉 달째 하루에 두 번, 그것도 빵과 감자, 무와 배추로 된 빈약한 음식으로 끼니를 때워야 했다는 사실을 그녀가 알 리 없었다.

양심적 전시군복무 거부자인 두 사람은 몇 달 전 '시민공공서비스'(Civilian Public Service : 제2차 세계대전 당시 징병제를 실시하고 있었던 미국에서 '평화교회peace churches'의 재정 지원 및 운영하에 양심적 병역거부자들이 대체복무를 했던 노동캠프로, 152개의 캠프에서 약 1만2천 명이 복무한 것으로 알려져 있다 - 옮긴이)의 호출을 받고, 신청서 한 장씩을 받았다. 생리학자 안셀 키스가 그곳으로 보내온 신청서에는 "당신들 덕분에 다른 사람들이 더 좋은 영양을 공급받을 수 있다면, 당신들은 기꺼이 굶겠습니까?"라고 적혀 있었다.

세인트폴에 있는 미네소타 주립대학 생리위생학 실험실의 창립자인 키스는 제2차 세계대전 기간 동안 미군을 위해 일했다. 그가 한 일은 군인의 식사를 검사해서 어떤 음식이 병사를 피곤하게 하는지, 그리고 과연 비타민이 땀으로 배출되는지를 조사하는 것이었다. 전쟁이 끝나갈 무렵 그에게는 새로운 의문이 생겼다. "그 당시 유럽에는 반쯤 굶고 있는 사람이 수백만 명이나 되었다. 기아가 어떤 작용을 하는지, 사람은 굶주림에 얼마나 오래 견딜 수 있는지, 활기를 되찾으려면 무엇이 필요한지를 알고 싶었다."

실험이 시작되었고, 100명이 넘는 양심적 전시군복무 거부자들이 실험에 지원했다. 이들 가운데 36명이 선발되어 1944년 11월 19일 대학 숙소로 모였다. 키스는 처음 석 달 동안에는 정상적인 식이상태에서 이들의 건강상태, 평균적인 영양섭취, 그리고 물질대사의 여러 세부사항을 낱낱이 조사했다.

본격적인 실험은 1945년 2월 12일에 시작되었다. 피실험자들은 오전 8시 30분과 오후 5시에 하루 두 끼의 식사를 했다. 유럽에서 기아에 시달리는 사람들의 음식에 해당하는 세 가지 메뉴가 거의 6개월 동안 번갈아 제공되었다. 이들이 공급받은 열량은 이전의 반밖에 되지 않는 하루 1,500킬로칼로리였다. 키스는 피실험자들의 몸무게에 따라 각각 정확한 식사량을 계산했다. 반년 동안 체중의 4분의 1을 줄이는 것이 목표였다. 절식기가 지난 다음에는 3개월간의 회복기가 있었다. 피실험자들의 집단마다 다른 식이계획이 적용되었다.

4년 후 키스는 실험 결과를 모든 데이터와 함께 1,400쪽의 방대한 책 『인간 기아 생물학』에 담아 출판했다. 실험은 실험 참가자들의 체중 감소, 탈모, 추위에 대한 민감도, 인체의 화학조성과 변동, 내장기관 같은 육체적 변화뿐만 아니라 기아가 지능과 주의력 그리고 개성에 미치는 작용도 조사했다.

피실험자들은 매주 15시간 동안 실험실, 세탁장, 숙소 등에서 일해야 했으며, 바깥에 나가 30킬로미터를 뛰어야 했고, 실내에서도 한 시간 반 동안 러닝머신 위를 달려야 했다. 이들에게는 정규 대학과정에 다니는 것이 허락되었으며, 주말에는 쉴 수 있었다.

키스의 실험 결과 가운데 흥미로운 것은 기아에 의한 심리적 변화다. 많은 남자들이 냉담하고 우울해졌다. 기아는 모든 것을 무기력하게 했다. 그들은 신체위생, 식탁매너를 소홀히 하고, 사회적으로 움츠러들었으며, 오로지 먹는 것과 관련된 사항에만 관심을 보였다. 성욕도 없어졌다. 멜로영화도 지루해했다. 먹는 장면이 나오기까지는.

48주 동안의 굶주림 실험이 끝날 무렵의 일광욕. 몇몇 실험 참가자는 일광욕이 끝나자마자 부엌으로 달려갔다.

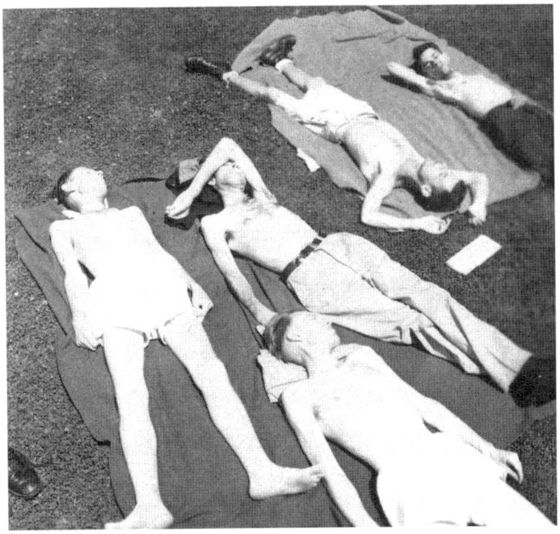

레스터 글릭은 5월 10일 일기에 이렇게 썼다. "배고픔은 내가 일찍이 상상해본 적도 없는 새로운 차원들을 열어주었다. 뼈와 근육과 위장 그리고 정신이 일치단결하여 먹을 것을 갈망하는 것처럼 보인다!" 다른 남자들처럼, 그도 말수가 점차 줄었고 요리책을 가장 많이 보았다. 강제로 식사를 조절당한 사람들의 반응은 신문광고에서 식료품값 비교하기, 다른 사람이 먹는 것 구경하기, 요리책 수집하기, 전기레인지나 찻주전자 같은 조리도구 수집하기처럼 눈에 띄는 행동으로 나타났다. 피실험자 세 명은 실험이 끝난 후 직업을 바꾸어 요리사가 되었다.

절식기가 끝날 무렵, 몇 명의 남자들이 보잘것없는 식탁에 두 시간이나 눌러앉아 있었다. 그들은 식탁 위에 음식이 실제보다 더 많은 것처럼 보이도록 늘어놓았다. 접시를 깨끗이 핥아 비운 다음, 그들은 곧바로 다음 식사 때는 음식을 어떤 순서로 먹을 것인지 계획을 세우는 일에 돌입했다.

처음에는 커피와 껌이 참가자들이 원하는 대로 얼마든지 제공되었다. 그랬더니 몇 사람은 하루에 15잔 이상의 커피를 마시고 40통의 껌을 씹었다. 그래서 키스는 하루에 커피는 아홉 잔, 껌은 두 통으로 제한했다.

모든 피실험자가 실험에 통과한 것은 아니다. 한 명은 식료품 창고에서 자제력을 잃고 과자 몇 조각과 팝콘 한 봉지 그리고 너무 익은 바나나 두 개를 먹었는데, 곧 토해내고 말았다. 다른 사람은 순무와 사탕을 훔쳤다. 레스터 글릭도 연필에서 심을 빼내고 남은 나무를 씹어먹은 적이 있었다. 그는 일기장에 "맛이 나쁘지 않았다"고 썼는데, 다음 문장은 이렇게 이어진다. "나는 내 머릿속에서 사람을 잡아먹는다는 생각을 지우기 위해 무진 애를 썼다. 하지만 소용없었다."

러닝머신 위를 달리는 해골. 실험 참가자들의 육체적 · 정신적 능력의 변화는 정기적으로 날날이 측정되었다.

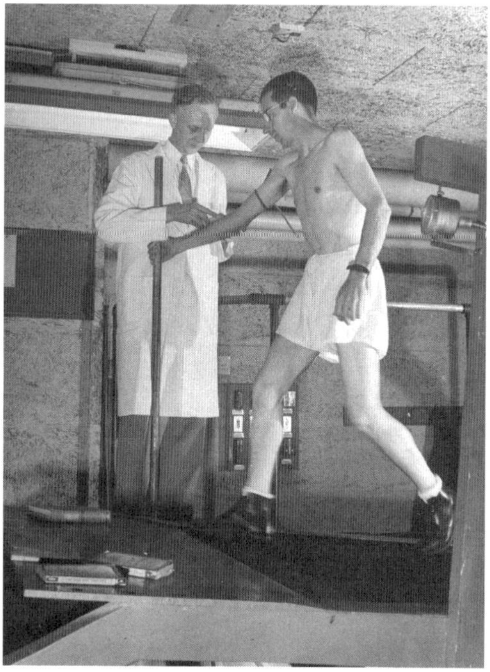

남의 눈을 피해 무엇이든 먹어야겠다는 욕구가 너무 커지자, 키스는 두 달 후 '단짝 친구 시스템'을 도입했다. 이제는 어느 피실험자도 적어도 한 명의 동반자 없이는 실험실을 떠날 수 없게 되었다.

전체 24주의 실험기간 내내, 남자들은

실험의 마지막 단계가 하루빨리 시작되기를 바랐다. 하지만 막상 회복기에 접어들자 그들의 희망은 곧 실망으로 바뀌고 말았다. 식사량은 매우 더디게 늘었고 배고픔은 좀체 줄어들지 않았기 때문이다. 글릭은 1945년 9월 20일 일기에 이렇게 썼다. "우리는 7주째 회복기에 있지만, 영양결핍 증세는 별로 없어지지 않았다. 우리의 생김새, 배고픔, 미미한 체중증가는 회복이 얼마나 느린가를 보여준다."

1945년 10월 20일 오후 다섯 시, 마침내 작별의 식사시간이 시작되었다. 48주 만에 아무런 제한이 없는 식사를 하게 된 것이다. 키스는 "식사의 자유에 대한 그들의 절박한 희망은 극단적이었다. 1주만 연기했다면, 감정적인 위기에 도달해 아마 폭동이 일어났을 것이다"라고 기록했다. 풍성하게 차린 연회에서 일부 참가자들은 자기가 생각했던 것보다 훨씬 빨리 포만감을 느꼈다. "식사가 끝난 후 그들은 자신들이 먹지 못하고 남긴 음식을 놀란 눈으로 바라보았다."

피실험자들은 어떤 지속적인 손상도 입지 않았지만, 그들이 정상적인 몸상태를 회복하기까지는 여러 달이 걸렸다. 실험이 끝난 후, 많은 이들이 자주 더는 도저히 못 먹을 만큼 배가 부른데도 허기를 느낀다고 호소했다. 그리고 많은 이들이 식욕을 억제하지 못해 음식을 토할 때까지 먹고, 토해낸 다음 또 먹었다.

이들의 이러한 행동과 폭식증 및 거식증 증세의 유사성 때문에, 안셀 키스의 연구는 오늘날 식이장애 연구에서 커다란 역할을 하고 있다. 강제로 식사를 조절당해 배고픔에 시달렸던 실험 참가자들의 음식에 대한 강박관념에 가까운 집착, 무감동apathy, 사회적 소극성은 모두 거식증에 걸린 사람들에게서도 발견된다. 오늘날 이러한 태도와 행동들은 곧잘 식이장애의 원인으로 지적된다. 하지만 그것은 굶주림에 시달린 양심적 전시군복무 거부자들의 사례처럼 단지 배고픔의 결과일 수도 있다.

그 남자들에게 이 실험은 '인생 최대의 사건'이었다. 그들은 1990년대까지 정기적으로 만났다.

madsciencebook.com
옛 실험 참가자가 이 실험의 역사적인 영상기록물에 대해 논평하는 장면을 볼 수 있다.

★Ancel Keys 외, 『인간 기아 생물학The Biology of Human Starvation』, University of Minnesota Press, 1950.

1946
비를 내려주마, 비를 거두어주마

피트필드에 사는 어느 누구도 수요일마다 눈이 내린다는 걸 눈치채지 못했다. 1946년 11월 13일, 강력한 적운積雲에서 떨어진 엷은 눈송이는 땅에 닿기도 전에 녹아서 증발했다. 하늘의 구름에서 떨어지는 물방울을 본 사람도 이 겸손한 자연현상의 의미를 알지 못했다. 왜냐하면 이것을 위해 누군가가 경주용 비행기를 타고 구름 사이를 이리저리 날아다니면서 무엇인가와 구름을 접촉시켜야 했기 때문이다.

빈센트 섀퍼와 조종사 커티스 탤벗은 단발기 페어차일드Fair Child에 올라탔다. 비행기가 약 4킬로미터 상공의 구름을 관통하여 지나갈 때 섀퍼는 1.5킬로그램의 드라이아이스를 창문 밖으로 뿌렸다. 호두알만 한 회색 곡물 씨앗을 뿌리는 것처럼 보였다. 추수 때까지 오래 기다릴 필요는 없었다. 비행기가 관통한 구름의 줄무늬에서 눈이 내렸다. 섀퍼는 실험일지에 이렇게 기록했다. "나는 커티스를 향해 몸을 돌려 손을 흔들며 말했다. '우리는 해냈어!'"

가장 오래된 인간의 꿈 가운데 하나가 실현되는 순간이었다. 미신적인 마법, 비를 기원하는 춤, 기우제 따위는 더 이상 필요 없다. 성공적인 비행 후 섀퍼의 동료 한 사람은 이렇게 말했다. "오늘 오후 섀퍼가 피트필드에 눈이 내리게 했다. 다음 주에는 비가 올 것이다!"

바로 다음 날, 섀퍼의 실험은 전 세계에 알려졌다. 『뉴욕 타임스』에는 '3마일에 걸친 구름이 눈으로 변하다'라는 제목으로 기사가 실렸다. 사람들은 또 『버셔 이브닝 이글Bershire Evening Eagle』 지에서 섀퍼에 대한 기사를 읽을 수 있었다. "그레이록 산 위에 눈을 뿌린 남자는 학교를 일찍 때려치웠다." 실제로 섀퍼는 학교를 마친 적이 없다. 화학과 물리학에 대한 그의 백과사전과 같은 지식은 제너럴 일렉트릭 사의 연구실에 오랫동안 근무하면서 얻은 것이다.

그는 이 실험도 그 연구실에서 했다. 연구실 책임자 어빙 랭뮤어는 미래에는 날씨를 조절할 수 있을 것이라고 낙관했다. 구름에 드라이아이스 결정을 뿌리는 방법으로 이를테면 "폭설이 도시를 벗어나게 하거나 겨울스포츠를 위해 눈을 내리게 할 수 있을 것"이기 때문이다.

랭뮤어는 이미 제2차 세계대전 기간에 비와 눈이 내리는 법칙을 우연히 발견하여 노벨 화학상을 받은 바 있다. 당시 그는 섀퍼와 함께 눈보라 속에서 비행기에 발생하는 정전기로 인한 통신장애 문제를 연구하고 있었다. '세계에서 가장 날씨가 나쁜' 미국 북동부의 워싱턴산 위에서 실험을 벌이던 어느 날, 그들은 특이한 현상을 발견했다. 그의 실험장비들이 찬바람을 맞자마자 엷은 얼음층으로 뒤덮인 것이다. 그런 환경에서는 공기가 안테나나 와이어로프에 들러붙어 얼음으로 맺힐 기회만 노리는 과냉각된 작은 물방울들로 가득 차 있음이 분명했다.

두 과학자는 무선통신 연구는 젖혀둔 채 구름 속을 파고들었다. 구름 속의 물은 온도가 영하로 떨어져도 쉽게 얼지 않는다는 것은 당시에도 이미 널리 알려져 있었다. 그런데, 왜? 예를 들면 겨울에 어떤 구름에서는 눈이 내리는데, 똑같이 차가운 다른 구름에 든 과냉각된 물방울은 왜 얼음결정으로 변하지 않을까?

빈센트 섀퍼가 자신이 고안해낸 냉동상자에서 구름을 실험실로 옮기고 있다.

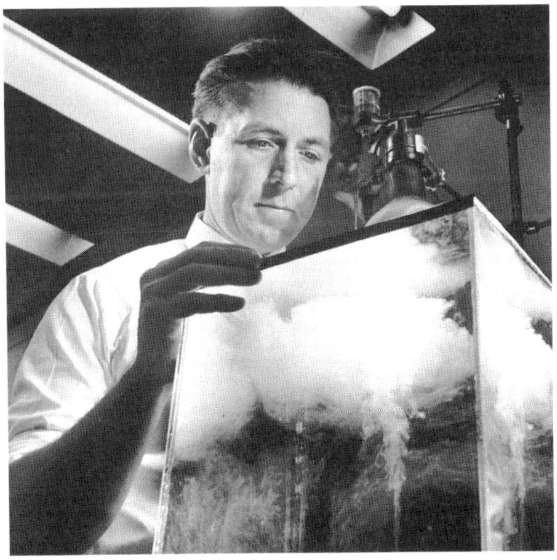

구름 속의 수증기는 먼지, 매연, 소금결정 같은, 현미경으로나 볼 수 있을 만큼 작은 이른바 응결핵을 중심으로 엉기어 뭉쳐 물방울을 이룬다. 그러나 이 물방울은 크기가 너무 작아서, 땅에 떨어지는 빗방울 하나가 만들어지려면 수백만 개의 물방울이 모여야 한다.

구름의 온도가 응결점보다 높을 때는 작은 물방울들이 부딪쳐서 빗방울을 형성한다. 하지만 대부분은 물방울이 얼음결정으로 바뀌는 임계臨界 크기를 넘기 전에 분해되므로 비가 오지 않는다.

구름의 온도가 영하로 떨어지면 물방

울들이 역시 현미경으로나 볼 수 있을 만큼 작은 얼음결정으로 바뀌고 여기에 다시 다른 물방울들이 달라붙어 눈송이가 만들어진다. 이 눈송이가 눈으로 내리거나 땅에 떨어지기 전에 녹아서 비가 된다. 눈송이가 아직 구름 속에 남아 있는 동안에, 눈송이에서 미세한 얼음결정들이 떨어져나오고, 이것들은 다시 다른 물방울들이 얼어붙는 핵이 된다. 그러나 실제로는 이러한 연쇄반응이 일어나지 않는 구름도 많다. 왜 그럴까? 랭뮤어와 섀퍼는 그 이유를 밝히고 싶었다.

랭뮤어가 이론적으로 문제를 숙고하는 동안 섀퍼는 실험실에서 그 현상을 조사했다. 그는 냉동상자를 검은 우단으로 감싸고 거기에 탐조등을 달아 빛에 반사되는 얼음결정을 관찰할 수 있는 장치를 고안해냈다. 그 냉동상자에 입김을 불면, 입김이 응축되어 영하 23도에서 작은 물방울이 되었다. 자신의 실험실에 과냉각 구름을 날라온 셈이었다.

그는 100번 이상 실험하는 동안 화산재, 활석, 황, 그리고 그 밖의 물질들을 첨가해보았다. 하지만 그가 알아낸 것이라고는 얼음결정이 전혀 생기지 않았다는 것뿐이었다. 그러던 1946년 7월 13일, 우연한 일로 연구는 급진전되었다. 이날 아침 섀퍼는 냉동상자의 전원이 꺼져 있는 것을 발견했다. 그는 가능한 한 빨리 실험을 진행하기 위해 상자 안에 드라이아이스 한 덩어리를 넣었다. 드라이아이스는 인체에 무해한 이산화탄소의 고체 형태로, 영하 78도에서 얼고 실온에서는 짙은 안개를 만들기 때문에 무대장치에 많이 쓰인다.

madsciencebook.com
페트병과 스티로폼으로 자신만의 안개상자를 만들어 그 속에 얼음결정이 자라게 해보라.

그리하여 섀퍼는 드라이아이스가 냉동상자 안에서 눈보라를 일으키는 최초의 순간을 지켜본 사람이 되었다. 반복된 실험에서 드라이아이스의 결정적인 특징은 바로 저온이라는 것이 확인되었다. 물방울이 얼어서 얼음결정이 되려면, 온도가 적어도 영하 39도는 되어야 하기 때문이다.

과냉각된 물방울로 구성된 구름에는 눈을 만들어내는 연쇄반응을 일으킬 바로 이 첫 번째 얼음결정이 없다. 하지만 첫 번째 얼음결정을 만들어내는 것은 그다지 어려운 일이 아니다. 그저 구름이 섀퍼의 냉동상자 내부와 같은 환경에 놓이도록, 그래서 구름의 일부만 영하 39도 이하로 냉각되도록 하면 되는 것이다. 섀퍼가 피트필드 상공에 드라이아이스를 뿌렸을 때, 그것은 현실이 되었다.

SNOWMAN — Scientist Makes Real Snow in Laboratory; to Try It in Sky from Plane

"눈사람—과학자들이 비행기를 타고 하늘에서 실험하기 위해 실험실에서 진짜 눈을 만들었다"(『아이오와 시티 프레스 시티즌Iowa City Press Citizen』 1946년 11월 14일자)

이때 무슨 일이 일어나는지를 면밀하게 파악하는 데는 정확한 계산이 필요했다. 랭뮤어는 유명한 SF 작가 커트 보네거트의 형인 물리학자 버너드 보네거트를 고용했다. 그의 임무는 어느 정도의 눈결정을 만들기 위해서는 얼마만큼의 드라이아이스가 필요한지 알아내는 것이었다. 이때 보네거트에게 생각이 하나 떠올랐다. 첫 번째 얼음결정이 눈을 만들어내는 연쇄반응을 일으킬 수 있다면, 얼음결정과 비슷한 형태의 다른 물질은 왜 안 되겠는가? 보네거트는 표에서 수천 가지 물질의 결정구조를 조사한 후 세 가지 물질을 선정해 냉동상자에서 시험해보았다. 몇 번의 실패를 거쳐 성공에 이른 것은 요오드화은AgI이었다. 요오드화은은 냉동상자에서 작은 구름을 형성한 후 곧 눈이 되었는데, 그것도 드라이아이스가 눈을 만들어낸 영하 39도보다 훨씬 높은 온도에서였다.

이제 구름 속에 첫 번째 얼음결정을 만들어내는 방법이 두 가지가 되었다. 온도가 영하 39도보다 낮거나 요오드화은 결정이 있으면 된다.

섀퍼는 계속 드라이아이스를 가지고 시험비행을 했다. 그 가운데 하나가 성공을 거두었을 때, 제너럴 일렉트릭의 법무부서는 갑자기 겁을 집어먹었다. 1946년 12월 20일 점심 때, 섀퍼는 뉴욕 주 스케넥터디(제너럴 일렉트릭 사의 창립지—옮긴이) 상공의 구름에 드라이아이스

11킬로그램을 뿌렸다. 약 두 시간 후 눈이 내리기 시작했고, 여덟 시간이 지나도 멈추지 않았다. 그해 겨울 최고의 폭설이었다. 섀퍼는 20센티미터나 되는 강설량은 자기 탓이 아니라고 확신했지만, 그를 믿지 않았던 제너럴 일렉트릭 사의 변호사는 당장 모든 실험을 금지시켰다.

그러나 랭뮤어는 기어코 미국 군부의 관심을 끄는 데에 성공했다. 1947년 2월 시러스 프로젝트Cirrus Project가 시작되었고, 이때 처음으로 요오드화은이 사용되었다. 요오드화은은 꼭 비행기로 뿌릴 필요가 없다는 장점이 있었다. 그저 전도유망한 구름을 골라 그 밑에서 요오드화은을 태우기만 하면, 연기가 저절로 구름에까지 날아올라 주기 때문이다.

이 프로젝트는 곧 공공연한 비판에 부딪혔다. 여기에 참여한 과학자들 역시 랭뮤어가 자신의 데이터를 지나치게 낙관적으로 해석했다고 생각했다. 1947년 10월, 랭뮤어 팀은 허리케인에 많은 응결핵을 뿌려 구름의 역동성을 줄임으로써 허리케인을 약화시키는 실험을 했는데, 드라이아이스를 뿌린 뒤에 허리케인의 진행방향이 90도로 꺾였다. 비록 허리케인의 그런 움직임이 드문 현상은 아니지만, 랭뮤어는 자신이 허리케인의 경로를 바꾸었다고 확신했다. 나중에 그는 또 뉴멕시코 주 소로코에서 자신이 벌인 실험으로 1,000킬로미터 이상 떨어진 미시시피 주에서 비가 내렸다고 주장했다. 그러나 두 사건을 연관시킬 증거는 아무 데에도 없었다.

랭뮤어의 비판자들은 날씨가 무엇인지를 이해하는 사람이라면 누구나 그의 주장이 단지 '환상'에 지나지 않는다는 것을 알 거라고 말했다. 그 가운데 한 사람은 미국 정부의 기상청 관리였는데, 그는 자신이 직접 실험을 해본 뒤 인공강우는 '경제적 가치가 상대적으로 낮다'고 결론지었다. 랭뮤어는 무뚝뚝하게 반박했다. "적운 시스템을 조절하려면 지식, 재능 그리고 경험을 갖추어야 한다."

랭뮤어는 1957년에 죽을 때까지, 자신의 실험이 성과가 있었는데도 대부분 회의적인 반응을 보인 과학자들 때문에 연구비를 지원받지 못한 것으로 여겼다. 물론 구름에 응결핵을 뿌리면 얼음결정이 형성된다는 것은 그 누구도 의심하지 않았다. 그러나 많은 전문가들은 그 결과 실제로 땅에 더 많은 비가 내렸다는 증거는 없다고 생각했다. 랭뮤어의 통계분석에는 결함이 많았고, 그 자료들은 오늘날까지도 인공강우학자들의 골칫덩어리로 남아 있다. 왜냐하면 섀퍼의 냉동상자와는 달리 대기 실험에서는, 구름에 응결핵을 뿌리지 않았더라면 어떤 경우에도 비가 내리지 않았을 거라고 확신할 수가 없기 때문이다.

섀퍼는 1953년 시러스 프로젝트가 끝난 다음에도 기상학 분야의 다양한 문제를 연구했다. 그는 1993년 87세의 나이로 50년 전 그가 폭설을 일으켰던, 혹은 폭설과는 아무 상관도 없었던 바로 그곳, 스케넥터디에서 사망했다.

오늘날에도 작은 규모의 주문형 날씨 연구가 계속되고 있다. 날씨조절협회는 6개월마다 회합을 가지고 있으며, 몇 개의 연구집단이 확고한 통계적 토대 위에서 연구를 진행하고 있다. 다만, 날씨는 너무 복잡해서 단순한 방법으로 조작할 수는 없다는 견해가 널리 퍼져 있다.

러시아 대통령 블라디미르 푸틴은 상트페테르부르크 도시 건설 300주년 행사에 좋은 날씨를 보장받고 싶었다. 그는 50만 유로의 비용을 들여가며 러시아군의 비행기 열 대로 하여금 행사장으로 다가오는 구름에 응결핵을 뿌리도록 했다. 비행사의 임무는 러시아 기상청에 "네바(상트페테르부르크를 가로지르는 강—옮긴이) 강변의 축제 분위기를 망쳐놓을 수 있는 비는 용납할 수 없다"는 사실을 알려주는 것이었다. 하지만 푸틴이 상트페테르부르크를 세운 표트르 대제의 동상 앞에서 국빈들과 인사를 나눈 다음 이삭 성당 쪽으로 산책에 나서려는 순간, 폭우가 쏟아졌다.

이런 실패들은 오늘날 '우박의 억제', '강수량 증가' 또는 '안개 해소' 같은 사업을 하는 기업들이 왜 그리 적은지를 잘 설명해준다.

★ Vincent J. Schaefer, 「과냉각 물방울 구름 속에서의 얼음결정 형성The Production of Ice Crystal in a Cloud of Supercooled Water Droplets」, 『사이언스Science』 104(2707), 1946, pp. 457-459.

게다가 날씨조작은 성공했을 때도 실패했을 때만큼이나 많은 문제들로 골머리를 앓기 십상인 까다로운 사업이다. 예를 들어 쿠어스 맥주 양조회사는 1978년 자신의 보리 재배단지에 우박이 내리지 않도록 응결핵을 뿌렸다가 농민들에게 고소를 당했다. 추수기에 비가 내리는 것을 막으려 했다는 이유였다. 판사는 농민들의 손을 들어주었고, 쿠어스는 날씨조작을 중단해야 했다.

1946
추위냐 바이러스냐, 감기라는 이름 탓이냐

2차 대전 후 값싸게 휴가를 보내려는 영국 사람들은 솔즈베리를 찾았다. 런던에서 남서쪽으로 150킬로미터 떨어진 이 작은 도시에서는 책, 놀이기구, 라디오, 전화를 갖춘 커다란 아파트에서 탁구나 배드민턴 또는 골프를 즐기면서 시간을 보낼 수 있었다. 돈 한 푼 안 들이고 거저 말이다.

문제가 하나 있긴 했다. 바람 부는 언덕에 세워진 하버드 병원에는 영국 정부 산하 감기연구소의 유행성감기 담당부서가 들어와 있었고, 대부분 학생인 방문객들은 그곳에서 모르모트 노릇을 한 것이었기 때문이다. 유행성 감기 담당부서 책임자 크리스토퍼 하워드 앤드루스는 1949년의 한 논문에서, "만족스러운 수준은 아니었지만" 그들은 "우리가 사용할 수 있는 유일한 동물"이었다고 썼다.

당시 감기는 인간 외에는 침팬지에게만 감염되었다. 그리고 침팬지는 앤드루스가 말했듯이 "매우 비싸고, 힘이 세고, 다루기 힘들었다." 학생들은 정반대였다. 이들은 하버드 병원에서 '10일간의 공짜 휴가'를 즐기고 싶어했다. 피실험자 일부는 몇 번이나 그곳을 찾았다.

어느 토요일 아침, 뜨거운 물로 목욕한 후 30분 동안 맞바람을 참고 견뎌야 했던 열두 명은 여기에 속하지 않았다. 앤드루스는 그들이 '매우 춥고 불쌍하게' 보였다고 했다. 게다가 그들은 젖은 양말을 오전 내내 신고 있어야 했다. 기분이 풀리기는 어려웠을 것이다.

대중의 생각대로라면, 맞바람을 맞고 젖은 양말을 신은 사람들은 심한 감기에 시달릴 터였다. 앤드루스는 대중의 믿음을 과학적으로 검증하고 싶었다. 왜냐하면 그런 믿음과 모순되는 현상을 관찰한 적이 있기 때문이다. 극지연구가로 오랫동안 탐사활동을 한 그는 감기에 걸려본 적이 없었다. 그리고 에스키모 마을에서도 겨울에는 감기에 걸리는 사람이 없었다. 대신 봄이 되어 항구에 외지 배가 들어오면 감기환자가 생겼다.

영국 솔즈베리 감기연구소에서는 감염을 막기 위해 이런 보호복을 착용했다.

젖은 양말을 신은 실험 참가자들은 사흘 전에 솔즈베리에 왔다. 유행성감기 담당부서의 다른 실험처럼, 이번 실험도 수요일에 시작되었다. 그들은 사전 검진을 받은 다음 두 명씩 방을 배정받았으며, 앞으로 열흘 동안 파트너를 제외한 무방비 상태의 모든 사람과 최소한 10미터의 거리를 유지하라는 지시를 받았다. 산책은 할 수 있지만, 건물이나 교통수단은 피해야 했다. 의사와 간호사는 진찰할 때 보호복과 마스크를 착용했다. 식사는 하루 세 번 보온용기에 담아서 방문 앞에 두었다.

수요일과 토요일 사이에는 이렇다 할 활동이 없었다. 실험을 시작하기 전에 감기에 걸린 사람이 있는지를 확인하는 기간이기 때문이었다.

madsciencebook.com
이 실험에 관한 재미있는 원본 영상을 볼 수 있다.

토요일 오전에, 의사들은 실험 참가자들을 여섯 명씩 세 집단으로 나누었다. 첫 번째 그룹의 코에는 감기환자의 코 분비물을 여과해 희석한 용액 몇 방울을 떨어뜨렸다. 두 번째 그룹에는 목욕, 맞바람 그리고 젖은 양말로 이어지는 추위 처치를 했다. 세 번째 그룹은 둘 다, 즉 추위 처치와 코 분비물 처방을 모두 받았다.

이 실험으로 감기는 특히 코 분비물에 있는 바이러스에 의해 생긴다는 사실이 거의 확실해졌다. 강력한 코감기가 주 증상이었으므

실험에 참가한 두 여성에게 감기 바이러스를 접종하고 있다. 이 실험으로 감기는 추위와는 상관없다는 것이 밝혀졌다.

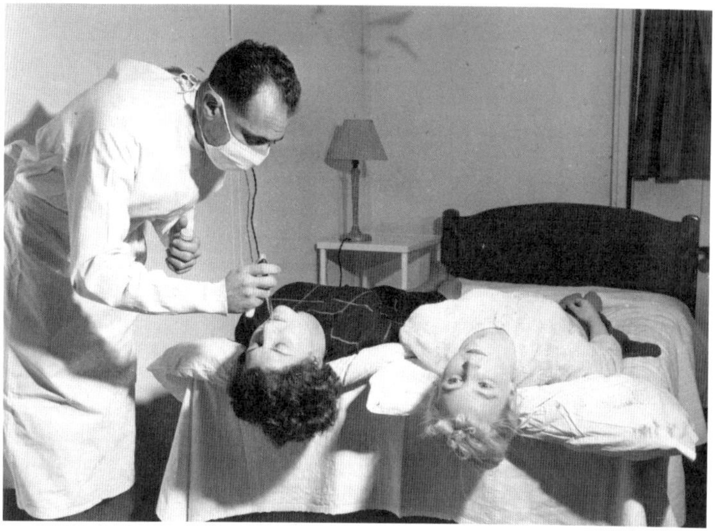

로, 솔즈베리에서는 하루에 증가하는 손수건의 무게를 감기가 얼마나 심한가를 알려주는 척도로 삼았다. 병원체를 정확히 판별하기 위해서는 그것을 배양해야 했지만, 그 일은 매우 어려운 작업이었다.

토요일의 처치 이후 며칠이 지나자 감기환자가 생겨났다. 바이러스와 추위 처치를 모두 받은 실험 참가자 가운데 네 명, 바이러스 처치만 받은 사람 가운데 두 명이었다. 하지만 추위 처치만 받은 사람들에서는 환자가 나오지 않았다.

대중의 믿음이 증명된 것처럼 보였다. 추위는 그 자체로 감기에 걸리게 하지는 않지만 바이러스의 확산을 조장한다는 믿음 말이다. 하지만 앤드루스는 이 결과에 만족하지 않았다. 실험 참가자가 너무 적어서 어떤 확실한 결론도 내릴 수 없었기 때문이다. "우리는 도리 없이 같은 실험을 반복했다. 그런데 이번에는 정반대의 결과가 나왔다."

이번에도 추위만으로는 감기에 걸리지 않았다. 하지만 바이러스와 추위 처치를 모두 받은 집단보다 바이러스에만 감염된 집단에서 환자가 두 배나 생겼다. 세 번째 실험에서도 같은 결과가 나왔다. 이번에도 감기와 추위 사이에는 아무런 상관관계가 없었다.

앤드루스는 1960~70년대에 수백 명의 사람들에게 같은 실험을 했다. 하지만 역시 추위와 감기 발생의 상관관계는 드러나지 않았다.

왜 여름보다 겨울에 더 감기에 잘 걸리는지는 오늘날까지도 확실하게 밝혀지지 않았다. 그리고 면역기능의 약화나 따뜻한 공간의 건조한 공기 역시 감기의 빈도와는 상관없다는 연구들이 나와 있다. 다만 겨울에는 추위 자체가 아니라 그 추위로 인해 사람들이 환기가 잘 되지 않는 공간에 밀집해 생활하게 된다는 점 때문에 바이러스가 쉽게 퍼질 것이라고 추측될 뿐이다. 겨울에는 병원균을 죽이는 태양의 자외선이 약해진다는 것 또한 영향을 미칠 것이다.

★Christopher Howard Andrews, 「캔터 강연: 유행성감기 Cantor Lecture: The Common Cold」, 『왕립예술협회 저널 Journal of the Royal Society of Arts』 103, 1948, pp. 200-210.

앤드루스는 이미 대중의 믿음 앞에서 과학이 열세에 몰린다는 사실을 알고 있었다. "심지어 최고의 과학자들조차 감기 앞에서는, 특히 자기 자신이 감기에 걸리게 되면 더욱 더, 거의 예외 없이 비판적인 판단능력을 잃어버리고, 그들이 일상적으로 사용하는 통계적 방법을 잊어버린다."

아무래도, 감기cold라는 이름이 문제인 것 같다.

1948 거미들의 수난-1: 마약 먹은 거미의 예술혼

거미를 키운다는 것은 과학자에게 여간 성가신 일이 아니다. 거미는 새벽 4시에 그물을 친다. 1948년, 튀빙겐 대학의 동물학자 한스 페터스에게도 그것은 큰 문제였다. 거미줄 치는 장면을 필름에 담으려면 새벽에 일어나야 했으니 말이다. 그래서 그는 약학과의 젊은 조수 페터 비트에게 혹시 거미에게 각성제를 주사해서 편리한 시간에 거미줄을 치게 할 수는 없느냐고 물었다. 비트는 스트리크닌, 모르핀, 덱스트로암페타민으로 실험해보았다. 먹이는 방법은 간단했다. 설탕물 약간에 그것들을 각각 녹여서 먹고 싶은 만큼 먹도록 놓아두면 되었으니까. 하지만 효과가 없었다. 거미들은 여전히 꼭두새벽에 일을 했고, 페터스는 연구의욕을 잃고 말았다.

그렇지만 비트에게는 다른 궁금증이 생겼다. 약물의 영향을 받은

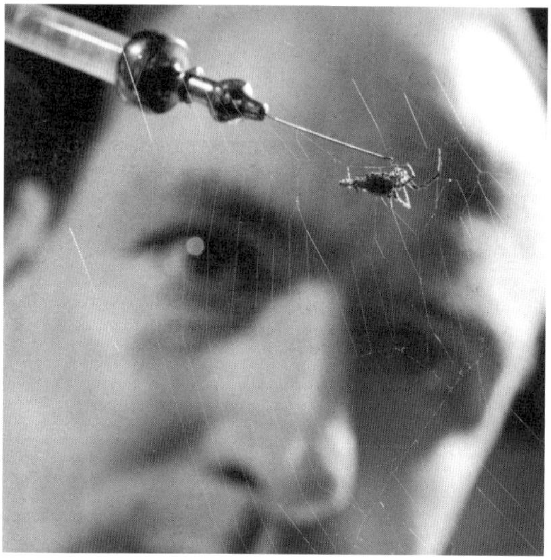

페터 비트가 거미에게 마약을 먹이고 있다.

거미가 거미줄을 어떻게 치는지에 관해서는 알려진 바가 없었다. 거미줄에 구멍이 숭숭 뚫릴까? 아니면 거미줄이 더 빽빽해질까? 괴상하도록 불규칙한 모양이 될까, 아니면 훨씬 더 정교한 모양을 자아낼까? 어쩌면 거미줄이 마약과 의약품의 약효를 측정하는 도구가 될 수 있지 않을까? 당시만 해도 이런 약물이 생명체에 미치는 영향을 정량할 수 있는 방법이 없었다.

비트는 메스칼린, LSD, 카페인, 실로시빈, 페노바르비탈(루미날), 발륨 등 의약품 서랍에 있는 여러 종류의 약품을 거미에게 먹였다. 그리고 가로 35센티미터에 세로 37센티미터짜리 상자에 거미가 그물을 치게 한 다음 배경을 검게 하여 사진을 찍었다.

그러나 맨눈으로는 거미줄을 범주화하기 어려웠으므로, 비트는 구조상의 작은 차이를 구분할 수 있는 통계적인 방법을 개발했다. 그는 거미줄 사진에서 각도, 개개의 거미줄 사이의 거리, 거미줄의 전체 면적을 재고, 거미줄의 밀도와 포획면적, 그물축과 그물축의 상관관계를 표로 작성했다.

이 방법은 엄청나게 소모적이었다. 성숙한 아라네우스 디아데마투스Araneus diadematus 종 암컷의 거미줄은 중심부에서 사방팔방으로 뻗은 35개의 그물축과 40바퀴의 나선으로 구성되어 있다. 따라서 거미줄에는 1,400개의 교차점이 있다. 게다가 합리적인 비교·분석이 가능하려면, 약물의 영향을 받은 20개의 거미줄과 약물의 영향을 받지 않은 20개의 거미줄이 필요했다. 컴퓨터의 도움을 받을 수 없었던 당시에 이 데이터를 처리한다는 것은 거의 불가능했으므로, 비트는 작업을 편하게 하기 위해 특정한 약물과 관련하여 나타나는 위치들만 측정하기로 했다. 그렇게 되자 약물끼리 비교하는 것은 어

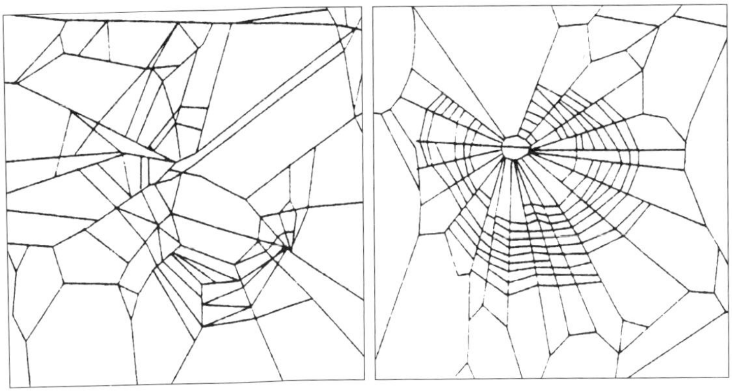

거미줄 실험에서 마약방지 캠페인을 이끌어내기는 어려워 보인다. 카페인을 섭취한 상태에서의 혼란스러운 거미줄(좌)과 마리화나에 취한 상태에서의 아름다운 거미줄(우).

려워졌다.

비슷한 종류의 괴이한 실험들(→156쪽)이 더 벌어지면서, 과학자들은 거미줄을 여러 화학물질의 효과를 판별해주는 일반적인 계량장치로 사용한다는 아이디어를 포기했다. 이후의 연구들은 단순히 어떤 약물이 투여되었는지를 확인하는 데에는 더 이상 관심이 없었다. 그 대신 새로운 관심사로 등장한 것은 특정한 약물들이 거미의 신경시스템에 미치는 영향이었다. 1995년에는 미 항공우주국 과학자들이 그들의 실험 결과를 발표했다(그들이 왜 그런 실험을 했는지는 알려지지 않았다). 그때는 결정학과 컴퓨터가 발달하여 거미줄을 통계프로그램으로 분석하는 것이 가능해져 있었다. 하지만 어쨌든, 거미를 이용하여 마약방지 캠페인을 벌이는 것은 적절하지 않아 보인다. 카페인을 주사한 거미는 엉망진창으로 거미줄을 쳤지만, 마리화나를 주사한 거미는 무척이나 아름다운 거미줄을 지었기 때문이다. 비트는 일찍이 LSD로도 같은 결과를 얻은 바 있다.

★Peter N. Witt, 『거미의 그물 형성에 미치는 물질의 작용에 대한 생물실험Die Wirkung von Substanzen auf den Netzbau der Spinne als biologischer Test』, Springer, 1956.

1949
두 여비서의 거래

랜드 연구소(Rand Corporation: 1948년 미 공군의 지원으로 설립된 미국 최초의 싱크탱크—옮긴이)의 여비서 두 명이 어느 날 다음과 같은 제안을 받았다. 한 비서한테는 100달러를 주고 다른 비서에게는 한푼도 주지 않거나, 아니면 두 사람이 나누어 가지기로 합의하고 그들이 왜 그렇게 하기로 마음먹었는지를 말해준다는 조건으로 150달러를 주겠다는 내용이었다. 이 게임을 고안하고 제안한 사람은 수학자인 메릴 플러드였다. 플러드는 서로 협력하면 더 많은 돈을 확보할 수 있을 경우 사람들이 그 상금을 어떻게 나누는지를 알고 싶었다.

★William Poundstone, 『죄수의 딜레마Prisoner's Dilemma』, Doubleday, 1992, p. 102. (한국어판: 박우석 옮김, 『죄수의 딜레마』, 양문, 2004, p. 161.)

플러드는 한 비서는 125달러, 다른 비서는 25달러를 가질 것이라고 예상했다. 이 경우에는 특권을 가진 첫 번째 비서도 다른 비서도 모두 25달러씩 이득이지만, 만약 두 사람이 합의에 이르지 못한다면 한 사람은 100달러를 얻는 반면 다른 사람은 한푼도 받지 못하기 때문이다. 그러나 비서들은 다른 결정을 내렸고, 두 사람은 150달러를 75달러씩 공평하게 나누어 가졌다. 플러드는 사람들이 이익 극대화라는 수학적 논리만으로 게임에 참여하는 것은 아니라고 결론지었다. 플러드가 만들어낸 것과 같은 상황에서는 집단의 사회적 관계가 더 큰 역할을 한다.

1949 스타카토 리듬의 오르가슴

예나 의과대학병원의 의사 게르하르트 클룸비스와 헬무트 클라인조르게가 그들의 실험 결과를 발표하려 했을 때, 그들은 품위를 이유로 일부 문구를 라틴어로 썼다. 당시에는 의학 관련 글에서 은밀한 내용들은 독일어로 서술하지 않는 것이 상례였다.

논문에서 그들은, 자신들의 연구가 어떤 '드문 상황' 덕분에 가능했다고 썼다. 그것이 정확히 무엇을 뜻하는지는 'Femina supersexualis, quae emotione animae se usque ad orgasmum irritavit'라는 라틴어를 이해할 만큼 충분한 고전교육을 받은 사람들만 알아차릴 수 있었다. 이 라틴어를 옮기면 '상상만으로도 오르가슴에 도달할 수 있는 여인'이다. 의문의 여인은 30대였는데, 언제 어디서든 가랑이를 조이는 것만으로도 클라이맥스에 도달할 수 있는 자신의 능력에 불안한 마음이 생겨서 병원을 찾았다. 클룸비스와 클라인조르게는 그녀의 능력 덕분에 오르가슴을 느끼는 동안 몸에 나타나는 긴장에 대해 더 많은 것을 알아낼 수 있는 결정적인 기회를 잡았다는 사실을 금세 알아차렸다. 그들은 그녀를 안심시킨 다음 맥박과 혈압을 재는 데에 동의를 얻어냈다.

섹스 도중에 뇌졸중과 심장마비가 올 수 있고 때로는 치명적일 수도 있다는 사실은 당시에도 이미 알려져 있었다. 하지만 "섹스하는 동안에 몸 전체는 어떤 스트레스를 받는가는 불확실한" 채로 남아 있었고, 두 의사가 논문에서 밝혔듯이 "밖으로 드러나는 증거를 관찰하는 것만으로도 신체적 부담의 크기를 짐작할 수 있다고 생각하는 것은 엄청난 착각이었다." 그들은 스트레스의 크기를 짐작하는 쪽보다는 측정하는 쪽을 택했다.

그 '슈퍼섹슈얼 여성Femina supersexualis'은 이상적인 실험대상자였다. 그녀는 가만히 누워 있는 상태에서도 지시에 따라 오르가슴에, 그것도 연속해서 도달할 수 있었다. 몸을 흔들어 민감한 측정기구를 혼란스럽게 하지도 않았고, 갑자기 몸을 움직이는 바람에 옆방으로 연결된 케이블 뭉치와 뒤엉키는 일도 없었다. 옆방에서는 클룸비스와 클라인조르게가 기록계를 보며 혈압의 변화를 관찰했다.

논문에 따르면, 첫 번째 오르가슴은 수축기의 최고혈압을 약 50mmHg(수은주밀리미터) 올려서 160mmHg에 달하게 했다. 그것은 분만 직전의 진통을 겪는 여성들의 혈압보다도 20퍼센트나 높은 '주목할 만한' 상승이었다. 두 의사는 비교를 위해 그녀('많은 훈련으로 단련된 여자 육상선수')를 계단으로 병원의 6층까지 최대한 빨리 뛰어오르게 했는데, 그때의 혈압상승은 25mmHg로 오르가슴 때의 절반에 지나지 않았다. 그녀의 맥박수는 98까지 올랐다.

이후의 다른 실험에서 그녀는 1분 간격으로 다섯 차례의 오르가슴을 이끌어내었다. 이때도 기록된 맥박과 혈압 곡선은 비슷한 양상을 보였다. 처음 5초 동안에 맥박은 분당 맥박수로 환산하면 10회가 늘 만큼 급격히 늘었고, 오르가슴에 도달하기 전의 다음 15초 동안에는 그 수준을 유지한 후, 약 25초 후에 오르가슴이 시작되면 분당 맥박수로 환산하여 5회에 해당하는 맥박이 증가했다. 이 실험에서 혈압은 200mmHg 이상 상승했다.

남자와 여자의 신체반응을 비교하기 위해, 클룸비스와 클라인조르게는 남자의 오르가슴 동안에도 같은 데이터를 기록했다. 그러나 자신의 능력을 조사받기 위해 병원에 찾아온 그 남자는 그녀와 같은 주목할 만한 능력을 보여주지 못했다. 그가 자신의 손으로 절정에 이르기까지는 15분이 걸렸으며, 그의 경우에는 그녀와 달리 단 한 번의 측정으로 만족해야 했다. 측정값은 여성보다 남성의 오르가슴에 더 많은 부하가 걸린다는 사실을 보여주었다. 그 남자의 맥박은 142까지 오르고 혈압은 300mmHg에 달했기 때문이다. '여자에게 오르가슴이란 없다'는 생각이 끈질기게 살아남는 이유가 바로 이것이라고 저자들은 생각했다.

★Gerhard Klumbies & Hellmuth Kleinsorge, 「오르가슴 때의 심장Das Herz im Orgasmus」, 『임상의학 Medizinische Klinik』 45, 1950, pp. 952-958.

그러나 남성과 여성의 맥박 및 혈압 곡선의 유사성은 단순한 우연일 리가 없다. 남성에게도 여성에게도, 오르가슴은 '혈압, 심박출량, 심장박동수의 정점'이다. 오르가슴 순간에만 뾰족하게 돌출하는 그래프의 한결같은 곡선들은 두 의사에게 오래된 격언을 일깨워주었다. "행복은 그곳에 다다르는 과정에 있을 뿐, 도착한 그곳에는 없다." 그들은 이어서 말했다. "우리는 성적 쾌감이 전자(그곳에 다다르는 과정)에게 모두 바쳐지며 후자(도착한 곳)에게는 아무것도 쥐어지지 않는다는 것을 확인했다."

논문의 저자들은 자신들의 연구가 '성교 도중에 발생하는 불행한 사고들'을 방지하는 효과적인 방법을 이끌어낼 것이라고는 생각하지 않았다. 그들이 썼듯이, "성교 금지는 소용없는 짓이다. 의사는 바코스(바쿠스)보다는 강할지도 모르지만, 명백히 베누스(비너스)보다는 약하기 때문이다."

1950

착하게 살아라, 그렇다고 얼간이 짓은 하지 말고!

1950년 1월의 어느 날 오후, 메릴 플러드와 멜빈 드레셔라는 두 수학자는 그날 아침 고안한 게임을 동료 두 명에게 제안했다. 특별히 복잡한 사고게임도 아니고 그냥 A나 B만 말하면 되는 것이었다. 그들이 하려는 이 게임에 정치가와 장성들이 곧 큰 관심을 보이게 될 줄은 아무도 몰랐다. 각 판마다 참가자 두 사람은 가려진 A와 B, '협력하느냐'와 '마느냐' 중에서 하나를 선택한다. 결정이 끝나면 자신의 선택을 공개한다. 참가자들은 두 사람의 선택으로 만들어진 조합에 따라 상금을 받든지 벌금을 내야 한다. 게임은 100판을 반복하는 것으로 되어 있었다.

이런 게임을 활용하는 분야는 벌써부터 있었다. 갈등 분석에 수학적 기법을 이용하는 이른바 '게임이론'이 그것이다. 경제를 예로 들면, 구매자는 가능한 한 조금만 내려고 하고, 판매자는 가능한 한 많이 받으려고 한다. 하지만 최종적으로 지불되는 가격은 반드시 엄격한 수요공급의 법칙에 따라 결정되지는 않는다. 사람들은 자주 무척이나 비합리적인 결정을 내리고, 또한 항상 최대의 이익을 향하는 것도 아니다.

게임이론으로 본 갈등의 전형적인 시나리오는 이렇다. 결정을 내리는 시점에 참가자는 상대방이 무엇을 선택할지를 알 수 없다. 그렇지만 모든 참가자는 각자가 내린 선택들의 조합에 따라 최종 결과가 달라진다는 것을 잘 알고 있다.

플러드와 드레셔의 게임에서도 마찬가지였다. 아민 앨키언과 존 윌리엄스가 참가한 첫 번째 게임에서 나올 수 있는 경우의 수는 네 가지다. 둘 다 협조하든지, 둘 다 협조하지 않든지, 앨키언은 협조하지만 윌리엄스는 그렇지 않든지, 또는 그 반대든지. 그들은 표를 통해 어느 경우에 얼마를 벌게 되는지를 확인했다. 그리고 표를 보자마자 이 게임의 딜레마를 알아차렸다. 둘 다 협조하면, 앨키언은 0.5센트, 윌리엄스는 1센트를 번다. 둘 다 협조하지 않으면 둘 다 0.5센트씩 덜 받는다. 즉, 앨키언은 한푼도 못 받고 윌리엄스는 0.5센트를 번다. 따라서 협조는 두 명에게 최상의 전략인 것으로 보인다. 하지만 나머지 두 경우가 문제다. 즉, 혼자 협력한 사람은 벌금을 내야 하고, 혼자 협력하지 않은 사람은 보상을 받는 것이다.

만약 앨키언이 협력하는데 윌리엄스가 협력하지 않는다면, 앨키언이 1센트를 지불하는 반면 윌리엄스는 2센트를 받는다. 반대의 경우에는 윌리엄스가 1센트를 지불하고 앨키언이 1센트를 받는다. 여기서 혼란스러운 숫자들은 원칙적으로 아무런 역할도 하지 않는다.

앨키언의 손익	경우의 수	윌리엄스의 손익
+0.5센트	협조—협조	+1.0센트
−1.0센트	협조—비협조	+2.0센트
+1.0센트	비협조—협조	−1.0센트
0.0센트	비협조—비협조	+0.5센트

어느 쪽도 상대방의 전략을 알 수 없으므로, 게임 참가자들은 상대방에게 '협조'하지 않는 '비협조'가 유일한 합리적인 전략이라는 결론에 이를 수밖에 없다. 그리고 이때 가장 좋은 경우는 상대방이 '협조'를 선택하여 자신이 이득을 보는 것이고, 상대방이 '비협조'를 선택하는 최악의 경우에도 적어도 손해를 보지는 않는다. 수학자 존 내시의 최소최대정리Minimax Theorem는 합리적인 두 참가자의 행동을 정확히 위와 같이 예측했다.

그러나 분명히 합리적으로 보이는 이 행동은 패러독스에 빠지고 만다. 두 참가자는 논리적으로 같은 결론에 도달하여 결코 협조하지 않아야 한다. 하지만 언젠가는, 그 선택은 결국 둘 다 '비합리적'으로 행동하여 꾸준히 협조할 때보다 수익이 적다는 사실을 알게 될 것이다. 명백히, 논리가 최선의 선택을 방해하는 것이다.

플러드와 드레셔가 짐작한 대로, 앨키언과 윌리엄스는 내시의 정리에 얽매이지 않고 비합리적으로 행동했다. 앨키언과 윌리엄스는

100번 가운데 68회와 78회를 '협조'를 선택했다.

플러드와 드레셔는 이 흥미진진한 실험 결과를 내부 연구메모 형태로 출판했다. 이것을 주의깊게 읽은 사람이라면 누구라도 이 실험의 빛나는 미래를 예감할 수 있었을 것이다. 여기에는 각 게임이 끝났을 때마다 앨키언과 윌리엄스가 적은 메모도 첨부되어 있었다.

"이쯤이면 저 친구도 알아챘을 텐데." "많이 좋아졌군." "에이, 이 밥맛없는 친구야." "아주 미쳤군. 뜨거운 맛 좀 보여줘야겠네." "에라, 골탕 좀 먹어봐라." "이것 봐라, 이제야 좀 합리적인 사람이 됐군." "도대체 나눠 먹을 생각이라곤 없어요." "아이고, 친절도 하셔라." "꼭 똥 가리는 훈련 시키는 기분이군. 제발 참을성 좀 가져봐!"

이 게임의 핵심은 신뢰와 배신이다. 사람들은 훗날 이 딜레마에서 사회의 기본적인 문제를 알아차렸다. 개인이건 집단이건, 자신들에게는 이익이 되지만 그들을 포함한 모두에게 파멸을 가져오는 행동을 하는 이들의 문제가 그것이다.

그런데 이 실험을 대중적으로 유명하게 만든 것은 혼란스러운 푼돈 게임 버전이 아니었다. 플러드와 드레셔의 동료 앨버트 터커는 다른 이야기로 이 딜레마를 포장하여 여기에 새로운 이름을 붙였는데, 그것이 바로 그 유명한 '죄수의 딜레마'였다.

그 가운데 한 버전은 이렇다. 경찰은 같은 갱단의 강도 두 명을 체포, 다른 취조실에 격리한 다음 심문을 했지만, 그들의 주된 범죄 혐의를 증명하지 못했다.

남은 방법은 자백뿐이다. 그들이 자백하지 않는다면, 두 사람은 이미 밝혀진 여죄로 1년 동안 교도소 신세를 지는 신세가 되어 있다. 경찰이 두 피의자에게 거래를 제안했다. 한 명이 다른 한 명을 배신하고 범죄를 자백하면, 상대방은 3년의 징역형을 받지만 자백한 사람은 석방된다. 다만 여기에는, 두 사람이 다 배신한다면 둘 다 2년형을 받게 된다는 난점이 있다.

합리적인 피의자라면, 이렇게 생각할 것이다. 내가 저 놈을 배신

madsciencebook.com
웹상에서 죄수의 딜레마 게임을 해볼 수 있다.

A의 운명	경우의 수	B의 운명
1년형	침묵—침묵	1년형
3년형	침묵—배신	석방
석방	배신—침묵	3년형
2년형	배신—배신	2년형

하고 저 놈이 입을 다문다면, 나는 (나 역시 입을 다물었을 경우처럼) 1년형을 사는 대신 곧바로 석방된다. 나도, 저 놈도 모두 배신한다면, (내가 침묵하고 저 놈이 배신했을 경우처럼) 3년형을 사는 대신 2년만 감옥에 앉아 있으면 된다. 어쨌든 어떤 경우에도 내가 자백하는 게 유리하다. 유일한 문제는, 저 놈도 나와 똑같은 결론에 도달해서 결국은 둘 다 2년형을 받게 될 것이라는 점이다. 물론 둘 다 입을 다문다면, 1년이면 될 것이다.

죄수의 딜레마에는 언제나 같은 요소가 들어 있다. 두 참가자가 서로 협조했을 경우의 보상, 아무도 협조하지 않았을 경우의 징벌, 자신은 협조하지 않고 상대방만 협조할 경우에 자신의 이익을 높일 수 있는 기회가 그것이다.

세계는 온통 죄수의 딜레마에 빠져 있다. 절도, 세금포탈, 무임승차 등등. 다른 누군가가 내 대신 지불할 경우에는 무사히 빠져나갈 수 있지만, 아무도 지불하지 않는다면 모두가 징벌을 받는다.

죄수의 딜레마의 전형적인 예가 바로 미국과 소련의 군비경쟁이다. 플러드와 드레셔가 죄수의 딜레마 게임을 고안할 때 그것을 염두에 둔 것은 아니었지만, 둘은 명백히 유사했다. 그리고 이윽고, 두 수학자는 로스앤젤레스 산타모니카에 있는, 미군과 긴밀한 관계를 맺고 있던 연구기관 랜드 연구소에서 일하게 되었다.

두 나라가 핵무기 저장고를 건설할 것인지 말 것인지를 결정하는 과정에 들어서 있다고 한다면, 그들의 생각은 어떻게 굴러갈까. 상대방만 핵무기를 만들게 두어서는, 우리가 불리하다. 따라서 우리도 핵무기를 제조한다. 하지만 두 나라가 모두 그렇게 행동한다면, 그들이 얻으려고 했던 이익은 실제로 불이익으로 바뀌고 만다. 어느 나라도 먼저 핵무기를 개발하지 않는다면, 세상은 훨씬 안전해질 것이다.

1950년에 플러드와 드레셔가 했던 최초의 실험 이래, 죄수의 딜레마 게임은 엄청난 경력을 쌓았다. 수학, 경제학, 심리학과 생물학 분야에서 죄수의 딜레마 게임에 바탕을 둔 수백 편의 연구논문이 쏟아져 나왔다. 엄격한 의미에서는 아무런 해결점도 찾지 못했지만(그렇지 않다면 '딜레마'가 아니다), 덕분에 우리는 게임이론을 통해 갈등을 정확히 파악하고 전략을 세울 수 있게 되었다.

'비협조'는 상대방과 딱 한 번 만날 경우에만 최고의 전략이 될 수 있다. 일상적으로 다양한 사람들과 만나 경제활동을 벌여야 하는 사람들이나 서로 이를 잡아주는 원숭이와 같은 경우에는 달리 행동하는 것이 현명하다.

1979년, 미국의 정치학자 로버트 액설로드는 그런 경우에 어떻게 행동하는 것이 최선인지를 규명하려고 시도했다. 그는 게임이론의 전문가들에게 각자 자신들이 찾아낸 최고의 전략을 가지고 동료 게임이론가들과 겨루도록 했다. 우승을 차지한 것은, 놀랍게도 가장 단순한 전략이었다. 이 전략의 내용은 이렇다. 첫 번째 게임에는 '협조'한다. 그리고 두 번째 게임부터는 앞 게임에서 상대방이 했던 그대로 '협조'와 '비협조'를 따라한다. 이 전략의 이름은 '눈에는 눈 TIT FOR TAT'이었다.

이후에 이어진 실험들을 통해 이 전략은 더욱 세련되게 다듬어졌다. 조금은 더 관대한 처리가 '눈에는 눈'보다 성공적이라는 사실이 알려졌기 때문이다. 즉, 상대방이 속이면 즉시 반격하라. 하지만 그 다음에는 상대방을 용서하고 다시 협조하라. 쉽게 말해서, "착하게 살아라. 그렇다고 얼간이 짓은 하지 말고!"

★Merrill M. Flood, 『몇 가지 실험적 게임Some Experimental Games(RM-789)』, Rand Corportion, 1952. 발췌본은 William Poundstone, 『죄수의 딜레마Prisoner's Dilemma』, Doubleday, 1992, p. 108. (한국어판: 박우석 옮김, 『죄수의 딜레마』, 양문, 2004, p. 167.)

1951
구토 혜성의 포물선비행

1940년대 말에 이르러 훨씬 성능 좋은 제트기가 개발되자, 비행 과정에서 나타나는 다양한 상황을 시뮬레이션하는 항공의학의 필요성도 함께 높아졌다. 원심기는 가속도 증가에 따른 신체 부하를, 압력실은 높은 고도에서의 기압 감소를 모방할 수 있다. 과학자들은 무중력상태가 신체에 심각한 문제를 일으킬 것이라고 짐작했다. "하지만 무중력상태를 만들 필요성에 직면했을 때, 우리는 시뮬레이션을 가능케 할 재주가 없다는 사실을 인정해야 했다"고, 텍사스의 랜돌프 미군기지에 있는 미 공군 항공의학학교의 프리츠와 하인츠 하버 형제는 말했다. 이 형제는 자신들의 전설적인 논문 「의학 연구를 위해 무중력상태를 만들 수 있는 방법」에서 모든 시나리오를 수행해보았지만, 단 하나의 방법밖에 찾아내지 못했다. 그것도 지상에서 실현할 수 있는 방법은 아니었지만.

그 단계에서, 논문의 저자들은 미래의 우주비행사들은 염두에 두지 않았다. 우주여행 시대는 아직도 멀었고, 또 제트기가 아무리 극도로 높은 고도에서 비행한다 하더라도 중력이 지상보다 눈에 띄게 작지는 않았기 때문이다. 그들이 착안하고 심사숙고했던 것은 특정한 운항 상황에 놓인 비행기에서는 순간적으로 무중력상태가 생겨난다는 사실이었다. 예를 들어 높은 고도에서 비행속도가 감소한다면, 비행기는 지구를 향해 자유낙하할 것이고 조종사는 무중력상태에 놓이게 될 것이다.

아직까지 그 누구도 지상에서 중력을 조금이라도 감소시킬 수 있는 장치를 만들어내는 데에 성공하지 못했는데, 하물며 중력을 배제하는 것은 말할 것도 없다. 이 실험에 성공했다고 주장하는 연구자들은 끊임없이 나타났지만, 대부분의 물리학자들은 그것이 불가능하다고 믿었다. 하버 형제는 지구 중력장의 영향을 벗어날 수 없는 조건에서는 오로지 운동을 통해서만 중력을 배제할 수 있다고 생각했다. 이를테면, 추락하는 엘리베이터—이때도 공기저항으로 속도가 감소되

1959년 포물선비행 중의 미국 우주비행사. 아직까지도 제트기를 이용한 무중력 포물선비행이 지구 중력장에서 약 30초 동안 무중력상태를 체험할 수 있는 유일한 방법이다.

지 않는다는 조건일 때—안에 있는 사람은 엘리베이터와 같은 속도로 추락하면서 무중력상태에 놓이게 된다는 것이다. 문제는 아무리 높은 곳에서 떨어지는 엘리베이터라 하더라도 무중력상태는 짧은 순간밖에 경험하지 못한다는 점이었다. 하지만 그 엘리베이터는 하버 형제의 아이디어를 본궤도에 올려주었다. 사람이 공중에서 떨어지는 것과 똑같이 낙하궤도를 따라 움직이는 객실이 있다면, 그곳은 무중력상태가 된다. 그들은 이 무중력상태를 가능한 한 길게 하고 추락을 부드럽게 하려면 객실은 파도 모양의 비행경로를 갖는 비행기여야 한다고 결론지었다. 비행기는 처음에는 45도 각도로 상승하다가 점차 각도를 줄여 정점에 오르고, 대칭곡선에 따라 반대방향으로 내려온다. 그것은 마치 사람을 투석기에 올려놓고 45도 각도로 허공에 발사했을 때 그려지는 투척포물선의 궤적과 같다. 하버 형제는 이 방법을 사용하면 35초 동안 무중력상태가 발생한다고 예측했다.

1951년 여름과 가을에 시험비행사 스콧 크로스필드와 찰스 이거는 하버 형제의 예측이 옳았다는 것을 확인했다. 이들은 요격전투기를 타고 투척포물선 궤도를 따라 비행하여 20초 동안 무중력상태를 경험했다. 비행 후 크로스필드는 무중력상태가 그를 가볍게 취하게 만들었지만, 자신의 조종간은 취하지 않았다고 말했다. 이거는 자유

★Fritz Haber & Heinz Haber, 「의학 연구를 위해 무중력상태를 만드는 방법Possible Methods of Producing the Gravity-Free State for Medical Research」, 『항공의학Journal of Aviation Medicine』 21, 1950, pp. 395-400.

낙하를 하는 듯한 인상을 받았고 '공간 속으로 사라지는' 느낌을 받았다고 했다.

madsciencebook.com
구토 혜성의 내부를 찍은 다양한 영상을 볼 수 있다.

포물선비행은 오늘날에도 우주비행사 훈련과정에 들어 있다. 그러나 예비 우주비행사들은 크로스필드와 이거처럼 요격전투기 안에서 안전벨트를 하고 있는 것이 아니라 미 항공우주국NASA 특별기 KC-135 안의 완충재로 벽을 두른 텅 빈 공간에 있는데, 이 비행기에는 승객들의 전형적인 신체반응에서 따온 '구토 혜성'이라는 별명이 붙어 있다.

포물선비행을 하는 동안 KC-135의 객실이 실제로 무중력상태가 되는 것을 확인하고 싶은 사람은 톰 행크스 주연의 영화 <아폴로 13호>를 보면 된다. 영화 제작진은 촬영을 위해 구토 혜성을 실제로 임대했다.

1951
아무것도 안 하고 가만히만 있으면 20달러 줄게

그 공고는 얼마간의 돈이나마 손쉽게 벌 수 있다는 얘기로 들렸다. 몬트리올 맥길 대학의 심리학자 도널드 헵은 아무것도 하지 않고 하루에 20달러를 벌 학생을 찾았다. 그는 단지 방음이 된 밝은 방에서 손에는 벙어리장갑을 끼고, 팔목은 종이파이프에 넣고, 분산된 빛만 통과하는 안경을 쓴 채 침대에 누워 있기만 하면 된다. 식사할 때와 화장실 갈 때는 일어날 수 있지만, 이때도 안경을 벗어서는 안 된다.

당시 널리 통용되던 이론에 따르면, 뇌가 정상적으로 기능하기 위해서는 다양한 감각인상이 필요했다. 그리고 헵은 오랫동안 뇌에 모든 자극이 차단되면 무슨 일이 일어나는지를 연구해왔다. 동물실험에서는 뇌간腦幹을 제거하는 것으로 간단히 그런 상태를 만들어낼 수 있다. 헵은 실험 논문에 "그러나 학생들이 실험을 위해 뇌수술을 받으려고는 하지 않았으므로, 우리는 그들을 환경으로부터 극단적이라기엔 좀 덜한 정도로 격리시키는 것만으로 만족해야 했다"고 주석을 달았다. 이 연구에는 실용적인 이유도 있어서, 연구자들은 레이더

관측화면을 주시하는 것처럼 단조로운 일을 하는 사람들이 종종 실수를 저지르는 원인은 무엇인지를 밝히는 데에도 깊은 관심을 가지고 있었다.

그러나 실제로 실험을 급진전시킨 사람이 누구인지는 알려지지 않았다. 소련과 중국이 실제로 전쟁포로들의 세뇌에 감각박탈 sensory deprivation 기술을 이용하고 있었고, 따라서 군부가 헵의 실험에 지대한 관심을 가지고 있었기 때문이다.

실험 참가자 스물두 명은 금방 구할 수 있었다. 하지만 3일 이상 방에 갇혀 있으려는 사람이 없었다. 학생들에게 같은 시간 일해서 벌 수 있는 돈의 두 배가 넘는 20달러를 주는 것으로도 모자라서, 심리학자들은 그들을 잡아앉혀 두느라 진땀을 흘렸다. 사실, 실험 참가자들은 애당초 자극이 차단된 격리상태에서 수업내용을 복습하고 세미나 주제발표를 준비하고 다음 강의내용을 미리 그려보겠다는 계획을 세웠지만, 실제로 시간이 어느 정도 흐르고 나서는 모두가 더 이상은 특정한 주제에 조금도 집중할 수 없다고 호소했다. 한 참가자는 "내가 생각할 것들이 모두 사라져버렸어요"라고 말했다. 몇 명은 지루한 나머지 큰 소리로 수를 세기 시작했다.

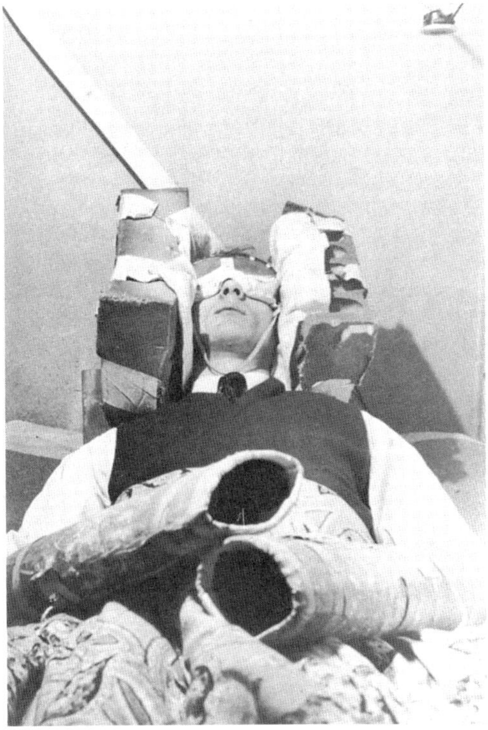

뇌가 외부의 모든 자극에서 차단되면 무슨 일이 벌어질까? 몬트리올 맥길 대학의 격리실험에 참가한 이 사람에게는 환각이 생겼다.

학생들은 마침내 백일몽을 꾸며 생각 안에서 떠돌아다녔다. 심리테스트는 격리가 사고능력에 심각한 손상을 입힌다는 것을 보여주었다. 하지만 정말 중요한 결과는 뜻하지 않은 곳에서 나왔다. 모든 실험 참가자에게 환각이 생겼던 것이다. 그들은 갑자기 색깔이 달라지며, 벽지무늬 같은 무늬긴 하지만 역시 복잡한, 이를테면 선사시대 동물이 정글을 누비거나 어깨에 배낭을 멘 다람쥐가 눈속으로 터벅터벅

★Bexton, W. H. 외, 「감각 환경에서 감소된 변이의 영향Effects of Decreased Variation in the Sensory Environment」, 『캐나다 심리학Canadian Journal of Physiology』 8, 1954, pp. 70-76.

걸어가는 환상을 보았다.

헵은 이 격리실험을 통해 새로운 연구방향을 제시했다. 몇 해 사이에 비슷한 실험이 수백 번이나 수행되었다. 군부뿐만 아니고, 우주공간에서 오랫동안 고립되면 헵의 실험실에서와 유사한 상황에 빠질 것이라고 생각한 미 항공우주국 또한 관심을 가졌다.

몬트리올에서 첫 번째 실험이 실시된 지 4년 후, 미국의 한 괴짜 학자는 외부세계와 차단되었다는 고립감을 극대화할 수 있는 새로운 방법을 채택하여 실험 참가자의 환각을 극적으로 강화시켰다 (→158쪽).

1952
거미들의 수난-2: 다리 잘린 거미의 거미줄 치기

마르그리트 야코비-클레만의 48쪽짜리 논문은 어린 시절 거미 다리 하나를 잘랐다는 이유로 아직도 양심에 가책을 받는 사람들에게는 큰 위안이 될 것이다. 이 여성 생물학자는 무당거미*Arenea diadema*의 다리를 '절단'한 후 거미가 집 짓는 광경을 영화필름에 담아 관찰했다. 약 1만 회나 촬영한 후 그녀는 결론에 도달했다. "한 개 이상의 다리를 잃어버린 무당거미도, 먹이를 잡는 원래의 기능을 완벽하게 발휘하는 거미줄을 충분히 칠 수 있다." 하지만, 야코비-클레만이 자른 거미 다리는 가장 많았을 때가 두 개였다. 왼쪽으로 하나, 오른쪽으로 하나. 만약 어린 시절에 그 이상으로 나쁜 짓을 저지른 사람이 있다면, 과학은 그에게 어떤 면죄부도 줄 수 없다.

★Margrit Jacobi-Kleemann, 「무당거미의 그물치기 행동에 대하여Über Lokomotion der Kreuzspinne Arenea diadema beim Netzbau」, 『비교생리학 Zeitschrift für vegelichende Physiologie』 34, 1953, pp. 606-654.

1954
머리가 두 개, 프랑켄슈타인 강아지

모스크바 국립생물학박물관을 방문하는 사람들 대부분은 이식의학 진열장을 주목하지 않고 그냥 지나친다. 언뜻 보아서는 어떤 괴물이 거기에 전시되어 있는지 알아보기 어렵기 때문이다. 둘을 제대로 나란히 놓기에는 자리가 좁았는지, 그 모습은 꼭 다 자란 양치기 개 앞에 바짝 붙여서 강아지 인형을 놓아둔 것처럼 보인다.

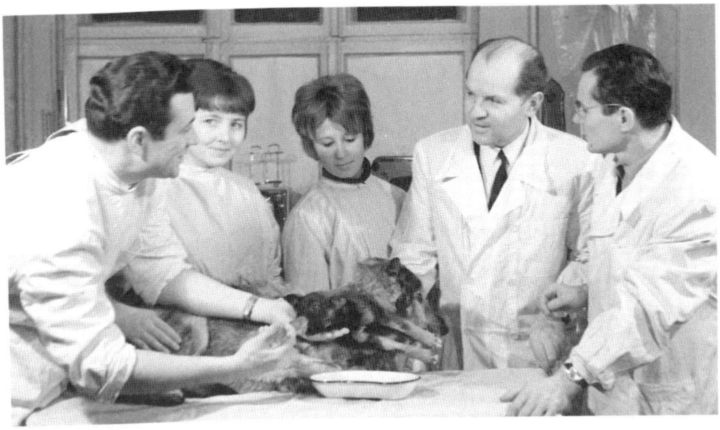

의사 블라디미르 데미호프(오른쪽에서 두 번째)가 자신의 기괴한 창조물, 두 달 된 강아지의 머리와 앞발을 꿰매어 붙인 네 살짜리 잡종 개를 들고 있다.

사실, 강아지의 몸은 개의 앞발 약간 뒤에서 끝이다. 러시아인 외과의사 블라디미르 데미호프가 강아지의 나머지 몸뚱이를 잘라낸 다음 양치기 개의 목에 꿰매어 붙였기 때문이다.

1954년 2월 26일, 데미호프는 모스크바 외과학회에서 자신의 작품을 선보였다. 그는 이미 8년 전에 개에게 심장을 이식하는 수술을 했고, 그 뒤로도 여러 차례 허파이식수술과 우회로조성수술을 해온 사람이었다. 그는 자신의 작품이 여러 기관으로 이루어진 시스템 전체를 이식해낸 세계 최초의 이식수술이라고 주장했다. 세 시간에 걸쳐서 그는, 강아지의 다섯 번째와 여섯 번째 갈비뼈 사이를 경계 삼아 심장과 허파 없이 머리 부분만 잘라낸 다음, 강아지의 동맥과 정맥을 셰퍼드 종 양치기 개와 연결하고, 마지막으로 강아지 머리를 양

Scientist Claims He Can Produce 2-Headed Dogs

"과학자들은 머리가 두 개인 개를 만들 수 있다고 주장한다."(『레스브리지 해럴드Lethbridge Herald』 1954년 12월 16일자)

데미호프의 머리 두 개짜리 개 가운데 하나가 현재 모스크바 국립생물학박물관에 전시되어 있다.

치기 개의 뼈에 고정했다. 기관과 식도는 열어놓은 채였으므로, 강아지는 양치기 개의 순환계를 통해 혈액을 공급받았다. 세 시간 후, 양치기 개가 눈을 깜빡였고, 다시 네 시간이 지나자 목을 움직였다. 하루가 지났을 때에는 이식된 강아지 머리도 기운을 차렸다. 강아지가 데미호프 조수의 손가락을 피가 날 정도로 세게 물었으니 말이다.

★Vladimir P. Demikhov, 『살아 있는 기관의 실험적 이식 Experimental Transplataion of Vital Organs』, Consultants Bureau, 1962, pp. 162-170.

이 불쌍한 괴물은 6일 만에 감염으로 죽었다. 하지만 데미호프는 실망하지 않았다. 실험은 그 뒤로도 몇 년 동안 스무 차례나 계속되었다. 한번은 새끼를 어미의 목에 이식하기도 했다. 그의 피조물이 가장 오래 생존한 기록은 1959년의 29일이다.

이 실험들에서 얻은 지식은 당장 엄청난 논란을 불러일으키며 데미호프에게 세계적인 명성을 안겨주었다. 1957년에 소련이 세계 최초로 인공위성 스푸트니크를 우주로 쏘아올린 뒤로, 데미호프의 실험은 '외과학의 스푸트니크'라는 칭송을 받았다.

1955
거미들의 수난-3: 이젠 오줌물까지?

약리학자 페터 비트는 1948년 거미가 거미줄을 치는 데에 약물이 미치는 영향을 우연히 발견했다(→ 139쪽). 이 사실을 전해들은 스위스 바젤 요양병원의 정신과의사는 거미를 이용하여 정신분열증의 비밀을 벗길 수 있겠다고 생각했다.

정신병을 일으키는 원인은 수수께끼다. 지금도 그렇다. 하지만 50년 전 사람들은 자신들이 문제의 핵심에 도달했다고 믿었다. 메스칼린이나 LSD 같은 약물을 복용하면 건강한 사람도 정신분열증 환자와 같은 징후를 보였다. 이 화학물질들은 단기간의 환각작용과 자아분열증을 일으킨다. 그렇다면, 정신분열증 환자의 물질대사에는 이런 화합물이 항상 존재하는 게 아닐까? 달리 말해, 정신분열증 환자들은 단지 변덕스러운 신체화학의 작용 때문에 항상 들떠 있을 뿐인 건 아닐까?

1950년대 초반에 바젤의 연구자들은 정신분열증 환자의 오줌 속에서 그 물질을 찾기 시작했다. 실험에 참가한 연구자의 기록에 따르면, 오줌은 배설물로 "많은 양을 얻기가 비교적 쉬워서 선택되었다." 하지만 존재 여부도 알지 못하고 어떤 종류인지도 모르는 물질을 도대체 어떻게 찾아낸단 말인가?

생물학자 한스 페터 리더는 정신분열증 환자 열다섯 명의 오줌을 5리터씩 모았다. 그리고 정신분열증 환자의 오줌농축액을 먹인 거미의 거미줄과 연구자의 오줌농축액을 먹인 거미의 거미줄을 비교했다. 만약 두 집단의 그물이 체계적인 차이를 보인다면 정신분열증 환자의 오줌에는 아마도 정신분열증과 관련된 물질이 들어 있을 것이고, 그것을 다시 LSD나 메스칼린을 먹인 거미의 그물과 비교한다면 어떤 종류의 물질이 연구자들이 찾는 물질인지가 확인될 것이다.

그들은 오줌농축액의 농도를 달리 해가며 실험을 거듭했지만, 결과는 퍽이나 실망스러웠다. 비록 오줌농축액을 먹인 거미가 명백히 정상과는 다른 거미줄을 치긴 했지만, 연구자의 오줌과 정신분열증 환자의 오줌 사이에서는 어떠한 체계적인 차이도 발견되지 않았다. 더 많은 실험을 거치고 나서 연구팀은 거미줄의 기하학은 정신병 진단에 적합하지 않다는 결론을 내렸다.

★Hans Peter Rieder, 「병리학적 체액에 대한 생물학적 독성 조사Biologische Toxizitätsbestimmung pathologischer Körperflüssigkeiten」, 『생리학과 신경학Psychiatria et Neurologia』 134, 1957, pp. 378-396.

하지만 연구자들이 발견한 게 하나 있다. 오줌농축액은 "설탕을 첨가했는데도 아주 불쾌한 맛이 났다"는 것이다. 거미의 행동을 보면 의심의 여지가 없었다.

"거미들은 오줌농축액을 한 모금 마시자마자 역겹다는 반응을 분명히 보여주었다. 거미들은 거미줄에서 벗어나 몸을 나무틀에 문질러서 남은 오줌방울을 모두 제거했으며, 입과 촉수를 깨끗이 닦은 다음에야 거미줄로 돌아왔다. 그리고 다시는 오줌농축액 쪽으로 가지 않았다."

1955
격리탱크에서 파란 터널 너머로 날아간 심리비행사

1980년에 개봉된 영화 <상태 개조Altered States>를 끝까지 본 사람이라면, 흔히 등장하는 엔딩 크레디트의 다음과 같은 면책조항이 이 영화에도 필요한 것인지 의문스러울 것이다. "이 영화의 줄거리와 모든 이름, 인물, 사건은 지어낸 것이다. 실제의 인물, 장소, 건물, 상품과 유사한 것들은 의도된 것이 아니며, 무엇인가를 암시하는 것도 아니다."

이 영화의 어지럽게 뒤엉킨 줄거리를 실화로 받아들이는 사람이 누가 있겠는가. 과학자 에디 제섭(윌리엄 허트 분)은 격리탱크isolation tank에서 나타나는 다양한 의식상태에 대한 연구를 시작한다. 그러나 상황은 걷잡을 수 없는 상태로 치닫고, 제섭의 아내는 남편이 소용돌이치는 우주에너지 속으로 빨려들어가는 것을 가까스로 막아낸다. 그 후 제섭은 자신의 진화적 과거로 여행하여 원시인으로 변신한다.

정말 터무니없이 기괴한 줄거리다. 하지만, 엔딩 크레디트의 면책조항은 거짓말이었다. <상태 개조>는 실은 의사 존 릴리의 실험들을 바탕으로 만든 영화였기 때문이다. 릴리는 영화감독 켄 러셀이 자신의 실험을 훌륭하게 영화화했다고 칭찬했다. 같은 제목의 원작 소설을 쓰고 영화의 대본까지 맡았던 패디 차예프스키는 릴리의 전기 『한 쌍의 사이클론Dyadic Cyclone』에서 소재를 뽑았다. 예를 들면, 제섭의 아내가 남편을 구하는 장면이 그것이다. 원시인으로 돌아간 사건 역시 실제로 일어난 일이다. 단지 그 사건이 릴리 자신이 아니라 마약을 맞고 격리탱크에 들어간 동료 연구자 크레이그 인라이트 박사에게 일어난 일이었을 뿐이다. "크레이그는…… 갑자기 침팬지가 되어 25분 동안이나 풀쩍풀쩍 뛰어오르며 고함을 질러댔다. 나중에 그에게 물어보았다. '자네, 그때는 도대체 어디에 있었던 건가?' 그가 대답했다. '나는 원시인이 되어 나무 위에 있었는데, 표범이 날 공격해오더군. 그래서 그놈한테 겁을 줘서 쫓아내려고 했지.'"

1915년생인 존 릴리가 마흔이 다 되도록, 그가 장차 돌고래와 이

madsciencebook.com
릴리의 실험에서 영감을 얻어 만든 헐리우드영화 <상태 개조>의 일부를 볼 수 있다.

영화 <상태 개조>의 줄거리는 존 릴리의 격리실험을 토대로 한 것이다.

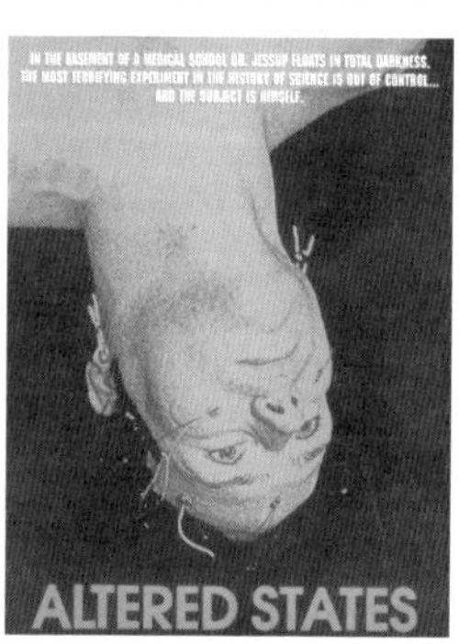

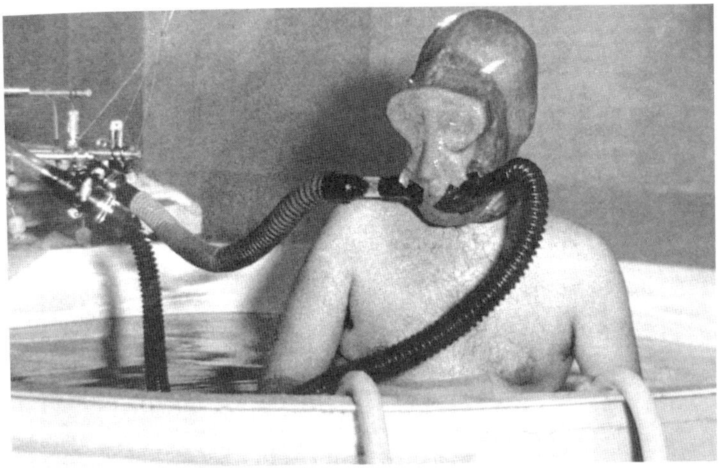

감각을 박탈하면 뇌는 어떻게 반응할까? 격리탱크에 들어가 호흡마스크를 쓰고 있는 피실험자.

야기하고, 외계인을 만나고, 지구-공생-통제사무소를 발견하게 될 것이라고는 아무도 예상하지 못했다. 릴리는 생물학, 물리학, 의학을 공부한 총명한 과학자였다. 1954년, 그는 뇌와 관련한 오래된 문제를 연구하기 시작했다. 외부의 모든 자극이 차단되면, 뇌에는 무슨 일이 생길까? 눈도 귀도 코도 피부도, 아무것도 없다면? 이 문제에 대해서는 두 가설이 맞서 있었다. 한 쪽에서는 뇌는 닫혀버리고 그 사람은 혼수상태에 빠질 것이라고 생각했고, 반대쪽에서는 뇌에는 자활능력이 있어서 외부자극이 없을 때에도 깨어 있는 상태를 유지하는 내부조절시스템을 가동할 것이라고 주장했다(→152쪽).

이 가설들을 검증하기 위해, 릴리는 메릴랜드 주 베데스다의 국립보건원 대지 위에 있는 외딴 건물에 첫 번째 격리탱크를 만들었다. 탱크는 완벽한 방음설비에 더해 빛 또한 차단할 수 있는 방 안에 놓였고, 커다란 욕조처럼 생긴 탱크 안에는 정확히 34.5도를 유지하는 따뜻한 물이 담겨 있었다. 사람이 격리탱크 안으로 들어가면, 중력을 포함한 외부의 거의 모든 교란요인이 극소 수준으로까지 차단되었다.

릴리는 초기의 어려운 문제들을 극복하느라 거의 1년을 보내야 했다. 특히 편안한 호흡마스크를 만들어내는 데에 시간이 많이 걸렸다. 피실험자가 탱크 안에 들어가 누우면 그의 머리가 물속에 잠겼다.

존 릴리는 격리탱크에서 환각상태를 경험했다. 후에 그는 연구를 그만두고 신비주의운동의 지도자가 되었다.

그래서 고무로 된 호흡마스크로 입, 코, 귀를 덮고, 입 부위에는 호흡용 튜브 두 개를 달아야 했다. 그걸 뒤집어쓰면 괴물처럼 보였다. 두 다리만으로는 부력이 충분하지 않아서 발을 고무판 위에 올려놓았는데, 물을 제외하고는 이것이 몸에 닿는 유일한 물건이었다.

1954년 말, 모든 것이 완벽하게 작동했다. 여전히 남은 조금 까다로운 문제가 있다면, 그것은 딱 하나 격리탱크에 들어가는 일뿐이었다. 릴리는 자주 혼자 연구했다. 그는 호흡마스크를 쓰고 사다리를 올라가 불을 끄고, 물에 빠져 죽지는 않을 것이라고 스스로를 안심시키면서 물속으로 미끄러져 들어갔다. 하지만 일단 탱크에 들어가기만 하면, 음식을 먹거나 그가 탱크 밖의 모든 것을 가리키는 용어인 '바깥세계'와의 약속을 제외하고는, 마음껏 그 안에 머무를 수 있었다. 소변은 물에 보았고, 물은 주기적으로 교체되었다.

1년 후 릴리는 격리탱크 실험에 관한 첫 번째 학술논문을 발표했다. 그는 극지탐험가들이나 배가 난파당한 사람들처럼 완벽한 격리상태에서 시간을 보냈던 사람들의 경험을 묘사하고, 그것들을 자신이 격리탱크에서 겪은 여러 단계의 경험과 비교했다. 처음 45분 동안에는 일상이 주도했다. 릴리는 자신이 어디에 있는지를 빤히 알았고, 그 상태에서 과거에 겪었던 일들을 곰곰이 생각했다. 이윽고 긴장이 풀어지면서 그는 아무것도 할 필요가 없는 상황을 즐기기 시작했다. 하지만 그 다음의 한 시간 동안에는 외부자극에 대한 갈망이 커져갔다. 그는 자신을 둘러싼 물을 느끼려고 천천히 헤엄치며 근육을 움직였다. 주의는 온통 아직도 자기가 느낄 수 있는 몇 가지 사물, 이를테면 호흡마스크와 발 밑의 고무판에 집중되었다.

탱크를 떠나지 않고 이 단계를 버티면, 강렬한 환상이 찾아왔다. 릴리는 "이것은 너무나 사적인 내용이라서 공개적으로 밝힐 수는 없다"고 썼다. 그 다음에, 그는 이미지 투사라는 최후의 단계에 도달했다. 한번은 탱크에 들어간 지 2시간 30분이 지났을 때, 눈앞의 검은 장막이 걷혔다. 그리고 변두리가 빛나는 물체와 파란빛이 희미하게

도는 터널이 나타났다. 호흡마스크에서 물이 새기 시작해 실험이 중단되지만 않았다면, 릴리는 그 환영들을 오래도록 지켜보았을 것이다. 그는 '심리비행사'가 되어 '자신' 속으로 떠나는 발견의 비행을 막 시작했던 참이었으니까.

그렇다. 뇌에 아무런 감각정보도 입력되지 않더라도, 뇌는 혼수상태에 빠지지 않는다. 아니 실은 정반대로, 뇌는 혼자서 정말 멋지게 즐긴다. 하지만 릴리의 관심은 이미 이런 특수한 문제의 해명 따위는 멀리 벗어나 있었다. 그는 미국 정신병의사협회 심포지엄에서는 '정신분열증 연구방법'이라는 주제로, 또 다른 심포지엄에서는 '정신생리학적 관점에서 본 우주여행'이라는 주제로 강연을 하는 등, 자신의 전문영역에서 멀리 떨어진 여러 분야의 심포지엄에서 강연을 했다. 한국전쟁 기간에 중국과 한국이 전쟁포로를 격리시켜 세뇌를 했다는 사실이 널리 알려지면서, 군부도 관심을 보이기 시작했다.

릴리는 1980년대에 긴장 해소에 도움을 주는 격리탱크(사마디 탱크라고도 한다)를 만들어 팔았다. 건강센터에 가면 어렵지 않게 그 현대판을 만날 수 있다. 그림은 위르겐 타프리히의 모델 OVA다.

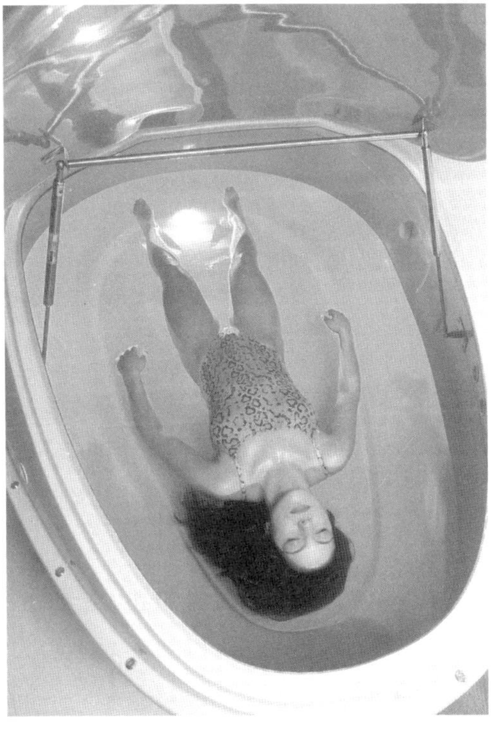

격리탱크에서의 경험은 릴리에게 깊은 인상을 심어주었다. "나는 많은 것들을 발견했다. 하지만 나는 환자가 아니라 국립정신건강연구소의 연구원이었기 때문에 그것들에 대해 쓸 수 없었다." 후에 그는 탱크에서의 경험을 사고의 전달과 연결시켜 스스로 '사상누각에 지나지 않는 정신의학의 지적 토대를 근본적으로 뒤흔들' 것이라고 평가한 인간 정신에 관한 이론을 발달시켰으며, 자신의 위치를 핵분열의 잠재력을 명확히 파악했을 때의 아인슈타인과 비교했다.

이것들은 당연히 과학전문지에 찍어서 내놓을 종류의 얘기들이 아니다. 그래서 릴리는 정신건강연구소를 그만두고 돌고래와 인간의 소통을 연구하기 위해 버진아일랜드로 떠났고, 나중에는 마이애미, 볼티모어, 말리부와 칠레로 이주했다. 그는 그 기간 내내 격리탱크 실험을 계속했다. 버진아일랜드에서는 자신이 아무런 도움 없이도 저절로 뜰 수 있도록 뜨거운 바닷물로 탱크를 채웠다. 부력을 더해줄 고무판도 꼴사나운 호흡마스크도 이젠 필요없었다. 그는 바닷물 대신 물에 소금을 타서 실험할 수 있는지도 시험해보았다. 그랬더니 살갗에 아주 조그만 상처만 생겨도 너무 쓰라렸기 때문에, 그 뒤로는 탱크에 들어가기 전에 온몸에 실리콘 겔을 발랐다. 나중에는 길이 2미터, 너비 1미터, 깊이 25센티미터의 탱크에 덜 자극적인 황산마그네슘을 포대째 부었다. 이 강인한 인물은 그 속에서 헤엄까지 쳤다.

릴리가 퇴직한 뒤인 1972년에 설립되었고 회사이름 또한 릴리의 작품인 사마디 탱크 회사가 내놓은 가정용 탱크는 신비주의자들 사이에 급속히 보급되었다. '사마디Samadhi'는 깊은 내적 평온의 상태를 가리키는 산스크리트어다.

★John C. Lilly, 「보통 수준의 물리적 자극 감소가 정상인의 정신에 미치는 영향Mental Effects of Reduction of Ordinary Levels of Physical Stimuli on Intact Healthy Persons」, 『정신분열증 연구기술Research Techniques in Schizophrenia』(Gottlieb, J. S. ed.), American Psychiatric Association, 1996, pp. 1-9.

1980년대의 기업체 간부들 사이에서는 시간당 30달러를 내고 탱크 안에 뜬 채로 점심시간을 보내는 것이 대유행이었다. 바라는 바는 사람마다 달랐지만, 그들은 소금물 속에서 자신감을 얻고, 창의성을 높이고, 시간여행을 하고, 행복호르몬을 만들어냈다. 상상할 수 있는 이런 모든, 게다가 더 발전된 효과를 사마디 센터는 오늘날에도 약속한다. 하지만 모든 고객에게서 검은 장막이 벗겨지지는 않았고 또 모든 고객이 너무나 사적이라서 공개적으로 밝힐 수는 없는 환상을 경험할 수는 없었기 때문에, 붐은 곧 시들고 말았다.

탱크에서 겪은 경험들은 각 개인에게 특유한 것이라서, 그것을 과학적으로 파악하기란 불가능했다. 릴리는 무엇보다도 자기 자신의 반응에 흥미를 가졌다. 그러므로 사실, 릴리가 감각박탈 탱크가 느슨하게나마 세뇌와 관련되어 있다는 것 때문에 오명을 뒤집어썼고 그래서 피실험자를 구하기가 어려웠다고 생각한 것은 충분히 그답다고 할 수 있다.

그의 조수인 제이 셜리는 1960년대에 오클라호마 대학에서 격리 탱크의 효과를 체계적으로 조사하는 연구프로그램을 시작했다. 하지만 그는 피실험자들의 시각적 환상을 어떻게 분류해야 할지 속수무책이었다. "예를 들면, 이런 식의 느낌이다. '제가 오른발로 뭔가를 휘젓는 느낌을 강하게 받았어요. 오른발은 스푼이었지요. 차가운 차가 담긴 유리잔에서 저는 그냥 돌고 돌았어요.' 이것을 도대체 어떻게 분류할 것인가?"

릴리는 신비주의 운동가들의 교주가 되어 혼란스러운 자서전을 여러 권 썼고, 탱크에서의 체류와 LSD 여행을 결합했다. 어떤 여기자가 릴리의 1980년대 동료였던 사람에게 릴리는 어디에 있느냐고 물었을 때, 그 사람은 이렇게 대답했다. "어느 차원을 말씀하십니까?"

릴리는 2001년 9월 30일 심장마비로 사망했다. 향년 86세였다.

1955 공포의 안개

두 번째 사이렌이 울리지 않는 것으로 보아서 오늘밤은 진짜라는 것을 알 수 있었다. 열여덟 살 먹은 청년 로이드 롱은 엿새 전에 자원자 그룹과 함께 유타 주 사막 절개지 근처의 실험장소에 도착했다. 그때부터는 매일 밤 같은 과정이 반복되었다. 그들은 일몰 직전에 화물차를 타고 황량한 사막 위를 달렸다. 그곳에 도착하면 야외의 임시 샤워장에서 몸을 씻고 새 옷으로 갈아입은 다음 팔에 덮개를 하고 정해진 각자의 자리로 갔다. 단단하게 다져진 모래 위에 거의 1킬로미터에 걸쳐 바의 의자처럼 생긴 높은 의자들이 줄지어 놓여 있었다. 의자들 사이로 조금 더 높이 쌓아올린 연단에는 붉은털원숭이와 기니피그 우리가 놓여 있었다.

사이렌이 울리면, 로이드 롱은 그래니트 피크 산 쪽을 바라보고 숨을 가라앉혀야 했다. 실험책임자인 군의관 윌리엄 티거트 대령은 "진공펌프 소리가 들리면, 조용히 숨을 쉬세요. 아주 차분히 숨을 쉬란 말입니다. 오직 이것만 생각하세요!"라고 말했다. 보통은 곧 두 포트데트릭 연구센터의 '8번 공.' 생물무기가 인간에게 어떤 영향을 끼치는지를 검증하는 실험공간이었던 속이 빈 이 공은 오늘날에도 보호문화재로 남아 있다.

번째 사이렌이 울렸다. 바람의 조건이 맞지 않아서 실험을 계속 진행할 수 없다는 뜻이다. 남자들은 다시 옷을 갈아입고 임시 막사로 돌아왔다.

하지만 1955년 7월 12일에는 바람이 이상적이었다. 그래니트 피크에서 산들바람이 불어왔고, 로이드 롱은 진공펌프 소리를 들을 수 있었으며, 거기에서 1킬로미터 떨어진 곳에서는 거의 1리터에 달하는 병원균이 밤공기 속으로 살포되기 시작했다. 실험을 위해 선정된 큐열Q fever 병원균은 심한 두통과 근육통 그리고 고열을 일으킨다. 큐열은 대부분 큰 해 없이 금방 낫지만, 당시에는 30명당 한 명의 치사율을 보이고 있었다. 로이르 롱 그룹은 모두 30명이었다.

롱은 자신을 감싸고 흐르는 옅은 안개를 거의 느끼지 못했다. 그는 보호장구를 착용한 사람들이 나타난 다음에야 비로소 실험이 끝난 것을 알아차렸다. 그는 샤워를 하고, 몸에 남아 있을 세균을 죽이기 위해 자외선램프 아래 서 있다가 다시 샤워를 하라는 지시를 받았다. 옷은 소각되었다. 그리고 그룹 전원이 비행기로 워싱턴 인근의 포트데트릭 기지로 후송되었다. 미군의 발표에 따르면 처음이자 마지막인 인간에 대한 생물무기 적용실험은 2단계에 접어들었다.

당시 미국 정부는 일본이 제2차 세계대전에서 대규모로 생물무기 실험을 벌인 사실을 알고 있었으며, 소련 역시 비슷한 실험을 했을 것으로 추측했다. 공식적으로는 생물무기의 제조와 사용을 비난했지만, 미국 역시 1943년부터 비밀리에 생물무기 제조를 위한 연구프로그램을 운용했다. 포트데트릭은 이 프로그램에 참여한 과학자들의 본부였다. 그곳에서 과학자들은 생물무기로 쓰기에 알맞은 병원균을 찾기 위해, 그리고 동시에 그 병원균으로부터 자신들의 군대를 지켜줄 백신을 개발하기 위해 동물실험을 벌이고 있었다. 하지만 동물실험의 결과가 인간에게도 마찬가지일지는 알 수 없는 일이었다. 미 공군 문서에는 이렇게 기록되어 있다. "공군은 원숭이로 가득 찬 도시에 생물무기를 폭격하면 무슨 일이 벌어질지 아주 정확하게 예측할 수 있다. 하지만 인간으로 가득 찬 도시는 '최종 문제'(sixty-four-dollar question: 보통은 '대답하기 굉장히 어려운, 아주 중요한 질문' 또는 '결정적이고 중대한 문제' 정도의 뜻으로 쓰인다. 하지만 원래는, 문제가 점점 어려워지면서 상금이 늘어나는 미국의 1940년대 인기 라디오 퀴즈프로그램에서, 당시로는 큰돈이던 64달러가 걸린 마지막 문제를 놓고 출연자가 '도전할 것인가, 여기서 그칠 것인가'를 결정하던 데에서 나온 말로, 이 문장에서도 같은 뉘앙스로 쓰였다 – 옮긴이)로 남아 있다." 군부는 마침내 인간에 대한 실험만이 결과를 알려줄 수 있다는 결론에 다다랐다.

의학 분야에서 사람이 모르모트로 사용되는 경우는 드문 일이 아니다. 모든 의약품은 상용하기 전에 임상실험을 거친다. 그러나, 큐열 병원균 실험은 큐열 환자를 약으로 치료할 수 있는지를 알아보는 것이 아니라 그 병원균으로 사람들을 병에 걸리게 할 수 있는지를 검증하는 실험이었다. 하지만 피실험자들의 동의가 있었기 때문에 포트데트릭의 연구자들에게는 아무런 문제가 되지 않았다.

미 육군에는 이 임무에 이상적인 특별한 군인들이 있었다. 종교적인 이유로 총을 들기를 거부하는 제칠일안식일예수재림교회의 남자들은 유난히 건강했다. 그들은 담배를 피우지 않으며 알코올과 커피를 마시지 않는다. 한 성직자는 그들의 건전한 생활방식이 의학 연구에 얼마나 큰 이점을 가지고 있는지를 이렇게 설명했다. "그들에게는 지난 토요일 밤에 술을 마신 탓에 그런 증상이 나타난 건 아니냐고 물어볼 필요가 없다."

티커트 대령은 제칠일안식일예수재림교회 지도자들과 접촉했고, 실험의 고귀한 뜻을 충분히 이해한 지도자들은 신자들을 실험에 참가시키는 계획을 공식적으로 승인했다. 1954년 10월 19일, 제칠일안식일예수재림교회의 총서기이자 의학 담당자인 시어도어 플레이스는 정부의 요청을 이렇게 열정적으로 받아들였다. "대체복무의 한 유형으로서 우리 청년들이 자원하여 연구프로그램에 참여하는 것은 군의학뿐만 아니라 국민건강 일반에도 기여할 수 있는 좋은 기회가 될 것입니다." 1955년에서 1973년 사이에 2,200명의 젊은 남자들이 이 프로그램에 자원했다. 탄저병, 들토끼병, 장티푸스와 뇌막염을 포함한 153가지 특급비밀 실험의 암호명은 '하얀 코트 작전'이었다.

첫 번째 검사가 바로 로이드 롱이 참여한 큐열 실험이었다. 하지만 유타에서의 야외실험이 시작되기 전에 이미, 포트데트릭에서는 '8번 공Eight ball'이 가동되고 있었다. 이것은 스테인리스강으로 제작된 지름 13미터의 속이 빈 공인데, 연구자들은 당구의 검은 공의 이름을 따서 그렇게 불렀다. 실험이 준비되자, 제칠일안식일예수재림교회 신자들은 '8번 공' 안쪽 벽에 있는 전화박스 크기의 칸으로 들어갔다. 그들이 공 내부와 연결된 가스마스크를 쓰면, 기술자가 원격조정을 통해 공 안에 박테리아나 바이러스를 살포했다. 남자들은 약 1분간 혼합가스를 호흡하고 즉시 병원으로 후송되어 격리·관찰되었다.

유타에서 돌아온 뒤에도 같은 일이 반복되었다. 실험 참가자들은 텔레비전과 책, 오락기구가 갖추어진 독방에서 큐열이 발병했다는 것을 알려주는 두통이 시작되기를 기다렸다. 실제로 그들 가운데 약 3분의 1에게 큐열이 발병했다. 증상의 정도는 지난 '8번 공' 실험을 포함한 이전의 실험에서 어느 정도나 면역이 생겼는지에 달려 있었다. 사막에서 참가자들이 앉았던 의자의 위치 역시 결정적이었다. 감염된 구역의 가장자리에 앉았던 로이드 롱은 침대에 누운 지 하루 만에 다시 좋아졌다. 실험 참가자 모두가 완전히 건강을 회복했다.

하얀 코트 작전에 참가했던 베테랑들은 대부분 자신의 참여를 자랑스러워한다. "당시 그곳에 갔던 사람 가운데 나중에 자신이 속았다고 느낀 사람은 아무도 없습니다"라고, 예순여섯 살의 은퇴한 보험설계사 로이드 롱은 말했다. 세계무역센터가 공격을 받은 이후 점차 생물무기 테러에 대한 공포가 커지면서 그들 가운데 몇 사람은 텔레비전의 인터뷰에도 자주 등장했다. 하지만 군부와 제칠일안식일예수재림교회의 밀접한 관계에 대한 비판의 목소리가 끊이지 않았고, 특히 1960년대에는 비폭력을 설교하는 교회가 생물무기 프로그램을 지원할 수 있느냐는 의문이 제기되었다. 그러나 같은 시기에 진행되었던 다른 일들 몇몇과 비교한다면, 윤리학자들은 하얀 코트 작전에 훨씬 좋은 점수를 줄 것이다. 자원자들에게는 반복하여 위험이 고지되었으며, 언제라도 그만둘 수 있었다. 그렇다고 해서 이런 실험이 오늘날에도 허가되리라고는 상상할 수도 없다. 허파처럼 예민한 기관에는 엄청나게 위험한 일이기 때문이다.

사막에 살포된 박테리아들은 며칠 사이에 햇빛을 받고 죽었다. 그리고 실험장소에서 55킬로미터 떨어진 40번 고속도로에 놓아둔 기니피그들에게는 전혀 발병하지 않았다.

★Ed Regis, 『죽음의 생물학: 미국 비밀 세균무기의 역사 The Biology of Doom: The History of America's Secret Germ Warfare』, Holt, 1999, pp. 172-176.

1957
심리학의 원자폭탄

1957년 9월 12일 뉴욕에서 열린 기자회견에서 미국의 시장연구가 제임스 비커리가 촉발시킨 편집증의 한 형태는 오늘날까지도 몇몇 사람들을 사로잡고 있다. 비커리는 운집한 기자들에게 물고기에 관한 단편영화를 보여주었다. 이때 특수영사기는 화면에 "코카콜라를 마셔라!"라는 명령을 5초에 한 번씩 169번 띄웠다. 영사시간은 불과

어떤 주장에 따르면, 뉴저지 주 포트리의 극장에서 영화를 본 사람들은 잠재의식에 전달되는 메시지에 조종당했다.

3,000분의 1초, 기자들이 그 메시지를 알아차리기에는 너무 짧은 시간이었다. 강연자가 의도적으로 메시지의 색깔을 진하게 조절했을 때만 화면에 워터마크처럼 나타나는 글씨를 알아볼 수 있었다.

비커리는 얼마 전에 뉴저지 포트리의 한 극장에서 같은 실험을 했다고 주장했다. 6주 동안 관객 45,669명이 자신도 모르는 사이에 "팝콘을 먹어라!"와 "코카콜라를 마셔라!"라는 명령을 받았다. 그 결과 극장에서 코카콜라는 18.1퍼센트, 팝콘은 57.5퍼센트 더 팔렸다.

사람들은 격분했다. 사람의 뇌에 몰래 팝콘을 사고 싶은 욕구를 심을 수 있다면, 살인명령이라고 못 내리겠는가? 군인들은 좀비로 세뇌당해 전장으로 끌려가지 않을까? 어쩌면 여자들이 모두 진공청소기를 꺼버리도록 할 수도 있지 않을까?

잡지 『뉴요커』는 "인간의 정신이 짓밟히고, 개나 말처럼 길들여졌다"고 썼다. 작가 올더스 헉슬리는 자신의 소설 『멋진 신세계』에서 예언한 것처럼 인간이 정신에 대한 통제력을 상실할지도 모른다고 경고했다. 그리고 기독금주禁酒여성협회는 양조회사들이 돈벌이를 위해 사탄의 메시지를 사용했을 거라고 의심했다. 유일하게 패션잡지 『보그Vogue』만이 이 사태에서 긍정적인 요소를 찾아냈다. 『보그』는 검은 크레이프드신으로 만든 160달러짜리 '잠재의식 의상'을 내놓고 대대적인 판촉에 나섰는데, 그것은 '자신의 메시지를 잠재의식에 곧

바로 전달'해냄으로써 톡톡히 효과를 보았다.

잠재적인 메시지 subliminal messages를 실험했던 사람은 비커리만이 아니었다. 심리학자들은 이미 오래전부터 의식적인 지각의 영역 아래에 있는 정보의 효과에 관심을 기울여왔다. 하지만 비커리는 영화 관람객들을 원격조종했다고 발표한 최초의 인물이었다. 그는 기자회견에서 자신의 회사 서브리미널 프로덕션이 앞으로 석 달 안에 극장 열다섯 곳에 특수 프로젝터를 장착할 계획이라고 밝혔다.

비커리는 '몰래광고'가 영화 관람객들을 성가신 중간광고에서 해방시킬 것이라고 주장했다. "나는 밤마다 텔레비전에서 영화를 봅니다. 그런데 존과 메리가 키스를 하려고 하면 세제 광고가 끼어들지요." 잠재의식광고subliminal advertising가 소비자들에게는 축복이라는 것이다.

소비자들의 생각은 달랐다. 언론인이자 광고비평가인 밴스 패커드는 그의 책 『숨은 설득자The Hidden Persuader』에서 인간의 구매 결정에 영향을 끼치는 광고업계의 트릭을 폭로했다. 이 책은 곧 베스트셀러가 되었는데, 비커리의 실험은 패커드의 무시무시한 경고를 증명해주는 것처럼 보였다. 시장연구가의 특수영사기는 곧 '심리학의 원자폭탄'이라고 불리게 되었다. 당시는 원자폭탄이 정치에 개입하는 절정기였다.

상원에서 몇 차례나 논란이 벌어진 뒤인 1958년 1월, 비커리는 정치가들에게 새로운 광고기법을 설명하기 위해 워싱턴으로 여행했다. 광고업계의 전문지 『인쇄 잉크Printers' Ink』의 보도에 따르면, 팝콘 광고가 숨겨진 영화 상영은 꽤나 우스꽝스러운 행사였다. "볼

Huxley Fears New Persuasion Methods
Could Subvert Democratic Procedures

『뉴욕 타임스』(1958년 5월 19일)는 이 연구에 대한 『멋진 신세계』의 작가 올더스 헉슬리의 반응을 이렇게 전했다. "헉슬리는 새로운 설득방법이 민주적인 절차를 파괴할 수 있을 것이라고 우려했다."

수 없는 것을 보러 왔고, 이미 예고된 대로 그것을 보지 못했기 때문에, 연방통신위원회와 의원들은 만족스러워하는 것처럼 보였다." 『뉴욕 타임스』는 반대로 몇몇 정치가들은 팝콘을 먹고 싶다는 욕구를 느끼지 못해 실망했다고 보도했다. 후대를 위해 자신의 반응을 기록으로 남긴 유일한 사람은 공화당 상원의원 찰스 포터였다. 그는 영화가 상영되는 도중 이렇게 말했다고 한다. "나는 오히려 핫도그가 먹고 싶은 것 같은데."

비커리는 자신의 광고기법이 명백한 실패로 확인된 데에 대한 설명을 준비해두고 있었다. "메시지와 관련된 욕구를 가진 사람만이 거기에 반응을 보인다." 잠재의식광고는 아주 온화한 광고방식으로, 절대로 공화당원을 민주당원으로 만들지는 않는다는 것이다.

워싱턴에서 상영한 뒤로, 비커리의 주장과 일치하지 않는 것들이 나타나기 시작했다. 그의 실험을 재현하려는 모든 시도가 실패로 끝났고, 특허 획득 절차가 아직 끝나지 않았다며 계속 실험 데이터 공개를 거부하는 이 별난 시장연구가에 대한 과학자들의 인내심이 점차 사라져갔다. 그 무렵, 비커리가 광고대행사들에게 450만 달러의 컨설팅 비용을 받았다는 소문이 돌기 시작했다. 사실이라면, 그들은 투자할 곳을 잘못 찾았다. 그들이 최초의 실험이 벌어졌다는 포트리를 직접 찾아가 보았더라면, 그곳의 조그만 극장에 6주 동안 45,669명이 들어갈 수는 없다는 사실을 곧바로 알 수 있었을 것이다.

1962년, 제임스 비커리는 마침내 광고업계의 전문지 『광고시대 Advertising Age』에 모든 이야기가 조작된 것이었다고 대체로 공개적으로 시인했다. 특수영사기는 확실히 제대로 작동했지만, 그 방법으로는 어떤 효과도 측정해내지 못했다는 것이었다. "우리는 뉴저지주 포트리의 극장에서 이것을 실험한 후에 특허를 신청했습니다. 그 이야기가 몇몇 기자들에게 흘러들어갔고, 우리는 채 준비도 되기 전에 그것을 공개하라는 압박을 받았습니다.…… 내가 갖고 있었던 데이터는 의미 있는 결과를 얻기에는 턱없이 모자랐지요."

★Gay Talese, 「가장 꼭꼭 숨겨진 설득Most Hidden Hidden Persuasion」, 『뉴욕 타임스 매거진 New York Times Magazine』 1958년 1월 12일자, p. 22.

비커리는 후에 흔적도 없이 사라져버렸다. 아직 살아 있는지 아니면 이미 세상을 떠났는지, 그리고 그가 밝힌 자기 실험 이야기의 마지막 버전은 사실인지 아닌지를 아는 사람은 아무도 없다.

가상의 이 실험은 여전히 현대의 전설로 남아 있다. 체중을 줄이거나 자신감을 끌어올리려는 이들의 잠재의식에 메시지를 전달해주는 자기계발 카세트테이프를 만드는 사람들은 아직도 그의 이름을 자기 제품의 명백한 효용성의 증거로 쓰고 있다. 이 실험은 대중문화 속으로도 파고들었다. 다른 사람의 잠재의식에 영향을 미칠 수 있다는 전제를 바탕으로 줄거리가 짜여진 영화가 많이 있나. 심지어는 형사 콜롬보마저도 1973년의 '이중노출' 편에서 의심스러운 시장연구가가 연루된 사건을 잠재의식의 메시지 subliminal messages를 이용해서 해결했다.

그러는 동안 역하지각 subliminal perception은 과학계의 각광받는 연구분야가 되었다. 사람들이 자기도 모르는 사이에 정보를 얻으며, 이 정보가 그의 행동에 영향을 끼친다는 사실은 오늘날 간단한 실험으로 증명할 수 있다. 하지만 그 효과는 미미해서, 팝콘 매출을 60퍼센트나 올리지는 못한다.

비커리 실험이 가장 거창하게 방송을 탄 것은 2000년의 미국 대통령선거에서 민주당 후보 앨 고어의 선거운동원들이 공화당 후보 조지 부시의 텔레비전 광고에서 뭔가 이상한 점을 발견했을 때였다. 시청자들에게는 보이지 않았지만, 민주당의 정책을 언급하는 대목에서 화면 전체에 순간적으로 'RATS(쥐)'라는 단어가 삽입되었다. 광고제작자는 그것은 다만 그 다음에 나오는 단어 'bureaucrats(관료주의자)'를 강조하고 시선을 끌기 위한 것이었다며 궁색한 해명을 늘어놓았다. 그러나 공화당 광고 속의 그 쥐들은 아마도 비커리의, 실은 결코 시행된 적이 없는 실험의 뒤늦은 상속자일 것이다.

madsciencebook.com
'쥐' 라는 단어가 슬쩍 삽입된 미국 대통령선거 기간에 방영된 공화당의 텔레비전 선거광고를 볼 수 있다.

1958
붉은털원숭이의 엄마기계

참으로 역설적이게도, 과학의 역사에서 가장 혼란스럽고 잔혹한 실험들이 사랑의 본질을 연구하기 위해 진행되었다. 그 실험들을 고안해낸 해리 할로는 알코올중독과 일중독에 빠진 심리학자였고, 까탈스러운 남편이자 쌀쌀맞은 아빠였다. 그리고 그의 연구 결과는 아이 기르는 일을 이전과는 완전히 다른 일로 바꾸어놓고 말았다.

할로의 연구는 애착의 가장 근원적인 형태, 곧 모성애에 초점을 맞추고 있었다. 그는 학습실험에 쓸 붉은털원숭이를 키우다가 이 주제를 발견했다. 그는 질병을 예방하기 위해 태어난 지 얼마 안 되는 새끼를 어미에게서 분리시켜 우리에서 홀로 키웠다. 새끼가 자연적인 환경에서 자란 놈보다 더 건강하고 몸무게도 더 나가자, 할로는 자기가 더 좋은 엄마라는 걸 확신했다.

심리학자 해리 할로와 그의 유명한 발명품인 천으로 만든 가짜 어미.

그런데 분명히 무엇 하나 부족한 게 없는데도, 새끼 원숭이들은 우리에 웅크리고 앉은 채 손가락을 빨며 허공만 바라보는 것이었다. 나중에 암컷과 수컷을 함께 두었을 때도 원숭이들은 무엇을 어떻게 해야 할지 아무것도 알지 못했다. 할로는 놀라지 않을 수 없었다. 당시 과학계의 근본적인 행동규범은, 젖먹이를 잘 키우려면 무엇보다도 먼저, 그리고 핵심적으로 잘 먹이고 깨끗하게 보살펴야 한다는 것이 아니었던가. 그리고 자신은 원숭이들을 딱 그렇게 기르지 않았던가.

심리학자들은, 모성애는 새끼가 갖고 있는 원초적 충동, 곧 허기와 갈증의 해소라는 새끼의 대단히 중요한 욕구를 어미가 충족시켜 줄 때 비로소 발생하는 2차적인 감정이라고 생각했다. 인간도 마찬가지였

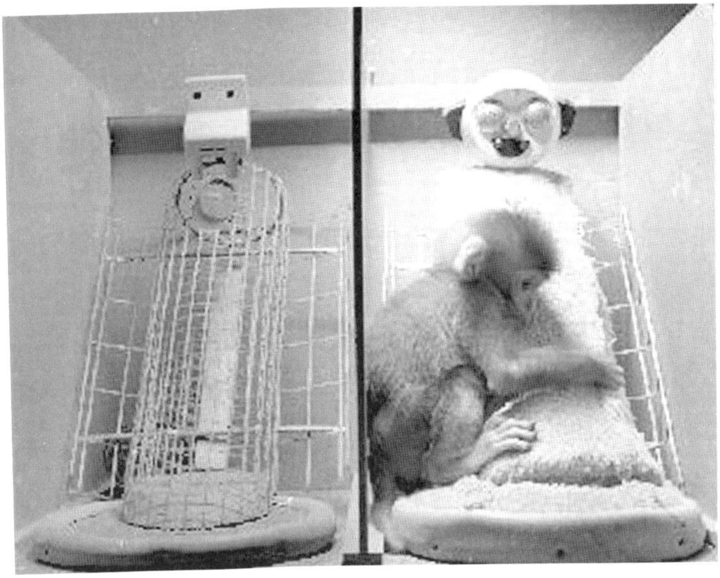

젖을 준 것은 철사로 만든 어미였지만, 새끼 원숭이는 천으로 된 어미를 더 좋아했다.

다. 자녀양육 전문가들은 부모에게 아이들을 껴안아주지 말라고 충고했다. 심리학자 존 왓슨은 부모의 과도한 애정이라는 악덕에 맞서 싸우는 성전 聖戰을 이끌었다(→ 91쪽). 그는 1928년에 출간한 자신의 베스트셀러 『유아와 아동의 심리학적 양육 Psychological Care of Infant and Child』에서 한 단원의 제목을 '지나친 모성애의 위험'이라고 붙였다. 거기에서 그는 지나친 애정을 받고 자란 아이는 성인이 되어 꼭 문제가 생긴다고 주장했다. 그러므로 기어이 아이에게 뽀뽀를 해주고 싶거든 반드시 이마에만 하라는 것이었다.

할로의 새끼 원숭이는 무관심 외에도 또 다른 특이한 행동을 보였다. 우리 안의 수건에 대한 광적인 집착이었다. 새끼 원숭이들은 우리를 청소하면서 수건을 갈아줄 때마다 수건에 달라붙어 매달리고 수건으로 제 몸을 감싸고 비명을 지르기 시작했다. 새끼 원숭이를 우리에 넣는 초기에 그런 천조각 없이 닷새가 지나면, 원숭이들은 거의 살아남지 못했다. 부드러운 수건이 우유병만큼이나 중요하단 말인가?

할로는 새끼에게 가짜 어미를 만들어주고 실험을 계속하기로 했다. 그는 단풍나무로 된 당구공으로 어미의 머리를 만들고 자전거 반

madsciencebook.com
해리 할로가 직접 자신의 실험을 설명하는 옛 텔레비전 영상을 보라.

사경으로 눈을 달아주었다. 하지만 이런 것들은 부차적이었다. 중요한 것은 작고 푹신한 쿠션에 부드러운 수건을 두른 원기둥 몸통이었다. 천으로 만든 어미 옆에는, 모양은 같지만 천 없이 철사로 만들고 가슴 높이에 우유병을 매단 또 다른 어미를 세워놓았다. 이론이 옳다면, 새끼 원숭이는 배고픔을 해결해주는 철사 어미에 더 집착해야 한다. 하지만 결과는 정반대였다. 원숭이는 하루에 열두 시간이 넘도록 천으로 만든 어미에게 매달렸다. 반면 철사 어미에게는 목마를 때만 잠깐씩 다가가 젖을 빨 뿐이었다. 따라서 할로의 결론은 새끼가 집착하는 것은 기본적으로 먹이가 아니라 어미의 부드럽고 따뜻한 몸이라는 것이었다. 할로는 그렇게, 아이의 발달에 육체적인 접촉이 얼마나 필수불가결한 것인지를 여실히 보여주었다.

madsciencebook.com
퓰리처상 수상자인 데보라 블럼이 최근 해리 할로의 흥미진진한 전기 『군파크의 사랑: 해리 할로와 애정의 과학Love at Goon Park: Harry Harlow and the Science of Affection』(Perseus Publishing, 2002)를 출판했다.

천으로 만든 가짜 어미 실험은 새끼 원숭이가 아무것도 받지 못하면 어떤 일이 벌어지는지에 대한, 그리고 사랑에 대한 할로의 방대한 연구의 시작이었다. 그는 다음 실험을 위해 괴물 같은 어미들을 만들었다. 몸통은 천으로 만든 어미처럼 부드러웠지만, 그것들은 기만적이고 잔인했다. 하나는 새끼를 계속 흔들어 떨어뜨렸고, 다른 하나는 압축공기를 내쏘아 새끼를 놀라게 했으며, 세 번째 것에서는 갑자기 쇠못이 튀어나와 새끼를 찔렀다. 그럼 새끼 원숭이는 어떤 반응을 보일까? 새끼들은 어미가 진정되자마자 다시 어미에게 돌아가 안겼다. 몇 번을 되풀이해도 마찬가지였다. 할로의 괴물 어미는 아기의 엄마에 대한 갈망과 엄마에 대한 절대적인 의존성을 보여주는 인상적인 실험이었다.

이른바 '절망의 함정'은 더욱 처참했다. 그것은 깔때기 모양을 한

The Parent Problem—
Mother-Machine Works

'양육문제—엄마기계가 작동한다'(『스티븐스 포인트 데일리 저널』 1958년 11월 15일자)

우리로, 원숭이는 그 우리의 가장 아래쪽에 놓여 있었다. 원숭이는 처음 2~3일 동안 가파른 비탈을 기어오르려고 애썼지만, 그것은 헛수고였다. 그 다음엔 기어오르는 걸 포기하고, 아무런 희망도 없이 그저 외로이 앉아 있을 뿐이었다. 원숭이는 아주 짧은 시간에 인간의 용어로 '우울'이라고 부르는 상태에 빠졌다. 할로는 새끼 원숭이의 우울증을 약을 투여하거나 다른 원숭이들과 어울리게 함으로써 치료해보려고 했지만, 효과를 보았던 것은 일부에 지나지 않았다.

할로는 그의 실험들이 원숭이에게 고통을 주었다는 사실을 결코 부인하지 않았다. 그리고 결코 후회하지도 않았다. 반대로 언젠가 신문기자에게 이렇게 말한 적이 있다. "학대당하는 원숭이 한 마리를 볼 때마다 학대당하는 어린이 백만 명을 생각해주세요. 내 연구가 이것을 설명하고도 겨우 백만 명의 어린이를 구할 뿐이라면, 난 원숭이 열 마리에게 이렇게 열중하지 못할 것입니다."

★ Harry F. Harlow, 「사랑의 본질 The Nature of Love」, 『미국 심리학자American Psychologist』 13, 1958, pp. 573-685.

얄궂게도, 할로는 정작 자기 자식은 돌보지 않았다. 첫 번째 아내는 애들을 데리고 떠나버렸다. 그녀가 말했듯이, 할로와 산다는 것은 어차피 남편 없이 사는 것과 마찬가지였기 때문이다. 그의 나이 예순여섯에 두 번째 아내가 암으로 죽자, 그는 8개월 후에 다시 결혼했다. 첫 번째 아내와.

1959
무중력상태에서 물 마시기

비행기가 투척포물선 궤도를 따라 날 때 잠시 동안 무중력상태가 된다는 사실을 조종사들이 밝힌 지 8년이 지났다(→150쪽). 당시에는 비행기에 타고 있는 사람이 그와 같은 상황을 어떻게 견뎌낼 수 있을지가 주된 관심사였다. 하지만 그 사이에 상황이 극적으로 달라졌다. 소련과 미국이 지구 궤도에 인공위성을 발사했고, 유인우주선이 뒤를 이을 날이 멀지 않아 보였다.

그렇다면 오랫동안 지속되는 무중력상태에 어떻게 적응할 것인가? 그 상황에서 먹고 마시고 자는 인간의 가장 기본적인 신체적 욕

조종사들이 무중력상태에서 음료수를 마시고 있다.

구를 만족시킬 수 있을까? 식사는 별 문제가 없어 보였다. 음료에 관해서는 미 공군의 줄리언 워드와 몇몇 동료들이 좋은 방법을 찾아 실험을 벌였다.

워드는 자원자 25명에게 포물선 궤도로 비행할 때 생기는 무중력상태에서 다양한 용기에 담긴 음료수를 마시게 했다. 예를 들면, 뚜껑 없는 그릇으로 직접 또는 뚜껑 없는 그릇에서 빨대를 이용해, 그리고 입속으로 직접 물을 내뿜는 플라스틱 병 등이다. 결과는 정말 지저분했다. "이런 실험을 하면 좀 너저분해지는 것은 당연한 일이겠지요. 하지만 결과는 예상보다 훨씬 심했어요." 뚜껑이 없는 용기로 마신 경우에는 두 명을 제외하고는 모두에게 문제가 생겼다. 그들이 용기를 아주 조금 움직이자마자 물이 아메바처럼 흘러나와 얼굴을 덮쳤다. 그들이 숨을 쉬려고 하자 물이 코를 거쳐 기도로 들어와 재채기가 났다. 실험자들은 인간이 이런 괴이한 방법으로 물을 마실 수도 있다는 사실에 놀랐다. 빨대 역시 소용이 없었다. 반면에 물을 내뿜는 플라스틱 병의 경우에는 문제가 없었다. 물을 삼킨 직후까지는. 그러나 대부분의 경우 곧 워드가 '무중력 충격 현상'이라고 명명한 일이 벌어졌다. 배에 작은 압력만 생겨도 위장 내용물이 머리 쪽으로 이동해서 입을 통해 나온 것이다.

★Julian E. Ward, 「저중력에 대한 생리적 반응 1. 섭식 기작과 고체와 액체의 연하작용Physiologic Response to Subgravity I. Mechanics of Nourishment and Deglutition of Solids and liquids」, 『항공의학Journal of Aviation Medicine』 30, 1959, pp. 151-154.

무중력상태에서 물마시기 실험보다 잠자기 실험이 더 복잡했다. 포물선비행 때 발생하는 무중력상태는 최대 30초에 불과했다. 무중력상태에서 어떻게 잠을 잘 수 있을까뿐만 아니라 잠에서 깨어날 때 무슨 일이 일어날까 또한 문제였다. 몇몇 항공의학자는 이런 상황에서는 방향감각을 완전히 상실할 것이라고 예상했다.

실제로는 과연 어떻게 되는지를 확인하기 위해 실험에 나선 사람은 클리프턴 맥클루어 소위였다. 그는 48시간 동안 잠을 자지 않고 깨어 있다가, 더 졸리도록 아침을 배불리 먹은 다음 F-94C 스타파이어 제트전투기의 뒷좌석에 올랐다. 3,500미터 상공에서 헤드폰을 끈 그는 25분 후 잠이 들었다. 얼마 후 무중력 포물선비행에 들어간 조종사는 맥클루어의 왼쪽 손목에 연결된 끈을 잡아당겨 잠을 깨웠다. 맥클루어의 첫 인상은 팔과 다리가 '내 몸에서 떨어져나가 두둥실 떠다니는' 느낌이었다. 그는 조종실 덮개를 붙잡으려고 애썼지만 완전히 방향감각을 잃고 말았다.

나중에 그것은 별 문제 아니라는 것이 밝혀졌다. 그보다 훨씬 심각한 문제는 무중력상태에서는 뼈와 근육이 받는 하중이 작아진다는 것이었다. 이 문제를 연구하는 데에는 피실험자들을 1년 동안 침대에 뉘어놓고 아무것도 하지 못하게 하는 실험이 필요했다(→304쪽).

1959
'법을 준수하는' 유나바머와 다이애드의 상흔

1996년 4월 3일, 중무장한 미 연방수사국FBI 요원 150명이 몬태나주 링컨 군의 숲속에 있는 외딴 오두막으로 돌진했다. 그곳에 사는 사람은 54세의 전직 수학과 교수로, 미국 최고의 명문 하버드 대학을 졸업했고 미시간 대학의 박사학위논문으로 상까지 받았던 사람이었다. 나중에 그에게는 '미국에서 가장 지능적인 연쇄살인범'이라는 호칭이 하나 더 붙는다.

테드 카진스키는 1976년부터 1995년 사이에 직접 제작한 16개의 폭탄으로 세 명을 살해하고 열한 명에게 중상을 입혔다. 그는 폭탄테러를 통해, 그가 필연적으로 인간의 자유와 개성을 파괴할 수밖에 없다고 믿었던 과학과 기술의 진보에 맞서 싸우려 했다. 연방수사국은 그를 '유나바머Unabomber'라고 불렀다. 그의 첫 번째 희생자가 대학과 항공사 직원이었기 때문이다(University+Airline+Bomber).

그가 체포되자 대중은 그토록 화려한 이력을 지닌 명석한 수학자가 왜 전기도 수도도 없는 오두막에서 폭탄이나 만들고 있었는지 궁금해했다. 역사학자 앨스턴 체이스는 그 답을 찾았다고 자신의 책 『하버드와 유나바머』(2003)에 썼다. '머레이 실험'이 바로 그것이다.

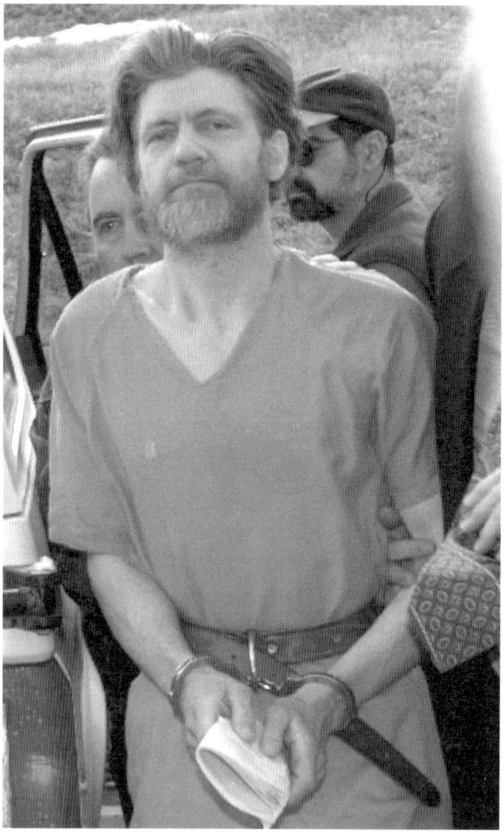

1996년 체포된 유나바머. 그런데 테드 카진스키는 정말 머레이 실험 때문에 연쇄살인범이 되었을까?

1960년대 초부터 카진스키는 헨리 머레이의 지휘하에 3년 동안 진행된 그 실험에 참여했다. 카진스키는 그 실험의 피실험자였고, 62세의 머레이는 은퇴를 앞둔 하버드 대학 심리치료연구소 교수였다. 그는 획기적인 심리검사 TAT(Thematic Apperception Test, 주제통각검사: 피검사자에게 모호한 그림을 보여주고 그 그림과 관련된 이야기를 자유로이 꾸며내게 한 다음, 그 속에 투사된 마음속의 희망·사상·감정 따위를 알아내어 그 사람의 욕구나 동기를 밝히는 검사—옮긴이)를 창안해낸 사람이었다. TAT에 관해 그가 쓴 책은 베스트셀러가 되었고, 그 검사는 비밀작전에 투입될 신병들을 뽑아내기 위한 심리검사로도 사용되고 있었다.

카진스키가 그 실험을 어떻게 알게 되었는지는 명확하지 않다. 그가 "당신은 특정한 심리학 문제(현재 진행 중인 개성발달 연구프로그램의 일부)를 풀기 위해 학기 중에 진행되는 일련의 실험과 검사에 (주당 평균 2시간씩) 피실험자로 참가할 생각이 있습니까?(대학 수준의 시급 지불)"이라는 공고를 보고 실험에 자원했을 가능성도 있다. 어쩌면 반대로, 머레이가 개인적으로 카진스키를 선택했는지도 모른다. 실험을 위해서, 그는 '자신을 과신하는', '자신감이 적절한', '자신감이 없는' 성격을 포함하여 가능한 한 다양한 성격의 하버드 대학 신입생들을 찾고 있었다. 심리검사 결과, 카진스키는 그가 피실험자로 뽑은 24명의 젊은 남자 가운데 가장 자신감 없는 학생이었다.

실험 참가자들의 사생활을 보호하기 위해, 머레이는 각 학생에게 암호명을 부여했다. 카진스키의 암호명은 '법을 준수하는Lawful'이었다. 지금은 무척이나 얄궂게 들리지만, 사실은 썩 잘 어울리는 이름이었다. 카진스키는 얌전한 사람이었고, 어떤 의미에서도 반항아는 아니었다. 노동자의 자식인 그는 하버드에서 그리 속 편히 지내지 못했다. 친구도 별로 없었고, 부모의 기대에 짓눌려 있었다. 그는 두문불출하며 공부에 매달렸다.

실험의 핵심은 머레이가 다이애드(Dyad, 원래는 '하나의 단위를 이루는 둘'을 뜻하는 말로, '양자관계', '2가원소', '파트너의 도움을 받는 명상'처럼 분야에 따라 다양한 뜻으로 쓰인다 - 옮긴이)라고 이름붙인 대단히 부담스러운 토론이었다. 피실험자들은 조명이 밝은 방에 앉아 있었다. 이들의 일거수일투족은 투사거울을 통해 관찰되고, 필름에 담겼다. 측정기기는 그들의 맥박과 호흡을 기록했다.

머레이는 실험 참가자 모두가 다른 학생과 토론을 하게 될 거라고 알려주었다. 하지만 그가 말하지 않은 게 있었다. 그것은 토론상대가 말재간이 아주 좋은 법학도로 피실험자를 화나게 하도록 머레이의 특별훈련을 받았다는 점이었다. 그는 피실험자들을 야비하게 대하고 그들의 인생철학을 조롱하라는 지시를 받았다. 그리고 그는 참가자들에게 실시한 검사들과 실험의 이전 단계에서 표명된 개인적 견해들을 통해 희생자들의 세계관에 대한 정보를 확보하고 있었다. 다이애드가 시작되면, 실험 참가자 모두 처음에는 자신의 입장을 변호하려고 애썼지만 이윽고 상대방의 조롱기 넘치는 탁월한 논변에 굴복당하고 말았다. 남은 것은 어찌 해볼 도리가 없는 분노였다.

대결 뒤에는 다음 단계의 검사와 토의의 홍수가 들이닥쳤다. 그 가운데 한 프로그램에서는, 피실험자들이 자신의 논쟁 장면을 찍은 녹화화면을 다른 사람들과 함께 시청하고 자신의 분노에 대해 논평해야 했다.

머레이가 이 실험에서 정확히 무엇을 알고 싶었던 것인지는 오늘날까지도 분명하지 않다. 그의 목표는 얼마간 모호하고 혼란스러웠다. 그는 "다이애드 시스템dyadic syetem의 이론을 개발하고 싶었"

심리학자 헨리 머레이는 피실험자의 확신을 체계적으로 뒤엎어버리는 논쟁실험을 했다.

고, 그가 수집한 데이터로 인간의 개성 발달을 밑받침하고 싶었다고 주장했다. 하지만 그의 조수들조차도 실험의 목표가 무엇인지를 제대로 알지 못했다. 머레이의 전기에는, 그는 그저 어떤 사람이 다른 사람을 공격하면 무슨 일이 벌어지는지를 밝혀보고 싶었다고 쓰여 있다.

앨스턴 체이스는 머레이의 실험이 전혀 다른 곳에서 비롯되었다고 생각한다. 23세에 결혼한 머레이는 7년 후 역시 기혼자인 크리스티아나 모건을 알게 되었다. 그로부터 그의 평생에 걸친 혼란스러운 사건이 시작되었다. 그의 초기 동료 몇몇은 머레이 실험이 이 관계의 재방송에 지나지 않는다고 본다. 죽기 직전인 1988년, 머레이 자신도 그것을 간접적으로 시인했다. 그는 "많은 사람들이 크리스티아나와 내가 왜 그렇게 특이한 다이애드를 시작했느냐고 물었다"고 쓰고 여러 가지 이유를 들었는데, 거기에는 다음의 두 가지가 포함되어 있었다. "내게는 (단지 한 개인이 아니라) 두 사람이 다이애드 시스템 안으로 통합된다는 내 이론을 발전시키고 싶은 소망이 있었다." 그리고 "우리는 놀 때도 일할 때도 다양한 종류의 조합으로 실험하고 싶었다." 말하자면, 머레이는 모건과의 관계도 실험처럼 다루었던 것이다. 체이스는 머레이 실험에서의 대결은 머레이와 모건의 관계를 위한 것이라는 결론을 내렸다.

카진스키는 나중에 이 다이애드가 '매우 불쾌한 경험'이라고 말했다. 혹시 이것이 그의 인생의 전환점은 아니었을까? 그것만은 아니었다고, 체이스는 말한다. 어느 시대에나 있는 윤리적 방향감각 상실과 상처 입기 쉬운 카진스키의 성격을 포함한 다른 중요한 요인들이 있기 때문이다.

★Alston Chase, 『하버드와 유나바머. 한 미국 테러리스트의 교육 Harvard and the Unabomber. The Education of an American Terrorist』, W. W. Norton, 2003. 『애틀랜틱 먼슬리』 2000년 6월호에 실린 체이스의 논문 「하버드와 유나바머 만들기Harvard and the Making of the Unabomber」는 www.theatlantic.com /issues/ 2000/06/chase.htm에서 볼 수 있다.

하버드 대학에서 보낸 마지막 몇 해 동안, 카진스키의 기술적대적인 세계관은 더욱 강화되었다. 그는 기술과 과학이 인간의 자유를 위협하고 사람들의 사고를 점점 더 지배하고 있다고 확신했다.

카진스키는 하버드 대학을 떠나 미시간 대학에서 뛰어난 박사학위논문을 썼으며, 1967년에는 캘리포니아 주립대학 버클리 캠퍼스의 조교수 자리를 얻었다. 그러나 2년 후인 1969년, 그는 버클리를 떠나 링컨 교외의 숲속에 오두막을 지었고, 그곳에서 행동계획을 짰다.

유나바머의 파멸을 가져온 것은 1995년 6월 24일에 『뉴욕 타임스』와 『워싱턴 포스트』 그리고 잡지 『펜트하우스』에 보낸 성명서였다. 「산업사회와 그 미래」라는 제목의 이 소논문은 '유나바머 선언문'으로 널리 알려지게 되는데, 그는 이 글을 신문에 게재하면 테러를 중단하겠다고 제안했다.

madsciencebook.com
「산업사회와 그 미래」라는 제목의 '유나바머 선언문' 전문을 보라.

1995년 9월 19일, 『워싱턴 포스트』는 56쪽에 걸쳐서 유나바머의 글을 실었다. 그 직후, 데이비드 카진스키가 연방수사국에 찾아가 그의 형 테드가 유나바머일지도 모른다고 신고했다. 그는 형에게서 온 옛 편지에 있던 구절과 똑같은 것을 선언문에서 발견했던 것이다.

테드 카진스키는 1998년 5월 4일 감형 가능성이 없는 종신형을 선고받았다. 앨스턴 체이스가 『애틀랜틱 먼슬리』 2000년 6월호에서 카진스키가 폭탄테러범이 된 데에는 머레이 실험이 어느 만큼은 영향을 미쳤을 것이라고 발언하자, 머레이의 이름을 따서 하버드 대학에 세워진 머레이 연구센터는 강력한 반박성명을 내놓았다. 다른 피실험자들은 논쟁을 정신적 부담으로 느끼지 않았으며, 체이스는 머레이의 연구 목표를 곡해했다는 내용이었다.

테드 카진스키의 암호명 '법을 준수하는'은 아주 인기 높은 단어가 되었고, 머레이 연구센터는 실험 데이터에 대한 접근을 무기한 금지했다.

1959
세 명의 예수 그리스도, 한곳에서 마주치다

1959년 7월 1일, 미국 미시간 주 디트로이트 근처에 있는 입실랜티 주립정신병원 D-23병동에서는 있을 수 없는 만남이 있었다. 작고 소박하게 꾸민 응접실에서, 심리학자 밀턴 로키치가 데려온 세 남자가 차례로 자신을 소개했다.

제일 먼저 대머리에다 이빨이 듬성듬성 빠진 58세의 남자.

"나는 조지프 카셀이오. 나는 하나님이오."

이어서 알아들을 수 없을 만큼 웅얼거리는 70세의 남자.

"난 클라이드 벤슨이오. 내가 하나님을 만들었소."

끝으로 깡마른 몸에 근엄한 얼굴을 한 38세의 남자. 이 사람은 자신의 본명이 레온 가보라는 걸 밝히길 거부했다.

"내가 다시 태어난 나사렛 예수라는 건 출생증명서에 나와 있소."

정신의학사에서 가장 기괴한 실험 가운데 하나는 이렇게 시작되었다. 사람이 가장 모순적인 상황, 예를 들어 자기와 똑같은 정체성을 지닌 사람과 맞부딪히면 무슨 일이 일어날까? 갑자기 예수가 한 명 이상인 상황에 이 세 사람은 어떻게 반응했을까? (그들에게, 예수와 하나님은 같은 존재다.)

밀턴 로키치는 이미 오래전부터 인간의 정체성이 자신의 내적 신념체계와 어떤 연관이 있는지에 대해 연구해왔다. 어떤 내적 기준이 그 사람의 개성을 규정하는 핵심요소일까? 어떤 내적 기준들이 후유증 없이 바뀔 수 있을까? 신념체계의 근간이 위협받으면 무슨 일이 일어날까?

그는 사람들이 자신의 정체성이 손상되는 데에 매우 민감하게 반응한다는 것을 자기 아이들에게서 관찰했다. 그가 언젠가 장난으로 두 딸의 이름을 바꿔서 불렀을 때, 두 딸의 웃음소리는 금방 불안으로 바뀌었다. "아빠, 지금 우릴 놀리는 거지요?" 작은딸이 조금은 신경질적으로 물었다. 그가 아니라고 대답하자, 두 아이는 곧바로 제발 그러지 말아달라고 부탁했다. 로키치가 그들의 내적 확신의 핵심, 즉 '나는 누구인가'에 대한 지식을 공격했던 것이다.

로키치가 일주일 내내 두 아이의 이름을 바꿔서 불렀다면 무슨 일이 벌어졌을지는, 짐작에 맡길 수밖에 없다. 이런 실험은 윤리적인 이유로 허락되지 않는다. 하지만 비슷한 방법으로 전쟁포로를 세뇌했던 중국의 사례는 그것이 개인의 정체성에 중대한 영향을 미친다는 것을 보여주었다.

아무런 걱정 없이 실험할 수 있는 방법을 찾던 로키치의 머리에 정신병 환자들이 떠올랐다. 그들은 스스로를 자기 자신이 아닌 다른 사람이라고 믿는 사람들이 아닌가. 자신이 어떤 특정인이라고 주장하는 사람들 몇 명을 한곳에 모아놓는다면, 그곳에서는 두 개의 근본적인 믿음이 충돌할 것이다. 자신이 누구인가에 대한 잘못된 확신과 두 사람의 정체성이 같을 수는 없다는 옳은 확신이.

Three 'Christs' Together In State Hospital

EAST LANSING, Jan. 29 (AP)— Three mental patients — each claiming to be Jesus Christ— have been brought together at the Ypsilanti State Hospital.

"세 명의 '그리스도'가 함께 주립병원에"(『헤럴드 프레스Herald Press』 1960년 1월 29일자)

로키치는 이런 사례에 대해 짤막하게 언급한 심리학 문헌 두 개를 찾아냈다. 17세기에 자신을 그리스도라고 믿는 남자 둘이 우연히 같은 정신병자수용소에서 마주쳤고, 그로부터 300년 후에는 두 명의 성모 마리아가 한 정신병자요양원에서 만났다. 두 경우 모두, 그 만남은 부분적으로나마 치료에 도움이 되었다고 한다.

로키치는 자신의 실험이 인간의 내적 신념체계에 대해 더 많은 것을 드러내줄 뿐만 아니라 중증 인격장애 환자들을 위한 새로운 치료법을 제시할 수 있을 것이라고 기대했다. 그는 동일한 정체성을 가진 환자 두 명을 찾기 위해 미시간 주의 정신병원 다섯 곳에 환자들에 대해 문의했다. 2만5천 명이나 되는 환자 가운데 거기에 해당하는 사례는 한줌도 안 되었다. 그 사람들 안에는 나폴레옹도, 흐루시초프도, 아이젠하워도 없었다. 그나마 포드와 모건이라는 귀한 집 자식이 몇 명 있었고, 자기가 하나님이라는 여자와 백설공주가 한 명씩 있었으며, 열몇 명의 그리스도가 있었다.

자기가 그리스도라고 여기고 있었고 실험에 알맞았던 세 남자 가운데 두 명은 입실랜티 병원의 입원환자였다. 세 번째 남사는 실험을 위해 이곳으로 이송되어 왔다. 이들은 2년 동안 침대를 나란히 놓고 잠을 자고, 같은 식탁에서 밥을 먹고 세탁소에서 비슷한 일을 했다.

레온 가보는 디트로이트에서 자랐다. 어머니는 광신도였고, 아버지는 집을 나가버렸다. 어머니는 아이들만 집에 놔둔 채 날마다 교회에서 기도하며 지냈다. 가보는 잠시 신학교에 다니다가 군대에 들어갔다. 나중에 집으로 돌아간 그는 어머니에게 철저하게 순종했다. 나이 서른두 살이던 1953년, 그에게 자기가 예수라고 알려주는 소리가 들리기 시작했다. 1년 후 그는 정신병원에 입원했다.

클라이든 벤슨은 미시간 주의 시골에서 성장했다. 42세 때, 아내와 장인 그리고 부모가 죽었다. 큰딸은 결혼하여 멀리 떠났다. 벤슨은 술을 마시기 시작했고, 재혼했으며, 자기가 가진 모든 것을 말아먹었고, 폭력을 휘두르다가, 결국은 감옥에 갇혔다. 감옥에서 그는 자신이 예수 그리스도라고 주장했다. 53세이던 1942년, 그는 정신병원에 위탁수용되었다.

조지프 카셀은 캐나다 퀘벡 지방에서 태어났다. 그는 붙임성이 없었고, 책 속에 파묻혀 살았다. 그의 아내는 남편이 책 쓰는 일에 집중할 수 있도록 직업을 가지고 돈을 벌어야 했다. 그는 가족을 거느리고 처가로 들어갔다. 처가에서 그는 줄곧 자신이 독살될지 모른다는 두려움에 떨었다. 그가 이 환각증상 때문에 입실랜티에 실려온 것은 1939년의 일로, 그의 나이 38세였다. 10년 후, 그는 자신이 하나님이자 예수이며 성령이라고 믿기 시작했다.

몇 번 만나지 않아서, 세 사람 모두 다른 두 사람이 스스로를 예수라고 주장한다는 설명을 들었다. 그러자 벤슨은 이렇게 말했다. "그들은 정말로 살아 있는 게 아니에요. 기계가 그 사람들 속에서 말하고 있는 거거든요. 그 기계만 꺼내면 그들은 아무 말도 하지 않을 겁니다." 카셀은 웃음이 터져나올 만큼 논리적으로 설명했다. 가보와 벤슨은 예수일 수가 없다, 왜냐하면 그들은 정신병원 환자기 때문이다. 가보는 다른 두 사람의 그 '불가능한 정체성'에 대해, 그들은 단지 명성을 얻고 싶어서 예수인 척하는 것이라는 식의 다양한 설명을 내놓았다. 그렇지만 그는 그들이 "소문자 g로 시작하는 보조 하나님(God)"

일지도 모른다는 데까지는 양보했다.

세 남자에 대해 더 잘 알기 위해서, 로키치는 매일 만날 때마다 새로운 주제를 내놓았다. 그들은 가족, 어린 시절, 아내, 그리고 거듭 거듭 그들 자신의 정체성에 대해 토론했다. 날마다 격론이 벌어졌고, 3주 후, 처음으로 폭력을 불사하는 충돌이 빚어졌다. 아담이 흑인이었다고 주장하는 가보를 벤슨이 한방에 날려버렸던 것이다. 벤슨과 카셀이, 그리고 카셀과 가보와 한 판씩 더 치고받고 나서야 세 예수는 나머지 실험에 평화롭게 임했다. 하지만 모두가 자신이 누구인가 하는 문제에 대해서는 확고했다. 오직 가보만이, 아마도 벤슨에게 턱을 한방 얻어맞은 까닭이겠지만, 아담에 대한 생각을 그가 꼭 흑인은 아니었을지도 모른다는 쪽으로 바꾸었을 뿐이다.

두 달 후부터, 로키치는 세 사람이 알아서 토론을 진행하도록 했다. 셋은 차례로 날마다 열리는 모임을 진행하고, 토론주제를 선정했으며, 그날의 담배를 분배했다. 주제는 영화, 공산주의, 종교 등으로 넓어졌지만, 그들은 두 번 다시 자신들의 정체성 문제를 건드리지 않았다. 어쩌다가 한 사람이 자신이 하나님이라는 얘기를 꺼내게 되면, 다른 사람들이 은근슬쩍 화제를 돌렸다.

그렇지만, 세 사람 모두 자신이 진짜 그리스도라는 확신은 조금도 흔들리지 않았다. 특히 가보는 병원 직원들에게 자신이 직접 손으로 쓴 명함을 보여주었다. 거기에는 "Dr. Domino dominorum er Rex rexarum, Simplis Christianus Puer Mentalis(박사, 나사렛 예수 그리스도의 재성육신)"이라고 씌어 있었다.

그런데 놀랍게도, 첫 만남에서 여섯 달쯤 지난 뒤인 1960년 1월에 가보는 자신의 이름을 바꾸었다. 바뀐 명함은 이랬다. "Dr. Righteous Idealed Dung Sir Simplis Christianus Puer Mentalis Dokor(박사, 진짜로 완전무결한 나사렛 예수 그리스도의 똥 경)."

로키치가 물었다.

"당신을 어떻게 부를까요?"

"그대에게 나를 'Dung(똥) 박사'라고 부를 수 있는 특권을 주겠노라!"

그 이름에는 약간의 문제가 있었다. 간호사들이 환자를 '똥'이라고 부르기를 꺼렸던 것이다. 그러건 말건, 가보는 다른 이름에는 대답을 하지 않았다. 그리하여 마침내 가보와 수간호사가 합의한 이름은 '진짜로 완전무결한Righteous Idealed'의 약어 '진.완R. I.'이었다.

로키치는 가보가 이름을 바꾼 것은 정체성이 바뀌었다는 것을 뜻하는 게 아닐까 하고 생각했다. 하지만, 아무래도 가보는 그렇게 해서 더 이상의 대립을 피하고자 했던 것뿐인 듯하다.

실험이 진행되는 동안, 로키치는 이런저런 상황에 교묘하게 개입하여 무엇이 그들의 언행을 그렇게 만들고 있는지를 알아내려고 애썼다. 예를 들어, 그는 그들이 주장한 각자의 정체성을 받아들여서 카셀은 "미스터 하나님", 벤슨은 "미스터 그리스도" 하는 식으로 다르게 부르면 어떻겠느냐고 제안했다. 그러나 그들은 일언지하에 거절했다. 그들은 명백히, 자기 자신 이외에는 누구도 그들의 확신을 함께해주지 않으며, 공식적인 이름을 바꾸는 것은 더 많은 문제를 불러일으킬 뿐이라는 것을 잘 알고 있었다.

한번은 로키치가 그들에게 자신의 실험과 세 사람을 다룬 지방지 기사를 읽어준 다음, 벤슨에게 물었다.

"그 사람들이 누군지 아세요?"

벤슨이 대답했다.

"아뇨, 몰라요."

"뭐, 짚이는 거라도 없나요?"

"아뇨. 기사에 이름은 나오지 않았잖아요."

"자기 이름을 바꾼 사람에 대해서는 어떻게 생각하세요?"

자기 이름을 바꾼 사람이란 당연히 가보다. 벤슨이 대답했다.

"그 사람은 예수가 되기 위해 시간을 헛되이 보내고 있어요."

"예수가 되려는 게 왜 시간낭비지요?"

벤슨은 조금 더듬거리면서 이렇게 말했다.

"왜 사람이 다른 사람이 되어야 하지요? 아직 한 번도 자기 자신인 적이 없으면서 말이에요. 그냥 자기 자신이면 안 되나요?"

대화의 후반부에서, 벤슨은 기사에 나오는 세 남자는 분명히 정신병원에 있을 거라고 말했다.

1960년 4월, 가보는 아내의 편지를 기다리고 있다고 했다. 로키치는 곧바로 그것이 실험을 확대할 수 있는 좋은 기회라고 생각했다. 왜냐하면 가보의 아내는 그의 머릿속에만 존재했기 때문이다. 그는 결혼한 적이 없다..로키치는 그가 정말로 아내가 있다고 믿고 있는지, 그리고 만일 그렇다면, 아내가 청한다면 그가 자신의 가짜 정체를 포기할지 확인해보고 싶었다. 그는 가보에게 'R. I. 똥 박사의 아내'라는 서명으로 편지를 쓰기 시작했다.

가보는 정말로 아내가 있다고 믿었다. 그는 착실하게 편지에 적힌 약속장소로 나갔다. 당연히 그녀는 모습을 나타내지 않았다. 첫 번째 편지를 받고 일주일이 지난 후, 그는 로키치에게 자신의 아내가 실은 하나님이라고 말했다. 로키치는 'R. I. 똥 박사의 아내'라는 이름으로 보낸 편지에, 이를테면 가보에게 어떤 특정한 노래를 부르라거나 다른 남자들과 돈을 나눠쓰라는 지시를 내렸다. 가보는 처음에는 아내의 명령을 충실하게 따랐다. 하지만 'R. I. 똥 박사'라는 이름을 포기하라는 부탁은 결코 따르려고 하지 않았다.

처음으로 만난 지 2년이 지난 1961년 8월 15일, 입실랜티의 세 명의 그리스도(이 실험을 담은 로키치의 책 제목이다)가 마지막으로 만났다. 로키치는 이미 그들이 치료를 통해 보통사람으로 돌아올 희망은 전혀 없다고 판단하고 있었다. 그리고 세 남자가 자신의 정체성 문제를 단호하게 해결하기보다는 그냥 평화롭게 함께 사는 쪽을 선호한다는 것 또한 잘 알고 있었다.

★Milton Rokeach, 『입실랜티의 세 명의 그리스도The Three Christs of Ypsilanti』, Alfred A. Knopf, 1964.

1961

끝까지, 450볼트의 전기충격을 가한 까닭

모리스 브레이버먼이 1961년 여름 코네티컷 주 뉴헤이번의 예일 대학교 린슬리-치텐덴 홀에 들어섰을 때, 그는 자신이 한 시간 후에 이유 없이 한 사람을 고문하게 될 것이라는 사실을 알지 못했다. 39세의 사회복지사 브레이버먼은 지역신문에서 "기억과 학습에 관한 연구를 도와줄 뉴헤이번에 사는 남자 500명을 구합니다!"라는 광고를 보았다. "대략 한 시간에" 4달러에 교통비 50센트를 준다는 조건이었다. 브레이버먼은 지정된 주소로 신청서를 보냈고, 며칠 후 전화가 걸려왔다.

그가 겪은 사건은 사회심리학사상 가장 큰 논쟁거리가 되었던 실험이다. 이 실험은 어떤 사람들에게는 인간 행동에 관한 가장 중요한 실험이었으나, 다른 사람들에게는 있어서는 안 되는 실험이었다. 그것은 곧 실험을 고안한 27세의 조교수 스탠리 밀그램(→ 202, 211쪽)의 이름을 따 '밀그램 실험'으로 불리게 되었는데, 오늘날에도 여전히 유명해서 루안다의 인종청소나 이라크의 고문에 관한 신문기사에 등장하곤 한다. 프랑스의 한 펑크록밴드의 이름이 '밀그램'이며, 뉴욕에는 '스탠리 밀그램 실험'이라는 코미디언 듀오가 있다. 스탠리 밀그램은 이 실험으로 세계적인 스타가 되었지만, 그 대가를 톡톡히 치렀다.

브레이버먼이 실험실에 들어서자, 잿빛 실험복을 입은 젊은 실험책임자가 맞아주었다. 간단한 인사를 나눈 뒤, 그는 먼저 도착해 있던 다른 피실험자를 소개받았다. 마흔일곱 살의 웨스트헤이번 출신 회계원 제임스 맥도너였다. 책임자는 두 사람에게 실험의 목적은 학업 성취에 미치는 징벌의 효과를 측정하는 것이라고 설명했다. 그래서 한 사람은 교사, 다른 사람은 학생의 역할을 해야 했다. 책임자는 브레이버먼과 맥도너에게 제비를 뽑도록 했다. 하지만 브레이버먼이 몰랐던 사실이 하나 있었다. 두 개의 제비 모두 '교사'라고 씌어 있었던 것이다. 실험은 전혀 사정을 모르는 브레이버먼이 교사 역할을 맡도록 짜여 있었고, 맥도너는 학생의 역할을 맡은 배우였다.

책임자는 맥도너를 부속실로 데려가, 멀리서 보았을 때 전기의자처럼 생긴 의자에 묶은 다음 왼쪽 팔목에 전극을 고정시켰다. 그는 브레이버먼에게 이 전극이 주실험실의 발전기와 연결되어 있다고 설명했다. 맥도너의 오른손은 책상 위에 놓인 장치의 단추 네 개를 누를 수 있을 만큼만 움직일 수 있었다. 맥도너가 전기충격이 얼마나 센 것이냐고 묻자, 책임자는 충격이 "매우 고통스럽"기는 하지만 "조직에 영구적인 손상"을 일으킬 염려는 없다고 대답했다.

주실험실로 돌아와서, 그는 브레이버먼이 할 일을 알려주었다. 처음에는, 브레이버먼이 마이크를 통해서 부속실의 맥도너에게 '파란-상자', '좋은-날' 또는 '들-오리' 같은 한 쌍의 단어들을 읽어준다. 그리고 두 번째 단계에는 맥도너에게 앞 단어만 읽어준다. 그러면 맥도너는 두 번째 단어를 기억해내야 하는 것이다. 예를 들어 브레이버먼이 '파란'이라고 말하면, 맥도너는 '날', '상자', '하늘', '새'의 네 단어 중 하나를 골라 단추를 누른다.

맥도너가 단추를 옳게 누르면, 브레이버먼은 목록에 있는 다른 단어를 불러준다. 하지만 맥도너가 답을 틀리면, 브레이버먼은 그에게 전기충격을 가해 벌을 주어야 한다. 전기충격은 처음 틀렸을 때는

심리학자 스탠리 밀그램과 전기충격 장치. 이것은 피실험자들에게 자신들이 실제로 다른 사람에게 전기충격을 가하고 있다고 믿게 만들기 위한 모조품이었다.

15볼트, 두 번째는 30볼트, 세 번째는 45볼트, 하는 식으로 강도가 높아져서 최고 450볼트까지 올라갈 수 있다. 브레이버먼 앞에는 벌을 주는 데에 쓰이는 스위치가 여러 개 달린 장치가 있었는데, 거기에는 '충격발생기, ZLB형, 다이슨 기구 회사, 월트햄, 매사추세츠, 출력 15~450볼트'라고 적힌 제품정보가 붙어 있었다. 만약 브레이버먼이 월트햄이라는 곳을 속속들이 알고 있었다면, '다이슨'이라는 회사는 없다는 사실을 알았을 것이다.

밀그램은 뉴저지 주의 프린스턴 대학에 다니던 1960년에 이 실험의 아이디어를 얻었다. 그때 그의 지도교수는 심리학자 솔로몬 애시였다. 그는 집단이 개인에게 엄청난 압력을 가할 수 있다는 것을 보여주는 다른 실험으로 유명해진 사람이다. 알아맞추기 게임으로 진행된 그 실험에서, 피실험자들은 정답을 알고 있으면서도 집단의 다른 성원들에게 동조하여 틀린 답을 내놓았다.

madsciencebook.com
사회심리학의 세계에서 가장 충격적인 실험 가운데 하나인 밀그램 실험의 원본 영상자료를 볼 수 있다.

밀그램은 여기에서 더 나아가 상대방에게 피해를 주는 상황에서는 집단의 압력이 어떤 영향을 미치는지를 실험해보고 싶었다. 피실험자가 아무런 이유 없이도 다른 사람에게 고통을 줄 수 있을까? 밀그램은 집단압력이 없는 조건에서는 피실험자가 어디까지 가는지를 알아보는 예비실험을 준비했다. 이 실험은 그룹도 필요 없이 딱 한 사람이면 충분했다.

브레이버먼이 저간의 사정을 알 리가 없었다. 맥도너가 처음으로 틀렸을 때, 브레이버먼은 15볼트의 전기충격을 가했다. 맥도너는 자꾸 답을 틀렸고, 브레이버먼은 지시받은 대로 한 번에 15볼트씩 전압을 높였다.

120볼트의 충격이 가해지자, 맥도너는 책임자에게 너무 고통스럽다고 하소연했다. 150볼트에서는 "선생님, 여기서 나가게 해주세요! 이 실험, 더는 못 하겠어요! 그만두겠다고요!"라고 소리쳤고, 180볼트에서는 "너무 아파서 참을 수가 없어요!"라고 고함질렀다. 그의 몸에 270볼트의 전류가 흐르자, 그는 비명을 지르며 더 이상 대답하지 않겠다고 절규했다.

브레이버먼은 책임자를 바라보았다. 그는 "계속하세요!"라고 말했다. 그리고 대답을 하지 않으면 틀린 것으로 간주해 벌을 주라고 지시했다. 브레이버먼은 의자에 앉아 신경질적으로 이리저리 몸을 뒤틀다가 헐떡거리며 웃었지만, 어쨌든 그는 실험을 계속했다. 맥도너는 이제 아무런 대답도 없이 전기충격을 받을 때마다 그저 날카로운 비명을 지를 뿐이었다.

브레이버먼이 다시 실험 책임자에게 물었다. "제가 이 지침을 글자 그대로 따라야 합니까?" 책임자는 "실험을 위해, 당신은 계속해야 합니다"라고 대답했다. 브레이버먼은 다시 실험에 임했다. 330볼트에 이르자, 맥도너는 아무 소리도 내지 않았다. 썩 내키진 않았지만, 브레이버먼은 차라리 맥도너와 역할을 바꾸어달라고 부탁했다. 그러나 실험은 그대로 계속되었다. 375볼트 레버 밑에는 '위험, 극도의 충격'이라는 경고문구가 적혀 있었다. 브레이버먼은 결국 마지막 450볼트 레버까지 잡아당겼다.

1961년 여름에, 실험 책임자가 강압적으로 명령하지 않았는데도 어쩌면 다른 사람의 생명을 해칠 수도 있는 고압전류를 흘려보낸 것은 뉴헤이번의 사회복지사 모리스 브레이버먼만이 아니었다. 다른 피

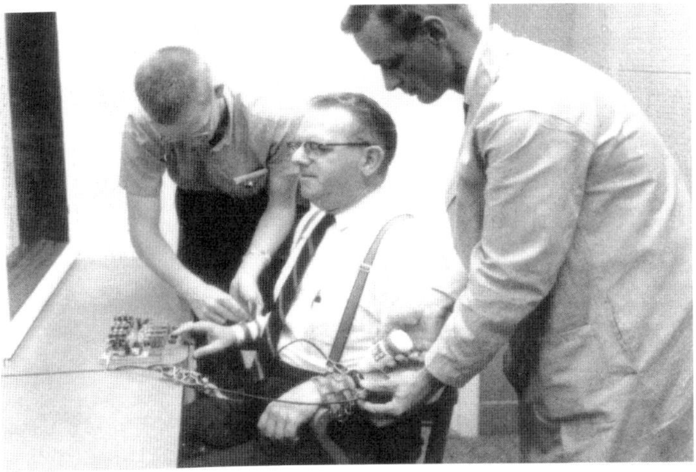

심장병 환자(실제로는 영화배우)의 몸에 전극을 연결했다.

실험자였던 육체노동자 잭 워싱턴, 용접공 브루노 바타, 간호사 캐런 돈츠 그리고 가정주부 엘리너 로젠블럼 역시 마지막 단계까지 레버를 당겼다. 천 명 이상이 다양하게 변형된 밀그램의 실험에 참여했다. 그 중 3분의 2가 450볼트까지 갔다.

밀그램은 실험 결과에 충격을 받았다. 모두가 그랬다. 누구도 예상하지 못했으니까. 그 뒤로 이어진 여러 강연에서, 그는 실험을 자세히 설명한 다음에 청중에게 어떤 결과가 나왔을 것 같냐고 물었다. 심리학자도 일반인도, 피실험자들이 그렇게 쉽게 무턱대고 명령에 복종했으리라고는 얼추 비슷하게 예상한 사람조차 없었다. 사람들은 대부분 피실험자 누구도 150볼트를 넘지는 않았을 거라고 짐작했다.

madsciencebook.com
심리학자 토머스 블래스Thomas Blass가 밀그램의 놀라운 일생에 관한 책을 썼다. 『세계를 놀라게 한 사람: 스탠리 밀그램의 삶과 유산The Man Who Shocked the World: The Life and Legacy of Stanley Milgram』, Basic Books, 2004.

밀그램은 자신의 실험으로 세상이 떠들썩해질 것을 알고 있었다. 그러나 학문적 관점에서는 난점이 있었다. 그 실험은 어떤 특정한 문제를 해결한 것도 아니었고, 특정한 이론을 확증한 것도 아니었기 때문이다. 심리학 전문지들은 두 번이나 논문게재를 거절했다. 그가 그 실험의 다양한 형태들의 개요를 정리하고 각 형태들을 비교하여 분석한 세 번째 원고를 제출한 뒤인 1963년에야 그의 논문 「복종에 대한 행동연구」가 『이상심리학 및 사회심리학』에 실릴 수 있었다.

밀그램은 거의 스무 가지에 이르는 다양한 형태로 실험을 벌였다. 학생이 심장이 약하다고 호소하기도 하고, 때로는 대학 밖의 궁색한 사무실에서 실험하고, 또 때로는 여성에게 전기충격을 가하기도 했다. 그러나 결과는 달라지지 않았다. 실험 참가자의 과반수가 최고 단계까지 갔던 것이다.

또 다른 형태의 실험에서는 학생과 교사가 한 방에 있었다. 복종의 정도는 눈에 띄게 떨어졌지만, 심지어는 피실험자에게 학생의 손을 잡아서 고압전류가 흐르는 금속판에 누르라고 명령했을 때조차도 3분의 1은 450볼트까지 갔다. 희생자와 물리적으로 가까이에 있다는 것은 피실험자의 복종에 상당한 영향을 미쳤지만, 실험 책임자의 존재가 더 결정적이었다. 책임자가 전화로 지시했을 때는 다섯 명 가운

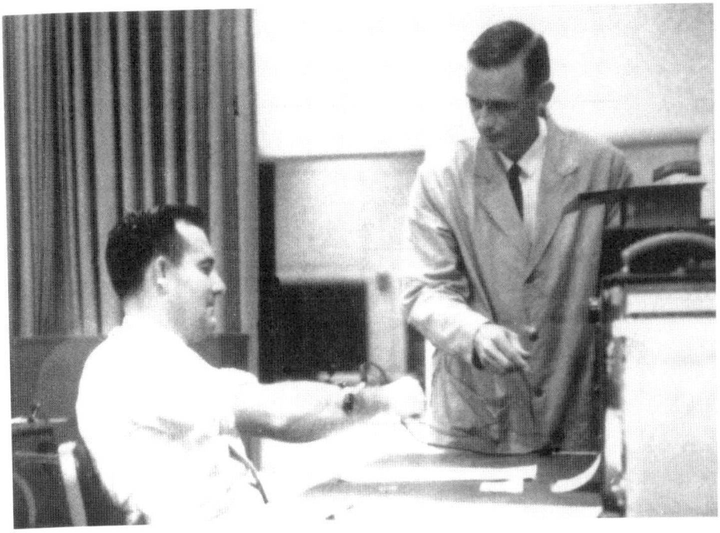

피실험자는 옆방에 있는 희생자가 답을 틀린 데 대한 벌로 전기충격을 가하라는 명령을 받았다.

데 한 명만 지시에 따랐다.

밀그램이 실험 결과를 발표하자마자 전 세계가 그것을 알게 되었다. 신문들이 앞다투어 실험을 보도했고, 그 결과에 대해 제각각의 해석을 내놓았다. 가장 뜨거운 관심을 끈 문제는, 사람들은 실생활에서도 실험 참가자들처럼 행동할까 하는 의문이었다. 이 문제는 지금도 여전히 논쟁 중이다. 밀그램 자신은 항상 이 실험을 2차대전 당시 나치의 잔학행위와 연관지어 생각했다. 전쟁이 끝난 후, 세계는 홀로코스트(대량학살)를 어떻게 해명할 수 있을지 고민 중이었다. 밀그램은 모든 인간에게 내재된, 권위에 복종하는 성향이 하나의 가능성이라고 확신했다.

밀그램의 논문이 출판된 때는 철학자 한나 아렌트가 『뉴요커』 지에 예루살렘에서 진행된 나치 전범 아돌프 아이히만 재판에 관한 기사를 연재하던 시기와 겹친다. 그 유명한 기사에서 그녀는 '악의 평범성banality of evil'이라는 개념을 정립했다. 아렌트는 아이히만이 검사가 입증하려고 애쓰는 가학적인 괴물이 아니라 단순히 자신의 임무를 수행하는 상상력 빈곤한 관료였을 뿐이라고 주장했다.

그 주장은 밀그램 실험에서 확인된 것들과 완전히 일치한다. 그

밀그램 실험은 대중문화에까지 침투했다. 프랑스-독일 펑크밴드 '밀그램'의 앨범 <450볼트>의 재킷. 이 실험에서 가해진 가장 높은 전기충격이 바로 450볼트였다.

의 실험에 참가한 사람들은 특별히 공격적이지 않았으며, 학생들에게 전기충격을 가하면서 즐거워하지도 않았다. 오히려 정반대였다. 많은 사람들이 신경이 날카로워졌으며, 땀을 흘리고, 실험 책임자와 다투었다. 하지만 아주 적은 수의 사람들만이 그 실험을 중단시킬 수 있었다. 인간은 복종에 대한 거부를 극단적인 행동으로 여기기 때문에 차라리 자신의 기본적인 도덕적 확신을 포기하는 쪽을 선택한다. "사람들의 행동은 누적된 분노나 공격이 아니라 그가 권위와 어떤 관계를 맺느냐에 달려 있다." 이것이 밀그램의 결론이었다.

밀그램은 충격적인 결과가 나타나기 시작한 직후인 1961년 9월, 연구비를 대주던 국립과학재단에 편지를 보냈다. "전에는 악독한 정부가 미국 전역을 뒤진다고 해도 과연 독일처럼 국가적인 차원에서 죽음의 수용소를 관리할 도덕성이 결여된 사람들을 찾아낼 수 있을지 의문이었습니다. 하지만 이제는 뉴헤이번만 가지고도 충분히 채울 수 있겠다는 생각이 들기 시작합니다."

실험과 홀로코스트를 관련짓자마자, 밀그램은 논란의 한가운데로 휘말려 들어갔다. 그러나 그가 훨씬 큰 상처를 입은 것은 그의 실험이 비윤리적이었다는 비판이었다. 피실험자가 받게 될 스트레스의 한계는 어디까지인가가 핵심문제였다. 동료 몇몇은 그가 지나쳤다고 비판했다. 밀그램 자신이 충분히 예상했던 비난이었지만, 나름으로는 실험을 고안할 때부터 피실험자들을 꼼꼼하게 배려했다는 것마저 눈감아버리는 데에 대해서는 실망감을 감추지 않았다.

한 시간쯤 걸리는 실험이 끝나면, 실험 책임자는 부속실의 '학생'을 주실험실로 데려와 '교사'에게 학생이 실제로는 아무런 전기충격도 받지 않았다고 설명해주었다. 실험 후에 이루어진 후속조사 말미에, 밀그램은 모든 참가자에게 실험에 참가했던 것을 어떻게 생각하는지 물었다. 그들 가운데 2퍼센트도 안 되는 사람만이 참가한 것을 후회했다. 그럼에도 불구하고 이런 유의 실험은 이제 애초부터 불가능하다. 밀그램 실험을 둘러싼 엄청난 논란 이후, 실험을 승인할 때 반드시 적용해야 하는 엄격한 윤리지침이 모든 대학에 부과되었기 때문이다.

그 실험에서 무슨 일이 벌어졌는지를 기꺼이 설명하려고 하거나 또는 할 수 있는 직접적인 참가자들은 아주 적다. 천여 명의 피실험자 가운데 아직 살아 있는 사람은 거기에 대해 말하기를 꺼린다. 밀그램의 데이터는 익명 처리되어 예일 대학 도서관 카드식 색인 상자에 보관되어 있다. 이 실험과 관련하여 나온 모든 실험 참가자의 이름은, 이 글을 포함해서, 가명이다.

그 몇 명 안 되는 목격자 가운데 한 사람이 당시 밀그램의 연구조수였고 지금은 캘리포니아 주립대학의 심리학 교수인 앨런 엘름스다. 그는, 자신이 그 실험에 참여했다는 걸 알게 되면 아직도 많은 사람들이 매혹과 혐오가 뒤섞인 반응을 보인다고 말한다.

밀그램은 인간에게 자신에 대한 달갑지 않은 진실을 보여준 데에 대해 값비싼 대가를 치렀다. 그는 나중에 조교수로 있었던 하버드 대학에서 끝내 종신직을 받지 못했다. 1967년에는 최고 명문이라고는 할 수 없는 뉴욕 시립대학교로 옮겼고, 51세 때인 1984년 그곳에서 심장마비로 사망했다. 그가 죽기 바로 전에, 아내는 첫 손자를 얻어 할머니가 되었다. 그녀는 어떤 기자에게 손자의 중간이름이 스탠리라고 알려주었다. 왜 첫 번째 이름이 아니고 중간이름이냐는 기자의 질문에, 그녀는 이렇게 대답했다. "스탠리 밀그램이란 이름으로 산다는 건 그 아이에게 큰 부담이 되지 않겠어요?"

★Stanley Milgram, 『권위에의 복종Obedience to Authority』, Harper & Row, 1974.

Stanley Milgram, 「복종에 관한 행동연구Behavioral Study of Obedience」, 『이상심리학 및 사회심리학Journal of Abnormal and Social Psychology』 67(4), 1963, pp. 371-378.

1962 마약에 취한 성금요일

앤도버 뉴턴 신학교의 신학생 열 명에게 1962년 성금요일(예수가 십자가에 못 박혀 죽은 일을 기리는 성주간의 금요일로, 부활절 이틀 전날이다—옮긴이) 예배는 매우 특별한 사건이었다. 그들은 하워드 서먼 목사의 설

티모시 리어리는 1960년대 저항문화의 상징이 되기 전에 하버드 대학에서 마약실험을 진행했다.

교를 거의 기억하지 못한다. 그들이 기억하는 것은 여러 색깔의 바다, 피안의 목소리 그리고 자신들이 세상 속으로 녹아드는 느낌뿐이다. 학생들은 황홀경에 빠졌던 것이다.

1960년대 초반 용감한 과학자 몇 사람이 향정신성 약물 연구에 주의를 돌렸다. 당시는 환각버섯magic mushroom을 먹고 신비주의에 대한 실제적인 통찰력을 얻는 것이 신비주의 수업의 중요한 부분이었고, 학생들에게 마약을 먹이고 그들의 행동을 관찰하여 박사논문을 쓸 수 있었던 시절이었다. 발터 판케가 한 일이 바로 그것이었다. 하버드 대학의 젊은 의사이자 신학자인 그는 환각제가 일부 사람들이 종교적인 망아상태에서 경험하는 것과 같은 신비로운 느낌을 만들어 내는지 궁금했다. LSD, 실로시빈 그리고 메스칼린 같은 마약을 복용하는 사람들은 줄곧 그렇다고 주장해왔다.

판케는 티모시 리어리에게 자문을 구했다. 리어리는 조금 더 일찍 하버드 대학에서 마약 실험을 시작했고, 나중에는 1960년대 저항문화의 지도자가 된 사람이다. 판케가 리어리에게 제안하고 자문을 구한 실험은 이렇다. 실험 참가자는 모두 예배에 참석하는데, 그 가운데 절반은 향정신성 약물을 복용하고 참석한다. 후에 모든 참가자에게 설문조사와 면접조사를 실시한다. 거기에서 나온 결과와 종교에서 비롯된 신비적인 체험의 기술들을 비교하여 둘 사이에 질적인 차이가 있는지를 확인한다.

리어리는 반쯤은 충격을 먹었고 반쯤은 유쾌한 기분이었다. 그는 나중에 자서전에서 "그것은 처녀 스무 명에게 최음제를 먹여서 집단 오르가슴을 일으키자는 제안이나 마찬가지였다"고 썼다. 그는 판케에게 환각작용은 매우 사적인 경험이어서, 그런 실험계획을 고안하고 실행하려면 먼저 몇 번은 스스로 환각상태를 경험해보아야 한다고 설명했다. 하지만 판케는 단호하게, 이 실험으로 쓸 박사논문이 통과되기 전에 자신이 마약에 빠질 수는 없다고 대답했다. 그는 누구에게도 자신이 편견에 사로잡혀 있다고 비난당하고 싶지 않았고, 그가 사전에 어떤 마약도 하지 않아야만 실험을 성공적으로 수행해낼 수 있을 것이기 때문이었다.

리어리는 판케의 고집에 두 손을 들고, 마침내 자기 집에서 신학생 몇 명과 함께 조그만 실험을 먼저 해보기로 했다. 그는 참가자 모두가 "모세나 모하메드 같은 극적인 환상"을 경험했다고 자서전에 썼다. "그것은 강력한 구약 환각제였다." 한 명은 죽을까 봐 두려워했으며, 다른 한 사람은 "양탄자와 교접했다." 하지만 리어리가 걱정할 일은 아니었다. "거기에는 그런 의식과 정체성의 위기들이 있었지만, 그 모든 것이 건강하고 활기가 넘쳤다."

판케와 리어리는 실험방법을 확정한 다음 본격적인 실험에 돌입했다. 성금요일 아침, 예배 두 시간 전에 신학생 스무 명이 보스턴 대학의 마시 교회당 지하에 모였다. 두 사람은 "실험 도중에 경험하는 것이 아무리 이상하고 경악스러울지라도 약효와 다투려고 들지 말라"며 실험 참가자들의 용기를 북돋아주었다.

신학생들은 네 명씩 다섯 모둠으로 나뉘어 각기 다른 방에서 실로시빈, 그러니까 자연상태의 원주민들이 그들의 성스러운 의식을 치를 때 사용하는 환각버섯 가루가 든 캡슐을 기다렸다. 모둠마다 조수 두 명이 붙어 있었다. 그리고 전날 밤에 미리, 실험에 참가하지 않는 사람이 모둠마다 두 명에게는 마약이, 나머지 두 명에게는 위약placebo이 돌아가도록 캡슐을 포장해둔 상태였다. 판케는 마약의 임상실험에 적용되는 가장 엄격한 규칙에 따라 이중맹검二重盲檢 방식을 채택했다. 그 방식을 택하면, 피실험자와 실험자 모두 누가 실제로 환각버섯을 받았는지 모르기 때문에 왜곡되지 않은 데이터를 가지고 공정하게 평가할 수 있었다. 그는 거기에 더해 또 하나의 연막을 쳤다. 위약 캡슐에 보통 그러하듯이 인체에 아무런 영향도 미치지 않는 가루약을 넣는 대신 200밀리그램의 니코틴산을 넣은 것이다. 비타민의 일종인 이 물질은 갑자기 신열을 일으켜서 피실험자로 하여금 자신이 실로시빈을 복용한 것으로 착각하게 했다. 하지만 실험을 시작하자마자 환각제 실험에는 이중맹검이 필요 없다는 게 명백해졌다. 초기에 누가 마약 캡슐을 복용했는지 알아차릴 수 없도록 니코틴산을 썼던 것인데, 그것 없이도 누가 어느 쪽 그룹에 속했는지가 금방 드러났기 때문이다. 데이터를 처리할 때 참고하도록 누가 위약을 먹고 누가 마약을 복용했는지를 적어둔 명단은 결국 쓸모가 없었다.

다섯 모둠은 서먼 목사의 목소리가 스피커를 통해 들려오는 지하의 작은 예배당에서 예배를 드렸고, 목사는 한 층 위인 1층 대예배당에서 공식적인 성금요일 설교를 했다. 피실험자 스무 명 가운데 열 명은 예배당의 긴 의자에 앉아 경건하게 설교를 들었다. 나머지 열 명 가운데 몇 명은 자기들끼리 뭐라뭐라 중얼거리며 예배당을 돌아다녔고, 한 명은 바닥에 드러누웠으며, 한 명은 예배당 의자 위로 벌렁 나자빠졌고, 또 한 명은 오르간 앞에 앉아 내키는 대로 건반을 두드렸다.

조수 열 명 가운데 다섯 명도 이상한 행동을 보이기 시작했다. 리어리가 판케의 계획과는 달리 그들에게도 마약을 주었던 것이다. 그 이유는 이랬다. "우리는 모두 같은 배에 탔습니다. 무지를 함께하고, 희망을 함께하며, 위험도 함께합니다."

예배는 2시간 30분 동안 계속되었다. 예배가 끝난 뒤, 먼저 학생들부터 면접조사를 받았다. 다섯 시에 리어리는 실험 참가자 모두를 식사에 초대했다. 하지만 실로시빈을 먹은 학생들은 "여전히 황홀경에 빠져서 머리를 흔들고 '와우!' 소리를 내는 등의 행동을 계속했다"고 그는 나중에 회상했다. 판케는 실험 다음날, 그리고 6개월 후에 실험 참가자들에게 그들의 경험에 대해 물었다. 그는 자신의 설문지로 실험 참가자들이 겪은 신비체험의 강도에 등급을 매기려고 했다. 설문지는 그 경험의 아홉 가지 영역에 대한 질문으로 구성되었는데, 여기에는 자기 자신에 대한 감각, 시간과 공간을 초월하고 있다는 느낌, 기분, 말로 표현할 수 없는 것들, 그리고 인생의 덧없음 같은 영역이 포함되어 있었다. 결과는 명확했다. 환각버섯을 받은 신학생 열 명 가운데 여덟 명은 신비체험에 전형적으로 나타나는 인상과 느낌 가운데 적어도 일곱 가지를 체험했다. 그러나 대조군에서는 아무도 이 등급에 도달하지 못했으며, 그들은 모든 영역에서 실험군보다 훨씬 뒤처져 있었다.

면접조사에서도 차이는 극명하게 나타났다. 실로시빈을 투약했던 학생들은 환각상태 체험이 일상생활에도 긍정적인 영향을 주었다고 했다. 그 체험 덕분에 그들은 의식이 고양되었고, 인생을 대하는 태도를 되돌아보게 되었으며, 사회문제에도 더 깊은 관심을 갖게 되었다는 것이다. 판케는 교회의 예배가 실험 참가자들이 마약 체험을 정돈할 수 있는 친숙한 틀을 제공해주었기 때문에 이와 같은 긍정적인 결과가 나온 것이라고 믿었다.

정말로, 하얀 가루 30밀리그램만 복용하면, 기독교도와 불교도 그리고 힌두교도가 고행과 은둔 그리고 오랜 명상 또는 참선 끝에 체험하는 것과 똑같은 의식상태가 되는 것으로 보였다. 그것은 실로 대담한 깨달음이었다. 판케는 "몇몇 신학자들은, 마약 조금만 있으면 한가로운 토요일 오후에 힌두교의 사마디, 선불교의 깨달음, 기독교의 지복직관(하느님의 나라의 시현)과 같은 신비적인 의식상태를 체험할 수 있다는 것을 처음에는 무척이나 아이러니하게, 심지어는 신성모독적인 것으로 받아들이는 것 같았다"고 썼다. 그러나, 그에게 이 가능성은 "신비체험의 경지에 도달하기 위해 인간이 써온 방법 가운데 가장 초라한 방법들" 가운데 하나일 뿐이었다.

판케는 환각제가 교회에는 대단히 민감한 주제라는 것을 잘 알고 있었다. 이 실험은 신비체험이 정말로 오로지 신경학적인 과정에 바탕을 둔 것이며, 신과의 영적 감응이란 실제로는 뇌화학의 물리작용에 지나지 않는 게 아니냐는 의문을 불러일으키는 데에 그치지 않았다. 그것은 동시에 신비체험이 '반드시 금욕을 통해 도달해야만 하는 것인가' 하는 근본적인 의문을 제기했다. 판케는, 아무리 그렇다고 하더라도, 이와 같은 의식의 새로운 상태들에 대한 연구는 미래가 밝다고 확신했다. 그는 심리학자, 정신과의사 그리고 신학자들이 모여서 신비주의의 비밀을 풀어줄 실험을 공동으로 수행하는 연구소를 꿈꾸었다. 하지만 일은 순조롭지 않았다. 그나마 판케의 박사논문은 받아들여졌지만, 후속실험은 연구비를 지원받지 못했기 때문이다. 위험하다는 보건당국의 판정에 따라, 환각제는 금지되었다. 리어리는 해고를 당했다. 그리고 판케 본인은, 1971년 잠수 사고로 세상을 떠났다.

실험이 이루어진 지 25년 후, 심리학자 릭 도블린은 옛 실험 참가자들을 찾아나섰다. 4년간의 추적 끝에 그는 마침내 당시의 신학생 20명 가운데 19명을 찾아냈다. 16명이 인터뷰에 응하고 다시 한 번 같은 설문에 응답했다. 결과는 놀라웠다. 실험군과 대조군의 남자들은 25년 전과 거의 똑같은 대답을 했던 것이다. 실험군에 속했던 피실험자들은 1962년의 성금요일 예배가 자신들의 영적인 삶의 정점이었다고 말했다. 모두가 실험이 자신에게 긍정적인 영향을 주었다고 했다. 몇 사람은 그 경험을 통해 사회를 보는 눈이 생겼고, 또 다른 사람들은 죽음에 대한 공포를 긍정적으로 받아들일 수 있게 되었다.

★Rick Doblin, 「판케의 '성금요일 실험': 장기추적 및 방법론적 비판 Pahnke's 'Good Friday Experiment': A Long-Term Follow-Up and Methodological Critique」, 『자아초월심리학The Journal of Transpersonal Psychology』 23(1), 1991, pp. 1-28.

Walter Pahnke & Willian A. Richards, 「LSD와 실험적 신비주의의 함의Implication of LSD and Experimental Mysticism」, 『종교와 건강Journal of Religion and Health』 5(3), 1966, pp. 175-208.

하지만 실험 참가자 대부분은 동시에 실험의 부정적인 측면도 기억했다. 실험 도중에 자신이 미쳐버리거나 죽을 거라고 느낀 순간들이 있었다는 것이다. 판케는 그것을 박사학위논문 한 귀퉁이에 슬쩍 언급하고 지나가 버렸을 뿐이었다. 특히 그는 피실험자 가운데 한 명이 통제불능의 상태에 빠지는 바람에 해독제 주사를 맞아야 했다는 사실을 언급하지 않았다. 그 학생은 그리스도의 복음을 전하라는 서면 목사의 설교를 즉시 실행에 옮기기 위해 교회를 떠나 거리로 나섰다가 사람들에게 붙잡혀 돌아와야 했다.

그렇지만 실험에 대한 도블린의 평가는 대체로 긍정적이었다. 실험군에 속했던 사람들은 마약의 완전한 자유화에는 찬성하지 않지만, 적절한 기준을 갖춘 상황에서라면 마약은 내적인 삶을 풍요롭게 하는 경험일 수 있다고 생각했다.

대조군에 속한 사람 중에서는 오직 한 명만이 실험에서 큰 도움을 받았다고 말했다. 하지만 그에게 긍정적인 효과를 주었던 것은 예배 자체가 아니라 다음에 기회가 되면 스스로 환각제를 시험해보겠다는 결심이었다.

1962
과자틀을 만진다는 것의 심오함에 대하여

첫눈에는 미국의 심리학자 제임스 깁슨의 실험이 그렇게 유명해질 것으로 보이지는 않았다. 이 실험은 오래전부터 알려진 사실을 확증한 것이었고, 누구라도 당장 부엌 서랍에서 과자틀cookie-cutter 몇 개를 꺼내 따라해볼 수 있을 만큼 간단하다. 그러나 깁슨은 당연한 결과의 이면에서 심오한 의미를 발견하여 인간 지각능력에 관한 연구의 패러다임을 바꾸어놓았다.

실험은 이렇게 진행되었다. 피실험자는 자기 손을 수건 아래로 들이밀어 여섯 가지 과자틀 가운데 어떤 과자틀 하나를 찾아내야 했다. 이들이 과자틀을 집어들어 만져볼 수 있을 때는 95퍼센트의 적중률을 보였지만, 잡을 수는 없고 손바닥에 눌러볼 수만 있는 경우에는 적중률이 49퍼센트로 떨어졌다. 놀랄 일이 아니었다. 사람이 직접 손가락으로 만져보았을 때 가장 확실하게 그리고 가장 빨리 모양을 알 수 있다는데, 누가 뭐라고 하겠는가.

그러나 깁슨은 이 결과가 실은 얼마나 이상한 것인지를 알아챘다. 여기 별 모양의 틀이 있다고 해보자. 별을 움직이지 않고 살갗에 꾹 누르기만 할 경우, 뇌가 해야 할 작업은 매우 간단하다. 이때 피부의 수용체가 뇌에 전달한 상은 정확히 별 모양일 것이다. 반면에 손가락으로 그 별을 만졌을 때는, 뇌는 손가락에서 보내오는, 별 모양과는 아무런 상관도 없는 연속적인 신경신호의 혼란스러운 덩어리들 때문에 정신을 차리지 못할 것이다. 같은 별을 두 번 만졌을 때 두 번째에도 첫 번째와 똑같은 신호가 생기는 것도 아니다. 그런데도, 능동적으로 만졌을 때의 적중률이 두 배나 높았다.

이게 정말 맞는 얘기일까? 혹시 손가락 끝이 손바닥보다 예민해서 이런 차이가 나는 것은 아닐까 하고 생각한 깁슨은 두 번째 실험을 고안했다. 이번에도 첫 번째 실험과 마찬가지로 피실험자의 손바닥에 과자틀을 눌렀다. 다만 이때 과자틀을 잠시 움직이지 않고 그대로 두거나 한 축을 중심으로 좌우로 짧게 돌렸다. 두 경우에 같은 피부영역의 수용체의 활성도와 민감도는 비슷하다. 실험 결과, 별을 돌렸을 때는 만질 수 있었던 경우와 마찬가지로 인식률이 49퍼센트에서 72퍼센트로 올랐다.

★James J. Gibson, 「능동적 접촉에 관한 관찰Observation on Active Touch」, 『심리학 리뷰Psychological Review』 69(6), 1962, pp. 477-491.

깁슨은 이 역설적인 상황을 이렇게 정리했다. "피부 변형의 형태가 가장 불분명할 때 대상의 형태는 가장 분명해진다…… 감관感官 인상의 흐름이 가장 많이 변할 때 분명하고 변하지 않는 감지感知가 발생한다."

깁슨은 이 상황을 감당할 수 있는 유일한 설명을 찾아냈다. 촉각이 어떻게 작동하는가에 대한 지금까지의 통념은 틀렸다는 것이다. 본질적으로, 촉각은 단순히 접촉자극을 수동적으로 전달하는 것이 아니라 그 형태를 능동적으로 탐구하는 것이며, 그 과정에서 변화하는 자극의 총체적인 흐름을 만들어낸다. 명백히, 우리의 뇌는 이처럼 끊임없이 변화하는 감관인상들에서 우리를 둘러싸고 있는 세계의 물리적 구성에 조응하는 불변의 구조를 걸러내는 능력을 지니고 있다.

1963
길바닥에 편지가 떨어져 있을 때

당신이 동네를 산책하다가 길바닥에 우표가 붙은 편지가 떨어져 있는 것을 발견했는데, 받는 사람이 '나치 당 동지들'이라고 적혀 있다고 상상해보자. 당신은 그 편지를 우체통에 넣겠는가? 그리고 수취인이 '공산당 동지들'이나 '의사협회', 아니면 그냥 '월터 카너프'로 되어 있다면, 그 편지는 또 어떻게 하겠는가?

바로 미국 코네티컷 주의 소도시 뉴헤이번의 주민들이 1963년 봄에 겪은 일이었다. 하지만 길을 지나가던 사람들이 몰랐던 게 하나

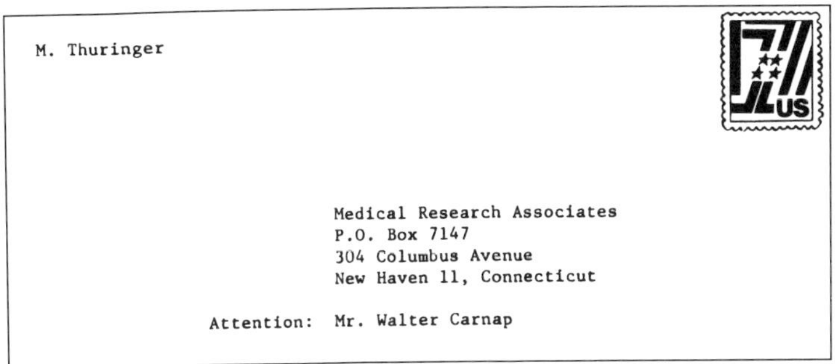
M. Thuringer

Medical Research Associates
P.O. Box 7147
304 Columbus Avenue
New Haven 11, Connecticut

Attention: Mr. Walter Carnap

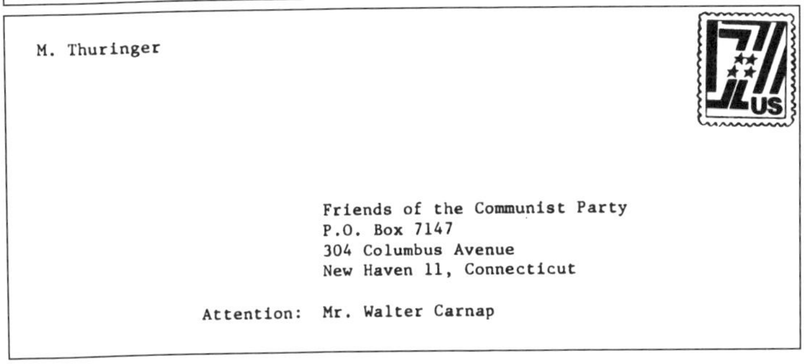
M. Thuringer

Friends of the Communist Party
P.O. Box 7147
304 Columbus Avenue
New Haven 11, Connecticut

Attention: Mr. Walter Carnap

스탠리 밀그램이 배포한 두 통의 '잃어버린 편지.' 그는 이런 편지들을 다양한 주제에 대한 사람들의 속마음을 눈에 띄지 않으면서도 정확하게 알아내는 수단으로 활용했다.

있다. 그 편지들은 마치 누군가가 잃어버린 것처럼 보였지만, 사실은 예일 대학 학생이 일부러 거리, 공중전화 부스, 상점에, 그리고 '자동차 근처에서 주웠어요'라고 연필로 쓴 메모와 함께 자동차 앞유리에 놓아둔 것이었다. 그는 한 사람이 두 통을 발견하는 일이 없도록 주의 깊게 장소를 선택했다. 만약 한 사람이 편지 두 통을 발견하게 되면, 수취인은 달라도 주소가 '코네티컷, 뉴헤이번 11구역, 콜럼버스 가 304번지, 사서함 7147호'로 똑같다는 걸 눈치챌 수 있기 때문이었다.

사서함 7147호는 심리학자 스탠리 밀그램(→ 188, 211쪽)이 임대한 것이었다. 편지를 각각 100통씩 뿌려둔 지 2주일이 지나자, 나치당에게 25통, 공산당에게도 역시 25통, 의사협회에는 72통, 그리고 월터 캐너프에게는 71통의 편지가 배달되었다.

밀그램은 만족했다. 돌아온 편지 수에서 나타난 차이는 '잃어버린 편지 방법'이 특정한 조직과 주제에 대한 사람들의 입장을 눈에 띄지 않게 알아내는 수단이 될 수 있다는 것을 말해주었다. 전통적인 조사방식은 사람들에게 직접 묻거나 설문지에 답하게 한다. 이때는 그것이 솔직한 답변이라고 믿기가 어렵다. 특히 논란이 벌어지는 까다로운 주제일 때는, 조사 결과가 현실을 제대로 담아내는 경우가 드물었다. 밀그램의 편지 실험은 달랐다. 사람들은 자신이 실험에 참여하고 있다는 걸 몰랐고, 그래서 자신의 속마음을 감출 필요가 없었기 때문이다.

밀그램도 썼듯이, 이 방법은 얼핏 보기에 게으른 사회심리학자를 위한 잔꾀로 보일지도 모른다. 그저 여기저기에 편지 몇 통만 흩뿌려 놓고는 그 편지들이 되돌아오기만 기다리면 될 테니까 말이다. 하지만 실제로 편지 몇백 통을 깔아두는 일은 끈기가 필요한 꽤나 고된 작업이었다. 실험에서 신뢰성 높은 데이터를 얻기 위해서는 편지 하나하나를 주도면밀하게 배치해야 했기 때문이다.

밀그램은 그 일을 능률적으로 처리할 수 있는 방법을 찾으려고 애썼다. 한번은 밤에 달리는 차에서 편지를 뿌려보았더니, 편지봉투가 뒤집히는 경우가 빈번했다. 이번에는 비행기를 타고 매사추세츠주 우스터 상공에서 편지를 날려보았다. 역시 도움이 안 되었다. 수많은 편지들이 지붕, 나무, 연못에 착륙해버렸기 때문이다. 게다가 다른 편지들은 경비행기 파이퍼 콜트의 보조날개로 달려들어 "실험 결과뿐만 아니라 비행기와 조종사 그리고 편지 살포자의 안전까지 위협했다."

잃어버린 편지 방법은 그 후 수많은 연구에 응용되었다. 밀그램 자신은 이 방법을 써서 1964년 대통령선거에서 린든 존슨의 당선을 정확히 예측했다. 비록 존슨의 득표율이 그의 예상보다 훨씬 높기는 했지만. 이 방법은 격렬한 논쟁을 불러일으키는 주제에 대한 여론조사에 특히 적합하다. 예를 들어 최근에는 창조론, 성교육 그리고 동성애자 교사에 대한 여론조사에 이 방법이 사용된 바 있다.

★Stanley Milgram 외, 「잃어버린 편지 기술: 사회조사의 한 방법The Lost Letter Technique: A Tool of Social Research」, 『계간 여론Public Opinion Quarterly』 29, 1965, pp. 437-438.

장소 하나는 제대로 골랐다. 스페인 신경과학자가 동물의 뇌 기능에 대한 자신의 제어능력을 증명하겠다고 나선다면, 그곳은 어디여야겠는가? 그래서 1963년의 어느 봄날 저녁, 호세 델가도는 코르도바의 한 투우연습장에 섰다. 그와 마주한 250킬로그램짜리 황소의 이름은 루세로('샛별')로, 주인인 라몬 산체스가 델가도에게 코르도바의 라알마릴라에 있는 자신의 투우연습장에서 실험을 하게 해준 소였다.

우선은 델가도를 멀찍이 나무울타리 뒤에 세워두고, 숙련된 투우사 몇 명이 먼저 황소를 흥분시켰다. 이제는 교수님 차례였다. 델가도는 나중에, 그가 젊은 시절 여기저기의 마을축제에서 얻은 물레타(투우사들이 쓰는 붉은 천—옮긴이)를 직접 써본 적은 "정말로 몇 번 안 되었"지만, 연구자는 자신이 선택한 방법에 대해 책임을 져야 하고 그러므로 자신이 직접 황소와 맞서야 한다는 생각이 확고했다고 썼다.

셔츠를 입고 타이를 맨 그는 나무울타리를 나섰다. 조금은 머뭇거렸지만, 그는 루세로를 자극하기 위해 오른손으로 물레타를 흔들며 한 발 한 발 다가갔다. 그의 왼손에는 리모컨이 들려 있었다. 이 실험 며칠 전에, 그는 루세로와 다른 황소 몇 마리의 뇌에 원격제어가 가능한 전극을 심어둔 터였다. 루세로가 그에게 달려들자, 그는 얼른 물레타를 놓고 리모컨 단추를 눌렀다. 장치는 작동했고, 전극에서 1밀리암페어의 전기가 루세로의 뇌로 방류되었다. 그 순간, 황소의 공격성이 사라져버렸다. 거세게 돌진해오던 루세로가 델가도의 바로 앞에서 급작스럽게 멈춰서더니 금방 한가로이 거닐기 시작했던 것이다.

소식을 접한 스페인 신문들의 유일한 관심사는 이 실험이 투우의 종말을 고할지도 모른다는 점이었다. 실험을 보도한 기사에 붙은, '리모컨 투우'나 '그들이 투우사를 없애버리려고 한다'처럼 의심할 여지 없이 노골적인 표제가 그것을 보여준다.

2년 후, 델가도의 실험은 아주 우연한 계기로 『뉴욕 타임스』에도 실리게 되었다. 어떤 기자가 마침 델가도의 뉴욕 강연을 들었던 것이

madsciencebook.com
델가도의 투우를 원본 영상으로 볼 수 있다.

신경과학자 호세 델가도가 황소의 뇌에 심어놓은 전극을 리모컨으로 활성화시켜서 자신을 향해 돌진해오던 황소를 멈춰세우고 있다.

다. 기사는 곧바로 파문을 불러일으켰다. 나중에 델가도는 이렇게 말했다. "그때부터, 내가 자신들의 생각을 조종하고 있다고 믿는 사람들한테서 해마다 편지를 받았지요."

젊은 시절에 스페인에서 미국으로 이주한 델가도는 그 실험을 할 무렵에는 예일 대학 교수로 재직하고 있었다. 그는 뇌에 전기자극을 가함으로써 인간과 동물의 행동에 대해 더 많은 것을 알아내고 싶어 했다. 그는 황소 루세로의 뇌에 전극을 심기 전에도 특정한 행동을 유도하기 위해 다양한 동물을 가지고 실험을 해왔다. 예를 들어, 그는 이미 단추 하나를 눌러서 원숭이가 하품을 하고, 고양이가 공격적인 행동을 하게 하는 데에 성공한 뒤였다. 그리고 간질 환자가 나긋나긋하게 행동하거나, 유창하게 말하고, 공포를 느끼도록 자극을 가하는 법 또한 알고 있었다.

델가도는 뇌에 대한 전기자극이 사회적 행동의 생물학적 토대를 이해하는 열쇠라고 확신했다. 그리고 동시에, 자신을 사회 구성원들이 스스로를 '더 행복하고, 덜 파괴적이며, 더 균형 잡힌 인간'이 되게 해주는 기술을 손쉽게 이용할 수 있는 새로운 '심리학적으로 문명화된' 사회에 대한 예언자로 여겼다.

델가도에 대한 동료들의 평가는 엇갈려서, 그는 한편에서는 '미친 과학자'였고 또 한편에서는 '뇌의 토머스 에디슨'이었다. 인간에 대한 총체적 통제를 두려워하는 비판자들에게, 그는 지식 그 자체가 아니라 그것을 악용하는 것이 나쁘다는 오래된 격언을 들어 맞섰다. 그리고 회의론자들에게는 이렇게 물었다. "간질 발작을 컴퓨터로 알아내고 막을 수 있는 상황을 생각해보라. 그것이 그들의 정체성을 위협하는가? 또 뇌의 기능이상으로 공격행동을 보이는 환자들을 생각해보라. 그들을 정신질환 범죄자를 수용하는 감옥에 가두는 것이 그들의 정체성을 보호하는 것인가?"

델가도가 꿈꾸었던 '심리적으로 문명화된' 사회는 아직 실현되지 않았다. 하지만 오랫동안 무시당했던 뇌에 대한 전기자극은 오늘

★José M. R. Delgado, 「무선조종 황소Toros Radiodirigidos」, J. M. De Cossío and A. Diaz-Cañabate in Los Toros, Madrid, Espasa-Calpe, 1982, pp. 186-210.

날 실제로 사용되고 있다. 전기자극은 파킨슨병을 포함한 다양한 신경질환의 증세를 호전시킨다. 2007년 여름에는 6년 동안 혼수상태에 빠져 있던 남자가 뇌의 전기자극을 통해 의식을 되찾은 일도 있었다.

1966
초록불인데 왜 안 가는 거야, 빵빵!

앨런 그로스와 앤서니 두브는 도대체 뭘 연구해야 할지 감을 잡지 못했다. 그들이 아는 것이라고는 단지 실험을 해야만 한다는 사실뿐이었다. 그것은 오로지 실험방법만 제시된 스탠퍼드 대학 사회심리학 세미나의 과제였다.

그 얼마 전에 출간된 어떤 책은, 실험실에서 진행되는 연구에서는 자신이 관찰당하고 있다는 걸 아는 피실험자들이 평소와 다르게 행동하기 때문에 데이터가 왜곡되기 쉽다고 지적하고 있었다. 설문조사도 생각해보았지만, 애당초 연구주제를 뽑아내지 못한 터에 제대로 된 설문지를 작성할 수 있을 리가 없었다. 그러니 두 학생이 과제를 하려면, 어떻게든 실험 참가자들이 전혀 눈치채지 못하는 자연스러운 환경에서 할 수 있는 실험을 찾아내야 했다.

그로스와 두브는 그런 자연스러운 실험이 가능한 곳은 어디일까를 심사숙고했다. 게다가 그 실험은 값비싼 장비 없이, 더욱이 실험 참가자의 프라이버시를 침해하지 않고 할 수 있어야 했다. 어느 날 오후, 두 사람은 욕구불만과 공격성에 대해 대화를 나누다가 문득 그런 감정이 가장 쉽게 드러나는 곳이 어디인지를 떠올렸다. 바로 교통체증 현장이었다.

두 사람은 당장 두브의 17년 된 중고차 플리머스를 몰고 팰러앨토를 돌아다녔다. 그리고 신호가 초록불로 바뀐 뒤에도 그대로 서 있었다. 뒤차의 운전자들은 즉각적인 반응을 보여주었는데, 그들의 욕구불만이 어느 정도인지는 쉽게 측정할 수 있었다. 그들이 경적을 울릴 때까지 걸리는 시간만 재면 되었으니까.

하지만 이것은 아직 실험이라고 할 수 없었다. 실험에는, 조건의 변화(변인變因)에 따라 결과가 어떻게 달라지는지가 들어 있어야 한다. 그로스와 두브는 이미 뒤차 운전자들이 경적을 울릴 때까지 걸리는 시간을 측정함으로써 결과, 이른바 '종속변인dependent variable'을 발견했다. 그런데 거기에서 그러한 차이를 낳는 독립변인 independent variable은 무엇인가? 그들은 처음에는 뒤차의 탑승자 수에 따라 결과가 달라지지 않을까 하고 생각했지만, 그들에게는 탑승자 수를 제어할 방법이 없었다. 다음에는 길을 막은 자동차 운전자의 성별을 떠올렸지만, 동료 여학생 누구도 그런 위험한 실험에 끼어들고 싶어하지 않았다. 마지막으로 그들이 선택한 것은 자동차의 차종이었다. 대학생의 싸구려 자동차 대신 값비싼 고급 승용차가 가로막는다면, 아무래도 뒤차 운전자의 행동이 달라지지 않겠는가.

그들은 곧바로 다음 문제에 부딪혔다. 고급차를 도대체 어디서 끌고 올 것인가? 동료학생 한 명이 검정색 캐딜락 플리트우드 새 차를 갖고 있었지만, 그는 단 하루도 자기 새 차를 녹슨 1949년형 플리머스와 바꿔 탈 생각이 없었다. 그로스와 두브는 결국 에이비스 렌터카회사에서 신형 크라이슬러 크라운 임페리얼 하드탑을 빌렸다. 그리고 싸구려차로는 녹슨 포드 캐러밴과 회색 램블러 세단을 쓰기로 했다. 두 사람 모두 자동차에는 문외한이었으므로 고등학생 두 명에게 뒤차의 모델과 연식을 알려달라고 부탁했다.

1966년 2월 20일, 모든 준비가 끝났다. 오전 10시 30분부터 오후 5시 30분까지, 그로스와 도브는 자동차 세 대를 번갈아 타고는 팰러앨토와 멘로파크의 교차로 여섯 군데에서 신호등이 초록색으로 바뀐 뒤에도 출발하지 않고 버텼다. 둘 중 한 사람은 뒷좌석에 숨어서 스톱워치로 신호등이 초록색으로 바뀌고 뒤차가 경적을 울리기까지 걸리는 시간과, 첫 번째 경적소리와 두 번째 경적소리의 간격을 쟀다. 그리고 여전히 초록불이 켜져 있으면 차를 움직여 그곳을 떠났다.

그 실험에서 그로스와 도브가 맨 먼저 배운 것은, 피실험자들이 그것을 실험이라고 눈치채지 못한 상태에서 벌이는 실험이 아무런 위험도 없는 건 아니라는 사실이었다. 뒤차 운전자 가운데 두 명은 번거롭게 경적을 울리는 대신 그대로 앞차를 들이박아 버렸다. 도저히 경적이 울릴 때까지 버틸 상황이 아니었다.

어쨌든, 실험 결과는 명백했다. 낡아빠진 포드가 앞에서 꼼짝도 하지 않았을 때는 평균 6.8초 후에 경적을 울렸지만, 크라이슬러 크라운 임페리얼이 서 있으면 8.5초가 걸렸다. 여성 운전자들도 형태는 비슷했지만, 일반적으로 조금 더 참을성이 있었다. 그리고 포드 뒤에서 경적을 두 번 울린 뒤차 운전자는 18명이었지만, 크라이슬러 뒤에서는 7명뿐이었다.

★Anthony N. Doob & Allan E. Gross, 「경적반응 억제자로서의 좌절상태Status of Frustrator as Inhibitor of Horn-Honking Response」, 『사회심리학Journal of Social Psychology』 76, 1968, pp. 213-218.

여러 잡지가 게재를 거절했지만, 『사회심리학』의 편집장은 이 논문의 '독창적인 조사방법'에 주목했다. 그의 판단이 옳았다. 그로스와 두브의 연구는 수많은 교과서에 실렸으며, 앞차 운전자가 여성인 경우에는 남성일 때보다 경적을 더 울리는지(미국에서는 그랬고, 오스트레일리아에서는 그렇지 않았다), 자동차 대신 자전거가 또는 뒷유리로 소총을 갖고 있는 게 빤히 보이는 소형 트럭이 가로막을 때는 무슨 일이 일어나는지와 같은 수많은 경적 연구가 뒤를 이었다. 한편, 길가에 노출이 심한 여성이 있을 때는 첫 번째 경적을 울리는 데까지 걸리는 시간이 길어진다는 것도 밝혀졌다(→270쪽).

1966
히치하이커를 위한 안내서-1: 붕대에 목발을!

차를 얻어타려는 사람에 대한 운전자의 태도를 대상으로 한 첫 번째 실험은 추측컨대 미국 노스웨스턴 대학의 제임스 브라이언이 쓴 「돕기와 히치하이킹」이란 논문에 등장하는 실험일 것이다. "면도를 말끔히 하고 금발머리를 짧게 잘랐으며, 흰 티셔츠에 반바지를 입고 스니커즈를 신은 남학생"(아마도 브라이언 자신일 것 같다)은 여름에 나흘 동안 로스앤젤레스의 4차로 고속도로 가에서 차를 얻어타려고 시도했다. 때로는 무릎에 붕대를 감고 목발을 짚은 채로, 때로는 멀쩡한 모습을 하고.

그 결과에서 도출된, 과학이 제공하는 히치하이커를 위한 첫 번째 충고는 이렇다. 붕대를 감고 목발을 짚는 것은 기본이다! 브라이언은 붕대와 목발을 동원할 경우 차를 얻어탈 확률이 최소한 두 배로 높아진다는 사실을 확인했다. 그러나 안타깝게도, 과학적 연구에서 도출된 히치하이커를 위한 두 번째 충고는 몸에 칼을 대지 않고는 써먹기 어렵다(→251쪽).

★James H. Bryan, 「돕기와 히치하이킹Helping and Hitchhiking」, 1966(미출간 논문).

1967
정말, 여섯 단계만 거치면 모두가 아는 사이?

그것은 수학자 사이에서는 이미 오래전부터 나돌던 문제였다. 세계의 임의의 장소 두 곳에서 두 사람을 고른다. 이 두 사람은 얼마나 많은 친구, 친구의 친구, 친구의 친구의 친구를 거쳐야 연결될까? 간단히 말해, 임의의 세계시민 두 사람은 얼마나 가까운 사이일까? 세계는 얼마나 작을까?

'작은 세계 문제'의 해법은 첫눈에 보기에는 간단했다. 사람들이 평균적으로 얼마나 많은 사람을 아는지만 조사하면 바로 예측할 수 있지 않은가. 예를 들어 내가 10명을 안다면 그 10명이 각각 10명을 알 테니, 나는 두 번째 단계에서 벌써 100명과 연결된다. 세 단계를 거치면 1,000명이 되고, 네 번째 단계에는 10,000명이 되는 식이다.

그렇지만 1950년대에 이 문제를 계산했던 MIT의 이딜 드 솔라 풀과 IBM의 만프레드 코헨이라는 두 수학자는 근본적인 문제 두 가지에 봉착했다. 그래도 문제 하나, 한 사람이 평균 몇 명을 아는지에 대한 신뢰할 만한 통계가 없다는 문제는 간단히 풀 수 있을 것 같았다. 그들은 몇 사람에게 자신들이 100일 동안 접촉한 사람 수를 기록하라는 과제를 주었다. 결과는 평균 500명이었다. 하지만 두 번째 문제는 도저히 풀 수 없는 문제처럼 보였다. 내 친구들 가운데 상당수는 나를 거치지 않고도 서로 아는 사이일 가능성이 아주 크다. 이런 공통의 친구들 때문에, 위의 예에서 각 단계마다 새로 만나게 되는 사람은 열 명보다 훨씬 적을 것이다. 그렇다면 얼마나 적을까. 그것은 나와

내 친구들, 그리고 다시 그들의 친구들이 활동하는 집단이 얼마나 닫힌 집단인가에, 그리고 그 집단들이 서로 얼마나 연결되어 있는가에 달려 있다. 사람마다 아는 사람이 평균 500명이라면, 두어 단계만 생각해보아도 너무 복잡해진다. 그래서 드 솔라 풀과 코헨은 1958년, 그들이 쓴 논문을 발표하지 않기로 결정했다. 그들이 나중에 썼듯이, "그 문제를 정말로 '딱 부러지게 풀었다'는 느낌이 전혀 들지 않았"기 때문이었다. 하지만 그들의 잠정적인 결론은 사람들은 겨우 몇 개의 정거장만 거치면 서로 만나게 된다는 것을 분명히 보여주었다.

이 결과를 전해들은 심리학자 스탠리 밀그램(→ 188, 202쪽)은 그것을 직접 검증해보기로 했다. 밀그램의 실험은 나중에 매우 유명해져서 사교게임 party game으로 발전했고, 그 결과에서 제목을 딴 연극이 나오기도 했다.

밀그램은 우선 목표 인물을 정했다. 그 사람은 그 무렵 재직 중이었던 매사추세츠 주 케임브리지의 하버드 대학에 다니는 신학과 학생의 부인이었다. 출발점으로는 캔자스 주의 위치토와 네브래스카 주 오마하에 사는 수십 명의 사람들이 선택되었다. 이들은 목표 인물의 이름 및 그녀에 대한 짤막한 소개와 함께 연구의 목적에 대한 설명을 들었다. "당신이 목표 인물을 모르신다면 그와 직접 접촉하려고 하지 마십시오. 대신 이 봉투를…… 목표 인물을 가장 잘 알 것 같은 사람에게 전달해주십시오.…… 그 사람은 당신이 성뿐만 아니라 이름까지 아는 사람이어야 합니다."

존 궤어의 희곡 「격리의 여섯 단계」는 밀그램의 '작은 세계' 실험을 대중문화로까지 확산시켰다.

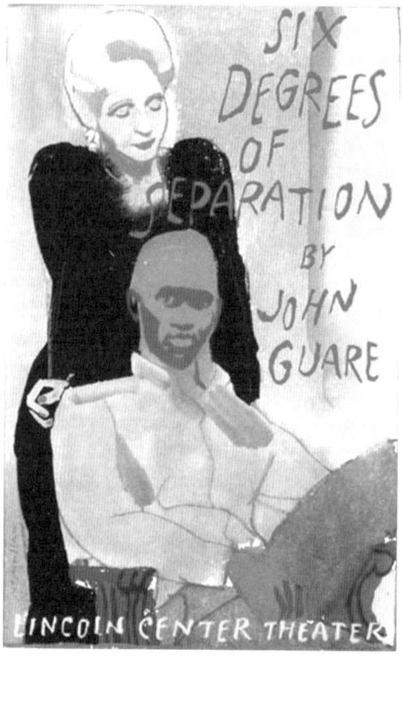

나흘 후, 목표 인물에게 첫 번째 편지가 도착했다. 캔자스의 한 농부가 그 편지를 그의 고향에 있는 목사에게 우송하고 그 목사가 케임브리지에 있는 동료에게 보냈는데, 그 동료는 신학과 학생의 부인과 아는 사이였다. 딱 두 개의 정거장을 거쳐 편지가 목적지에 도착한 것이다. 이것은 밀그램이 관찰한 것 가운데 가장 짧은 경로였다. 하지만 놀랍게도, 밀그램은 첫 번째 실험의 다른 결과에 대해서는 논문에 아무것도 밝히지 않았다. 두 번째 실험에서는 편지들이 평균 5.5번의 정거장을 거쳤다.

세상이 이렇게도 좁은 것이라는 인식은 수많은 색다른 경로를 통해 대중문화 속으로 퍼져나갔다. 미국의 작가 존 궤어는 1990년 밀그램의 실험을 간접적으로 인용한 희곡 「격리의 여섯 단계Six Degrees of Separation」를 발표했는데, 이것은 3년 후 윌 스미스가 주연을 맡은 동명의 영화로 제작되었다(우리나라에서는 <5번가의 폴포이티어>로 소개되었다 – 옮긴이). 1994년에는 펜실베이니아의 올브라이트 칼리지의 학생 셋이 '케빈 베이컨에 이르는 6단계 게임'을 고안했다. 이것은 임의의 영화배우에서 출발해 그 배우가 다른 배우와 함께 출연한 영화들을 경로 삼아 영화배우 케빈 베이컨에 이르는 게임이다. 윌 스미스를 예로 들면, 그는 <웰컴 투 할리우드>(2000)에 로렌스 피시번과 함께 출연했는데, 피시번은 <미스틱 리버>(2003)에 케빈 베이컨과 함께 나온다. 따라서 윌 스미스의 베이컨 수는 2다.

madsciencebook.com
'케빈 베이컨에 이르는 6단계 게임'을 인터넷에서 직접 즐겨보라.

중국의 농부가 겨우 몇 단계만 거치면 마돈나와 연결된다는 사실은 많은 사람들의 상상력을 자극했다. 체코에는 심지어 '격리의 여섯 단계'라는 헤비메탈밴드까지 있다. 하지만, 최근 수학이 엄청난 속도로 발전하고 예를 들면 컴퓨터네트워크 전문가와 전염병 연구원 같은 삶의 모든 분야에서 '작은 세계' 원리에 관심을 갖게 되었음에도 불구하고, 기본적인 문제는 아직도 풀리지 않은 채 남아 있다.

그렇다. 5.5개의 고리link라는 밀그램의 숫자가 옳은 것인지는 여전히 분명하지 않다. 그는 자신의 실험을 일반적인 관례대로 전문지에 발표하지 않고 대중 과학잡지인 『오늘의 심리학Psychology Today』에 발표했다. 그의 글에 등장하는 데이터는 거의 검증이 불가능한, 대강의 스케치에 지나지 않는다. 예를 들어 밀그램은 단 두 단계만에 케임브리지에 도착한 캔자스 주의 농부의 성공을 거론했지만, 그 연구의 상세한 내용은 발표되지 않은 보관자료에만 남아 있다. 그 자료들은, 실제로는 캔자스에서 나눠준 60통의 편지 가운데 겨우 세 통만이, 그것도 평균 여덟 군데의 경유지를 거쳐서 목적지에 도착했다는 것을 보여준다. 평균 5.5개의 경유지라는 결과는 밀그램이 이후의 다른 실험에서 얻은 것이었다. 그런데, 그 실험에서 출발점이 된 사람에는 폭넓은 인맥을 자랑하는 인물들이 교묘하게 끼워넣어져 있었다.

★Stanley Milgram, 「작은 세계 문제The Small World Problem」, 『오늘의 심리학 Psychology Today』 1(1), 1967, pp. 60-67.

2003년, 뉴욕 컬럼비아 대학의 과학자들은 밀그램의 실험을 편지 대신 전자우편으로 반복해보았다. 13개 나라의 18명이 목표 인물로 선정되었다. 밀그램의 경우와 마찬가지로, 출발선을 떠난 전자우편 가운데 아주 적은 수(24,613통 가운데 384통)의 사슬만이 목적지에 도착했다. 출발점에서 목표 인물에 이르기까지 거친 단계 수는 평균 4.05였다. 하지만 대부분의 사슬이 목표 인물에게까지 이어지지 못했으므로, 이 숫자는 혼란을 일으키기 십상이다. 다만 몇 번째 고리에서 사슬이 끊어졌는지를 안다면, 중간에서 사라져버린 사슬을 포함한 근사치를 계산할 수 있다. 이 연구에서 나온 최종 값은 5와 6 사이였다. 이것은 밀그램의 6단계와 놀랄 만큼 가깝지만, 아직도 명쾌한 확증이라고 하기는 어렵다. 그리고 결정적으로, 이 실험에 참가한 사람들은 전체 세계 인구의 평균과는 한참이나 동떨어진 이들이었다. 인터넷에 접근할 수 없는 사람들은 처음부터 배제되었기 때문이다.

1968
내 귓속에 진드기!

엄청난 인내가 필요한 실험은 크게 두 범주로 나뉜다. 하나는 동시대 사람들이 그 연구자를 평생 찬미하게 하는 실험이고, 다른 하나는 그를 영원히 얼간이로 낙인찍는 실험이다. 과학의 진정한 영웅들은 두 번째 범주에서 발견된다. 예를 들면, 뉴욕 주 에섹스 군 웨스트포트의 수의사 로버트 로페즈가 바로 그런 사람이다.

로페즈는 언젠가 귀진드기 때문에 외이염과 가려움증에 시달리는 고양이를 두 번 치료한 적이 있었다. 그런데 고양이 주인과 그녀의 딸이 동시에 가려움증을 호소했다. 귀진드기 오토덱테스 시노티스 *Octodetes cynotis*가 사람에게도 옮는 걸까? 어떤 과학문헌에도 이 문제는 언급되어 있지 않았다. 로페즈는 자신이 직접 실험동물이 되기로 했다.

그는 고양이 귀에서 귀진드기를 떼어내어 오토덱테스 시노티스가 맞는지 검사한 다음 귀진드기를 섞은 자신의 귀지 약 1그램을 왼쪽 귀에 넣었다. 로페즈는, 반응이 나타나기까지는 오래 걸리지 않았다고 썼다. "곧바로 긁는 소리가 들리더니, 내 귓구멍을 탐험하기 시작한 귀진드기들이 움직이는 소리가 들렸다. 그리고 가려운 느낌이 들기 시작했다. 세 가지 감각이 소음과 고통의 괴상한 불협화음으로 녹아들었다. 오후 4시였다. 그때부터 점점 거세졌다."

로페즈는 귀진드기의 일생을 상세하게 파악할 수 있었다. "귀진드기들이 고막 쪽으로 깊이 들어가면 갈수록 귓속(다행히도 나는 한쪽 귀만 선택했다)의 소음은 점점 더 커졌다. 속수무책이었다. 귀진드기가 들끓는 동물들도 바로 이런 느낌이었을까?" 귀진드기의 식사습관은 로페즈의 수면리듬을 깨뜨려버렸다. "밤 열한 시쯤 내가 잠자리에 들면 귀진드기의 활동성이 점차 커져서, 자정 무렵에는 물고, 할퀴고, 돌아다니느라 분주했다. 소음은 새벽 한 시경에 가장 컸다. 그리고 한 시간이 지나면 매우 가려워졌다. 두 시간이 지났을 때, 가려움과 쓰라림은 최고조에 이르렀다." 같은 일이 밤마다 반복되었고, "아무리 졸려도, 전혀 잠을 잘 수 없었다." 그러나 로페즈는 굴복하지 않았다.

"3주가 지나자, 귓구멍은 찌꺼기로 가득 차고 청력이 사라져버렸다. 4주 후, 귀진드기의 활동성은 75퍼센트가 줄어들었고, 밤중에 내 얼굴 위를 기어다니는 귀진드기를 느낄 수 있었다." 귓속이 찌꺼기로 완전히 막히자 그는 따뜻한 물로 씻어냈고, 2주가 지나자—이때는 귀진드기가 사라지고 없었다—청력이 정상으로 되돌아왔다.

★Robert A. Lopez, 「진드기와 인간에 대하여Of Mites and Man」, 『미국 수의학회Journal of the American Veterinary Medical Association』 203(5), 1993, pp. 606-607.

로페즈가 여기에서 만족했다면, 그는 진정한 연구자가 되지 못했을 것이다. 재현되지 않는 실험이라면, 그 결과는 무의미하다. 그래서 로페즈는, 나중에 회상했듯이 "내 실험에 결함이나 오도의 소지는 없는지를 검증하기 위해 같은 실험을 한 번 더 해보기로 결심"했다. 그는 다른 고양이에게서 귀진드기를 채집하여 다시 왼쪽 귀에 넣었다. 귀진드기들은 처음에는 첫 번째 실험과 비슷한 행동을 했지만, 2주가 지나자 아무런 움직임도 느낄 수 없었다. 로페즈는 그 이유로 여러 가지 가능성이 열려 있다고 생각했다. 첫 번째 실험 때문에 면역이 생긴 걸까? 아니면, 사람의 귀는 오토덱투스 시노티스가 살기에 알맞은 생활공간이 아닌 걸까? 다시 그래서, "마지막으로 실험을 한 번 더 해야 했다." 증상이 더 약해졌다. 아마도 진드기에 대한 면역이 생긴 것 같다고 로페즈는 추측했다.

madsciencebook.com
『일어날 것 같지 않은 연구 연보 Annals of Improbable Research』는 매년 기발하고 괴이한 연구를 골라 이그 노벨상을 수여한다. 합동 웹사이트 www.improbable.com에서는 기상천외한 과학연구를 여한 없이 찾아볼 수 있다.

사실, 실험이 끝난 후 그는 과학문헌에 서술된 비슷한 사례를 한 건 발견했다. 귀진드기 때문에 이명耳鳴이 생긴 여인의 사례였다. 로페즈는 논문의 마지막 문장에 이렇게 썼다. "그 사람도 나처럼 그 경험을 즐겼는지 궁금하다."

1994년, 로페즈는 이 연구로 "다시는 반복될 수 없고, 또 반복되어서도 안 되는" 연구들에 수여하는 이그Ig 노벨상(곤충학 분야)을 수상했다.

1968
뻐꾸기 둥지 위로 날아간 여덟 사람

실험 준비는 언제나 똑같았다. 스탠퍼드 대학의 심리학 교수 데이비드 로젠한은 여러 날 동안 이를 닦지 않았다. 세수도, 면도도 하지 않았다. 그런 다음 데이비드 루리라는 가명으로 정신병원에 전화예약을 한 후 더러운 옷을 입고 아내에게 병원 정문에 내려달라고 부탁했다.

접수처에서 그는 귓속에서 계속, 잘 알아듣기는 힘들지만 '텅 비었다empty', '공허하다hollow', '쿵thud' 하는 소리들이 들린다고 하소연하면서, 병원에 입원시켜 달라고 졸랐다. 그를 진찰한 의사는 로젠한이 증상을 세심하게 골랐다는 사실을 알지 못했다. 과학문헌에는 그런 증상과 일치하는 사례가 없었던 것이다. 그렇게 해서 입원에 성공하자마자, 로젠한은 거짓 증상을 꾸며대는 짓을 그만두었다. 그는 완전히 정상적으로 행동했고, 다른 환자나 직원들과 잡담을 나누며 때를 기다렸다. 그가 기다리는 그 때란, 자신이 건강하다는 게 판명되어 병원을 퇴원하는 순간이었다. 그때까지는 얼마나 걸릴까? 그 결과는 전통적인 정신과의사들을 심각한 곤경에 빠뜨리고 말았다.

로젠한은 그가 마흔 살이던 1968년 '온전한 정신상태와 정신이상'에 차이가 있는지, 그리고 차이가 있다면 그 둘을 어떻게 구별할 수 있는지를 밝혀내는 연구에 착수했다. 그는 나중에 자신의 유명한 논문인 「정신병원에서 제정신으로 지내기」에 "그것은 쓸데없는 질문도, 그 자체로 비정상적인 질문도 아니었다"고 썼다. "우리가 자신은 비정상과 정상을 구분할 수 있다고 아무리 굳게 믿는다 해도, 그 증거는 썩 그럴싸하지 못하다."

심리학자 데이비드 로젠한은 자신이 직접 환자로 위장하는 실험을 통해 제정신인 사람이 얼마나 오랫동안 정신병원에 갇혀 있게 되는지를 조사했다.

확실히, 미국 정신과의사협회의 진단 핸드북은 환자들의 증상을 다양한 범주로 분류하고 있었고, 정신과의사들은 이 범주들을 가지고 정신이상자와 정상인을 구별하게 되어 있었다. 그러나 로젠한에게는 정신이상자인지 아닌지를 좌우하는 것은 객관적인 증상이라기보다는 관찰자의 주관적인 인식이라는 확신이 생겨났다. 그는 심각한 정신질환 증상에 시달리지 않는 정상적인 사람들이 과연 정신병원에서 건강한 사람으로 판명되는지를 조사해보면 그 문제를 해결할 수 있을 것이라고 생각했다. 그런데 그걸 어떻게 조사할 수 있을까?

그래서, 1968년에서 72년 사이에 그는 자신의 세미나에 정기적으로 참석했던 인사 일곱 명과 함께 가명으로, 같은 거짓 증상을 가지고, 모두 열두 곳의 정신병원에 입원했다. 가짜 환자의 구성은 심리학과 대학원생 한 명, 심리학자 세 명, 소아과의사, 정신과의사, 화가, 주부가 각각 한 명씩이었다. 이들은 모두 외부의 도움 없이 자력으로 의사에게서 실은 그들이 건강하다는 판정을 받고 병원에서 퇴원해야 한다는 임무를 받았다. 그래서 그들은 아주 협조적으로 행동했고, 병원의 모든 규칙을 준수했으며, 처방받은 약을 (적어도 겉으로는) 꼬박

꼬박 복용했다. 로젠한은 입원하기 전에 그들에게 알약을 삼키지 않고 혀 밑에 감추는 방법을 가르쳐주었다. 그들은 총 2,100알의 약을 받았는데, 증상은 모두 똑같았지만 처방은 제각각이었다.

madsciencebook.com
로젠한이 정신병원에 들어가고 퇴원하기 위해 어떤 시도들을 했는지, 직접 그의 입을 통해 들어보라.

실험이 시작되자마자 가짜 환자들이 어떤 위험에 노출되어 있는지가 명확해졌다. 예를 들면 몇몇 사람들은 폭행당하거나 강간당하지는 않을까 두려워했는데, 로젠한에게는 그들이 위험한 상황에 빠지더라도 정신병원에서 구출해낼 방법이 없었다. 그래서 그는 변호사를 하루 24시간 내내 전화기 옆에 대기시켰다. 또 이런 실험을 한다는 걸 아는 사람이 거의 없었기 때문에, 로젠한은 자기가 죽을 경우에 대비한 지침을 작성해놓았다.

가짜 환자들은 모두 금방 정체가 탄로날까 봐 걱정했다. 그래서 처음에는 비밀리에 연구일지를 작성했다. 그 연구일지는 교묘한 방법으로 날마다 병원 바깥으로 전달되었다. 하지만 이들은 곧 그렇게까지 조심할 필요가 없다는 걸 깨달았다. 병원 직원들은 이들에게 전혀 신경쓰지 않았기 때문이다.

가짜 환자 누구도 들키지 않았다. 그리고 그들은 모두 퇴원에 성공했다. 비록 병원을 나오는 데에 평균 3주나 걸렸고, 그것도 완치되었다는 판정이 아니라 대부분 '회복증세가 보이는 정신분열증'이라는 진단을 받은 채로긴 했지만. 한편 로젠한 자신은 퇴원까지 52일이나 기다려야 했다. "정말 길고 긴 시간이었다"고 그는 회상했다. "하지만 나는 사실 정신병원 생활에 충분히 익숙해져 있었다."

참으로 역설적이게도, 그들의 연극을 알아챈 사람들은 다른 환자들이었다. 그들 가운데 3분의 1쯤은 가짜 환자들이 입원한 지 사흘도 되기 전에 가짜 환자들이 진짜로 아픈 게 아닌 것 같다는 의심을 드러냈고, 몇 명은 아주 정확히 알아맞혔다. "당신은 미치지 않았어요. 당신은 기자 아니면 교수일 거예요. 지금 병원을 조사하고 있군요."

이 실험은 동시대 정신과의사들이 인간의 정신세계를 얼마나 기계적으로 재단하고 있는지를 여실히 드러내주었다. 입원 전의 진찰에서 한번 정신분열증으로 판정받고 나면, 그 뒤로는 가짜 환자들의 어떤 언행도 그 딱지를 떼어낼 수 없었다. 환자의 모든 개인기록은 항상 결국은 애초의 진단을 확인하는 쪽으로 귀결되었다. 일단 정신병자로 분류되고 나면, 의료진은 그 사람의 아주 정상적인 행동도 못 보고 지나치거나 잘못 해석했다. 예를 들어, 연구일지를 쓰느라 바쁜 가짜 환자를 보고 그들은 치료일지에 이렇게 썼다. "환자는 글쓰기에 푹 빠져 있다."

로젠한과 다른 가짜 환자들은 병원 직원들을 대상으로 작은 실험을 했다. 그들은 간호사와 의사에게 가끔 외출시켜 달라고 부탁하고 무슨 일이 일어나는지 관찰했다. 가장 빈번한 반응은 눈도 마주치지 않고 지나가면서 짧게 대답하거나 아예 대꾸조차 하지 않는 것이었다. 이를테면, 늘 이런 식이었다.

가짜 환자: "선생님! 저어, 저는 언제쯤 정원으로 나갈 수 있을까요?"

의사: "안녕, 데이브! 오늘은 기분이 어때?" (그러고는 대답도 기다리지 않고 가버린다.)

정신병원에 수용되어 인간성을 억압당하는 환자들이라는 주제는 그 무렵 전혀 다른 방향에서도 화제를 불러일으켰다. 히피 작가 켄 키지가 1962년 『뻐꾸기 둥지 위로 날아간 새』라는 소설을 내놓았던 것이다. 소설은 1975년 잭 니콜슨이 주연을 맡은 동명의 영화로 제작되어 큰 성공을 거두었는데, 니콜슨은 이 영화에서 감옥에 가는 걸 피하기 위해 정신병원에 입원한 랜드 패트릭 맥머피 역을 맡았다.

이 소설은 이 실험에 영감을 주기에 충분했을 것이다. 소설을 읽은 이라면 누구도, 정말로 미친 사람은 도대체 누구인가, 입원한 환자들인가 의료진인가 하는 질문을 피해갈 수 없기 때문이다. 하지만 로젠한은 1968년에 실험을 시작할 때까지는 이 소설을 몰랐다고 말했다.

1973년 이 실험이 발표되자, 항의가 빗발처럼 쏟아졌다. 동료 학자 몇몇은 연구에 전제된 방법론적 문제들을 들어 비판했고, 다른 사람들은 '회복증세를 보이는 정신분열증'은 '정상'과 같은 말이라고 주장했다.

비판이 쏟아지기도 했지만, 연구의 성과 또한 적지 않았다. 로젠한은 특정한 행동들이 표준에서 벗어난 것이며, 실제로 환각, 공포 또는 우울증에 시달리는 사람들이 존재한다는 것을 결코 부정하지 않았다. 그러나 그는 그러한 증상을 경직된 기준으로 분류하여 정신병이라는 진단을 내리는 것은 아무리 좋게 보아도 미심쩍은 짓이고 최악의 경우에는 도리어 심각한 해악을 끼칠 수도 있다고 생각했다. 그가 논문을 출판한 뒤에도 어느 누구도 정신과 진단에서 이 분류를 폐기하지 않았지만, 그나마 특정한 질병이라는 진단을 내리기 위해서는 반드시 확인해야 할 행동의 목록은 작성되었다.

그러나 '정신분열증' 또는 '정신병'과 같은 진단에 찍힌 낙인은 아직도 지워지지 않았다. 한번 병이라는 판정이 내려지면, 사람들은 그것에 비정상적일 정도로 강력한 영향을 받는 것 같다. 만약 어떤 사람이 정신병을 앓는다고 하면, 그의 모든 언행은 이것과 연관되어 해석된다.

다른, 더없이 우아하게 고안된 두 번째 실험에서, 로젠한은 이런 선입견이 정반대의 경우에도 나타난다는 것을 훌륭하게 증명해보였다. 두 번째 실험의 촉매는, 그의 실험에 대해 자기네 병원에는 그런 오진이 있을 수 없다고 주장한 병원 책임자들이었다. 로젠한은 그들에게 제안했다. 앞으로 석 달 동안 한 명 이상의 가짜 환자를 보낼 테니 자신들의 능력을 증명해보라고.

그 병원은 석 달 동안 193명의 환자를 받았다. 정신과의사와 직원들은 그 가운데 19명이 가짜 환자일 가능성이 있다고 판정했다. 그러나 로젠한은 단 한 명의 가짜 환자도 보내지 않았다.

★David Rosenhan, 「정신병원에서 제정신으로 지내기On Being Sane in Insane Places」, 『사이언스Science』 179, 1973, pp. 250-258.

1969
누구에게나 파괴본능은 있다

차를 몰고 출퇴근하는 심리학자 필립 짐바르도(→241쪽)에게 뉴욕은 인간의 파괴본능에 대해 연구할 기회를 흘러넘치도록 제공해주었다. 예를 들어, 그는 어느 날 브롱크스에 있는 직장 뉴욕 대학에서 브루클린에 있는 집으로 가는 약 30킬로미터의 거리에서 218대나 되는 자동차가 때려부수어진 채 널브러져 있는 것을 발견했다.

이 맹목적인 파괴 뒤에는 무엇이 숨어 있을까? 짐바르도는 실험을 해보기로 했다. 그는 동료와 함께 10년 된 중고차를 사서 대학 교정 건너편에 세워놓았다. 관찰을 하는 동안, 그는 파괴행위가 실행에 옮겨지려면 누군가가 먼저 방아쇠를 당길 필요가 있다는 걸 깨달았다. 그래서 그는 번호판을 떼고 보닛을 열어놓은 다음 관찰장소로 돌아왔다. 26시간 후, 배터리, 냉각기, 공기여과기, 안테나, 와이퍼, 우측 방향지시등, 바퀴덮개 모두, 점프케이블, 기름통, 왁스 한 통, 그리고 왼쪽 뒷바퀴가 사라졌다(그 이외의 바퀴들은 사실 훔칠 마음이 안 날 만큼 닳아빠져 있었다). 첫 번째 약탈자는 여덟 살짜리 아들을 데리고 있던 부부였는데, 이들은 짐바르도가 자리를 뜬 지 8분 만에 작업을 시작했다. 엄마가 망을 보는 동안 아들은 아빠에게 배터리를 떼어낼 도구를 건네주었다. 작업은 딱 7분 걸렸다.

파괴의 과정은 짐바르도가 그 동안의 연구에서 이미 친숙해진 순서를 따랐다. 먼저, 더 쓸 수 있거나 팔아먹을 수 있는 것을 훔쳐간다. 쓸 만한 게 없어지면, 아이들과 젊은이들이 자동차를 점령해서 앞유리와 유리창을 깨부순다. 그 다음엔 차체 전체를 벽돌과 해머 그리고 쇠파이프로 부수어, 자동차는 마침내 공공장소에 방치된 흉물스러운 쓰레기로 변신한다.

'스물세 번의 파괴적인 접촉'을 겪으며 자동차가 쓸모없는 고철로 전락하는 데에는 채 사흘이 걸리지 않았다. 종종 행인들이 지나가거나 멈추어 서서 지켜보았지만, 그것도 별 상관이 없었다. 게다가 짐바르도의 예상과 달리, 파괴행위는 훤한 대낮에 벌어졌다.

같은 시간에, 짐바르도는 스탠퍼드 대학이 있는 캘리포니아 주의 대학도시 팰러앨토에도 번호판 없는 자동차의 보닛을 열어둔 채 도로변에 세워놓았다. 하지만 아무 일도 일어나지 않았다. 비가 오기 시작하자 행인 한 명이 보닛을 닫아주기까지 했다. 짐바르도는 두 번째 실험을 했다. 이번에는 자동차를 대학 교정에 세워두었다. 이번에도 역시 아무 일도 없었다.

하지만 그는 팰러앨토 사람들의 마음속에도 역시 파괴본능이 잠재해 있을 거라고 확신했다. "뉴욕에서는 그걸로 충분했던 한 방이 여기서는 너무 약했던 게 분명했다." 짐바르도는 학생 두 명에게 큰 모루채를 쥐고 모범을 보이라고 지시했다. 예상대로, 다른 학생들이 합류하는 데에는 오래 걸리지 않았다. 그들은 자동차 위로 뛰어올랐고, 문을 뜯어냈으며, 유리창이란 유리창은 다 때려부수고, 마침내는 자동차를 뒤집어버렸다. 한밤중에 나타난 십대 세 명은 이미 고철덩어리로 변한 자동차에까지 쇠파이프를 휘둘러댔다.

팰러앨토에서는 잠자는 파괴본능을 깨우는 데에 밤이라는 보호막 또는 집단 속의 익명성이 필요한 것이 분명했다. 거기에 비하면, 뉴욕 브롱크스는 문턱이 훨씬 낮았다. 짐바르도는 대도시의 익명성과 차가 버려진 곳의 쇠락하여 황량한 모습이 사람들의 파괴적 행동을 부추겼을 거라고 추측했다.

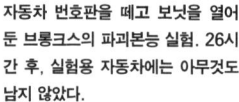

자동차 번호판을 떼고 보닛을 열어 둔 브롱크스의 파괴본능 실험. 26시간 후, 실험용 자동차에는 아무것도 남지 않았다.

범죄학자 조지 켈링과 정치학자 제임스 윌슨은 이 실험에서 범죄학사상 가장 중요한 이론 가운데 하나를 구축해냈다. 그들이 미국의 지식인잡지 『애틀랜틱 먼슬리』 1982년 3월호에 범죄와 맞서 싸울 새로운 전략으로 발표한 논문 「깨진 유리창Broken Windows」이 바로 그것이다. 그들은, 범죄와 맞서 싸우는 최선의 방법은 범죄에 선행하는 무질서에 맞서 싸우는 것이라고 주장했다. "깨진 채 방치된 유리창 한 장은, 다른 유리창을 더 깨도 괜찮다는 신호다."

켈링과 윌슨은 실험과 설문조사를 통해, 사람들이 공공장소의 낙서, 길거리의 쓰레기, 파괴행동 같은 얼핏 사소하게 보이는 반사회적 행동에 무척 민감하게 반응한다는 것을 알아챘다. 그것들을 접한 사람들은 자신이 지금 걷잡을 수 없는 상황에 빠져 있으며, 앞으로 무엇이 어떻게 되든 그건 어느 누구의 책임도 아니라고 느끼게 된다. 그리고 그런 느낌이 바로 범죄의 온상이 된다. 이제 한편에서는 평범한 시민이, 그리고 심지어는 일부 경찰관들마저도 공공의 장을 벗어나 무법지대에 발을 들여놓게 되고, 다른 한편에서는 범죄자들이 더 악질적이고 더 심각한 범죄를 저지르지 못하도록 억누르는 윤리적 통념이 조금씩 풀리고 만다.

사람들은, 외부로 나타나는 범죄의 징후들과 맞서 싸움으로써 흐름을 정반대로 돌려놓을 수 있다는 주장에 회의적인 반응을 보였다. 범죄는 그 뿌리를 치지 않고는 효율적으로 막아낼 수 없다고 확신했기 때문이다. 그리고 범죄의 뿌리는, 각자의 정치적 견해에 따라 달라지겠지만, 사회의 부정의와 도덕적 타락일 터였다.

1990년대에, 뉴욕 경찰청장 빌 브래튼은 이 '부서진 창문 이론'을 뉴욕에 적용했다. 지하철 차량의 스프레이 낙서는 그때그때 지웠으며, 거리에서 취객과 거지를 쫓아내고 쓰레기를 치웠다. 1994년에 브래튼이 취임한 이래 뉴욕의 살인사건 발생률은 절반으로 떨어졌다. 하지만 이것이 정말로 (쉽게 추측할 수 있듯이) '무관용 정책'의 결과인지에 대한 논쟁은 아직도 끝나지 않았다.

madsciencebook.com
윌슨과 켈링의 유명한 논문 「깨진 유리창」(1982)의 전문을 볼 수 있다.

★Philip G. Zimbardo, 「인간 선택: 개성화, 이성 그리고 질서 대 탈개성화, 충동 그리고 카오스Human Choice: Individuation, Reason, and Order versus Deindividuation, Impulse, and Chaos」, 『제17차 동기에 관한 네브래스카 심포지엄Nebraska Symposium on Motivation 17』(W. J. Arnold 엮음), University of Nebraska Press, 1969, pp. 237-307.

1969
거울아, 거울아, 너는 오랑우탄이구나!

동물에게도 자의식이 있을까? 이것은 과학의 가장 오래된 질문 가운데 하나다. 오랫동안 아무도 이 질문에 대답할 방법을 찾지 못했으며, 많은 연구자들이 이 문제는 근본적으로 결코 풀리지 않을 문제라고 확신했다. 의식은 연구를 통해 감지해낼 수 있는 주제가 결코 아니라는 것이었다. 한 심리학자는 상황을 이렇게 정리했다. "불행히도, 진화의 과정에서 의식이 생겨난 시점이 정확히 언제냐고 동물들에게 물어볼 길이 없다. 또 언제 '자기'가 주체의 한 요소가 되었는지 알아낼 방법도 없다."

자기인식의 가장 간단한 도구는 거울이다. 이미 다윈도 거울을 가지고 실험한 적이 있다. 다윈은 1872년에 출간된 책 『인간과 동물의 감정표현 The Expression of the Emotions in Man and the Animals』에서 "여러 해 전에, 어린 오랑우탄 두 마리 앞의 땅바닥에, 내가 아는 한 그 오랑우탄들이 결코 본 적이 없는, 거울을 놓아두었다"고 썼다. 유인원들의 반응은 생기가 넘쳤다. 오랑우탄은 거울에 비친 제 모습에 입을 맞추려 했고, 얼굴을 찡그렸으며, 거울 뒤를 살펴보았다. 하지만 나중에는 거울을 더 이상 쳐다보지 않았다.

유인원은 거울상을 남으로 생각할까, 아니면 자신으로 받아들일까? 다윈은 이 문제에 대답할 수 없었다. 그는 분명 유인원들의 행동을 관찰할 수 있었지만, 거기에서 그가 내리는 어떤 결론도 단지 자신의 주관적인 해석에 바탕을 둔 것이고, 따라서 과학적인 증거가 될 수 없었기 때문이다.

다윈 이후에도 과학자 모두가 이 문제 앞에서 좌절하지 않을 수 없었다. 고든 갤럽이 면도를 하던 중에 갑자기 어이없을 만큼 간단한 묘안을 떠올리기까지는 말이다. 1964년, 그때 갤럽은 워싱턴 주립대학의 박사과정 학생이었다. 그가 뉴올리언스의 툴레인 대학에서 자신의 아이디어를 실행에 옮기기까지는 5년이 걸렸고, 그사이 그는 교수가 되었다.

다윈처럼 그도 유인원에게 자신들의 거울상을 보여주었다. 각기 다른 우리에서 키우는 침팬지 네 마리 앞에 커다란 거울을 세워놓은 것이다. 그는 열흘 동안 침팬지들을 관찰했다. 침팬지는 거울이 주는 정보가 자기 자신에서 유래한 것이라는 사실을 알았을까? 하루이틀 동안은, 그들은 거울상을 외부에서 들어온 침입자로 받아들여 거울을 향해 위협하고 괴성을 질렀으며 도망치고 공격했다. 예상대로였다. 어쨌든 침팬지들은 거울을 본 적이 없었고, 거울상이 자기 자신이라는 것을 알아채지 못하는 건 두 살 미만의 어린아이들도 마찬가지니까. 그러나 사흘째에는 침팬지의 태도가 달라졌다. 침팬지들은 이제 거울 앞에 서서 이빨 사이에 낀 음식 찌꺼기를 제거하거나 거울 없이는 안 보일 곳에서 이를 잡았다. 유인원들이 거울상을 제대로 인식하고 있다는 사실이 분명해졌다. 하지만 그것만으로는 아직 다윈에게서 한 발짝도 더 나아간 게 아니었다. 그의 확신은 개인적인 판단에 불과했다. 침팬지에게 자기인식이 있다고 주장하려는 사람은 반박할 수 없는 엄밀한 증거를 내놓아야 했다. 그리고 갤럽은 트릭을 써서 그것을 정확히 제시했다.

열흘째 되는 날, 그는 침팬지들을 마취한 다음 한쪽 눈썹과 반대쪽 귀를 붉게 칠했다. 침팬지는 그 물감의 냄새를 맡을 수도 물감을 칠했다는 걸 알아챌 수도 없었다. 그것은 갤럽 자신이 며칠 전 자기 피부에 직접 시험해보고 아는 사실이었다.

갤럽은 침팬지가 깨어난 뒤로 붉은 얼룩을 만지는 횟수를 세었다. 처음에는 거울 없이, 그 다음에는 거울을 놓고. 결과는 의문의 여지가 없었다. 침팬지들은 거울이 있을 때는 25번이나 만졌지만, 거울이 없을 경우에는 어쩌다 우연히 만졌을 뿐이었다. 더 확실히 하기 위해, 갤럽은 거울을 본 적이 없는 침팬지에게 같은 얼룩을 그려두고 지켜보았다. 그들에게서는 아무런 반응도 없었다.

지난 열흘의 어느 순간 침팬지들이 거울상의 의미를 알아차린 것이 분명했다. 갤럽이 나중에 말했듯이, "진화가 자기인식에 대한 실험을 오로지 인간에게만 했을 가능성은 없다."

그 뒤로 갤럽의 물감실험은 가능한 모든 동물을 대상으로 삼아 실시되었고, 지금도 자주 동물행동학자들이 자기 아이를 데리고 벌이는 첫 번째 과학실험(아이의 이마에 몰래 포스트잇을 붙이는 게 대부분이지만)이 되곤 한다. 그러나 두 살 이상의 인간을 제외하면 인간이 키운 침팬지들과 오랑우탄들, 그리고 고릴라 한 마리만이 이 실험을 통과했는데, 2005년에는 거기에 더해 브롱크스 동물원의 코끼리 '해피'가 영광의 주인공이 되었다. 하지만 해피와 같은 우리에서 함께 자란 '맥신'과 '패티'는 합격의 기쁨을 누리지 못했다. 한편, 돌고래와 까치들도 거울상을 인식할 수 있는 것으로 추정되지만, 실험 결과에는 논란의 여지가 있다. 얼룩을 만질 손이 없는 돌고래와 까치한테는 갤럽의 실험이 적합하지 않기 때문이다.

정말로 갤럽이 면도를 하다가 거울 속에서 얼굴에 묻은 면도크림의 하얀 얼룩을 보았을 때 우연히 묘안이 떠올랐는지는 확실하지 않다. 갤럽 자신은 그것이 핵심적인 역할을 했는지 어쨌는지 모르겠다고 말한다. 하지만, 반대로 그런 사고과정들이 의식적으로 만들어지는 경우 또한 거의 없다.

실험은 그렇게 성공을 거두었지만, 그것이 무엇을 밝혀낸 것인지 정확히 말하기는 어렵다. 동물이 거울에서 자기 자신을 인식할 수 있는 능력을 가지고 있다는 것은 무엇을 의미하는가? 거울상이 자기 자신이라는 의식을 지녔다는 뜻인가? 그것은 동물이 자기 자신을 타자의 위치에 옮겨놓을 수 있다는 걸 의미하는가? 아니면, 타자의 의도를 인식한다는 뜻인가? 아니면, 거짓말? 결국, 자기인식의 본질을 이루는 모든 것이 여전히 의문으로 남아 있는 것이다.

갤럽의 실험은, 과학은 종종 흥미로운 대답을 할 수 있지만 그게 언제나 문제에 대한 정확한 답은 아니라는 것을 보여주는 좋은 예다.

madsciencebook.com
최근에 코끼리를 대상으로 진행된 거울실험을 보라.

★Gordon G. Gallup, 「침팬지: 자기인식Chimpanzees: Self-Recognition」, 『사이언스Science』 167(3914), 1970, pp. 86-87.

1969
밀리와 몰라, 다니족의 컬러풀한 세계

1969년 여름 엘리너 로슈가 파푸아뉴기니와 이리안자야의 국경을 넘을 때, 그녀의 가방에 트럼프카드 크기의 색깔카드 수백 벌이 들어 있는 것을 본 관리는 어안이 벙벙했다. 로슈는 이 카드를 가지고 언어학계에서 논란의 핵이 되고 있는 이론을 논박하려 한다는 걸 굳이 설명하려 들지도 않았다. 하지만 그냥 몇 마디의 모호한 대답과 함께 공식적인 여행증명서를 내보이는 정도로 로슈와 당시 그녀의 남편이었던 인류학자 카를 하이더는 입국심사대를 통과할 수 있었다.

로슈가 하이더를 만난 것은 그녀가 박사과정 학생이었던 하버드 대학에서였다. 어느 날 하이더는 그녀에게 자신이 여러 차례 현지조사를 나갔던 다니Dani족 이야기를 들려주었다. 수렵채집생활을 하는 다니족에게는 색이름이 딱 두 개밖에 없다는 것이었다. '밀리'는 어둡다는 뜻이고, '몰라'는 밝다는 뜻이다. 로슈는 곧바로, 이들이 '언어는 사고에 어떤 영향을 끼치는가?' 라는 언어학의 오래된 수수께끼를 풀 열쇠를 쥐고 있다는 걸 알아차렸다.

1930년대에 언어학자 에드워드 사피어는 언어가 사고를 규정한다고 생각했다. 언어가 실재reality에 적응하는 것이 아니라 반대로 실재는 오직 모국어라는 안경을 통해서만 인식될 수 있다는 것이다. 다시 말해, 각 언어는 곧 각기 다른 세계관이다. 이것은 실재가 인간의 외부에 객관적으로 존재하는 물리적 세계가 아니라 각각의 모국어를 소유한 인간의 머릿속에 들어 있다는 결론을 암시한다.

사피어의 제자 벤저민 리 워프는 아인슈타인의 상대성원리에 빗대어 이 원리를 '언어학적 상대성'이라고 불렀다. 이것은 나중에는 '사피어-워프 가설'로도 불리게 되었다. 그런데 이 아이디어를 논리적으로 끝까지 밀고 나가면, 다른 언어를 쓰는 두 족속은 결코 상대방을 진정으로 이해할 수는 없다는 결론에 다다를 수밖에 없다.

워프는 인디언의 언어에 자신의 가설을 입증할 수 있는 증거가 있다고 생각했다. 호피Hopi족에게는 새를 제외한 날 수 있는 모든 것은 단 하나의 단어로 통한다. 그러나 에스키모에게는 눈雪을 가리키는 단어가 일곱 개나 있다. 문법 또한 워프의 가설을 확증해주는 듯했다. 호피족의 언어에는 시제가 없기 때문에, 그들은 우리와는 다른 시간감각을 가지고 말한다. 그러나 그의 예는 순환논법에 빠져 있다. 워프는 언어의 특수성에서 각기 다른 세계관이 나온다고 결론지었다. 하지만 정반대로, 인디언의 세계가 다르기 때문에 그들은 세계를 달리 말한다고 추론할 수도 있는 것이다.

처음에는 이 딜레마를 풀기란 불가능할 것 같았다. 사고와 인식을 언어와는 독립적으로 관찰하고 그것을 객관적인 척도에 따라 정리할 수 있어야 하기 때문이다. 하지만 세계관을 객관적으로 측정하거나 언어와 무관한 방법으로 전달할 수는 없다. 예를 들어 호피족의 다른 시간감각을 측정할 수 있는 완전무결한 물리적인 척도는 없는 것이다.

이 문제를 풀 열쇠가 바로 색깔이었다. 색깔은 주관적인 인식과 무관하게 각각의 파장에 따라 범주화할 수 있다. 색상판을 각각의 색깔로 분류하는 것 역시 언어와는 상관없이 처리할 수 있다. 그러므로 사람들이 다른 언어를 쓴다는 것이 곧 그들이 세계를 다른 색깔로 본다는 것을 의미하는지 여부를 검사하는 데에 필요한 것은 이제 자신

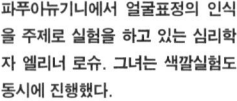

파푸아뉴기니에서 얼굴표정의 인식을 주제로 실험을 하고 있는 심리학자 엘리너 로슈. 그녀는 색깔실험도 동시에 진행했다.

의 모국어로 가능한 한 많은 색깔을 알고 있는 사람들뿐이다.

1950년대에 진행된 첫 번째 실험들은 명확한 결과를 얻어내지 못했지만, 버클리에 있는 캘리포니아 주립대학의 브렌트 베를린과 폴 케이는 1960년대 말 100가지 이상의 언어를 비교해, 다양한 언어에서 색깔을 가리키는 단어들이 하나의 정해진 틀에 따라 발전한다는 것을 발견했다. 어떤 언어에 색이름이 둘밖에 없다면, 그것은 반드시 (모든 어두운 색을 뜻하는) '검정'과 (모든 밝은 색을 뜻하는) '하양'이다. 셋이라면 '검정', '하양', '빨강'이며, 넷일 때는 '검정', '하양', '빨강'과 '노랑' 또는 '초록'이다. 이런 식으로 하나씩 하나씩 스펙트럼이 넓어져 열한 가지 기본색에 이른다. 이 원리는 색깔인식이 어떤 보편적인 규칙에 따른다는 것을 알려주었다.

다른 실험 역시 같은 방향을 가리켰다. 베를린과 케이는 스무 가지 서로 다른 언어를 쓰는 사람들에게 색상판을 주고 자기 언어에 있는 각 색깔의 경계를 표시하라는 과제를 내주었다. 그들은 동시에 각각의 색이름을 대표하는 전형적인 색상을 골라내야 했다.

실험 참가자마다 각 색깔 사이의 경계는 조금씩 달랐지만, 전형적인 색상은 모두 비슷했다. 언어와 문화에 상관없이 공통으로 인식하는 초점색들이 있는 것이 분명했다.

하지만 언어가 인식을 지배한다는 주장을 뒤엎기에는 아직 충분하지 않았다. 실험 참가자들이 이미 얼마간은 영어의 영향을 받은 이주자들이었기 때문이다. 다른 언어권과 접촉해본 경험이 없는 사람으로 실험을 해야 신빙성 있는 결과를 얻을 수 있었다.

여기에 딱 알맞은 사람들이 바로 다니족이었다. 로슈는 1969년 네덜란드인들의 선교 거점이었던 이비카에서 40명의 남자들을 대상으로 첫 번째 실험을 했다. 로슈는 색깔카드 더미에서 하나를 뽑아 그들에게 5초 동안 보여주고, 30초가 지난 뒤 명도와 채도가 다른 40개의 색깔카드 가운데 아까 보여주었던 색깔을 찾아내도록 했다. 그녀는 색깔카드 전부를 그렇게 보여주면서, 그들이 얼마나 많이 틀리는

지, 그리고 얼마나 자주 원래의 색깔과 비슷한 인접 색을 선택하는지를 세었다. 워프가 옳고 언어가 인식을 지배한다면, 다니족은 자기 언어에 여러 낱말이 있는 색깔보다는 한 단어밖에 모르는 색깔에서 더 혼동을 일으켜야 한다.

그렇지만 같은 실험을 한 미국 학생들보다 다니족이 더 혼동을 일으킨다는 결과는 나오지 않았다. 예를 들어, 다니족은 자신들이 '몰라(밝다)'라는 단어 하나로 포괄하는 파랑과 초록의 경계를 나누는 걸 미국 학생보다 힘들어하지 않았다. 이로써 사피어-워프 가설은 부정되는 것으로 보였다.

그러나 이 실험은 다만 길고 긴 논란의 시작에 지나지 않았다. '사람들은 오직 다른 언어를 쓴다는 이유만으로 세계를 다르게 보는가?' 라는 물음 뒤에는 '인간의 정신은 과연 어디까지 환경의 지배를 받는가?' 라는 질문이 숨어 있었기 때문이다. 무색무취했던 색깔실험이 이제 유전자와 환경의 영향을 구별하는 문제로 부각되었다.

토론은 뜨거웠다. '천성이냐, 교육이냐?' 라는 문제는 특히 성정치의 영역에서 대단히 민감하고 까다로운 논란거리였기 때문이다. 만약 우리가 '의사'와 '간호사'보다 '여의사'와 '남자간호사'를 더 자주 입에 올린다면, 의료계의 역할분담이 바뀌게 될까? '여성기술자'라는 말을 자주 들으면, 소녀들이 기술사가 되고 싶어질까?

그 문제에서는 어떤 합의점도 나오지 않을 거라고 짐작할 여지는 충분했다. 1999년의 한 연구는 로슈의 발견을 뒤집었다. 런던 대학의 데비 로버슨은 뉴기니의 다른 부족을 대상으로 로슈의 실험을 반복했다. 베리모Berimo족은 단지 다섯 가지 색깔만 알고 있는데, 그것이 그들의 색깔인식에 영향을 미쳤던 것이다. 로버슨은 로슈의 실험방법이 잘못되었다고 보았고, 로슈는 로슈대로 로버슨의 색깔카드 선택이 적절하지 못했다고 생각했다.

어쨌든, 에스키모인의 눈은 현대의 전설이 되었다. 전설은 1911년 에스키모어에서 '눈'을 뜻하는 단어 네 개를 찾은 어학자 프란츠

★Eleanor Rosch Heider, 「색이름 짓기와 기억에서의 보편성 Universals in Color Naming and Memory」, 『실험심리학 Journal of Experimental Psychology』 93(1), 1972, pp. 10-20.

보애스로 거슬러 올라간다. 그런데 그 단어 네 개는 워프에 의해 일곱 개로 늘어났고, 우리의 언론인들은 그걸 또 넉넉하게 부풀렸으니, 심지어 오하이오 주 클리블랜드의 한 일기예보는 100개까지 끌어올린 적이 있다. 오늘날의 전문가들은, 열두 개 정도라고 본다.

1970

거 참, 이렇게 당혹스러울 수가!

화장실엔 창문이 열려 있었고, 그걸 본 하워드 갈런드는 자신의 실험 방법이 먹힌다는 걸 확신했다. 뉴욕 코넬 대학에 다니는 학생 갈런드는 당혹스러운 상황에서의 심리상태를 연구하고 있었다. 어떤 상황은 왜 당혹스러울까? 그런 상황에서 사람들은 어떻게 당혹스러운 표정을 감출까? 그걸 알아보려면, 피실험자들이 당혹스러워할 상황을 실험실에 연출해야 했다. 초기 실험에서 버트 브라운 교수는 학생들에게 공갈젖꼭지를 물리고 대중 앞에서 자신의 심정을 표현하게 했다. "나는 청중이었지요. 그 상황은 나 자신에게도 정말 당혹스러웠어요"라고 갈랜드는 회상했다. 공갈젖꼭지 실험은 1960년대 초반에 고안되었는데, 거기에는 성적인 이미지가 강하게 깔려 있었다. 이 방법은 매우 효과적이었지만, 갈런드는 피실험자들을 좀 더 점잖게 당혹스러운 상황에 빠뜨릴 방법이 없을까를 궁리했다. 그러던 중에 피실험자들이 대중 앞에서 노래를 부르도록 하자는 생각이 떠올랐다.

노래를 불러야 할 실험 참가자 한 사람이 갈런드에게 화장실이 어디냐고 물어본 순간, 갈런드는 그것이 얼마나 효율적인 방법인지를 확실히 알 수 있었다. 갈런드는 화장실 가는 길을 알려주고 기다렸지만, 그 학생은 돌아오지 않았다. 갈런드가 화장실(2층에 있었다)에 가 보았더니, 아무도 없이 텅 빈 화장실에는 창문이 열려 있었다. 불쌍한 그 친구는 억지로 노래를 부르지 않고도 난처한 상황을 모면할 수 있다는 실험규칙을 들을 틈조차 없었던 것이다.

실험의 진짜 목적을 감추기 위해, 갈런드는 실험을 자동적으로 노래점수를 매기는 컴퓨터프로그램 테스트로 위장했다. 그는 실험 참가자들에게 그들의 노래에는 점수를 두 번 매길 것이라고 설명했다. 처음에는 컴퓨터가, 두 번째는 청중들이. 두 점수를 비교해서 컴퓨터가 인간의 판단에 얼마나 접근했는지 보겠다는 것이었다.

설명이 끝나자, 그는 피실험자들에게 1950년대의 유치한 발라드곡 <사랑은 아름다운 것Love is a Many-Splendored Thing>을 들려주었다. 사람들이 '당혹스러워할 가능성'이 아주 커서 고른 곡으로, 음역은 엄청나게 넓고 가사는 유치하기 짝이 없는 노래였다. 실험 참가자들이 잠깐 동안 연습한 다음에 가짜 컴퓨터 앞에서 노래를 부르면, '훌륭한 가수입니다'와 '좀 더 노력하세요'라는 판정이 나왔다.

그 다음에, 갈런드는 벽 한쪽이 투명거울로 된 작은 방으로 피실험자들을 데려갔다. 투명거울 뒤에 청중이 앉아 있다고 했지만, 실제로 앉아 있는 사람은 초시계를 든 갈런드뿐이었다. 그는 피실험자들에게 미리 5초 노래할 때마다 1센트를 지불하겠다고 했다. 그러므로 그들이 그 상황을 얼마나 당혹스러워하는지는 그들이 얼마나 오랫동안 노래부를 수 있는가로 측정할 수 있을 터였다.

첫 번째 결과는 예상대로였다. 컴퓨터가 노래를 '좀 더 노력하세요'라고 판단한 경우에는 평균 82초 동안 노래한 반면, '훌륭한 가수입니다'라고 평가한 사람들은 132초 동안 노래를 불렀다(컴퓨터의 판정은 완전히 무작위로 내려졌고, 사실 컴퓨터는 있지도 않았다). 또 피실험자들은 거울 뒤에 친구들이 앉아 있(는 것으로 알았)을 때보다 전혀 알지 못하는 사람들을 앉혀놓(은 것으로 알)았을 때 훨씬 더 오랫동안 노래 불렀다. 그리고 갈런드가 성별을 구분해서 실험했을 때는 정말 놀라운 결과가 나왔다. 여자들은 여자 청중 앞에서는 평균 16초밖에 노래하지 않았지만, 청중이 남자였을 때는 네 배나 오래 노래했던 것이다. 갈런드는 그 까닭을, 여자들은 남자들이 일반적으로 노래를 더 못한다고 생각해서 몇 번쯤 음정이 틀려도 알아차리지 못할 거라고 생각하기 때문이라고 추측했다.

★Bert R. Brown & Howard Garland, 「무력감, 면식 있는 청중, 예측 평가 되먹임이 체면 살리기 행동에 미치는 효과The Effects of Incompetency, Audience Acquaintanceship, and Anticipated Evaluative feedback on Face-Saving Behavior」, 『실험 사회심리학Journal of Experimental Social Psychology』 7, 1971, pp. 490-502.

존 달리와 대니얼 뱃슨이 실험의 힌트를 얻은 곳은 바로 성경이었다. "어떤 사람이 예루살렘에서 여리고로 내려가다가 강도를 만나매 강도들이 그 옷을 벗기고 때려 거의 죽은 것을 버리고 갔더라. 마침 한 제사장이 그 길로 내려가다가 그를 보고 피하여 지나가고 또 이와 같이 한 레위인도 그곳에 이르러 그를 보고 피하여 지나가되 어떤 사마리아 사람은 여행하는 중 거기 이르러 그를 보고 불쌍히 여겨 가까이 가서 기름과 포도주를 그 상처에 붓고 싸매고 자기 짐승에 태워 주막으로 데리고 가서 돌보아주니라."(「누가복음」 10장 29-34절) 뱃슨은 선한 사마리아 사람의 비유를 읽으면서, 다른 사람을 돕는 착한 마음의 세 가지 전제조건을 발견했다.

첫째, 바쁜 사람은 착한 마음이 덜하다. 제사장과 레위인은 종교적으로 중요한 지위에 있는 사람으로서, "수많은 모임과 약속으로 꽉 찬 까맣고 작은 책을 들고, 힐끗힐끗 해시계를 쳐다보며 바쁘게 가던" 중이었다. 반면에, 사회적으로 그리 중요한 인물이 아닌 사마리아인에게는 사람을 도울 시간적 여유가 있었다.

둘째, 윤리적·종교적인 생각에 몰두해 있는 사람이 도움을 요청받으면, 다른 생각을 하고 있던 사람보다 덜 돕는다. 제사장과 레위인은 자주 곰곰이 따져보아야 할 종교적인 문제에 부딪혔을 것이고, 조난자를 만났을 때 역시 뭔가를 골똘히 생각하고 있었을 것이다. 이에 반해 사마리아인은 훨씬 세속적인 사고를 지니고 있었다.

셋째, 독실한 신앙심을 지닌 사람은 그 믿음 안에서 이득을 얻기를 원하기 때문에, 다른 속셈 없이 나날의 일상생활에서 끊임없이 의미를 찾는 것이 바로 종교라고 보는 사람들보다 남을 도울 준비가 덜 되어 있다. 제사장과 레위인은 첫 번째 범주에 속하고, 사마리아인은 두 번째 범주에 속하는 사람이다.

뱃슨은 이 세 가지 가설을 검증해보기로 했다. 그러려면 신앙심 깊은 사람들이 필요했다. "그러니까, 다른 경우처럼 신입생을 투입해

사회학과 건물 입구의 '조난자.' 곧 '선한 사마리아 사람'에 대한 발표를 할 신학생은 그를 도와주었을까?

서는 안 된다는 뜻이다." 뱃슨이 염두에 둔 사람들은 바로 프린스턴 대학의 신학과 학생들이었다.

그는 또 프린스턴 대학 교정의 심리학과와 건너편 사회학과 건물 후문 사이로 난 아스팔트 도로를 '예루살렘에서 여리고로 가는 길'로 선택했다. 강도를 만날 일은 별로 없었지만, 침침하고 너저분하고 쓸쓸한 도로였다. 뱃슨은 그 길을 규칙적으로 지나다니는 몇 안 되는 사람들에게 실험기간 동안 다른 길을 이용해달라고 부탁했다.

1970년 12월 14일 오전 10시, 뱃슨은 첫 번째 신학생을 그 길로 보냈다. 그는 자신이 '예루살렘에서 여리고로 가는 길'에 있다는 사실을 몰랐다. 뱃슨이 실험을 위장했기 때문이다. 실험 참가자들은 심리학과에서 실시한다는 종교교육과 그들의 소명에 관한 조사에 자원한 사람들이었다. 그들은 사전에 3~5분 정도의 발표를 준비해달라는 요청을 받았고, 이제 그 발표를 녹음할 참이었다. 그런데 심리학과는 너무 좁아서, 그들은 그 길을 따라 조수가 녹음기를 들고 기다리고 있는 사회학과 건물로 이동해야 했다.

그 길에서 그는 '조난자'와 만나게 된다. 헝클어진 머리를 하고 겨울외투에 두 손을 깊숙이 찔러넣은 채 사회학과 건물 문에 눈을 감고 기대어 앉아 있는 남자가 그 사람이다. 조난자 역할을 맡은 남자는 지침을 정확히 따랐다. 피실험자가 다가오면, 기침을 두 번 하고 신음 소리를 낸다. 그들이 괜찮냐고 물으면, 이렇게 대답한다. "아, 감사합니다.(콜록)…… 아뇨, 괜찮습니다. (잠시 뜸을 들이고) 기관지가 안 좋아요.(콜록)…… 의사가 준 이 약을 막 한 알 먹었어요.…… 가만히 앉아서 몇 분만 있으면 괜찮아질 거예요." 피실험자가 건물 안에 들어가자고 권하면, 그를 따라간다.

문제는, 어떤 조건일 때 실험 참가자들이 조난자를 도울까 하는 것이었다. 피실험자 가운데 몇 사람은 급히 서둘러 심리학과 건물로 가도록 했다. "아이고, 늦으셨네요! 그분들이 벌써 몇 분째 기다리고 계신데. 서둘러 가시는 게 좋겠습니다. 조교 선생님이 당신을 기다리실 겁니다." 다른 사람들에게는, 너무 일찍 와서 사회학과에 갈 시간은 넉넉하다고 이야기했다. 그리고 뱃슨은 피실험자들이 발표해야 할 주제에도 차이를 두어, 절반은 신학과 졸업생이 선호하는 직업에 대하여 3분 동안 발표하게 하고 나머지 절반은 선한 사마리아인의 비유에 대하여 발표하도록 했다. 피실험자의 행동에 영향을 미칠 수 있는 세 번째 요소인 신앙관은 설문지를 통해 조사했다.

뱃슨은 사흘 동안 47명의 학생을 사회학과 건물로 보냈다. 돌발 사태가 없지 않았다. 피실험자 가운데에는 슈퍼헬퍼 super-helper 류의 사람들이 있었다. 이들은 조난자를 그냥 내버려두지 않고, 커피 한 잔을 대접하며 예수 그리스도의 복음을 전했다. 덕분에 30분마다 새로운 피실험자를 보낸다는 계획은 엉망이 되고 말았다.

결과는 놀라웠다. 다른 사람을 도우려는 마음에 영향을 미친 유일한 조건은 '여유'였다. 시간에 여유가 있는 피실험자들은 급한 사람들보다 조난자를 여섯 배나 많이 도와주었다. 비록 교조적인 신학생들이 눈에 띄게 자주 슈퍼헬퍼에 속하기는 했지만, 결과에 신앙관에 따른 명백한 차이는 나타나지 않았다. 가장 의미심장한 결과는 다른 곳에서 나타났다. 그것은, 다른 사람을 도울까 말까를 결정하는 것은 선한 사마리아인 비유를 떠올리는 것과는 아무 상관도 없다는 사실이었다. 실제로, 피실험자 중에는 조난자에게 눈길 한 번 주지 않고 태연히 지나가서는 제사장과 레위인의 비인간적인 행동에 대해 발표한 사람들이 몇 명 있었다.

실험의 진짜 목적에 대해 설명을 들은 뒤, 많은 학생들이 부끄러워했다. 나중에 설교할 때 자신의 행동을 교훈적인 사례로 인용한 사람들도 많았다.

뱃슨은 같은 장소에서 더 많은 피실험자를 데리고 실험을 해보고 싶었다. 하지만 그가 새로운 실험을 준비하는 동안, 그 아스팔트길은 물웅덩이나 쓰레기와 함께 프린스턴 대학의 환경개선 프로그램이라는 강도를 만나고 말았다. 덕분에 그 길은 이제 벤치가 있고 옆 건물까지 가로수가 늘어선 한적하고 쾌적한 산책로가 되었다. 나중에 뱃슨은 "훨씬 아름다운 곳으로 바뀌었다는 데에는 모두 같은 의견이었다"고 썼다. 하지만, 예루살렘에서 여리고로 가는 길로는 더 이상 적합하지 않았다.

★John M. Darley & C. Daniel Batson, 「예루살렘에서 여리고까지: 도움행동에서의 상황과 기질 변수에 관한 연구From Jerusalem to Jericho: A Study of Situational and Dispositional Variables in Helping Behavior」, 『개성 및 사회심리학Journal of Personality and Social Psychology』 27, 1973, pp. 100-108.

1970
1달러짜리 지폐를 경매에 붙이면

앨런 테거가 펜실베이니아 대학의 학생들과 국제관계의 심리학을 토론하던 1970년에, 토론자료로 쓸 실제 사례들이 모자랄 걱정은 없었다. 미국은 베트남에서 진쟁을 벌이고 있었고, 신문은 날마다 의사결정, 보복, 집단역학 같은 테거의 연구주제들로 가득 차 있었으니까 말이다.

테거는 특히 미국 정부의 상투적인 주장에 주목했다. 그것이 갈등을 점점 더 키우는 중요한 원인이라고 믿었기 때문이다. 전쟁에 들어가는 비용이 전쟁에서 얻는 이득보다 훨씬 컸지만, 미국은 '전사자들의 죽음이 결코 헛되지 않도록' 하기 위해 전쟁을 계속해야 했다. 다시 말해, 미국은 전쟁을 여기서 멈추기에는 이미 너무 많이 투자한 것이다.

테거는 어떻게 하면 학생들이 그들에게 친숙한 것을 통해 직접

이 메커니즘을 경험해보도록 할 수 있을지 고심했다. 물론 죄수의 딜레마(→ 145쪽)처럼 갈등을 시뮬레이션하는 수학게임들이 있기는 하지만, 그런 게임에서는 참가자들이 대체로 차분하게 평정을 유지했다. 분노하지도 실망하지도 않는 것이다. 테거는 아주 현실적인 사람이었으므로, 곧 독특한 규칙 아래 진행되는 경매를 고안해냈다. 그런데 바로 얼마 뒤, 테거는 경제학자 마틴 슈빅이 이미 비슷한 게임을 창안해 논문까지 발표했다는 걸 알게 되었고, 그는 슈빅에게서 경매에 내놓을 '1달러 지폐'를 빌려왔다.

일반적인 경매와 마찬가지로, 1달러 경매 역시 가장 높은 값을 부른 사람에게 낙찰된다. 하지만 여기에는 테거가 만든 악마의 추가 규칙이 있었는데, 대부분의 참가자들이 이 규칙의 의미를 알아차렸을 때는 이미 늦어도 많이 늦은 뒤였다. 그것은, 두 번째로 높은 값을 부른 사람은 아무것도 받지 못하면서도 무조건 자기가 부른 돈을 내야 한다는 것이었다. 그보다 더 낮은 값을 부른 사람들은 한푼도 내지 않는다.

테거는 수업시간에 첫 번째 1달러 경매를 실시했다. 처음에는 학생 모두가 참여했다. 1달러보다 적은 돈으로 1달러를 손에 넣을 수 있는 기회를 놓치고 싶지 않았기 때문이다. 입찰가가 70센트에 가까워지자, 자신의 뒤통수를 치게 될 추가규칙의 무서움을 깨닫기 시작한 대부분의 학생들이 입찰 대열에서 떨어져나갔다. 하지만 그 시점에서 가장 높은 액수로 입찰한 두 학생은 이미 도저히 빠져나갈 수 없는 나락에 떨어져 있었다. 첫째 학생이 80센트를 부르자, 다른 학생은 90센트를 불렀다. 첫째 학생이 여기서 포기한다면, 그는 아무런 대가도 없이 80센트를 지불해야 한다. 그게 싫다면, 그는 1달러를 불러야 한다. 1달러를 부르고 나면, 그는 이제 아무것도 남는 게 없다. 1달러를 주고 1달러를 받기 때문이다. 하지만 그는 적어도 손해는 보지 않는다. 이제 두 번째 입찰자가 진퇴양난에 빠졌다. 여기서 포기하면, 90센트를 물어야 한다. 그러느니 차라리 1달러 10센트를 지불하는 게 낫다. 그가 1달러 10센트를 부르자, 강의실이 술렁였다. 1달러를 사려고 1달러 10센트를 지불하다니, 바보 아냐? 10센트나 손해 보잖아? 하지만 입찰을 포기하면 90센트를 잃는데? 그렇게 일은 점점 커졌고, 두 사람은 폭탄 돌리기를 멈출 수 없었다.

테거는 이 실험을 40회 가량이나 해보았지만, 낙찰가가 1달러보다 낮았던 적은 한 번도 없었고 어떤 때는 20달러까지 올라갔다. 그는 돈을 받지는 않았다. 하지만 중요한 것은, 게임을 하는 동안에는 참가자들이 정말로 돈을 내는 게임이라고 믿어야 한다는 점이었다.

경매가 끝난 다음 참가자들과 함께 벌인 토론에서는, 많은 학생들이 자신들의 비합리적인 행동에 대해 변명을 늘어놓았다. 경제학과 학생들은 자신이 돈을 잃었다는 사실에 특히나 당혹스러워했다. 어떤 학생은 자신이 취해 있었다고 변명했다.

결코 빠져나올 수 없는 게임의 규칙이 그들을 파멸로 이끌었을 뿐 그들의 행동은 지극히 정상적이었다. 베트남 전쟁도 마찬가지였다. "그들은 살인을 즐기는 미치광이들이 아니다. 그저 수렁에서 빠져나오려고 몸부림치고 있을 뿐이다." 그러나 몸부림을 치면 칠수록, 그들은 점점 더 깊이 빠져들고 만다.

입찰자들과 인터뷰를 하면서 테거는 입찰자들이 운명적으로 겪을 수밖에 없었던 동기의 변화를 확인했다. 처음에는 어쩌면 그저 손쉽게 돈을 벌 수 있겠다는 생각뿐이었다. 그러나 입찰가가 1달러를 넘어서면서, 모두가 딜레마에 빠지고 말았다. 이쯤에서 포기하고 건 돈을 날릴 것인가, 더 질러버릴 것인가. 하지만 이젠 돈이 문제가 아니었다. 어떤 대가를 치르더라도 무조건 이겨서 상대의 코를 납작하게 만들어놓아야 하는 것이다. 사람들은 대부분, 상황이 그렇게 엉망이 된 건 상대방 때문이라고 생각했다. 상대방은 도대체 왜 그랬을 거라고 생각하느냐는 질문에, 몇 사람은 상대방이 미친 게 틀림없다고까지 대답했다. 그들에게는, 게임은 대칭적이고 상대방도 자신과 똑같이 생각할 거라는 관점이 끼어들 틈이 없었다.

★Martin Shubik, 「달러 경매 게임: 비협력행동과 증폭의 역설 The Dollar Auction Game: A Paradox in Noncooperative Behavior and Escalation」, 『갈등해결Journal of Conflict Resolution』 15, 1971, pp. 109-111.

Allan I. Teger, 『그만두기에는 너무 많이 투자한Too Much Invested to Quit』, Pergamon Press, 1980.

달러 경매는 갈등은 어떻게 증폭되는가에 대한 비유다. 테거가 자신의 실험을 가지고 쓴 책은 기업간의 갈등뿐만 아니라 북아일랜드 분쟁을 논하는 워크숍에도 활용되었다. 그가 당신도 여기서 그만두기에는 너무 많이 투자한 것이 아니냐는 질문을 받았을 때, 그는 딱 잘라 '아니오!'라고 대답했다. 1981년, 그는 학자 생활을 그만두고 사진작가가 되었다(그는 세계적으로 유명한 누드 사진작가다 — 옮긴이).

1970
폭스 박사의 명강연

그곳에 모인 전문가들 앞에서 마이런 폭스는 '의사 양성을 위한 수학적 게임이론의 응용'이라는 인상적인 제목의 강연을 했다. 북캘리포니아에 있는 타호 호수에서 열린 남캘리포니아 의과대학 계속교육과정의 연례총회에서 첫 강연자로 나선 그는 '인간 행동에 대한 수학적 응용 분야의 권위자'라고 소개받았다. 워낙 능숙한 연기 덕분에 아무도 그를 알아보지 못했다. 연단에 선 그는 알베르트 아인슈타인 의과대학에서 온 마이런 폭스일 뿐만 아니라 <배트맨>에 나오는 고담 시 라디오 국장 레오 고어, <팰컨 크레스트>의 변호사 에이머스 페더스, 그리고 <형사 콜롬보>에서 형사의 개를 돌보는 수의사 닥터 벤슨이기도 했다. 마이런 폭스의 본명은 마이클 폭스(<백 투 더 퓨처>의 마이클 제이 폭스와 혼동하지 말 것), 그는 영화배우였다. 그리고 그는 게임이론에 대해서는 쥐뿔도 모르는 사람이었다.

폭스가 한 것이라고는 게임이론에 관한 논문을 가지고 부정확하고 모호한 설명들과 제멋대로 지어낸 용어들, 그리고 모순적인 주장들로 가득한 강연원고를 만든 다음, 유머를 섞어가며 그럴싸하게 다른 연구들을 비판한 것뿐이었다. 이 사기극을 연출한 사람은 존 웨어와 도널드 내프털린 그리고 프랭크 도널리로, 그들은 이 공연을 통해 계속교육과정에 관한 토론을 이끌어내고자 했다. 이 실험은, 훌륭한 강연 기술로 전문가 집단을 완전히 속여넘겨서 강연 내용이 말도 안 되는 허튼소리라는 걸 눈치채지 못하게 할 수 있는지를 알아보기 위

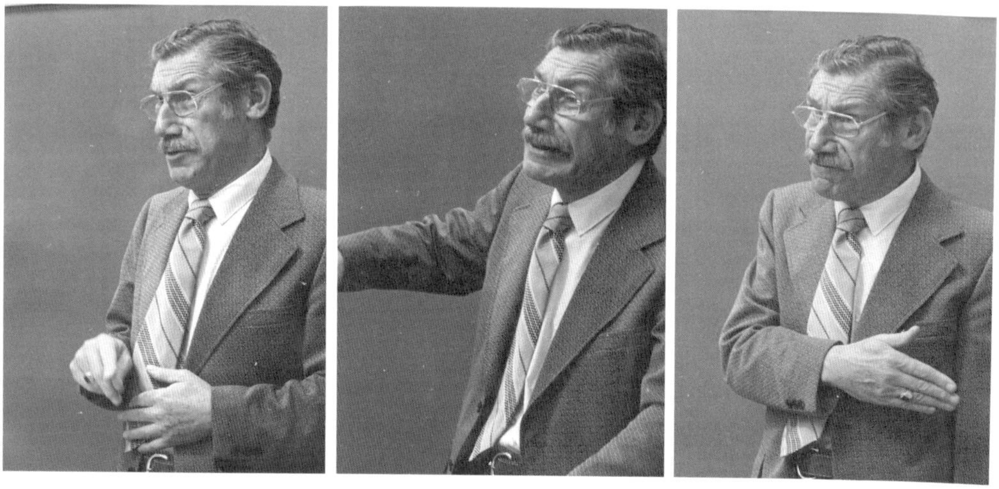

배우 마이런 폭스는 뛰어난 강연 기술로 전문가들을 완벽하게 속여넘겼다.

해 고안된 것이었다. 존 웨어와 배우는 강연 내용에 알맹이가 하나도 안 남을 때까지 몇 시간이고 연습을 거듭했다. "폭스가 말이 되는 소리를 한마디도 하지 않는 게 관건이었습니다."

폭스는 분명히 금방 들통나고 말 거라고 생각했다. 그러나 청중은 그의 한 마디 한 마디를 경청했고, 한 시간 동안의 강연이 끝나자 질문을 퍼부었으며, 그가 탁월한 능력을 동원해 그 질문들에 아무것도 대답하지 '않는' 것을 아무도 알아차리지 못했다. 강연을 평가해 달라는 설문지를 돌렸을 때, 강연을 들은 열 명의 청중은 모두 자신의 사고에 좋은 자극이 되었다고 대답했다. 그리고 아홉 명은 폭스가 아주 명확하게 내용을 전달했고, 다양한 예를 들어 재미있게 설명했다고 평가했다.

웨어와 동료들은 다른 두 집단에게 강연 비디오를 틀어주었다. 결과는 비슷했다. 심지어 어떤 사람은 이미 전문지에서 마이런 폭스의 논문을 읽은 적이 있다고 기억하기까지 했다. 청중은 학생들이 아니라 노련한 교육자들이었지만, 그들 역시 배우의 능숙한 연기에 현혹되고 말았다.

그들은 더 많은 청중을 놓고 실험을 계속했다. 청중이 강연의 내용보다 강사의 강연 스타일에 더 잘 속아 넘어가는 현상은 곧 '폭스 박사 효과'라는 이름을 얻었다.

웨어는 강의평가라는 게 과연 쓸모가 있는 건지 의심을 품게 되었다. 학생들의 강의평가가 실은 그 강의가 그들에게 '뭔가 배운 것 같다는 환상'을 얼마나 심어주었는가 말고는 별로 보여주는 게 없을 수도 있다는 말이다. 저자들이 논문에 썼듯이, "가르친다는 것은 학생들을 행복하게 해주는 것 이상의 어떤 것"이 아니던가.

하지만, 이 결론을 수정하게 만드는 놀라운 일이 벌어졌다. 청중에게 폭스 박사의 정체를 알려준 다음에도, 어떤 사람들은 그에게 그 주제와 관련하여 추가로 읽어야 할 자료들을 제시해달라고 요청했다. 그러니까, 횡설수설에 사기로 판명된 강연이 강연 기법 때문에 청중에게 그 주제에 대한 관심을 불러일으켰던 것이다. 그래서 웨어는 학생들에게 동기를 부여해줄 혁신적인 방법을 제안했다. 교수들이 직접 강의하지 말고, 대신 강의할 배우들을 훈련시키라는 것이다

★Donald H. Naftulin 외, 「폭스 박사의 강연: 교육 동기부여의 패러다임The Doctor Fox Lecture: A Paradigm of Educational Seduction」, 『의학교육Journal of medical education』 48(7), 1973, pp. 630-635.

한 저널리스트는 나중에 『로스앤젤레스 타임스』에 이렇게 썼다. "이 연구에는 저자들조차 알아채지 못한 것이 함축되어 있다. 배우가 더 훌륭한 교사라면, 그들이 더 훌륭한 정치가, 아니 더 훌륭한 대통령이 못 될 이유가 어디 있겠는가?" 웨어의 실험으로부터 10년 후, 로널드 레이건이 미국 대통령이 되었다.

1971

스탠퍼드의 감옥, 아부 그라이브의 감옥

2004년 4월 28일 저녁, 필립 짐바르도 교수(→ 221쪽)는 호텔방에서 텔레비전을 켰다. 그는 미국심리학회 회장으로, 총회에 참석하느라 워싱턴에 머무르고 있었다. 채널을 돌리던 그는 벌거벗은 포로들이 인간 피라미드를 쌓고 있는 화면을 본 순간 공포에 사로잡히고 말았다. 포로들 뒤에는 미군 두 명이 서서 웃고 있었다. 한 명은 남자, 한 명은 여자였다. 다음 화면은 다른 여군 한 명이 바닥에 웅크린 포로의 목에 걸린 가죽끈을 잡고 있는 장면이었다. 그리고, 하나의 아이콘이 된 장면이 이어졌다. 머리에 복면을 뒤집어쓴 포로 한 사람이 양손에

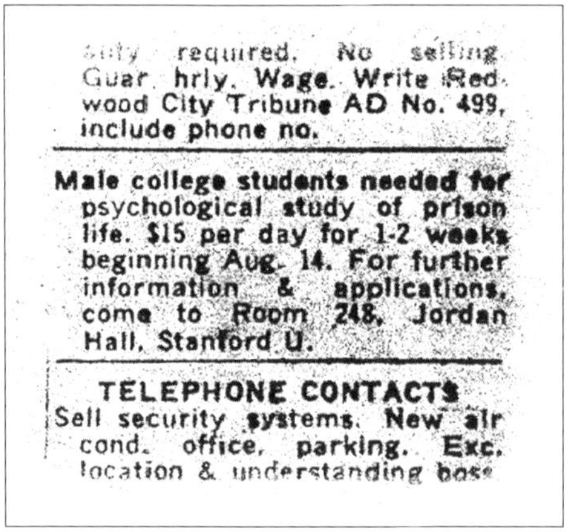
required. No selling
Guar. hrly. Wage. Write Red-
wood City Tribune AD No. 499,
include phone no.

Male college students needed for
psychological study of prison
life. $15 per day for 1-2 weeks
beginning Aug. 14. For further
information & applications,
come to Room 248, Jordan
Hall, Stanford U.

TELEPHONE CONTACTS
Sell security systems. New air
cond. office, parking. Exc.
location & understanding boss

1971년 봄, 심리학자 필립 짐바르도는 『팰러앨토 타임스』에 이렇게 광고를 냈다.

전선이 연결된 채로 작은 나무상자 위에서 흔들거리고 있었다. 미군들은 그에게 나무상자에서 떨어지면 감전되어 죽을 거라고 위협했다.

미국이 이라크를 침공한 2003년 이후 미군이 포로들을 고문했던 바그다드의 아부 그라이브 교도소에서 벌어진 일이었다. 어떻게 이런 일이 허용될 수 있단 말인가? 미국 정부는 곧바로, 미군은 결코 그런 범법행위를 하지 않으며 고문을 저지른 군인들은 극히 일부의 '썩은 사과'일 뿐이라고 주장했다. 짐바르도는 그것이 빤한 거짓말이라는 걸 알았다. 세상 사람 모두가 알았을 것이다. 그는 자신이 30년 전에 세웠던 감옥과 고문실험을 떠올렸다.

1971년 봄, 38세의 짐바르도는 『팰러앨토 타임스』에 광고를 냈다. "감옥생활에 관한 심리학 연구를 위해 남학생 구함. 8월 14일부터 1~2주 동안. 일당 15달러. 문의 및 지원은 스탠퍼드 대학 조던 관 248호로."

실험 아이디어는 대학에서 강의를 하다가 얻었다. 몇몇 학생들이 '갇힌 자의 심리학'이란 주제를 골라서 주말에 감옥을 연출했다. 학생들이 그 짧은 경험에서 깊은 인상을 받은 것을 보고 놀란 짐바르도는 이 주제를 더 자세히 연구해보기로 마음먹었다.

짐바르도는 248호실로 찾아온 70여 명에게 성격테스트를 실시해 가장 정직하고 믿을 만하며 차분한 학생 스물한 명을 뽑았다. 그리고 자신이 동전을 던져 그들을 죄수 집단과 간수 집단으로 나누었다. 죄수 역할을 할 열한 명의 학생들에게는 8월 15일 일요일에 집에서 대기하라는 전화지시가 내려졌다. 간수 역할을 맡은 열 명은 실험을 시작하는 날 '교도소장' 필립 짐바르도와 부소장인 그의 조수 데이비드 재프에게 실험에 대한 설명을 들었다. 그들은 심리학과 건물 지하에 만든 감옥으로 안내되었다. 감방 역할을 할 작은 실험실 세 개의

문은 창살로 교체되어 있었다. 간수실과 점호 공간 역할을 할 길이 9미터의 복도가 있었으며, 이것들은 비디오카메라로 감시되었다. 감방에는 송수화기가 있어서 간수가 명령을 내리거나 죄수들의 대화를 은밀히 엿들을 수 있었다.

간수들은 함께 잉여군수품 가게로 가서 황갈색 군인셔츠와 바지를 유니폼으로 맞춰 입고, 호루라기, 반사 선글라스와 고무 곤봉을 갖추었다. 그들은 여덟 시간 교대근무를 했으며, "교도소의 효율적인 관리를 위해 필요한 범위 안에서 합리적인 질서를 유지하라"라는 포괄적인 명령을 받았다.

다음날, 스탠퍼드 대학의 캠퍼스 경찰은 다른 열한 명의 학생들을 주거침입 혐의로 체포했다. 경찰은 사이렌을 울리며 그들의 집에 도착하여, 이웃들이 호기심 어린 눈으로 지켜보는 가운데 그들에게 수갑을 채웠다. 눈을 가린 채 감옥에 도착한 그들은 옷을 벗으라는 요구를 받았다. 간수가 그들의 사진을 찍고 이를 잡는 가루약을 뿌린 다음 죄수복을 지급했다. 죄수복은 앞뒤에 죄수번호가 적혀 있는 스목 스타일의 하얀 통옷이었는데, 그 안에 속옷을 입는 것은 허락되지 않았다. 죄수들은 플라스틱 샌들을 신고, 나일론 스타킹을 모자로 썼으며, 발목에는 맹꽁이자물쇠가 달린 사슬이 채워졌다.

죄수 가운데 한 명이 죄수복으로 규정된 스목 스타일의 통옷을 입고 있다. 피실험자들은 무작위로 죄수 집단과 간수 집단으로 나뉘었다.

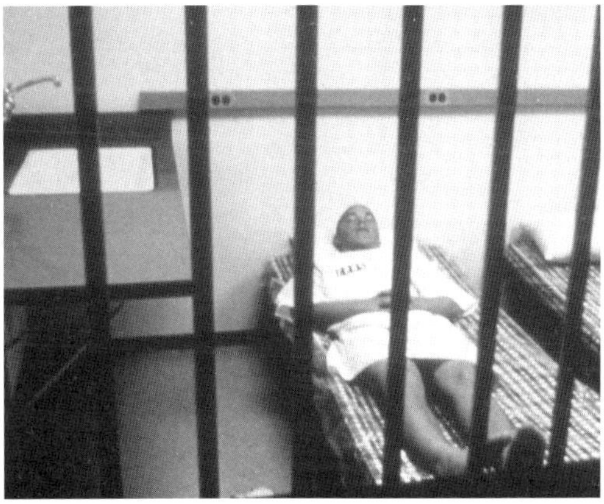

짐바르도는 가능한 한 짧은 시간에 모의실험의 죄수들에게 실제로 오랫동안 감옥에 감금되어 생활하는 진짜 죄수와 같은 감정, 예를 들어 무력감, 의존감, 절망감을 심어주려고 애썼다. 죄수복에는 죄수들에게 모욕감을 주고 개성을 제거하려는 뜻이 들어 있었고, 발목에 채운 사슬은 심지어는 잠자는 동안에도 자신들이 지금 어디에 있는지를 깨닫게 해주는 장치였다.

첫날, 간수들이 데이비드 재프와 함께

작성한 열여섯 가지의 규칙을 읽어주었다. "규칙 1: 죄수들은 휴식시간, 식사시간, 소등 후에, 그리고 감옥 마당 밖에서 말을 해서는 안 된다. 2: 죄수들은 식사시간에는 반드시 식사를 해야 하며, 그 시간 이외에는 아무것도 먹어서는 안 된다.…… 7: 죄수들은 반드시 서로 이름이 아니라 죄수번호로 불러야 한다.…… 16: 이상 열거한 규칙을 따르지 않을 경우, 처벌이 내려질 수 있다." 각 교대조마다 여러 차례씩, 심지어 한밤중에도 간수들은 죄수들을 집합시켜 점호할 수 있었다. 죄수들은 그때마다 자신의 죄수번호와 16개의 규칙을 암송해야 했다. 초기에는 검열이 10분이면 끝났지만, 나중에는 한 시간까지 늘어났다.

madsciencebook.com
스탠퍼드 감옥 실험의 원본 영상자료를 보라.

흥미롭게도, 짐바르도는 무슨 일이 벌어질지에 대한 아무런 가설도 세우지 않았다. 조금은 모호하게 정식화된 실험의 목적은, 사람들이 죄수가 되거나 간수가 되면 어떤 심리적인 영향을 받는지를 규명하는 것이었다. 그는 간수들이 점점 더 강력하게 죄수들의 생활을 지배해가는 동안, 죄수들이 어떻게 자신의 자유와 독립성 그리고 프라이버시를 상실하는지를 정확히 알아내고 싶었다. 그는 이전에 했던 실험에서, 아주 정상적인 사람들이 더 이상 개인이 아니라 집단으로 인식되거나 다른 사람들을 적 또는 물건으로 간주하는 상황에 놓이게 되면 매우 쉽게 비인간적인 행동을 저지르게 되는 것을 보았다. 오늘날 우리가 '스탠포드 감옥 실험'이라고 부르는 이 실험에는 이처럼 서로 다른 몇 가지 메커니즘이 조합되어 있다. 로스앤젤레스의 록그룹이 이 실험 이름을 밴드 이름으로 삼은 것도 유명한 일이다.

둘째 날, 새벽 두 시 삼십 분에 점호가 있은 다음 죄수들이 반란을 일으켰다. 그들은 모자를 벗어던지고, 옷의 죄수번호를 찢었으며, 감방에 바리케이드를 쳤다. 간수들은 그들에게 소화기를 쏘아 문에서 떼어놓은 후 벌을 주었다. 주모자들을 '구멍'에 가둔 것이다. 구멍은 복도 끝에 있는 어두운 상자였다. 반란에 가담하지 않은 사람은 특별 감방에서 우대를 받고 더 좋은 식사를 제공받았다. 잠시 후, 간수들은 아무런 경고도 설명도 없이 두 집단을 같은 감방에 집어넣었다. 죄수들은 혼란에 빠졌고, 서로를 의심하기 시작했다. 죄수들은 그 이후로 다시는 집단으로 반항하지 않았다.

이제 간수들은 터무니없는 규칙을 세웠고, 죄수들을 제멋대로 다루었으며, 그들에게 무의미한 일들을 시켰다. 이를테면 그들은 나무상자를 이 방에서 저 방으로 옮겼다가 다시 가져오고, 맨손으로 화장실을 청소하며, 몇 시간 동안이나 이불에서 가시를 제거해야 했다(간수들이 미리 가시덤불 사이로 이불을 끌고 다녔다). 또 동료들을 조롱하거나 동료와 섹스하는 흉내를 내라는 명령을 받았다.

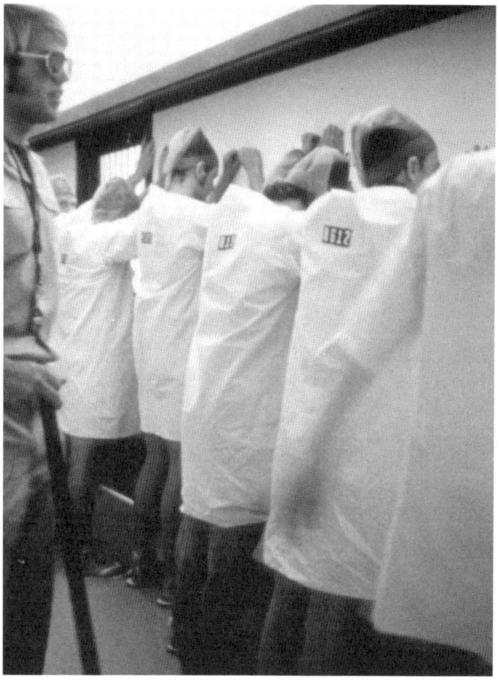
실험을 시작한 지 얼마 되지 않아서 간수들은 점호로 죄수들을 괴롭히기 시작했다.

짐바르도가 심각한 우울증, 통제불능의 울음과 분노 때문에 죄수 번호 8612번을 방면할 수밖에 없게 되기까지는 채 36시간이 걸리지 않았다. 짐바르도는 처음에는 그 학생이 더 이상 견딜 수 없는 상황에 부딪힌 것처럼 가장하는 것일지도 모른다고 생각해 어떻게 할지를 주저했다. 그는 모의감옥에서 실험 참가자들이 이렇게 짧은 시간에 그렇게 극단적인 반응을 보이리라고는 상상도 하지 못했다. 그러나 다음 사흘 동안 다른 실험 참가자 세 명에게 똑같은 일이 일어났다. 어떤 오해 때문에, 실험 참가자들은 자신들에게는 실험을 중단할 권리가 없는 것으로 믿고 있었다.

간수뿐만 아니라 죄수들도 조금씩 현실과 실험의 경계를 넘나들기 시작했다. 실험이 길어질수록, 짐바르도는 더 자주 간수들에게 물리적 폭력은 결코 허용되지 않는다고 주의를 주어야 했다. 실험이 그들에게 부여해준 권한은 평화주의자였던 학생들을 가학적인 간수로 만들어버렸다. 짐바르도조차도 이상한 행동을 하기 시작했다. 어느

madsciencebook.com
실험에서 나온 원본 자료(예를 들면, 감옥의 16가지 규칙과 피실험자에게 미리 알려준 실험의 개요)와 논문과 비평은 www.prisonexp.org에서 찾을 수 있다.

날, 간수 한 명이 우연히 죄수들이 대규모 탈옥을 준비하는 듯한 이야기를 들었다. 짐바르도는 나중에 이렇게 썼다. "우리가 이 풍문에 어떻게 반응했으리라고 생각하는가? 우리가 풍문이 퍼지는 방식을 녹음하고 임박한 탈옥을 관찰할 준비를 했다고 생각하는가? 우리가 실험사회심리학자들처럼 행동한다면 당연히 그래야 했다. 하지만 우리의 반응은 우리 감옥의 안전을 지키는 행동이었다." 짐바르도는 팰러앨토 경찰서에 가서 죄수들을 시의 낡은 교도소로 이감시키려고 했다. 경찰이 거부하자, 그는 발끈해서 교도소 사이에 협조가 부족하다고 소리를 질렀다. 짐바르도 자신이 정말로 교도소장이 된 것이다! 어쨌든, 계획된 탈옥 시도는 일어나지 않았다. 단지 풍문일 뿐이었다.

그 다음으로 짐바르도는, 죄수들을 면회한 부모들이 자식들을 당장 집으로 데려갈까 봐 걱정했다. 그래서 그는 감옥을 깨끗이 청소하고, 좋은 음식을 주었으며, 씻고 면도하는 것을 허락했다. 면회를 온 방문객들은 젊고 예쁜 아가씨의 영접을 받았다. 그들은 면회신청을 접수하고 30분을 기다린 다음 10분간의 면회를 허락받았다. 몇몇 부모는 죄수들의 참담한 상황에 충격을 받았지만, 그들도 감옥을 현실로 받아들이는 것처럼 보였고 면회를 마치면서는 교도소장에게 자기 아들을 잘 봐달라고 개인적인 부탁을 하기까지 했다.

간수들은 죄수들에게 맨손으로 화장실 청소를 하도록 함으로써 굴욕감을 주었다.

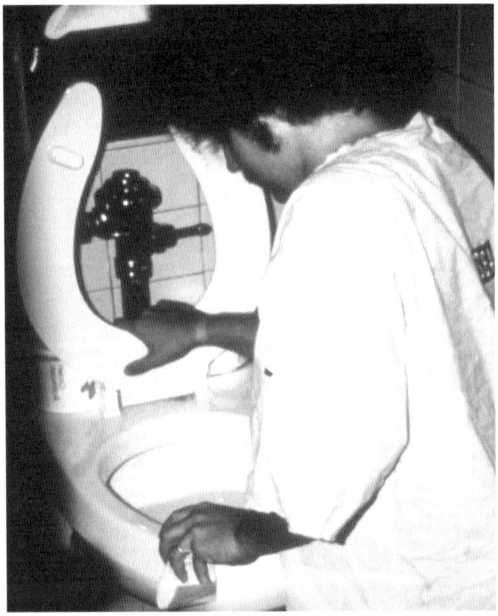

잠시 후, 짐바르도는 이미 교도소에서 죄수들을 겪어본 적이 있는 가톨릭 신부를 불러왔다. 죄수의 절반은 줄을 서서 신부에게 자신을 죄수번호로 소개하라는 명령을 받았다. 요청하지도 않았는데, 그 역시 교도소 신부의 역할을 제대로 했다. 비록 죄수들이 어떠한 범죄도 저지르지 않았고 짐바르도 역시 그들에 대한 어떠한 법적 권한도 부

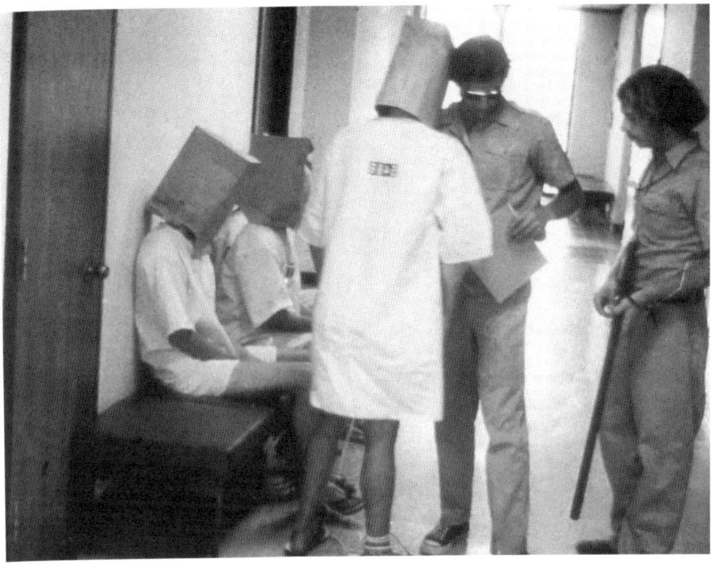

죄수들은 저녁마다 머리에 종이봉투를 쓰고 줄을 지어 화장실에 다녀와야 했다.

여받지 않았지만, 신부는 그들에게 석방을 위해 변호사의 도움을 받으라고 권유했다.

넷째 날, 짐바르도는 심리학과 비서들과 박사과정 학생들로 죄수들을 만기 이전에 석방할 권한을 가진 가석방위원회를 구성했다. 이제 거의 모든 사람들이 일당 15달러를 포기할 태세였다. 하지만, 가석방위원회는 죄수들이 제출한 가석방신청서를 모두 감방으로 돌려보냈다. 놀랍게도, 일당 받기를 거부하기만 하면 아무런 어려움도 없이 실험 참가를 중지할 수 있는데도 죄수 모두가 그 결정에 따랐다. 그들에게는 그럴 힘이 남아 있지 않았다. "그들은 현실감을 잃었다. 그들은 자신의 수감생활을 더 이상 실험이라고 생각하지 않았다. 우리가 만들어낸 심리학적인 교도소에서는 오로지 교도관들에게만 가석방을 허락할 권한이 있었다."

그러는 동안에, 자식들이 풀려나게 해달라는 부모들의 의뢰를 받은 한 변호사가 감옥을 찾아왔다. 그는 죄수들을 만나 어떻게 보석금을 준비할 것인지를 상담한 후, 다음 주말에 다시 오겠다고 약속했다. 그는 당연히 이것은 실험이고, 보석금 따위는 웃기는 소리라는 걸 알았으면서도 말이다. 이 지점에 이르러서는, 실험과 관련된 모든 사람이 자신의 역할이 어디에서 끝나고 어디에서 다시 자기 고유의 정체성으로 돌아가야 하는지를 전혀 알지 못했다.

실험 닷새째인 목요일 저녁, 짐바르도의 여자친구이자 훗날의 아내인 크리스티나 매슬랙이 감옥을 방문했다. 그녀는 심리학자였고, 다음날 죄수들을 인터뷰하는 데에 동의한 터였다. 그곳에는 특별한 일이 없었기 때문에, 그녀는 감독실에서 논문을 읽고 있었다. 밤 열한 시경, 짐바르도가 그녀의 어깨를 치며 폐쇄회로 화면을 가리켰다. "빨리, 빨리, 무슨 일이 벌어지고 있는지 봐!" 마슬랙은 쳐다보았고, 금세 욕지기가 치밀어올랐다. 화면에서는 간수들이 종이봉투를 머리에 뒤집어쓰고 발목이 사슬로 엮인 채 줄을 늘어선 죄수들을 향해 뭐라고 악을 쓰고 있었다. 취침 전에 화장실에 가는 것이었다. 한밤중에 볼일이 급해진 죄수들은 감방 안의 양동이에 처리할 수밖에 없었는데, 간수들이 제멋대로 죄수가 양동이의 오물을 내다버리도록 해주기를 거부해버렸기 때문이었다. "보여? 자, 봐, 정말 놀랍지 않아?" 하지만 마슬랙은 정말로 보고 싶지 않았다. 그녀가 감옥을 떠날 때 짐바르도가 실험에 대해 어떻게 생각하느냐고 묻자, 그녀는 소리쳤다. "당신이 지금 이 친구들한테 얼마나 무시무시한 일을 저지르고 있는지 알아요?" 뜨거운 논생이 벌어졌고, 논쟁을 벌이는 동안에 짐바르도는 실험에 참여한 사람 모두가 이미 감옥생활의 파괴적인 국면을 내면화하고 있다는 사실을 깨달았다. 논쟁이 끝났을 때, 그는 다음날 아침에 실험을 중단하기로 결심했다.

스탠퍼드 감옥 실험은 로스앤젤레스의 록그룹이 밴드 이름으로 삼을 만큼 강력한 인상을 주었다.

짐바르도는 24시간 내내 비디오카메라로 감옥의 상황을 담고 있었으므로, 그의 연구는 요즘 들어 친숙해진 텔레비전 리얼리티 쇼의 선구자라고 할 수 있다. 다만 이런 쇼에는 높은 시청률이 따른다는 결정적인 차이가 있기는 하다. 하지만 그 차이도 오래가지는 않았다. 영국의 BBC가 2002년 <실험 The Experiment>이라는 제목을 달고 수백만 시청자의 눈앞에서 스탠포드 감옥 실험을 리얼리티 쇼로 재현했기 때문이다. 짐바르도는 두 심리학자가 지휘한 이 실험의 결과를 대단히 수상쩍은 것으로 받아들였다. 왜냐하면 이 실험에서는 참가자들이 자신들이 촬영당하고 있다는 사실을 실험 내내 알고 있었기 때문이다.

실험이 진행되는 동안, 필립 짐바르도는 '교도소장' 역할을 맡았다.

짐바르도의 실험이 끝난 이듬해에 진행된 추적조사에서, 부작용은 실험 참가자 누구한테서도 발견되지 않았다. 가장 먼저 실험에서 탈락했던 죄수 8612번은 후에 샌프란시스코에 있는 교도소에서 심리학자로 일했다.

스탠포드 감옥 실험의 가장 중요한 결과는 상황의 힘이 얼마나 강력한지를 알게 되었다는 것이었다. 밀그램 실험(→188쪽)에서처럼, 아주 정상적인 학생들이 낯선 상황에서는 전혀 예상할 수 없었던 행동을 보여주었다. 명백히, 기본 원칙을 전혀 알 수 없는 어떤 상황에 처했을 때 그 사람의 성격은 그가 앞으로 보여줄 행동을 결코 예언해주지 못했다.

실험이 끝난 후, 짐바르도는 이렇게 기록했다. "어떤 사람이 취하는 모든 행동은, 그것이 아무리 끔찍한 행동이라 하더라도, 옳은 또는 옳지 않은 상황의 압력을 받는다면 우리 중의 누군가도 똑같이 할 수 있다.…… 이 지식은 악에 면죄부를 주는 것이 아니다. 오히려, 그것은 악을 매도demonize하는 대신 그 책임을 정상적인 사람들 모두에게 나누어 씌움으로써 악을 대중화democratize한다."

인간의 본성에 관한 이 불편한 사실을 받아들이기는 쉽지 않다. 단적으로 말해, 어느 누가 자신 안에 고문의 가해자가 숨어 있다고 믿고 싶겠는가? 필립 짐바르도는 아부 그라이브 교도소에서 벌어진 일들의 의미를 좀 더 명확히 하기 위해 법정의 증인으로 나섰다. 기소된 군인들 가운데 한 사람인 37세의 칩 프레데릭의 재판이었다. 그러나 그의 증언은 거의 아무 효과도 없었고, 프레데릭은 8년형을 선고받았다. 짐바르도는 이렇게 논평했다. "그들은 세계와 이라크인들에게, 자신들이 '범죄행위에 대해 단호'하다는 것을, 그리고 착한 미군이라는 사과상자에서 이 군인들과 같은 몇 안 되는 '썩은 사과'를 추려내어 신속하게 처벌한다는 것을 보여주려고 했다." 그는 프레데릭의 행위를 변호하려 하지 않았지만, 선고된 형량은 지나치게 가혹하다고 생각했다. 법원의 선고는, 미군 고위 장교들이 교도소에 투입될 군인들에게 그들이 맡을 역할을 훈련시키는 일을 소홀히 했으며, 고도의 스트레스에 노출되는 환경에서 군인들이 어떤 명확한 명령도 받지 못했다는 점을 충분히 고려하지 못했다고 보았기 때문이다.

그렇지만, 아부 그라이브로 눈을 돌려보면 짐바르도의 유명한 실험이 아무런 영향도 미치지 못한 것은 아니었다. 2004년 5월, 래리 제임스 대령은 비행기를 타고 하와이에서 바그다드로 가는 길에 스탠퍼드 감옥 실험을 담은 다큐멘터리 <조용한 분노Quiet Rage>를 보고 또 보았다. 군 심리학자인 제임스는 아부 그라이브의 질서와 기강을 다시 세우는 임무를 맡고 있었다. 그는 직접 짐바르도에게 찾아가 바그다드로 함께 가자고 초청하기까지 했지만, 짐바르도는 나중에 인정했듯이 '너무 무서워서' 거절했다. 제임스는 마침내 군 교도소에서 지켜져야 할 일련의 규칙을 기초했고, 그 후 그곳에서 더 이상의 학대 행위는 벌어지지 않았다.

스탠퍼드 감옥 실험의 충격적인 줄거리에 비추어보면, 영화산업이 그 이야기를 30년이나 지나서야 겨우 써먹었다는 것이야말로 실로 놀랄 만한 일이다. 2001년 3월, 독일에서 영화 <실험Das Experiment>이 상영되었다. 영화에서는, 어떤 심리학자가 20명의 학생들을 10명씩 죄수와 간수로 나누어 모의감옥에 집어넣는다. 그러나 사흘 후, 상황은 걷잡을 수 없게 되고 말았다. 간수들은 죄수들을 묶고 구타하기 시작한다. 그리고 강간과 살인이 벌어진다. 영화사 측은 오프닝 크레디트에 그 영화가 스탠퍼드 감옥 실험을 바탕으로 한 것이라고 밝혀두었다. 짐바르도에게는 독일에서 날아온 수백 통의 전자우편이 쌓였다. 그에게 전자우편을 보낸 사람들은 이렇게 물었다. "세상

★Craig Haney 외, 「모의감옥에서의 개인간 역동성 Interpersonal Dynamics in a Simulated Prison」, 『국제 범죄학 및 행형학 International Journal of Criminology & Penology』 1(1), 1973, pp. 69-97.

Philip G. Zimbardo, 『루시퍼 이펙트The Lucifer Effect』, Random House, 2007 (한국어판: 이충호·임지원 옮김, 『루시퍼 이펙트』, 웅진지식하우스, 2007).

에, 어떻게 그런 짓을 할 수 있었지요?" 결국 짐바르도는 변호사에게 의뢰해 영화에서 실험에 관한 언급을 삭제하도록 해야 했다. 하지만 그는 그 영화가 미국의 극장에 걸리는 것을 막는 데에는 실패하고 말았다. 그리고 현재 그 이야기를 담은 새로운 영화가 계획되어 있다. 이번에는 짐바르도 자신의 책 『루시퍼 이펙트』를 원작으로, 그리고 아카데미상 수상자 크리스토퍼 매쿼리를 감독으로 해서 말이다.

1971 히치하이커를 위한 안내서-2: 여인에게 축복 있으라!

마거릿 클리퍼드와 폴 클러리는 논문 「히치하이킹을 위한 유리한 조건」에 그들의 연구 결과는 "일반적인 기대에서 크게 벗어나지 않았다"고 썼다. 한 번에 몇 시간씩, 다양하게 차려 입은 수많은 남자와 여자들을 길가에 세워둔 실험에서 그들은, 옷차림이 초라한 사람은 차를 얻어타기 어렵고, 남자보다는 여자가 더 쉽게 얻어탈 수 있다는 결론을 얻었다. 클리포드와 클러리는 집단의 크기와 운전자의 행동 사이의 상관관계도 조사했다. 결과는 이렇다. 남자만 두 명일 때가 가장 힘들었고, 남자 한 명인 경우에는 남녀 한 쌍일 때와 비슷한 정도의 기회가 있었다. 그리고 여자 두 명일 때가 가장 쉬웠다. 그렇다면, '여자 혼자'일 때는? 클리포드와 클러리는 실험을 포기했다. "우리를 도와줄 두 여성이 운동복 차림을 하고 나타나자마자 너무 많은 운전자들이 차를 세우는 바람에, 경찰이 그 아가씨들에게 교통의 흐름을 방해한다고 경고했기 때문이다." 차를 얻어탈 수 있게 해주는 다음 비결은 271쪽에 있다.

★Margaret M. Clifford & Paul Cleary, 「히치하이킹을 위한 유리한 조건The Odds in Hitchhiking」, 1971(미출간 논문).

1971 달나라로 간 갈릴레오

물체의 자유낙하 속도는 질량과 무관하다는 우아한 사고실험을 갈릴레오 갈릴레이가 이미 17세기에 했음에도 불구하고(→ 25쪽), 우리는 여전히 그것을 쉽게 믿지 못한다. 일상생활에서는 그 반대 현상을 자주 보기 때문이다. 병은 낙엽보다, 우박은 눈송이보다, 그리고 망치는 깃털보다 빨리 떨어진다. 물론 물리 교사들은 이 현상은 질량이 아니라 공기저항 때문에 일어나는 것이라고 설명한다. 그러나 우리가 보는 눈의 힘이 더 세다.

그래서 우주인 데이비드 스콧은 1971년 8월 2일 우주에서 실험을 하고, 그 과정과 결과를 필름에 담았다. 공기가 없는, 따라서 공기저항도 없는 달에 가서 깃털(30그램)과 이것보다 44배 무거운 알루미늄 망치(1.32킬로그램)를 동시에 떨어뜨린 것이다. 두 물체는 동시에 달 표면에 도달했다. 아폴로 15호의 임무에 관한 미군 항공우주국 보고서는 나중에, 그것은 처음부터 알고 있었던 결론이긴 했지만 그래도 역시 많은 사람들을 납득시켜준 결과였다고 기록했다. 물체의 자유낙하 속도는 질량과 무관하다는 갈릴레오의 이론은 아폴로 15호의 실험으로 마침내 정당성을 획득하게 되었다.

madsciencebook.com
우주비행사 데이비드 스콧이 달 표면에 서서 깃털과 망치를 동시에 떨어뜨리는 실험의 동영상을 보라.

★Joe Allen, 『아폴로 15호 예비 과학보고서. 제2장 과학적 결과 요약 Apollo 15 Preliminary Science Report/Chapter 2: Summary of Scientific Resultat(SP-289)』, NASA, 1972, p.11.

1971 세슘시계의 세계일주

"그 물건은 정말 무거웠습니다." 조지프 하펠은 아직도 생생하게 기억하고 있었다. "우리가 비행기 안으로 당겨 올렸을 때, 그게 우리 사이에 비스듬히 놓이게 되었어요. 무게는 내 쪽으로 더 쏠렸지만요."

60킬로그램짜리 원자시계 두 대는 미국 해군관측소의 리처드 키팅 그리고 워싱턴 대학의 조지프 하펠과 함께 1971년 10월 4일 저녁 7시 30분, 보잉 747기에 앉아 안전벨트를 맸다. 원자시계는 서랍장만한 크기라 좌석을 하나씩 차지해서 표를 따로 끊었는데, 비행기표에 적힌 탑승자 성명은 '미스터 시계 Mr. Clock'였다.

"시계의 항공요금은 우리보다 200달러가 싸더군요. 시계는 비행 도중에 아무것도 안 먹거든요." 하지만 하펠은 여행을 하는 동안에 그 시계를 '원자시계'라고 말하는 걸 포기했다. "이스탄불에 중간기착했을 때, 기자들이 내게 계속 우리 실험이 원자폭탄과는 무슨 관련이 있느냐고 물어왔어요." 두 과학자가 무심코 옆에 있는 상자에는 원자시계가 들어 있다고 설명하자, 함께 비행기를 타고 있던 승객들

물리학자 조지프 하펠과 리처드 키팅, 그리고 이들과 함께 두 차례 세계여행을 한 원자시계.

이 겁에 질려 뒤로 물러났다. "그 뒤로 우리는 이걸 그냥 세슘시계라고 부르지요."

다른 승객 한 사람은 세슘시계의 계기판을 힐끗 쳐다보고 자기 시계를 살펴보더니 말했다. "당신 시계는 약간 빠르군요." 그는 그것이 세계에서 가장 정확한 시계라는 것을 몰랐을 것이다. 하지만 1905년에 스위스 베른 특허국의 3등심사관이 내놓은 특별한 예언을 검증하려면, 그런 시계가 꼭 있어야 했다.

그해 스물여섯 살이었던 아인슈타인이 발표한 딱 두 쪽짜리 논문은 물리학의 세계를 거꾸로 뒤집어놓았다. '움직이는 물체의 전기동력학에 관하여'라는 겸손한 제목을 붙인 그 논문에서, 그는 나중에 특수상대성이론이라는 이름으로 세계관을 완전히 바꾸어놓게 되는 이론을 처음으로 정식화했다. 아인슈타인은 그 논문에서 여러 가지 혁명적인 제안을 내놓았는데, 그 가운데 하나가 '절대시간'이라는 개념을 완전히 폐기해버린 것이었다. 그는, 시간은 어느 곳에서나 똑같이 흐르는 것이 아니며 시간의 흐름은 물체가 움직이는 속도에 따라 달라진다고 주장했다. 더 빨리 움직이는 사람에게는 시간이 더 천천히

madsciencebook.com
시간에 관한 특수상대성이론에 대한 애니메이션을 볼 수 있다.

흐른다는 것이다.

이때 아인슈타인은 각 개인의 시간에 대한 지각이 아니라 물리적 차원의 시간에 대해 언급하고 있다. 아주 빨리 움직이는 사람에게 시계는 천천히 가고, 물은 천천히 끓으며, 체스 시합도 오래 걸린다. 그러나 그 자신은 이것을 눈치채지 못한다. 왜냐하면 그가 지각하는 시간 역시 천천히 가기 때문이다. 다시 말해 그는 상대적으로 천천히 늙는다. 로켓을 타고 여행을 떠난 쌍둥이가 되돌아와서 형제를 만난다면, 그 효과를 깨닫게 된다. 같은 날에 태어난 쌍둥이지만, 남아 있던 형제는 훨씬 늙어 있는 것이다.

이 말은 일반인에게도 전문가에게도 터무니없는 소리로 들렸다. 아인슈타인의 이론은 일상생활에서는 증명될 수 없었다. 사실 그럴 만도 하다. 그 효과를 측정하기 위해서는 초속 30만 킬로미터인 광속에 가까운 엄청난 속도로 여행을 하거나 또는 상상하기 어려울 정도로 정밀한 시계를 사용해야 하기 때문이다.

비행기에서 내리는 하펠과 키팅. 원자시계의 무게는 60킬로그램이었다.

10년 후 아인슈타인은 일반상대성 이론을 완성했는데, 그 이론에 따르면 시계의 움직임은 그것이 이동하는 속도뿐만 아니라 중력에 의해서도 영향을 받는다. 시계는 계곡에서보다 산꼭대기에서 더 빨리 간다. 하지만 다시 한 번 말하건대, 지구에서는 그 영향이 극히 미미해서 우리는 거의 알아채지 못한다.

1970년대 초에 미국 항공사들이 세계여행 상품을 내놓기 시작하자, 조지프 하펠은 아인슈타인이 예견한 효과를 검증해보기 위해 항공사에 비행기 안에다 시계를 하나 싣고 갈 수 있는지를 문의했다. 그것을 검증하는 방법은 정말로 간단했다. 비행기를 타기 전에 여행을 함께 떠날 시계와 지상에 남아 있을 시계의 시각을 맞추어두고, 훌훌 여행을 떠나면 되는 것이었다. 아인슈타인이 옳다면, 더 빨리 움직였던 시계가 명백히 더 천천히 가고 있어야 한다.

하펠은 그 차이가 10억분의 몇 초일 것이라고 계산했다. 그가 물리학회의 어떤 모임에서 한 강연에서 이런 아이디어를 내놓았을 때, 청중석에는 워싱턴에 있는 미국 해군천문대 시보時報부에 근무하는 리처드 키팅이 앉아 있었다. 미군의 그 부서는 그때 '자유세계'를 위한 정확한 시간의 수호자였다. 무선항법에는 정확한 시간이 사활을 가를 만큼 중요했기 때문에, 키팅은 자주 이동이 가능한 원자시계를 비행기에 싣고 전 세계를 돌면서 세계 곳곳의 미국 시설들에 있는 원자시계와 시간을 맞추곤 했다.

하펠이 계산한 시간 차이를 측정하려면 원자시계가 필요하다는 것을 곧바로 알아차린 키팅은 하펠과 함께 세계여행 계획을 짜기 시작했다. 하지만 키팅 자신도 내심 정말로 그 차이를 찾아낼 수 있을까 하는 의구심을 품고 있었다. "나는 칠판 가득 뭔가를 휘갈겨대면서 뭐든지 다 안다고 주장하는 교수들을 믿지 않습니다. 그리고 난 수도 없이 많이 시간을 측정해왔지만, 그들이 예측한 결과는 나오지 않았어요."

하펠과 키팅은 처음에는 서쪽에서 동쪽으로, 그리고 나흘 후에는 정반대로 동쪽에서 서쪽으로 세계를 돌았다. 첫 번째 여행에서 그들은 총 65시간에 걸쳐서, 워싱턴에서 런던으로 갔다가 거기에서 프랑크푸르트, 이스탄불, 베이루트, 테헤란, 델리, 방콕, 홍콩, 도쿄, 호놀룰루, 로스앤젤레스와 댈러스를 거쳐 다시 워싱턴으로 돌아왔다.

여행은 힘들었다. 물리학자들이 측정에 정확도를 기하기 위해 두 대를 붙인 무거운 시계를 몇 번이고 직접 끌고 다녀야 했기 때문만은 아니었다. 시계가 끊임없이 들여다보아야 하는 아주 민감한 계기여서, 그들은 거의 잠을 자지 못했다. 게다가 그 물건의 배선이 잘못되어 키팅이 접지를 떼어내지 않으면 안 되는 상황이 생기는 바람에, 덮개에 전류가 흘러 자꾸 전기충격을 받았기 때문이었다.

여행을 마친 후 하펠은 수집한 데이터를 아인슈타인의 공식에 대입하고 속도와 중력의 효과를 계산하여, 비행기에 실었던 시계가 10억분의 17에서 10억분의 63초 늦게 가야 한다는 결론을 내렸다. 실제로 확인한 결과, 비행기의 시계는 10억분의 59초 늦었다. 워싱턴에 남아 있던 시계는 지구와 함께 돌고 있었으므로, 비행기가 동쪽에서 서쪽으로 여행했을 때는 정반대의 결과가 나왔다. 이번에는 워싱턴에 있는 시계가 비행기의 시계보다 10억분의 273초 늦게 갔던 것이다. 언뜻 보기에는 이상하다. 두 번째 여행에서도 마찬가지로, 비행기에 실린 시계가 지상의 시계보다 더 빠른 속도로 운동하지 않았는가. 하지만 그 상황을 밖에서 관찰하게 되면, 얘기가 달라진다. 지상에 있었던 시계는 지구와 함께 자전하고 있었으므로, 지구의 회전방향과 반대로 비행하는 비행기보다 훨씬 빨리 움직이는 결과가 되는 것이다.

그 따위 실험은 할 필요도 없다고 생각한 몇몇 물리학자들에게는 곤혹스럽게도, 원자시계의 비행은 대중매체의 엄청난 관심을 끌었다. 사실 특수상대성이론은 1938년 이래 벌써 여러 차례 실험으로 증명된 이론이었다. 하지만 그때까지의 실험들은 시간의 차이를 높은 속도로 가속되어 붕괴되는 소립자들을 통해 측정한 것들이었고, 그러니 문외한에게는 귀신 씻나락 까먹는 소리일 수밖에 없었다. 그때 키팅과 하펠이 비행기에 실은 것이 시계였다. 하펠이 말했다. "어느 단계에선가, 난 결심했어요. 이 실험을 전문가가 아니라 문외한을 위해 하기로 말입니다."

저명한 물리학자인 스티븐 호킹은 이렇게 쓴 바 있다. "오래 살고 싶다면, 지구의 자전속도에 비행기의 속도를 더할 수 있도록 동쪽으로만 여행하길 권한다." 동시에 그는 과도한 희망에 대한 경고 또한 잊지 않았다. "하지만 기내식은 당신이 벌게 될 그 아주 작은 시간을 상쇄하고도 남을 것이다."

★Joseph C. Hafele & Richard E. Keating, 「원자시계의 세계일주: 시간 획득에 관한 예언된 상대성 Around-the-World Atomic Clocks: Predicted Relativistic Time Gains」, 『사이언스Science』 177, 1972, pp. 166-168.

정말 쉽다. 그러니 당신도, 누군가가 자신을 바라보고 있다는 것이 인간에게 어떤 영향을 끼치는지를 한번 직접 연구해보라. 자, 이것은 고명하신 스탠퍼드 대학의 학자들이 써먹었던 방법이다. 그들은 팰러앨토의 수많은 사거리에서, 신호등이 바뀌기를 기다리는 운전자들을 바라보고 서 있었다. 그리고 신호등이 초록색으로 바뀌면, 그들이 얼마나 빨리 출발하는지를 쟀다. 누군가가 바라보고 있다는 걸 느낀 운전자들은 출발을 서둘렀고, 사거리를 평균 5.5초 만에 관통했다. 그렇지 않은 사람들은 6.7초가 걸렸는데 말이다. 동물과 마찬가지로 인간들도 명백히 누군가의 응시를 위협으로 받아들였고, 그것은 그들의 도주를 유도했다. 도주라고 해봤자, 이 경우에는 겨우 사거리를 얼른 벗어나는 것뿐이었지만.

1972 왜 날 바라보는 거야!

★Phoebe C. Ellsworth 외, 「인간의 도주를 유발하는 자극으로서의 응시: 일련의 야외실험The Stare as a Stimulus to flight in Human Subjects: A Series of Field Experiments」, 『개성 및 사회 심리학Journal of Personality and Social Psychology』 21, 1972, pp. 302-311.

1973 대서양의 섹스 뗏목

그것은 타블로이드 신문들이 환호작약할 만한 실험이었다. "늘씬하게 뻗은 금발의 스웨덴 미녀의 지휘하에 반나체의 남자들과 비키니 차림의 여자들이 뗏목을 타고 '집단행동과 성행동'을 실험하며 100일 동안 5천 마일의 대서양을 횡단하는 오디세이가 지난 월요일 끝났다." UPI 통신은 1973년 8월 20일 뗏목 아칼리Acali 호가 멕시코의 항구도시 코주멜에 도착했다는 소식을 이렇게 전했다.

이것은 '현대의 행동연구 가운데 최대 규모의 집단실험'이었다. 적어도, 인종과 종교가 다른 여섯 여자와 다섯 남자가 거실만 한 뗏목을 타고 대서양을 건너자는 아이디어의 주인공인 멕시코 인류학자 산티아고 제노베스는 자신의 영감을 그렇게 표현했다. 신문기사를 읽은 독자들은 모두 아칼리 호를 그저 '섹스 뗏목'으로 받아들였지만 말이다.

제노베스는 1969년과 1970년에 각각 노르웨이 인류학자 토르 헤위에르달이 나일 강의 파피루스로 만든 라Ra와 라2(Ra II) 호로 떠

종교와 인종을 망라한 여자 6명과 남자 5명이 아칼리 호 뗏목을 타고 대서양을 횡단했다.

났던 탐험여행에 참여했다(그것은 헤위에르달이 이집트 문명이 아메리카 대륙에 전파되었을 가능성을 확인하기 위해 모로코의 사피에서 대서양을 건너 카리브해의 바베이도스로 향했던 탐험여행이다. 차드 사람들을 고용해 만들었던 '라'는 4,800킬로미터를 항해한 뒤 침몰했지만, 티티카카 호의 아이마리 족 인디언이 만든 '라2'는 57일 만에 대서양 횡단에 성공했다. 그리고 갈대뗏목의 이름 라는 이집트의 주신主神이자 태양신의 이름이다. 한편 그는 이미 33세이던 1947년에, 발사나무로 만든 통나무뗏목 콘티키 호를 타고 페루의 카야오를 출발해 바람과 해류만을 이용하여 101일 만에 태평양을 횡단, 폴리네시아의 마르케사스 군도에 도착하는 데에 성공한 바 있었다. 콘티키는 먼 옛날 동쪽에서 무리를 이끌고 바다를 건너 마르케사스 군도에 정착했다는 전설의 신왕神王이다 – 옮긴이). 콘티키Kon Tiki 호 때와 마찬가지로, 헤위에르달은 그 탐험을 통해 고대인들의 영웅적인 항해에 관한 자신의 주장을 입증하려 했다. 항해를 하는 동안, 제노베스는 뱃사람이라면 태곳적부터 알고 있는 사실을 명확히 깨달았다. "조개껍질 같은 조각배로 먼바다를 떠다니는 것보다 인간 행동 연구에 적절한 실험방법은 없다."

제노베스가 만든 뗏목은 길이 12미터에 폭 7미터의 크기였다. 그리고 참가자들이 모두 모여 함께 잤던 하나밖에 없는 선실은 가슴 높이쯤에 가로세로가 4미터였다. 배라기보다는 바람 따라 바다 위를 이리저리 떠다니는 섬이라고 하는 게 맞았다. 제노베스는 그 섬에 모두 열한 명의 모르모트를 모았다. 예의 그 스웨덴 미녀 선장, 유대인 여의사, 일본인 사진가, 그리스인 레스토랑 주인, 앙골라인 신부, 흑인과 백인 미국 여성 각각 한 명, 알제리 여자, 우루과이 남자, 프랑스 남자, 그리고 자기 자신이 그들이었다.

사람들을 뽑을 때, 제노베스는 조화로운 공존을 염두에 두지 않았다. 아니 반대로, 될 수 있으면 참가자들 사이에서 폭발음이 터져나오기 쉽도록 선원들을 골랐다. 그는 또 일부러 여성을 선장과 의사라는 가장 중요한 자리에 앉혔다. 그는 가능한 한 많은 참가자들이 기혼이며 아이가 있고 많은 종교와 인종을 대표하도록 신경을 썼다.

1973년 5월 13일, 아칼리 호는 카나리아 제도의 라스팔마스에서 항해를 시작했다. 제노베스는 출항 직전에 좁은 선실 안에 각자의 잠자리를 정해주었다. 두 줄로 놓인 침대에, 남녀가 번갈아 눕도록 되어 있었다. 다른 사람들은 당장 그를 비난했다. 그가 가장 매력적인 미녀 두 사람 사이의 자리를 차지했기 때문이다. 나중에 그는 사람들 모두가 실험의 성적인 국면에 특히 관심이 많았다고 불평했다.

사방이 탁 트인 화장실에서 볼일을 봐야 한다는 수치심이 제일 먼저 사라졌다.

제노베스는 100일 동안 항해하면서 관찰한 선상생활에 대해 1천 쪽이 넘는 기록을 남겼다. 참가자들은 모두 46번에 걸쳐서 설문지를 받고, 배에서의 인간관계, 성행동, 종교, 공격성 그리고 도덕에 관한 질문들에 대해 총 8,079가지의 답변을 내놓았다.

처음에는 모두 말수가 적었다. 아무도 다른 사람에게 틈을 보이려 하지 않았다. 그러나 제일 먼저, 사람들 눈앞에서 사방이 탁 트인 화장실을 쓴다는 데에 대한 수치심이 사라져갔다. 14일이 지나자, 사람들은 볼일을 보면서 다른 사람과 이야기를 나눌 수 있게 되었다.

배에서 최초로 충돌이 벌어진 것은 해야 할 일들을 나누고 당번을 정하는 과정에서였다. 선장 잉그리드의 명령조 어투는 이내 사람들의 신경을 거스르기 시작했다. 자기가 해야 할 일을 회피하는 알제리 여자 아이샤는 '여행객'이라는 별명을 얻었다. 아침마다 몸치장에만 한 시간을 넘게 쓰는 프랑스 여자 소피아 때문에 거의 모든 사람이 화가 났다. 앙골라인 신부는 하루 종일 참기 어려운 몸냄새를 풍겼는데, 제노베스가 슬쩍 신호를 보낸 뒤로 그는 하루에 세 번씩이나 머리끝에서 발끝까지 깨끗하게 씻었다.

14일이 지난 후, 제노베스는 '섹스 뗏목'에서 섹스는 얼마나 벌어지고 있을까를 자문해보았다. 그리고 곧바로 대답했다. "많지는 않아." 그는 그 이유를 여섯 가지 들었는데, 그중 하나는 "몇 명은 아직도 멀미를 하고 줄곧 토하고 있어. 그리 매혹적이진 않지"였다. 일본인 사진가 고미코와 미국 여자 아나는 분명히 가까운 사이가 되어 있었나. 제노베스는 달빛에 비친 그들의 모습을 선실에서 보았다. 그 역시 소피아와 친밀해졌다. 한 달이 지났을 때, 제노베스는 일지에 '자유롭고 건강한, 하지만 동료애라고는 약에 쓰려도 없는' 한 쌍이 뗏목에 등장했다고 썼다.

선실 지붕에서 열린 전체모임. 참가자들 사이의 분쟁이 끊이지 않았다.

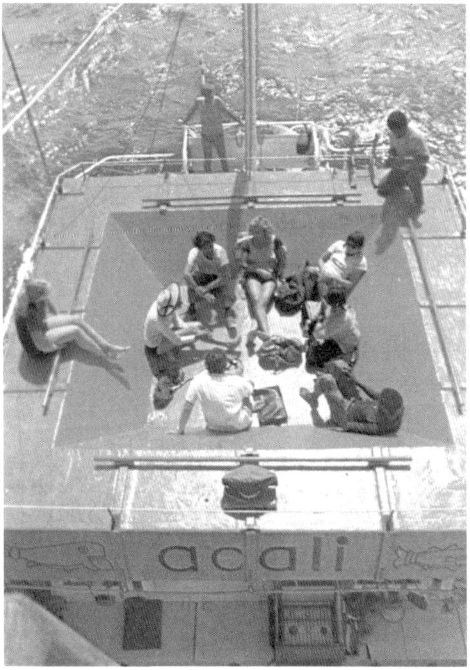

다섯 번째 설문지는 한 차례 소동을 불러일으켰다. 거기에는 이런 질문들이 들어 있었다. "아칼리 호의 생활에서 당신을 가장 성가시게 하는 것은 무엇인가? 자신과 자신의 팀

원들에게서 가장 좋은 것과 가장 싫은 것은? 선실의 자리배치를 다시 했으면 좋겠는가? 만약 그렇다면, 누구 옆에서 자고 싶은가? 또 누구 옆이 싫은가? 억제요소가 없다면 누구와 자고 싶은가?" 모두들 결과를 알고 싶어했다. 설문조사 결과, 선실의 자리배치를 새로 하는 데에 동의가 이루어졌다.

7월 13일, 키의 따리 하나가 부러졌다. 그때 바다에는 상어가 우글거렸지만, 제노베스는 피해 정도를 확인하기 위해 물속으로 뛰어들었다. 순식간에 모두가 자신이 무엇을 해야 할지를 깨달았다. '생명을 위협하는 상황이 발생하면 팀은 일치단결할 수 있을까?' 제노베스는 자문했다. 그 질문에 답하기라도 하듯이, 그들은 따리를 다른 것으로 교체할 수 있었다.

7주가 지났을 때, 아나가 진실게임을 하자고 제안했다. 각자 자기가 선택한 한 명에게 던지는 질문 네 가지를 쓴 다음, 질문자는 익명으로 하되 질문을 받은 사람은 모두의 앞에서 대답했다. 예를 들어, 제노베스는 이런 질문을 받았다. "당신이 탐험여행을 다니는 동안 당신의 아내도 마찬가지로 혼외정사를 할까?" 그의 대답은 "아닐 거라고 생각해. 하지만 모르는 일이지"였다. 에밀리아노는 "여자랑 자고 싶어?"라는 질문에 "누가 날 정말로 좋아한다면 거절하지 않을 거야"라고 대답했다. 안토니오는 신랄한 공격을 받았다. "세상에 어느 누가 당신처럼 위선적일까?" 하지만, "난 내가 위선적인 사람이라고 생각하지 않아!"

두 달이 지난 후, 제노베스는 참가자들에게 충격적인 질문을 던져서 그들이 의도적으로 관습과 충돌하는 행동에 대해 어떤 반응을 보이는지 알아보기로 했다. "우리, 하루 종일 발가벗고 있을까?" 결과는 찬성 여섯, 반대 다섯이었다. "아무하고나 자고 싶은 사람과 자는 파티 같은 걸 열어볼까?" 찬성 넷, 나머지는 반대. "사랑을 나누는 걸 금지할까?" 찬성 둘, 나머지는 반대. 그리고 마지막 질문은 이것이었다. "우리는 지금 상태를 그대로 유지해야 할까?" 찬성은 둘, 반대가 여섯, 나머지는 기권이었다.

13주가 지났을 때, 미국 여자 둘은 닷새 동안 하루에 한 시간씩 남녀 한 쌍만 선실을 쓰게 하자고 제안했다. 이 제안은 받아들여지지 않았지만, 제노베스는 사람들이 가끔씩은 자기들만의 시간을 갖고 싶어한다는 걸 알고 있었다.

그래서 그는 그때마다 무작위로 맺어진 다섯 쌍이 15분 동안 다른 사람 눈에 안 띄는 뗏목 위의 다섯 군데에서 만나도록 하자고 제안했다. 기대가 뗏목 가득 부풀어올랐다. 모임이 끝나자마자, 부엌은 음담과 교묘히 상대방의 환심을 사려는 말들로 들끓는 저속한 농담의 도가니가 되었다. 제노베스는 일지에 자신의 심정을 이렇게 털어놓았다. "좀 우울하다. 뗏목에 탄 사람들의 지적 수준이 눈에 띄게 떨어져 가고 있다."

그 뒤로, 사건이 줄을 이어 터졌다. 일본인 고미코는 바닷속으로 뛰어들려고 했다. 그는 자신이 찍은 사진이 마음에 들지 않았고, 다른 사람들과 어울리는 걸 힘들어했으며, 자기가 좋아하는 아이샤에게 퇴짜를 맞은 처지였다. 거의 비슷한 시기에 화물선 한 척이 아칼리 호를 들이박을 뻔했고, 제노베스는 맹장염에 걸렸다. 사람들은 전에 겪은 위기상황 때처럼 다시 한마음으로 움직였다. 맹장염도 상태가 나아졌다.

2주 후, 아칼리 호는 코주멜에 입항했고, 참가자들은 즉시 격리되어 무장한 호텔 안전요원의 보호를 받았다. 그들은 일주일 동안 정신과의사와 심리학자와 의사들의 수많은 검사에 시달려야 했다.

항해 후의 검사에서 별다른 결과는 나오지 않았다. 비록 제노베스는 전혀 동의하지 않았지만, 쓸 만한 결과랄 게 없었던 것은 전체 실험도 마찬가지였다.

1975년에 출간된 책 『아칼리』에서, 제노베스는 배에서 일어난 모든 사건을 그 자신의, 그러니까 고급문화에 흠뻑 젖어 있는 사람의 세계관에 맞추어 해석했다. 그는 그 뗏목에서 자신이 '모든 숙명적인 야심과 공격적이거나 가학적인 충동에서 자유로운 '새로운 인간'을 발견했다고 생각했다. 그는 성욕과 관련해서는 "성관계를 가져야 한다는 명백히 저항할 수 없는 충동을 충분히 설명할 수 있는 선천적인 성적 욕구는 없다"는 결론을 내렸다.

Women Will Boss Men in Sex Study

"섹스 연구에서는 여성이 남성에게 명령을 내린다."(『뉴스 저널News Journal』 1973년 5월 1일자) 언론은 종종 헤드라인에서 중요한 모든 지위를 여성들이 차지했다고 보도하곤 했다.

제노베스의 실험은 혹독한 비판을 받았다. 그가 항해하는 동안에도 이미 그의 대학 동료들은 그와 거리를 두었다. 많은 사람들은 제노베스가 참가자들에게 항해과정에서 얻어진 자료를 '은밀한 부분까지도 역시' 사용할 수 있도록 허용하는 서명을 받지 않았다며, 그의 비윤리성을 비난했다. 물론 그는 책에 참가자들의 본명을 쓰지 않았지만, 대단히 자세한 묘사 덕분에 참가자들이 누구인지 충분히 짐작할 수 있었다. 어차피 신문기사에는 그들의 실명이 등장했으니, 굳이 힘들여 짐작할 필요도 없었지만.

아칼리 호에서 제노베스가 취한 행동 역시 모순적이었다. 한편으로 그는 리더가 되려 하지 않았다. 잡다한 구성원들이 차이를 넘어 함께 어울려 지내야 할 때 무슨 일이 일어나는지 알아내는 게 그의 목표였다. 다른 한편으로, 그는 참가자들이 아무렇게나 잠을 자거나 그가 요구한 일기를 작성하지 않을 때면 그들을 호되게 꾸짖었다.

그러나 제노베스는 그 모든 비판을 한 귀로 듣고 한 귀로 흘려버렸다. 자신의 실험은 인간의 공생에 커다란 기여를 했다고 여겼기 때문이다. 25년 후, 영리한 텔레비전 프로듀서들은 아칼리 호 실험을 쏙 빼닮은 리얼리티 쇼 <실험: 로빈슨>과 <빅 브라더>를 만들기에 이르렀다. 그런 발전을 제노베스가 예상할 수만 있었더라면, 아칼리 호는 멕시코 텔레비전 방송국의 후원을 받을 수도 있었을 텐데…….

★Genovés, Santiago, 『아칼리 호Acali』, Planeta, 1975.

1973
연인을 만들어주는 흔들다리

일본인 학자들이 찾아올 때마다, 심리학자 도널드 더튼은 이들을 카필라노 흔들다리로 안내해야 했다. 밧줄과 흔들거리는 나무판자로 만든 이 흔들다리는 폭이 1.5미터에 길이가 150미터로, 70미터 깊이의 골짜기 위에 떠 있는 밴쿠버 인근의 관광명소다. 하지만 일본의 심리학자들이 그걸 구경하려고 가는 건 아니었다. 그곳은 더튼과 동료 아서 애런이 사랑의 미로를 탐색한 유명한 실험의 현장이었던 것이다.

내용인즉 이렇다. 1973년 여름, 예쁜 여대생 한 명이 흔들다리에서 관광객들을 기다리고 있었다. 그녀는 무릎을 후들거리면서 다리를 건너온 남자들에게 거짓부렁을 꾸며대도록 더튼과 애런이 고용한 여자였다. 그녀는 그들에게 자신은 명승지의 효과에 대한 심리학 논문을 쓰고 있다고 설명한 후 몇 가지 질문에 대답해달라고 부탁했다. 그리고 남자들이 눈치 못 채는 사이에 실험의 핵심 단계에 돌입했다. 여대생이 설문지의 한 귀퉁이를 찢어서 자신의 이름 글로리아와 전화번호를 써서 건네주고는 설문조사 결과를 알고 싶으면 나중에 전화하라고 말했던 것이다.

얼마 후, 그 여대생이 흔들다리 근처의 작은 공원에 나타났다. 그 공원은 다리를 건너온 사람들이 한숨 돌리는 곳이었다. 여대생은 몇 사람에게 다가가 똑같은 얘기를 하고 전화번호를 주었다. 차이가 있다면, 그건 그녀의 이름이 이번에는 글로리아가 아니라 도나였다는 것이었다.

다리 끝에서 설문조사를 했을 때는 25명 가운데 13명이 글로리아에게 전화했지만, 공원에서 만난 사람 23명 중 도나에게 전화를 건 사람은 7명에 지나지 않았다. 더튼과 애런이 예상했던 대로였다. 흔들다리 실험은 심리학에서 오랫동안 토론되어온 가설에 대한 한층 진전된 증거를 제공해주었다. 즉, 특정한 자극이 사람들에게 육체적 흥분을 유발했을 때 사람들은 그 흥분의 원인을 다른 자극으로 돌릴 수 있다는 것인데, 심리학자들은 이것을 귀인오류라고 한다.

★Donald G. Dutton & Arthur P. Aron, 「높은 불안상태에서 고양되는 성적 매력에 대한 몇 가지 증거 Some Evidence for Heightened Sexual Attraction under Conditions of High Anxiety」, 『개성 및 사회 심리학Journal of Personality and Social Psychology』 30, 1974, pp. 510-517.

밴쿠버 인근의 카필라노 흔들다리는 사랑의 미로에 관한 실험으로 유명하다.

다리 끝에서 글로리아를 만난 남자들은 자신들의 무릎이 떨리는 원인이 글로리아라고 오해했다. 실제로는 다리를 건너면서 그렇게 된 것이지만, 무의식적으로 그들은 육체적인 흥분이 그 여대생 때문이라고 생각했다. 그러니 그렇게 많은 남자들이 글로리아와 접촉하려고 했다는 것이 놀랄 일은 아니다. 공원에서 만난 남자들은 다리를 건너면서 생긴 흥분이 이미 사라진 후였으므로, 거기에는 도나 때문이라고 오해할 어떤 육체적인 신호도 없었다.

귀인오류는 이 실험 이후로도 수많은 맥락에서 증명되었다. 몇몇 연구자는 이런 현상을, 부모가 젊은 남녀의 접촉을 금지하면 그것은 오직 추가적인 흥분을 야기할 뿐이고 결국 그 흥분을 사랑의 감정으로 잘못 해석한 젊은이들을 더욱 강하게 묶어주게 된다는 가설의 근거로 든다. 그들에게 로미오와 줄리엣 이야기는 귀인오류의 고전에 해당한다.

1973

거미들의 수난-4: 우주에서 거미줄 치기

과학자들은 이미 1950년대에 거미가 마약에 취했을 때, 다리를 잘렸을 때, 정신분열증 환자의 오줌을 마셨을 때 거미줄이 어떻게 달라지는지를 실험을 통해 알아냈다(→ 139, 154, 156쪽). 그러니, 우주여행 시대의 개막을 맞아 거미가 무중력상태에서는 어떤 모양의 거미줄을 치는지 알아보고 싶어했을 것은 자명하다고 하겠다. 생물학자이면서 거미 전문가인 페터 비트가 거미를 인공위성에 실어 우주에 보낼 계획을 세운 것은 일찍이 1968년의 일이었다. 하지만 주디스 마일스라는 여학생이 미 항공우주국이 후원하는 청소년 경진대회에서 거미실험 계획을 제안한 4년 후에야 비로소 계획이 받아들여졌다.

1973년 7월 28일, 세 명의 우주인은 십자거미 두 마리와 함께 아폴로 우주선을 타고 미국 우주정거장 스카이랩을 향해 출발했다. 거미의 이름은 애러벨라와 애니타였다. 우주인들은 상자 안에 넣어둔 애러벨라가 다음날 상자 구석에 형편없는 거미줄 두 개를 쳐놓은 것을 발견했다. 그렇지만 애러벨라는 곧 무중력상태에 적응해서 완벽한 거미줄을 쳤고, 잠시 후 애니타 역시 실력을 발휘했다. 그리고 거미 두 마리는 헛되이, 먹이가 걸려들기를 기다렸다. 하지만 우주선에는 파리 한 마리 실어오지 않았으니……. 십자거미는 다른 먹이 없이 물만 먹고도 3주 동안 버틸 수 있다. 우주인들이 계획에도 없이 작은 안심 스테이크 조각을 두 차례 거미줄에 올려주자 애러벨라와 애니타는 그것을 냉큼 먹어치워 버렸다.

항공우주국은 우주에서 친 거미줄 사진을 평가해달라는 요청과 함께 비트에게 보내주었지만, 비트는 그 사진에 만족할 수 없었다. 그는 자신의 논문에서 명확한 분석이 불가능할 정도로 사진의 질이 좋지 않았다며 여러 차례 불평을 늘어놓았다. 게다가 우주에서 가져온 거미줄들은 기록이 제대로 관리되지 않아서, 그것이 애러벨라의 것인지 애니타의 것인지조차 불명확했다.

★Peter N. Witt 외, 「우주공간에서 거미줄 치기: 스카이랩 거미실험 결과의 평가Spider Web-Building in Outer Space: Evaluation of Records from the Skylab Spider Experiment」, 『미국 거미학회지American Journal of Arachnology』 4, 1977, pp. 115-124.

비트에 따르면, 이 실험의 가장 중요한 발견은 거미가 무중력상태에 적응할 수 있으며 그런 낯선 환경에서도 완벽하게 작동하는 거미줄을 칠 수 있다는 것이다. 거미는 만사 젖혀두고 거미줄을 쳐야 한다. 거미줄 없이는 먹이도 없으니까.

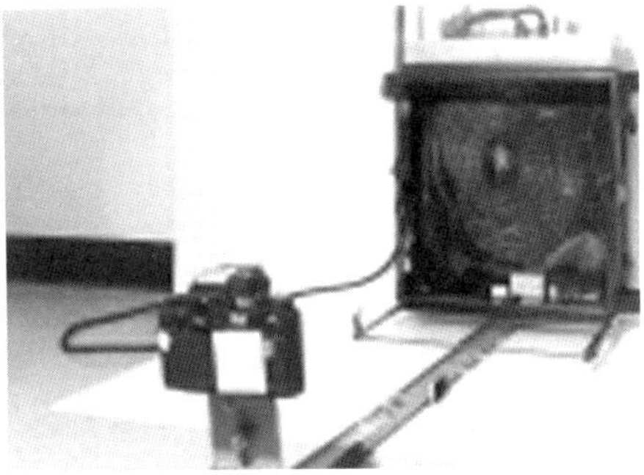

우주로 날아간 거미 두 마리는 이 상자 안에서 이틀 만에 거미줄을 쳤다. 거미줄을 치는 과정은 모두 카메라로 촬영되었다.

애러벨라와 애니타의 우주여행 이야기는 비극으로 끝난다. 둘은 스카이랩 체류기간의 막바지에 끝내 우주여행의 순교자 대열에 들어서고 말았는데, 나중에 과학자들에 의해 판명된 사인은 탈수증이었다.

동물애호가들은 그나마 거미들이 헛되이 죽지 않았다는 데에서 위안을 찾을 수 있을 것이다. 항공우주국의 연구원 한 사람이 그 우주 거미줄에서 테니스 라켓에 응용할 수 있는 새로운 구조 원리를 발견하여 그것을 '로켓 라켓'이라는 이름으로 시장에 내놓을 계획을 세웠기 때문이다.

1973
공중화장실 소변기 습격사건

데니스 미들미스트가 실험 아이디어를 얻은 곳은 화장실이었고, 그가 실험장소로 계획한 곳 또한 화장실이었다. 그때 미들미스트는 환경심리학 세미나 과제 때문에 머리를 싸매고 있었다. 그의 머릿속에 떠오른 주제는 개인공간이었다. 사람은 자기 주변에 얼마만큼의 공간을 필요로 할까? 그런 공간은 왜 필요할까? 다른 사람이 그 공간을 침범해 들어오면 무슨 일이 생길까?

날마다 벌어지는 일상사 하나가 그의 질문에 최초의 답을 제공해주었다. "어느 날 공중화장실에서 소변을 보고 있는데, 동료 학생이 바로 옆 소변기에서 볼일을 보았어요. 즉시 난 그 효과를 알아챘지요." 그가 용변을 보는 데에 걸린 시간이 훨씬 길어졌던 것이다. 이 관찰을 바탕으로 수업시간에 그가 개인공간에 대한 실험을 해보자고 제안했을 때, 동료들은 한바탕 크게 웃어젖히고 말았다. 하지만 교수는 어쨌든 한번 밀고나가 보라고 격려해주었다.

개인공간에 대한 연구에는 한 가지 어려운 문제가 있었다. 실험을 통해 우리는 분명히, 자신을 둘러싼 보이지 않는 공간이 침범당하면 사람들이 민감하게 반응한다는 것을 안다. 예를 들어 그들은 그 공간을 다시 확보하기 위해 뒷걸음질치거나, 다른 다양한 방법을 통해 상대의 지나친 접근에 대한 보상을 얻으려고 노력한다. 하지만 왜? 이유는 아무도 모른다. 그리고 미들미스트의 공중화장실 경험은 바로 이 문제에 발을 들여놓은 것이었다.

공포와 불안이 괄약근이 이완되는 속도에 영향을 끼친다는 것은 오래전부터 알려진 사실이다. 기본적으로, 근심걱정이 있거나 불안한 사람은 괄약근을 이완시키는 데에 시간이 오래 걸린다. 그러므로 아무것도 모르는 피실험자가 다른 사람이 가까이에 있으면 오줌 누는 데에 시간이 더 걸린다면, 그것은 개인공간이 침해당하면 공포와 불안이 생긴다는 우아한 증거가 된다.

1973년 늦가을, 미들미스트와 그의 동료 에릭 놀즈는 위스콘신 그린베이 대학의 대형 강의실 건너편에 있는 소변기 세 개짜리 남자 화장실에서 이 가설을 검증하는 실험에 돌입했다.

그들은 가짜 '고장' 팻말을 이용해 화장실에 들어서는 남자들이 세 가지 상황에 놓이도록 만들었다.

1. 피실험자가 실험자 바로 옆 소변기를 이용한다.
2. 피실험자와 실험자가 소변기 하나를 사이에 두고 볼일을 본다.
3. 피실험자 혼자 화장실에 있다.

적어도 피실험자 대부분은 화장실 안에는 아무도 없는 줄로 알았다. 하지만 실은, 피실험자 뒤에 있는 대변기 칸 둘 가운데 한 칸에 초시계 두 개를 들고 앉은 미들미스크가 책을 쌓아올려 위장한 잠망경을 통해 대변기 칸 문 밑으로 피실험자의 오줌줄기를 관찰하고 있었다. 그는 피실험자가 소변기 앞에 서면 초시계 두 개를 눌러서, 그가 오줌을 누기 시작하면 첫 번째 초시계를 멈추고 오줌을 다 누고 나면 두 번째 초시계를 멈추었다.

60명의 남자가 들어왔다 나간 뒤, 사태가 명확해졌다. 실험자가 바로 옆에 있으면, 피실험자의 괄약근이 이완되는 데에는 혼자 있을 때보다 거의 두 배인 평균 8.4초가 걸렸다. 그리고 예상대로, 스트레스를 받은 상태에서는 방뇨가 더 빨리 끝났는데 그것은 대기시간이 길어져서 압력이 높아졌기 때문이었다.

이 결과를 논문으로 발표한 미들미스트는 비윤리적인 행동을 했다는 비난을 받았다. 하버드 의대의 제럴드 쿠셔는 그의 실험이 "오늘날 심리학 연구자들이 인간의 존엄성을 어떻게 규정하는지에 관한 중요한 문제를 제기했다"고 쓰면서 "자신의 '해우' 과정이 관찰당하고 있다는 것을 우연히 발견하게 될지도 모르는 불안한 개인들"에 대한 걱정을 감추지 않았다. 미들미스트에게 그것은 지나친 과장이었다. 개인공간을 침범당하는 것은 남자가 소변을 볼 때면 일상적으로 벌어지는 일이 아닌가. 남자들에게 그 고통이 지속되는 것도 아니고. 오히려 반대로, 이 실험의 일부분이었던 예비연구에 참여한 남자들은 서슴없이 그 경험을 친구들을 즐겁게 해줄 최고의 일화로 꼽았으니 말이다.

공중화장실 실험은 평생 미들미스트를 따라다녔다. 덕분에 그는 정치적인 '찻잔 속의 태풍'에 휘말리기까지 했다. 그가 오클라호마 주립대학에 자리를 얻었을 때, 일부 시민이 그 사실에 격분했다는 소식이 주지사 귀에 들어갔던 것이다. 주지사는 총장에게 불평을 늘어놓았고, 미들미스트는 그 대학에서는 그런 실험을 절대로 하지 않겠다고 총장을 안심시켜야 했다.

★Dennis R. Middlemist 외, 「화장실에서의 개인공간 침범: 자극의 간접증거Personal Space Invasions in the Lavatory: Suggestive Evidence for Arousal」, 『개성 및 사회 심리학 Journal of Personality and Social Psychology』 33, 1976, pp. 541-546.

미들미스트의 실험이 최소한의 공간에서 최소한의 비용을 들여서 결정적인 성과를 올린 과학의 일대 개가였다는 걸 알아차릴 수만 있었다면, 주지사도 퍽이나 만족스러웠을 텐데. 정치가에게, 그 이상 바랄 게 있나?

1974
초록불? 예쁜 아가씨가 지나가신다면야

신호등이 초록불로 바뀌었는데 앞차가 명백한 이유 없이 출발하지 않으면, 운전자는 화가 난다. 이 자명한 이치는 1966년 이래 과학적 사실의 지위까지 확보했다(→208쪽).

심리학자 로버트 배런은 어떻게 하면 이 분노를 누그러뜨릴 수 있을지가 궁금했다. 그는 여러 차례의 실험실 연구를 통해, 동정심, 즐거움, 성적 흥분 같은 또 다른 감정을 유발하는 다른 자극을 받으면 분노가 줄어든다는 사실을 증명했다. 이제는 이 가설을 길거리에서 검증해볼 차례였다.

1974년의 어느 여름날, 인디애나 주 웨스트라파예트의 자동차 운전자 120명이 출연하는 배런의 작은 사이코드라마가 시작되었다. 각본대로, 운전자 한 사람이 신호등이 초록불로 바뀌었는데도 길을 막고 서 있었다. 그리고 그때, 풍만한 가슴의 여학생 한 명이 짧은 치마에 꼭 끼는 상의를 입고 두 자동차 사이를 지나갔다. '성적 흥분'을 유발하는 실험조건이었다. 그만큼 운이 좋지는 않았던 운전자들은 다른 조건 네 가지 가운데 하나를 경험했다. 여학생이 없거나(대조군), 보통 옷차림을 한 여학생(시선 분산), 목발 짚은 여학생(동정심), 어릿광대 가면을 쓴 여학생(즐거움)의 경우가 그것이었다.

★Robert A. Baron, 「인간의 공격성 감소: 양립할 수 없는 반응의 영향에 관한 현장연구The Reduction of Human Aggression: A Field Study of the Influence of Incompatible Reaction」, 『응용사회심리학Journal of Applied Social Psychology』 6, 1976, pp. 260-274.

각본은 뒤차를 막아선 운전자가 초록불로 바뀐 뒤에도 15초 동안 멈춰서 있게 되어 있었다. 그리고 각각의 조건에서 뒤차 운전자들의 반응이 어떻게 달라지는가를 조사했는데, 결과는 그리 놀랄 만한 게 못 되었다. 운전자들은 목발, 어릿광대 가면, 짧은 치마가 등장했을 때 보통 옷차림의 여학생이 지나갈 때보다 경적을 더 늦게

'성적 흥분'을 유발하는 실험조건. 풍만한 가슴을 가진 여학생이 짧은 치마와 꽉 끼는 상의를 입고 길을 건너고 있다.

울렸다. 물론 짧은 치마가 목발이나 어릿광대 가면보다 훨씬 더 효과가 좋았다.

1974
히치하이커를 위한 안내서-3: 보라, 눈을 보라!

차를 얻어타기 쉽게 해주는 두 가지 기본 규칙, '붕대에 목발을!'(→210쪽)과 '여인에게 축복 있으라!'(→251쪽)를 정립하고 실험으로 확인하는 데에 과학적으로 성공한 이후, 1974년에는 자동차 운전자에게 영향을 미칠 수 있는 획기적인 방법이 새롭게 발견되었다. 캘리포니아의 펠러앨토에서 자동차 600대를 대상으로 실험한 결과, 히치하이커가 운전자의 눈을 응시했을 때는 40대가 섰지만, 두 사람의 눈이 마주치지 않은 경우에는 겨우 18대만 섰던 것이다.

★Mark Snyder 외, 「응시와 승낙: 히치하이킹을 위한 야외실험 Staring and Compliance: A Field Experiment of Hitchhiking」, 『Journal of Applied Social Psychology』 4, 1974, pp. 165-170.

1975
히치하이커를 위한 안내서-4: 어떻게든 가슴을 키울 것!

차를 얻어타려는 (남자들에겐 미안! 오로지) 여성만을 위한 비법이 있다. 가슴을 키워라! 시애틀에서 벌인 실험에 따르면, 패드를 넣은 브래지어(그중 하나는 가슴둘레를 5센티미터나 키워주었다)는 차를 얻어탈 확률을 그렇지 않은 경우에 비해 두 배로 높여주었다.

하지만 실험에 참가한 연구자 가운데 한 명인 캐럴 파렌브루흐는 어느 인터뷰에서, 겨우 천 쪼가리 몇 개만 걸친 아가씨들이 길거리에 떼를 지어 서 있는 모습을 떠올리는 대중의 환상을 무자비하게 깨뜨리고 말았다. "그런 아름다운 스토리를 기대한 독자들은 대단히 실망스럽겠지만, 이 실험은 시애틀의 춥고 비 내리는 가을날에, 그리고 겨울에 진행되었습니다. 실험에 참가한 여성들은 실험기간 내내 비옷과 스키복으로 몸을 똘똘 감고 있었지요." 공식적인 보고서는, 날씨가 덜 험했더라면 실험은 훨씬 더 성공적이었을 것이라고 추측했다. "신호의 가시성에는, 가슴둘레의 경우에는 특히, 강우의 빈도와 두꺼운 옷을 입을 필요성 때문에 많은 제약이 있었을 것으로 추정된다."

★Morgan, C. 외, 「히치하이킹: 조금 떨어진 곳의 사회적 신호 Hitchhiking: Social Signal at a Distance」, 『사이코노믹스 학회보 Bulletin of the Psychonomic Society』 4, 1975, pp. 459-461.

1975
병원 대기실의 홀아비냄새

접수대, 잡지가 놓인 탁자 그리고 의자 열두 개. 영국 버밍엄 대학 치과병원의 대기실에 특별한 거라곤 아무것도 없었다. 대기실에 있는 사람들은 당연히, 자기는 아무 의자에나 앉았다고 생각했을 것이다. 그것은 착각이었다.

아침 일찍, 마이클 커크스미스는 한 손에는 스프레이 통을 다른 손에는 초시계를 들고 아직 비어 있는 대기실로 들어갔다. 그는 곧바로 접수대 맞은편의 의자로 가서, 정확히 5초 동안 분무단추를 눌렀다. 16마이크로그램의 안드로스테논 인개가 의자에 떨어졌다. 그는 몇 주 동안 날마다 같은 일을 했다. 가끔씩은 1초만 뿌리기도 하고, 10초 동안 뿌리기도 했다. 때로는 미리 걸레로 의자를 닦거나 다른 의자와 바꿔치기도 했다. 안드로스테논은 남자의 겨드랑이 땀 속에서 분비되는 물질이다. 커크스미스는 이 물질이 여성을 유혹한다고 확신하고 있었다.

생물학자들은 이미 오래전부터 페로몬이라는 휘발성 물질이 동물들의 짝짓기를 조종한다는 사실을 알고 있었다. 이들은 인간의 땀에서도 비슷한 페로몬들을 발견했다. 하지만 심리학자들은 인간이 짝을 찾을 때 이 물질이 어떤 역할을 한다는 것은 터무니없다고 여겼다.

"그들은 인간은 그런 원시적인 효과에 휘둘리기에는 너무 진보했다고 말했습니다"라고 커크스미스는 회상했다. 하지만 그의 생각은 달랐다. 그래서 박사논문 주제를 페로몬으로 정해 연구를 시작했다.

연구를 하다가, 그는 정신과의사 톰 클라크를 알게 되었다. 클라크는 이미 안드로스테논으로 조그만 실험들을 해본 경험을 가지고 있었다. "어떤 파티에서 그는 의자 하나에 안드로스테논을 뿌리고 나서 이렇게 말했어요. '동성애자인 남자만 여기에 앉을 걸세.' 나는 그 사람이 동성애자라는 걸 어떻게 아느냐고 물었지요. '나는 정신과의사야. 이쪽 일은 내가 좀 알지.'" 클라크는 영화관에서도 팸플릿과 좌석을 적셔놓고 실험을 했다. 그러나 그의 실험방법은 과학적이라고 하기 어려웠다. 커크스미스는 계획도 실행도 엄밀하게 관리되는 실험을 직접 해보기로 했다.

처음 4일 동안에는 안드로스테논을 뿌리지 않고 오로지 관찰만 했다. 무슨 실험을 하는 것인지 모르는 간호조무사가 하루 종일 어느 자리에 남자가 앉고 또 어느 자리에 여자가 앉는지를 기록했다. 접수대 맞은편의 의자 세 개는 여자 환자들에게 인기가 없는 게 분명했다. 예를 들어 세 개 중의 한가운데 의자에는 그 기간에 병원을 찾아온 여자 환자 67명 가운데 아무도 앉지 않았다. 커크스미스는 그 의자를 가지고 페로몬의 위력을 증명하기로 했다.

다음 5주 동안, 그는 그 의자에 안드로스테논을 뿌려놓고 간호조무사가 건네준 집계 결과를 분석했다. 여자 환자들이 앉기를 꺼렸던 의자는 갑자기 인기가 높아져서, 무려 21명이나 되는 여성이 그 자리에 앉았다. 대조적으로, 안드로스테논은 남자들을 튕겨내는 것처럼 보였다. 커크스미스의 추측이 옳은 것으로 증명되었다.

★Michael D. Kirk-Smith & David A. Booth, 「다른 사람의 면전에서 위치를 선정하는 데에 미치는 안드로도스테논의 영향 Effects of Androstenone on Choice of Location in Other's Presence」, 『냄새와 맛 제7권 Olfaction and Taste VII』 (H. van der Starrre 엮음), ILR Press, 1980, pp. 397-400.

사람들이 짝을 고르는 과정에서 페로몬이 일정한 역할을 한다는 것은 이제 상식이 되어 있다. 창의성 넘치는 사업가들은 안드로스테논이 들어 있다는 상당히 수상쩍고 비싸기 짝이 없는 남성용 향수들을 만들어 내놓기도 했다. 가구업자들 역시 고풍스러운 가구에 페로몬을 뿌려서 여성들에게 팔아넘기려고 했다는 소문이 떠돌았다. 하지만 안드로스테논의 효과는 그 자체로는 아주 약해서, 아마도 수많은 다른 요소들과 함께 어우러져서 드러나는 듯하다.

영국의 BBC가 사람들은 어떻게 파트너를 선택하는가를 담은 다큐멘터리를 만들었을 때, 제작진은 몰래카메라를 동원하여 커크스미스의 실험을 재현했다. 아마도 그 전이겠지만, 늦어도 이때를 기해, 커크스미스의 실험은 고전의 반열에 올랐다.

1976
교수님께 면도기를!

교수법이 그리 뛰어나지 않더라도, 수염을 기른 교수들에게는 희망이 있다. 면도기가 바로 그것이다. 적어도 에어랑엔-뉘른베르크 대학의 위르겐 클라프로트는 그것을 확인했다. 그는 「턱수염 기른 교수가 대학생에게 미치는 영향에 관한 연구Barba facit magistrum」라는 논문을 작성하기 위해, 두 학기는 턱수염을 깎고, 다음 한 학기는 턱수염을 기른 채, 그 다음 한 학기는 다시 말끔하게 면도를 하고 강의를 진행했다.

심리학자 위르겐 클라프로트는 턱수염을 길렀다가 깎았다가 해가며 자신의 수염이 학생들에게 미치는 영향을 연구했다.

클라프로트는 실험실 연구를 근거로, '대상인물에게 딸린 고정된 시각자극'(여기서는 턱수염)이 사람들이 일상적인 상황에서 상대방의 개성을 판단하는 데에 영향을 미친다고 추측했다. 그래서 겉모습의 아주 작은 변화만으로도 인상이 확연히 달라보인다는 것이다. 정말 그럴까?

클라프로트는 학기 초마다, 학생들과 처음 만난 지 10분 후에 학생들을 대상으로 교수 클라프로트의 개성에 대해 설문조사를 했다.

설문조사 결과는 턱수염을 기르는 교수들에게는 꽤나 부담스러운 내용이었다. 학생들은 턱수염을 기른 클라프로트가 '목적의식이 부족하고, 꼼꼼함이 부족하고, 집중력이 부족하고, 친밀감이 부족하고, 끈기가 부족하고,…… 능력이 부족하고, 정확성이 부족하고, 합리성이 부족하고, 근면성이 부족'하다고 판단했다.

반대로 긍정적인 모습은 딱히 이거라고 들 만한 게 별로 없었다. 그나마 턱수염을 기른 클라프로트는 더 자연스럽고, 느긋하고, 급진적으로 보였다는 정도일까. 단, 그것이 정말로 교수에게 긍정적인 속성이라면 말이다.

★Jürgen Klapprott, 「턱수염 기른 교수가 학생에게 미치는 영향의 연구 Barba facit magistrum」, 『스위스 심리학Schweizer Zeitschrift für Psychologie』 35, 1976, pp. 16-27.

1976
백만장자의 복제인간 소동

1973년 9월, 미국의 한 과학저널리스트는 베일에 싸인 전화 한 통을 받았다. 몬태나 주 북서부 플랫헤드 호숫가의 오두막에서 수화기를 들었을 때, 자신의 이름을 밝히기를 꺼리는 상대방이 말했다. 자신은 예순일곱 살로, 부자고, 미혼이며, 상속자를 원한다는 것이다. 자세한 것은 만나서 이야기하고 싶다고 했다.

데이비드 로르빅의 책 『자기 이미지 그대로』는 이렇게 시작된다. 이 책은 과학저널리스트가 소개해준 과학자의 도움을 받아 자신을 복제하려는 늙은 백만장자의 모험 이야기다. 하지만 생식의학을 다룬 이 보통 수준의 SF에는 결정적인 오류가 하나 있다. 책 속의 모든 이야기가 사실이며 책에 나오는 과학저널리스트가 자기 자신이라는 로르빅의 주장이 그것이다.

언론은 책이 나온 1978년 3월 31일보다 훨씬 이른 시기에 이미 낌새를 알아차리고 있었다. 대중지 『뉴욕 포스트』는 3월 3일자 신문에 큼지막한 제목으로 인간의 생식에 새로운 시대가 열렸음을 알렸다. "엄마 없이 아기가 태어났다, 그는 최초의 복제인간이다." 그날 저녁까지, 인간복제를 다룬 로르빅의 책은 미국 동쪽 끝의 뉴욕에서 서쪽 끝의 로스앤젤레스 사이에 있는 모든 텔레비전의 뉴스에 등장했다.

과학자들은 로르빅의 복제 이야기가 거짓말투성이라고 판단했다. 예를 들어, 로르빅의 책에 자신의 연구내용이 인용된 저명한 생쥐 유전학자 비어트리스 민츠는 로르빅을 '사기꾼'이라고 평했다. 사실, 수수께끼의 전화를 걸었다는 사업가, 암호명 '맥스'의 이야

NEW YORK POST

FINAL

3:00 P.M. PRICES

FRIDAY, MARCH 3, 1978 25 CENTS

© 1978 The New York Post Corporation

Vol. 177, No. 90

LAST QUARTER'S DAILY PAID CIRCULATION 627,478

y braces for 5-in. snow Page 2

Startling claim in book

BABY BORN WITHOUT A MOTHER

He's first human clone

By SHARON CHURCHER

A human baby, created from a single male cell in a laboratory, is now a normal 14-month-old

A Lippincott spokesman refused to tell The Post the names of any of the participants in the experiment, including the child, saying Rorvik

'엄마 없이 아이가 태어났다'는 『뉴욕 포스트New York Post』 1978년 3월 3일자 기사. 한 대중지가 전 세계에 알린 최초의 인간복제는 정말이었을까?

기가 진짜라고 믿기는 무척이나 어려웠다.

책에서 맥스는 자신을 복제하는 데에 '100만 달러 혹은 그 이상'을 기꺼이 지불할 용의가 있다고 말했다. 그와 유전적으로 동일한 아이, 즉 70년의 나이차이가 있는 쌍둥이 동생은 복제인간이다. 저명한 시사잡지 『타임』의 과학 분야 기고가였으며 생식의학에 관한 책을 여러 권 낸 로르빅이 할 일은 인간복제를 시도할 자세가 되어 있는 과학자 집단을 찾아 맥스에게 연결해주는 것이었다.

인간복제는 기술적으로 엄청나게 까다로운 수많은 단계들을 거쳐야 한다. 제일 먼저, 한 여성에게서 하나, 아니 실패할 경우까지 고려하여 이왕이면 한꺼번에 여러 개의 난자를 채취해야 한다. 그 다음에는 난자에서 난자 제공자의 유전물질이 들어 있는 핵을 제거해야 한다. 자신을 복제하려는 사람도 세포를 제공해야 한다. 그 세포는 몇 가지 예외를 제외하면 원리적으로는 신체의 어떤 부위의 세포라도 상관이 없다. 각각의 세포 하나하나에 인간의 유전정보 전체가 들어 있기 때문이다. 이 유전정보는 핵에 들어 있으므로, 세포핵을 추출하여 이미 핵을 제거한 난자에 이식한다.

이렇게 해서 만들어진 수정란은 세포 제공자와 똑같은 유전물질을 담고 있다. 이 수정란은 처음 몇 차례의 분열이 이루어질 때까지 신체 바깥의 배양액에서 키우다가, 아기를 임신하기로 한 여인의 자궁에 착상시킨다.

과정 전체가 난제들로 가득 차 있었다. 그러나 로르빅이 찾아낸 의사(암호명은 '다윈')는 그 모든 문제를 18개월 만에 해결해냈다고 주장했다. 그 분야에서 세계 최고 수준을 자랑하는 학자들이 수십 년 동안 연구를 거듭하고도 풀지 못한 문제들이었다. 심지어는 체외수정 시술을 통해 수정된 수정란을 자궁에 이식하여 임신을 성공시키는 기술조차 공식적으로는 1978년에 이르러서야 겨우 가능해진 것이 현실이었다. 하지만 그것은 가장 넘기 쉬운 장애물에 불과했다.

가장 큰 어려움은 체세포의 핵과 핵을 제거한 난자를 융합시키는 일이었다. 거기에서 다시금 온전한 인간이 발생한다. 인간의 몸을 구성하는 모든 체세포는 자신의 유전자 안에 그 사람의 몸 어느 부위의 세포로도 발생할 수 있는 완벽한 설계도를 갖고 있지만, 발생과정에서 많은 유전자들이 스위치가 꺼지고 만다. 그래서 예를 들어 간肝세포에서는 간의 역할과 관련된 유전자만 활성화되어 있고, 그것은 피부세포와 뇌세포의 경우에도 마찬가지다.

문제는, 속이 빈 난자에 이식된 후 침묵하고 있던 유전자들이 다시 말문을 열게 하는 데에 있다. '성숙한' 세포핵을 무슨 수를 써서든 다시 젊게 되돌려놓고, 그것이 온전한 전체 인간으로 발생할 준비를 갖추도록 설득해야 하는 것이다. 과학자들은 그 무렵 개구리의 복제에 성공하기는 했지만, 그것은 완전히 성숙한 체세포가 아니라 어떤 유전자의 스위치도 꺼지지 않은 배아의 어리고 미분화된 세포를 이용한 것이었다. 이런 세포를 줄기세포라고 한다.

뭔가 말이 안 되는 것은 이런 세세한 과학적 쟁점만이 아니었다. 로르빅의 이야기는 무대에서도 배역에서도 별로 믿음을 주지 못했다. 의사 다윈은 하와이 너머 어딘가에 있다는 태평양의 이름 없는 섬에서 연구를 한 것으로 되어 있었다. 그 섬에는 맥스의 고무농장들과 그가 투자한 수산물 가공업체가 있었다. 맥스의 직원으로 '요란한 옷과 화려한 반지를 좋아하는' 로베르토는 '공장과 농장에서' 맥스의 클론을 배고 낳아줄 아가씨를 찾았다. 맥스는 두 가지 조건을 내걸었다. 여자는 처녀고, 예뻐야 한다. 그는 후보감을 샅샅이 훑은 끝에 마침내 열일곱 살의 아가씨(암호명 '참새')를 찾아냈다. 그녀는 1976년 성탄절을 2주 앞두고 아기를 낳았고, 맥스는 곧 그녀와 사랑에 빠졌다.

이처럼 수상쩍은 대목이 없지 않았지만, 책은 자신이 할 일을 충실히 해냈다. 그 무렵은 여론이 과학을 점점 비판적으로 바라보던 시

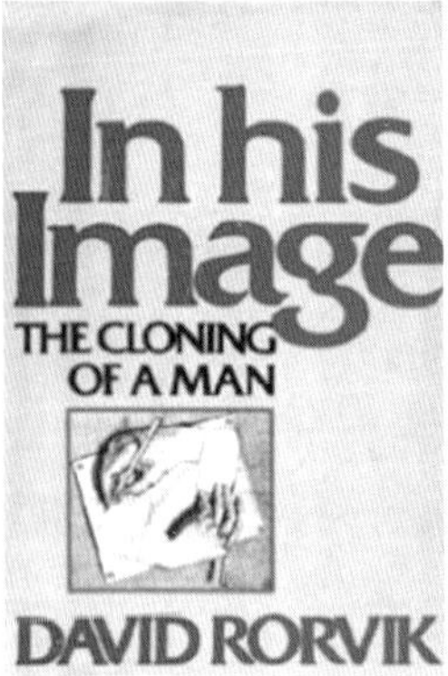

『자기 이미지 그대로: 인간복제In his Image: The Cloning of Man』라는 제목으로 1978년에 출간된 로르빅의 책. 하지만 미국 법원은 이 이야기가 조작이라고 판결했다.(위는 독어판, 아래는 영어판 표지)

기였다. 아이라 레빈이 히틀러를 복제하려는 구 나치 세력의 시도를 그린 소설 『브라질에서 온 소년』을 출간한 게 그리 오래전 일이 아니었고, 바로 얼마 전에는 심지어 몇몇 과학자들이 앞장서서 이제 막 개발된, 개별 유전자를 이종 생명체의 유전물질에 삽입하는 기술의 사용을 유보하라고 요구하기까지 했다. 로르빅의 책은 과학계에 '공공의 재앙PR disaster'으로 다가왔다. 독일의 시사잡지 『슈피겔』은 '유전학, 히틀러보다 천배나 나쁜'이라는 제목의 머릿기사를 실었다. 몇몇 과학자들은 로르빅이 더 큰 대중적 명성을 얻게 될까 두려워 이 책에 대한 언급을 피했다. 하지만 다른 사람들은 공개적인 토론을 요구했다. 하버드 대학의 생물학자 조너선 벡위드는 이렇게 말했다. "어느 날, 우리는 깨어날 것이다. 아마도 그날은 그 일이 일어나지 않을 것이다. 그러나 다음에는, 그리고 그 다음에는 우리는 갑자기 깨닫게 될 것이다. 우리가 괴물을 만들었다는 것을, 그리고 우리가 만들려고 했던 건 이게 아니었다는 것을."

책이 출판된 지 두 달 후인 1978년 5월 31일, 미국 의회에서 '가장 적절하게 표현한다면 세포생물학이라고 해야 할 과학 분야'에 대한 청문회가 열렸다. 실제로는 로르빅의 책에 대한 조사였다. 비록 책을 출판한 J. B. 리핀컷 출판사가 상원 청문회에서 몰매를 맞긴 했지만, 덕분에 책은 날개 돋친 듯이 팔려나갔다. 청문회에 증인으로 소환된 로르빅 자신은 유럽으로 홍보여행을 가야 한다는 이유로 출석을 거부했다.

'해로운 언론에게서 아이를 보호하기 위해' 로르빅은 상원 위원회가 관련자들과 직접 접촉하는 것 역시 거부했다. 출판사조차 그 이야기가 사실에 근거를 둔 것이라고 주장하며 내놓을 만한 증거 한 조각 가지고 있지 않았다. 로르빅은 도대체 믿을 수 없어 보이는 이야기의 줄거리야말로 모든 것이 명백한 사실이라는 증거라고 주장했다. 늙은 백만장자? 적도의 섬? 열일곱 살의 씨받이? "입장을 바꿔놓고 생각해보세요. 당신이라면, 감히 이런 이야기를 조작해낼 수 있을까요? 자신의 모든 경력을 걸고서 말입니다!"

하지만 로르빅이 한 짓이 딱 그것이었다. 책이 나온 지 석 달 후, 책에 이름이 등장한 유전학자 데릭 브롬홀은 700만 달러의 명예훼손 소송을 냈다. 그의 주장에 따르면, 맥스는 브롬홀이 토끼 실험을 통해 개발한 방법을 적용하여 맥스를 복제했다. 로르빅은 1977년 5월에 그에게 편지를 보내 그 기술에 대해 더 자세히 알려달라고 부탁했는데, 그때는 책 내용대로라면 복제인간이 탄생한 지 5개월이 지난 다음이었다. 법정에서 로르빅은 자신이 로베르토를 포함한 세 명을 조작했다고 고백했다. 마지막으로 그는 혈액검사를 통해 문제를 해결하자고 제안했다. 맥스와 아이에게서 시료를 채취할 사람은 맥스 본인이 선택한다는 조건이었다.

판사는 거절했고, 그 사건은 사기라는 판결을 내렸다. 1982년 4월 7일, 리핀컷 출판사와 브롬홀은 출판사가 그에게 10만 달러를 지불하고 책의 내용은 픽션이라는 것을 공표한다는 내용으로 합의에 도달했다.

로르빅이 왜 그런 사기를 쳤는지는 아직도 풀리지 않은 수수께끼다. 다만 책은 일종의 위장된 정치적 발언이었을 것이라거나 그저 잽싸게 한 밑천 벌려고 벌인 짓일 거라고 추측할 뿐이다. 그렇지만 거기에는 어쩌면 다른 이유가 있었을지도 모른다. 그의 옛 동료 한 사람은 아주 간단하게 정리했다. "데이비드는 머리가 좋은 사람입니다. 그리고 훌륭한 작가지요. 하지만 좀 이상한 사람이기도 해요."

1997년에 로르빅이 온라인잡지 『옴니 Omni』에 기고한 글에서는, 아주 약간이긴 하지만, 그의 어조가 바뀌어 있었다. "나는 내 책에 상세하게 서술된 프로젝트의 모든 국면을 낱낱이 알고 있지 못했고, 누구도 나에게 그것이 성공했다는 증거를 보여주지 않았다.…… 그럼에도 불구하고, 내게는 그 프로젝트가 성공했다는 결론을 이끌어낼 정황증거들이 있었다. 나는 1970년대 후반에 그것을 믿었고, 지금도 믿고 있다." 오늘날에도 로르빅은 자신이 누구보다도 먼저 인간복제의 가능성을 지적했던 황야의 예언자였다고 자부하고 있다.

확실히, 몇몇 과학자들이 종종 조금은 엉뚱한 진단들을 내놓긴 했다. 예를 들어, DNA의 구조를 밝혀내어 노벨상을 수상한 제임스 왓슨은 1978년 『피플』지와 한 인터뷰에서, 최초의 인간복제는 언제쯤 될 것 같냐는 질문에 이렇게 대답했다. "우리가 살아 있는 동안에는 분명히 불가능할 것입니다." 그리고 이어서 이렇게 말했다. "제 어린 아들 둘 중에 누군가가 과학자가 되겠다고 한다면, 저는 그 아이에게 복제와는 거리를 두라고 이야기할 것입니다. 거기에는 미래가 없으니까요."

1997년, 최초로 복제된 포유류인 암양 돌리가 태어났다.

★David M. Rorvik, 『자기 이미지 그대로: 인간 복제In His Image: The Cloning of Man』, J. B. Lippincott, 1978.

그리고 2002년 12월 26일, 세계 최초의 복제인간이 태어났다는 두 번째 뉴스가 전해졌다. 이번에도 역시 복제인간이 태어난 장소는 알려지지 않았다. UFO를 신봉하는 종교집단 라엘리언 무브먼트가 설립한 복제회사 클로네이드의 보도자료에 따르면, 이브Eve는 건강하며 그녀에게 피부세포를 기증한 30세 여인의 유전물질을 지니고 있다고 한다.

하지만 라엘리언 무브먼트가 실시하겠다고 발표했던 독립적인 전문가에 의한 유전자검사는 무기 연기되었다. 그 이유는 아기 엄마가 아기를 빼앗길까 봐 두려워하기 때문이라고 한다.

1976

화성엔 정말 생명체가 있을까

1976년 7월 28일, 지구에서 3억 3,000만 킬로미터 떨어진 곳으로 집게 팔 하나가 쑥 뻗어나왔다. 집게 팔의 주인은 인간이 내놓은 가장 거대한 질문들 가운데 하나를 해결하기 위해 이곳까지 날아온 무인 화성탐사선 바이킹 1호였다. 집게 팔 끝의 작은 삽이 떠올린 화성의 먼지 한 줌은 깔때기를 통해 바이킹 1호의 생물학 모듈 속으로 빨려 들어갔다. 생물학 모듈은 화성에 생명체가 존재하는가 하는 질문에 대한 최종적인 답변을 제공해줄 세 가지 실험을 수행하는 임무를 띠고 있었다. 하지만 그 실험의 결과는 최종적인 답변을 내놓는 대신 과학자 길버트 레빈의 평생을 저당잡고 말았다. 레빈의 인생은 진실, 아니면 적어도 그는 진실이라고 믿는 그 무엇을 억압하는 미 항공우주국에 맞서 싸우는 십자군이었다.

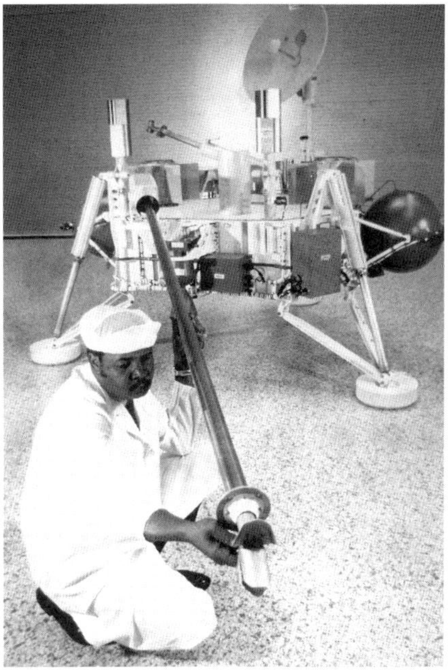

한 기술자가 바이킹 호의 집게 팔에 달린 삽을 검사하고 있다. 바이킹 호는 이 삽으로 화성에 생명체가 있는지를 알려줄 흙을 한 줌 퍼왔지만, 그 결과는 아직도 논쟁 중이다.

레빈은 주장한다. "알려진 모든 사실과 모순되지 않는 단 하나의 결론은, 바이킹 호의 방사성탄소 실험을 통해 화성의 토양에서 미생물을 발견했다는 것입니다."

하지만 바이킹 호 실험에 함께 참여했던 레빈의 전 동료 노먼 호로비츠는 이렇게 말한다. "화성과 관련하여 레빈이 입을 열 때마다, 그는 웃음거리가 되었지요."

다시, 레빈의 반박. "사람들은 갈릴레오도 처음에는 믿지 않았습니다."

미 항공우주국은 1968년 화성에 두 대의 탐사선을 보내는 프로젝트에 착수했다. 소련은 그보다 8년 전에 화성에 우주선을 보내기 시작했다. 하지만 우주선들은 길고 긴 여행 속에서 고철덩어리로 화했고, 끝내는 흔적도 없이 우주의 심연으로 사라지고 말았다.

화성에 대한 관심이 큰 데에는 그럴 만한 이유가 있다. 화성은 태양계에서 지구와 가장 비슷한 행성이다. 크기는 지구와 달의 중간쯤이지만, 화성의 질량은 대기를 가질 수 있다. 그리고 화성은 태양과 적당한 거리에 떨어져 있다. 과학자들에 따르면, 이것들은 생명체의 존재를 가능하게 하는 전제조건을 충족시킨다.

여기에 더해, 100년 전에 미국의 괴짜 천문학자 퍼시벌 로웰이 내놓은 연구 덕분에 화성은 외계인의 행성으로 알려져 있었다. 로웰은, 망원경으로 화성에서 그물망처럼 얽힌 운하들을 관찰했다고 주장한 이탈리아 천문학자 조반니 스키아파렐리에게 자극을 받아 화성을 집중적으로 관찰하기 시작했다. 스키아파렐리는 화성에서 발견한 밭고랑처럼 생긴 줄무늬들을 '카날리 canali'라고 불렀는데, 이탈리아어 카날리에는 도랑이나 밭고랑뿐만 아니고 '운하'라는 뜻도 들어 있다. 이 카날리가 영어로는 '운하 canals'로 번역되는 바람에, 사람들은 그 말에서 인공적으로 만들어진 수로의 이미지를 떠올렸고, 그것은 곧 화성에 고도의 지능을 가진 생명체가 살고 있다는 증거라고 생각했다.

로웰의 마음속에 '운하'라는 단어가 없었더라면, 그는 망원경으로 무엇을 본 것을 무엇이라고 판단했을까. 물론 그것은 아무도 알 수 없는 일이다. 어쨌든 그는, 화성의 생명체에 대한 정교한 시나리오를 완성해냈다. 화성인은 운하를 건설했다. 왜냐하면 화성 표면은 매우 건조해서, 농사를 지으려면 극지의 만년설에서 적도로 물을 끌어와야 했기 때문이다.

로웰의 아이디어는 모든 세대의 SF 작가들에게 화성 생명체의 환상적인 연대기에 대한 영감을 주었다. 대부분의 천문학자들이 로웰의 주장을 부정했고 그들 가운데 누구도 망원경으로 운하를 찾아내지 못했지만, 고도의 지능을 가진 화성인들은 대중의 상상세계 안에서 확고한 위치를 차지해갔다.

바이킹 프로젝트에 참여한 거의 모든 과학자들처럼, 레빈 역시 화성에 나름의 크기를 갖춘 동식물이 살 것이라고는 믿지 않았다. 우리가 알고 있는 모든 것에 따르면, 화성의 조건은 생명체가 살기에 마땅치 않았다. 그러므로 거기에 생명체가 있다고 해도, 그것은 기껏해야 미생물일 것이다. 하지만 그런 원시 생명체가 발견된다는 것 자체가 엄청난 의의를 갖는다. 한 연구자가 말했듯이, 그것은 다른 행성에 생명체가 존재할까 하는 의문을 '기적의 영역에서 통계학의 영역으로' 바꾸어놓을 것이기 때문이다.

길버트 레빈은 1960년대에 식수와 음식에서 박테리아를 검출하는 방법을 개발했다. 미 항공우주국은 이 방법을 화성의 생명체를 찾는다는 훨씬 흥미로운 과제에도 써먹을 수 있다는 것을 깨달았다. 그리하여 1976년 7월 28일, 화성의 모래 한 자밤이 레빈이 설계한 비커에 담긴 다음 배양액을 흠뻑 뒤집어썼다.

madsciencebook.com
화성에 생명체가 있는지를 확인하기 위해 벌인 실험에 관한 다큐멘터리를 보라.

지구상의 생명체와는 다른 생명체에 대해 알려진 것이 아무것도 없었기 때문에, 과학자들은 화성의 생명체도 기본적으로 지구상의 생명체와 같은 법칙을 따를 것이라고 가정했다. 지구형型의 모든 생명체의 공통점은 물질대사의 지배를 받는다는 것이다. 박테리아에서 코끼리에 이르기까지 모든 생명체는 물질을 합성하고 분해한다. 그리고 모든 과학자가, 어디에서 발견되는 생명체든 그것은 탄소를 기본재료로 삼고 있을 것이라는 데에 동의한다. 그들이 농담 삼아 자신들을 '탄소 쇼비니스트'라고 부르는 까닭도 거기에 있다.

탄소원자는 모든 원자 가운데 가장 다재다능한 원자다. 다른 어떤 원자도 탄소만큼 단백질, 호르몬, DNA와 같은 다양한 거대분자들로 조합될 수 있는 능력은 없다. 생명체에 필수불가결한 이 거대분자들은 모두 탄소를 주원료로 해서 구성된다.

레빈의 계산은 간단했다. 화성 표면의 모래에 생명체가 있다면, 그 생명체는 배양액을 흡수하여 소화한 다음 기체를 방출할 것이다. 쉽게 말해, 먹을 것이다. 미생물의 식성을 모르기 때문에, '영양죽'에는 최대한 다양한 입맛을 만족시킬 수 있도록 일곱 가지의 다양한 분자를 섞어 넣었다. 그리고 분자 대부분의 성분에서 높은 비율을 차지하는 탄소원자에는 미리 방사성동위원소(C-14) 표지를 해두었다. 그러면 이제 남는 것은 방사선검출기인 가이거계수기를 써서 비커에서 배출된 기체에 이 방사성탄소가 들어 있는지를 확인하는 것뿐이다. 방사성탄소가 검출된다면, 그것은 모래 속의 무엇인가가 배양액을 먹었고 그 결과로 기체를 분해물로 배출했다는 것을 뜻한다.

바이킹 호의 생물학 모듈에서는 레빈의 연구 외에도 물질대사를 조사하는 두 가지 실험을 더 했다. 그것은 훌륭한 시설을 갖춘 대학 실험실 세 개를 딱 자동차 배터리 크기로 압축한 것이나 마찬가지였다. 4,000개의 부품으로 이루어진 기계장치가 원격조정으로 가장 중요한 문제를 담당했다. 전체 10억 달러에 이르는 바이킹 탐사선 비용 가운데 이 부분에만 5,900만 달러가 들었다.

이틀 동안이나 기다린 끝에 첫 번째 결과를 접한 레빈은 자신의 행운을 믿을 수가 없었다. 탁탁타닥타다다다닥, 가이거계수기가 미친 듯이 울어댔던 것이다! 기체는 분명히 방사성을 띠었고, 그것은 화성에 생명체가 있다는 결정적인 증거였다. 화성의 모래 속에 숨어 있는 것이 무엇이든, 그 생명체는 지구의 비옥한 토양 속에 우글대는 박테리아보다도 더 활동적이었다. 레빈은 데이터시트의 첫 장에 서명했다. 이 문서는 의심할 여지 없이 인류 역사의 한 페이지를 장식하는 핵심 문건으로 남을 것이었다.

세 개의 실험 가운데 모래 속에 호흡을 하는 뭔가가 있는지 여부를 검증한 두 번째 실험에서도 역시 긍정적인 결과가 나왔다. 7월 31일, 생물학 팀은 기자회견을 통해 레빈의 실험에서 나타난 반응은 '생물학적 신호일 가능성이 아주 높'지만 아직 조급한 결론을 내려서는 안 된다고 경고했다. 데이터가 진짜라고 믿기에는 너무 훌륭하다는 이유에서였다. 간단히 말해, 토양이 너무 빨리 반응을 보였다는 것이 문제였다. 정상적으로 미생물이 영양을 흡수하고 소화하여 분해물을 배출하기까지는 시간이 어느 정도 걸리는데, 두 실험에서는 즉각적인 반응을 보여주었던 것이다.

그리고 그것은 바이킹 프로젝트에 참여한 지질학자들이 오래전부터 예상했던 것과 일치했다. 생물학자들은 그들이 얻어낸 결과가 무엇을 뜻하는지를 모를 거라는 것 말이다. 바이킹 탐사선에 자신들의 장비를 따로 갖고 있었던 지질학자들은 자연스럽게 생물학자들의 적군이 될 수밖에 없었다. 두 집단은 탐사선이 떠나기 전부터 우주선에 실을 장비의 무게를 놓고 싸웠고, 탐사선이 화성에 착륙한 뒤로는 데이터를 지구로 송신할 시간의 길이를 놓고 또 싸웠다.

실험 하나를 가지고 생명체의 존재 여부를 논하기에는 인류가 화성에 대해 아는 게 너무 적다는 지질학자들의 끊임없는 경고에도 불구하고, 생물학 실험들에 대한 정치적이고 대중적인 관심이야말로 바이킹 프로젝트의 원동력이었다. 지질학자들은 명백히 바이킹 호의 2등칸 승객이었다.

생물학 모듈에 들어 있지 않았던 세 번째 실험은 혼란을 가중시켰다. 화성의 모래에서 어떤 유기화합물도 발견하지 못했기 때문이다. 유기화합물은 탄소로 이루어진 거대분자로, 과학자들이 생명체의 전제조건으로 여기는 것이다. 그들은 분명히 바이킹 호가 화성의 흙에서 유기화합물을 발견할 것이라고 기대했지만, 생명체는 없었다.

1976년 9월 3일, 똑같은 구조로 만들어진 자매 탐사선 바이킹 2호가 화성에 착륙했다. 바이킹 2호는 그 실험들을 반복했지만, 문제는 풀리지 않았다. 풀리기는커녕 과학자들은 어디서 집게 팔을 작동시켜 흙을 퍼담을지, 누가 실험을 지휘할지 그리고 데이터는 어떻게 해석할지를 놓고 더 어지러운 논쟁을 벌였다.

머지않아, 외계생명체를 탐색하던 바이킹 호 과학자들의 발부리를 걸어 넘어뜨린 것은 실제로는 생명과 아무런 연관이 없는 외계화학이었다는 분석이 나왔다. 오늘날에는 과산화수소 같은 물질들이 과학자들을 바보로 만들었다는 혐의를 받고 있다. 물하고 금속과 접촉한 과산화수소는 생명의 신호라고 해석되는 기체들을 방출할 수 있기 때문이다.

그 뒤로 지구상의 실험실에서 바이킹 호의 결과를 재현하기 위한 수많은 실험이 벌어졌다. 오늘날의 과학자 대부분은 화성에 생명체가 있다는 그 신호는 화학반응들이 만들어낸 것이라고 확신한다.

★Edward C. Ezell & Linda N. Ezell, 『화성에서. 붉은 행성의 탐사 1958-1978On Mars. Exploration of the Red Planet 1958-1978』, The NASA History Series(SP-4212), 1984.

하지만 레빈은 여전히 자신의 주장을 굽히지 않는다. 그는 화성의 암석 사진에서 초록빛 얼룩이 이동하는 것을 관찰했다고 주장한다. 그리고 정부가 뭔가를 은폐하고 있다고 믿는 음모이론가들이 미항공우주국에 맞선 레빈의 십자군전쟁을 지원하고 있다.

레빈은 항공우주국에 이 문제를 최종적인 해결하기 위한 수도 없이 많은 새로운 실험들을 제안해왔다. 그렇지만 사람들은 그의 이름만 나와도 한숨을 쉰다.

1977 문 닫을 시간이 되면 여자들이 점점 더 예뻐져요

'컨트리앤드웨스턴' 음악(country-and-western: 미국 남동부와 서부 산악지대의 대자연을 배경으로 생겨난 민속음악 및 그것을 바탕으로 해서 만들어진 음악 – 옮긴이)이 과학자들에게 영감을 불러일으키는 일은 드물다. 하지만 미키 길리의 <문 닫을 시간이 되면 여자들이 점점 더 예뻐져요Don't the girls all get prettier at closing time>는 예외여서, 그 노래는 꽤 많은 전문지에 발자취를 남겼다.

그 노래는 버지니아 대학의 심리학자 제임스 펜베이커에게 지금까지 발표된, 실험을 바탕으로 작성된 논문 가운데 가장 재미있는 논문 후보에 오르는 영광을 안겨주었다. 「문 닫을 시간이 되면 여자들이 점점 더 예뻐지는가: 컨트리앤드웨스턴 음악의 심리학적 적용」이라는 논문에서 그는 이렇게 썼다. "주크박스는…… 오래전부터 사회심리학적 진실의 풍부한 원천이었다. 주크박스는 단 25센트만 받고도 연구자에게 훌륭한 가설을 뽑아준다(50센트면 세 개)." 때는, 컨트리 음악은 '엄마나 철도여행자나 트럭 운전자나 죄수나 취객'이나 좋아하는 것이라는 선입견이 세상을 뒤덮었던 시절이었다. 하지만 실은 반대로, 컨트리앤드웨스턴 음악에는 심리학적 주제들이 흘러넘치고 있었다. 당장 떠오르는 것만 해도 행크 윌리엄스의 <당신의 마음을 감추지 말아요Your cheatin' heart will tell on you> 속의 정의감, 자니 캐시의 <수라는 이름의 소년A boy named Sue> 속의 인지부조화이론, 레프티 프리첼의 <당신에게 돈이 있다면, 내 사랑, 내겐 시간이 있소If you've got the money, honey, I've got the time> 속의 스키너의 긍정적 강화(→111쪽) 같은 것들이 있지 않은가.

펜베이커는 <문 닫을 시간이 되면 여자들이 점점 더 예뻐져요>를 처음 듣자마자, 그 노래는 '심리적 저항 이론과 대안의 매력도에 대한 의사결정 이전의 판단'이라는 주제를 담고 있을 뿐만 아니라 제목에서 그 가설을 실험할 수 있는 방법까지 제안하고 있다는 것을 알아차렸다.

1977년 10월 어느 날 밤, 펜베이커의 학생 여섯 명이 샬러츠빌의 바 세 군데를 찾았다. 그들은 손님들에게 설문지를 돌리고 9시와 10시 30분 그리고 자정에 바에 있는 이성 손님들이 얼마나 멋지게 보이는지를 척도 1에서 10 사이로 평가해달라고 부탁했다. 술집들은 12시 30분에 문을 닫았다.

설문조사 결과는 미키 길리의 노래가 옳다는 것을 보여주었다. 시간이 늦어질수록, 술집에 있는 남자들은 여자들을 더 예쁘게 보았다. 여자 손님도 마찬가지였다. 이것은 심리적 저항 이론으로 그럴싸하게 설명된다. 밤에 혼자 집으로 돌아가고 싶지 않은 남자 눈에는 모든 여자가 매력적으로 보인다. 문 닫을 시간이 가까워질수록 심리적 저항은 무뎌지고, 비판적인 눈이 흐릿해질수록 상대방은 점점 더 매력이 넘치게 된다. 길리가 노래부른다. "신기하지 않나요? 이상하지 않나요? 홀로 지샐 밤이 다가오면, 남자의 마음은 왜 달라지는지."

이 실험은 몇 번이고 반복되었는데, 그때마다 결과가 달랐다. 한 연구의 결과가 다르게 나오자, 펜베이커는 『기초 및 응용 사회심리학』에 실은 「사람들은 문 닫을 시간에 더욱 예뻐진다, 단 모르는 사람만」이라는 논문으로 거기에 답했다. 그 연구는 일부의 사람들이 다음 날 아침 눈을 뜨고는 깜짝 놀라는 현상 역시 탐구했다. "자신이 내린 선택에 대해 '햇빛' 아래에서 느끼는 상대적 만족(후회)도는 상이한 평가기준에 기인한다."

펜베이커는 자신의 연구를 『개성 및 사회 심리학 회보』에 발표했다. 저명한 학술지 『개성 및 사회 심리학 저널Journal of Person-

★James W. Pennebaker, 「문 닫을 시간이 되면 여자들이 점점 더 예뻐지는가: 컨트리앤드웨스턴 음악의 심리학적 적용Don't the Girl Get Prettier at Closing Time: A Country and Western Application to Psychology」, 『개성 및 사회 심리학 회보 Personality and Social Psychology Bulletin』 5, 1979, pp. 122-125.

ality and social Psychology』의 편집자가 그의 논문을 실을 수 없다면서 보낸 짤막한 편지를 그는 정확히 기억하고 있다. "우린 받지 않을래요.We ain't going to take it" 록그룹 '더 후The Who'가 1968년에 부른 노래 가사였다. "그것은 지금까지 받아본 가장 멋진 거절이었다."

1978
오늘밤에 나랑 함께 자지 않을래요?

1978년의 어느 봄날, 탤러해시에 있는 플로리다 주립대학의 한 여대생이 교정에서 노골적으로 접근해오는 어떤 남자를 만났다. 그녀에게 다가온 남자가 불쑥 말했다. "교정에서 당신이 자꾸 눈에 띄더군요. 정말 예쁘시네요. 오늘밤에 나랑 함께 자지 않을래요?" 그날 모두 열여섯 명의 여자들이 겪은 상황이었다. 그녀들은 어떤 반응을 보였을까? 모두가 거절했다. 이렇게 말하면서. "농담하시는 거지요?" 아니면, "너 미쳤어? 꺼져!"

똑같은 제안을 받은 남자들은 열여섯 명 가운데 열두 명이 오케이였다. "뭐, 오늘밤까지 기다릴 거 있나요?" 아니면, "음, 오늘밤은 곤란한데, 내일은 어때요?"

이 실험을 벌인 심리학자 러셀 클라크의 목적은 성적인 접근에 대한 남녀의 반응에는 어떤 차이가 있는가를 밝혀내는 것이었다. 결과는 분명했다. 하지만 그가 논문을 발표하기까지는 11년의 세월이 걸렸다.

1970년대는 사회적 격변의 시대였다. 남자와 여자는 신체구조뿐만 아니라 행동양식에서도 태어날 때부터 다르다는 생각은 여성의 평등권을 부정하는 남성우월주의적인 사고방식으로 단죄당했다. 많은 사회심리학자들은, 남성과 여성이 짝을 선택하는 방식이 다른 데에는 생물학적 근거가 있다는 (클라크도 옳다고 확신했던) 주장에 대해 의심의 눈초리를 거두지 않았다.

클라크의 사회심리학 수업이 실험의 아이디어를 제공해주었다.

클라크는 학생들과 함께 막 발표된 제임스 펜베이커의 논문 「문 닫을 시간이 되면 여자들이 점점 더 예뻐지는가: 컨트리앤드웨스턴 음악의 심리학적 적용」(→286쪽)을 가지고 토론을 벌이고 있었다.

클라크는 남녀가 섹스 상대를 선택하는 기준이 다르다는 점에 초점을 맞추었다. "여자는, 예쁘든 안 예쁘든, 남자를 구하느라 시간을 낭비할 일이 없습니다. 언제든지 가능하니까요. 아무 남자한테나 손가락을 까딱인 다음 '이리 오세요!' 하고 속삭여주면 되는 거지요. 그것으로 여자는 남자를 정복하는 겁니다. 여자는 어떤 남자든 원하는 대로 부릴 수 있다는 얘기입니다. 하지만 남자는 그게 어렵습니다. 전략과 적절한 시점과 '꾀'가 필요하니까요." 여학생들이 항의하자, 클라크는 이렇게 말했다. "우리가 흥분해서 싸울 필요가 없어요. 이건 경험적으로 따져볼 문제니까요. 우리, 누가 옳은지 실험을 해봅시다!"

몇 주 후, 여학생 다섯 명과 남학생 네 명이 대학 교정을 돌아다니며 이성에게 접근했다. 남녀 열여섯 명씩에게 던진 노골적인 제안 말고도, 그들의 실험에는 "오늘밤에 저랑 데이트하실래요?"와 "오늘밤에 제 방으로 오실래요?"라는 두 가지 변형 제안이 더 들어 있었다. 데이트 제안은 남녀 모두 절반이 받아들였다. 그런데 집으로 오라는 제안에는, 여자는 열여섯 명 가운데 딱 한 명이 응한 데에 반해 남자는 무려 열한 명이 초대를 받아들였다. 그리고 함께 자자는 제안은, 열여섯 명의 여자가 모두 거절한 반면 남자는 열두 명이 받아들였다. 열두 명이면, 데이트하자는 제안을 받아들인 남자의 1.5배다.

클라크는 이 차이는 성性의 생물학적인 비대칭성 때문에 나타나는 것이라고 확신했다. "아이 하나를 만드는 데에, 남자는 약간의 에너지만 투자하면 된다. 한 명의 남자는 아이를 거의 무제한으로 만들 수 있다. 반면에 여자는 낳고 기를 수 있는 아이 수가 제한되어 있다."

그러므로 남자와 여자가 섹스에 투자해야 하는 비용의 차이야말로 남녀의 행동의 차이를 낳는 직접적인 원인이다. 이것이 클라크의 결론이었다. 여자들이 신중하게 이것저것 가리는 데에 비해 남자들은 기본적으로 아무 여자와도 침대로 갈 준비가 되어 있다. 함께 자자는 노골적인 제안을 받은 여자들이 모두 격분했던 것과 달리, 남자 네 명은 그 제안을 받아들이지 못하는 데에 대해 정중하게 사과했다. "전 결혼했거든요." 또는, "여자친구가 있는데요."

클라크가 논문을 출판하려 했을 때, 그는 실험 결과가 시대정신과는 영 동떨어진 것이라는 반응을 피할 수 없었다. 그는 한 학술지로부터 다음과 같은 편지를 받았다. "논문 게재를 거절합니다. 다른 어떤 학술지에서도 이 논문을 실어줄 가능성은 없다고 생각됩니다. 만약 『코스모폴리턴』이 싣기 곤란하다면…… 『펜트하우스 포럼』에서는 실어줄지도 모르겠습니다. 하지만 저희는 게재할 수 없습니다."

나중에 이 실험을 접한 여성 심리학자 일레인 해트필드는 클라크의 논문을 약간 수정한 다음 두 사람의 이름으로 다시 제출했다. 학술지 편집자들은 말을 머뭇거렸고, 게재를 거절한다는 답장도 더욱 에두르는 말투로 바뀌었다. "이 연구는 어딘가에 꼭 실렸어야 한다고 생각합니다(곧 그렇게 되리라고 확신합니다). 다만 저희가 이 논문을 게재하겠다는 소식을 전해드리지 못해서 유감입니다."

그리고 이번에는 새로운 시각에서 비판이 제기되었다. 데이터가 낡았다는 것이다. 1978년에는 남녀 간의 차이가 그 실험 결과처럼 컸을지 모르지만 그 사이에 세상이 많이 바뀌었다는 얘기였다. 클라크는 1982년에 다시 실험을 했고, 결과는 마찬가지였다. 그러고도 몇 차례 거절을 당한 끝에, 1989년, 그의 연구가 마침내 『심리학과 인간의 성』에 게재되었다. 에이즈에 대한 공포가 성행동을 변화시켰을 것이라는 의심이 제기되자 클라크는 제자들을 보내 다시 실험하게 했고, 이번에도 익숙한 결과가 나왔다.

★Russel D. Clark III & Elain Hatfield, 「섹스 제안 수용에 있어서의 성별 차이Gender Differences in Receptivity to Soxual Offers」, 『심리학과 인간의 성 Journal of Psychology & Human Sexuality』 2(1), 1989, pp. 39-55.

오늘날 '섹스 제안 수용에 있어서의 남녀 차이'라는 제목의 이 연구는 미디어에 규칙적으로 등장하고 있다. '남자는 멍청하다'는 간접적인 증거로서, 그리고 '남자는 혐오스럽다'는 결정적인 증거로서.

영국의 BBC는 이 실험을 몰래카메라를 이용한 다큐멘터리로 제작했다. 영국 남자들도 역시 혐오스러웠다.

1979
자유의지, '하지 않을' '자유무의지'

1초는 긴 시간이다. 벤저민 리벳에게, 그 1초는 길어도 너무 길었다. 이 미국 신경학자가 그 1초에 대해 처음으로 들은 것은 그걸 측정한 지 12년이 지난 뒤의 어느 학술대회에서였다. 1초, 독일의 신경학자 한스 코른후버와 뤼더 데케가 1965년에 발표한 논문에 따르면, 그것은 손을 임의대로 움직일 때 뇌에서 그 움직임을 계획하는 순간부터 움직임이 실제로 일어나는 순간까지 걸리는 시간이다. 그들은 어떤 행동의 직전에 뇌에서 발생하는 전기적 변화들을 발견하고, 그것에 '준비전위 readiness-potential'라는 이름을 붙였다.

어떤 움직임이 일어나기 전에 준비전위가 발생한다는 것은 전혀 놀랄 일이 아니다. 근육은 하여튼 뇌로부터 그렇게 움직이라는 지시를 받아야 활성화될 수 있기 때문이다. 하지만 그것은 어떤 측면에서는 터무니없이 불합리한 얘기로 들린다.

피실험자들은 언제 손을 움직일지를 임의대로 결정했다. 그런데 그들이 그렇게 자유의지로 손을 움직이기로 결정한 시점과 실제로 손을 움직인 순간 사이에 적어도 1초의 시간이 있어야 한다는 얘기다. 리벳은 곧바로 그것은 사람들의 일상적인 경험과 어긋난다고 생각했다. 연필을 쥐기로 결정하고 실제로 쥐는 행동 사이에 1초가 필요하다면, 그건 너무 길지 않은가.

이 계산들은, 너무도 자명하게 보여서 아무도 굳이 그걸 확인해 보려고 하지 않았던 전제에 바탕을 두고 있었다. 말하자면 어떤 운동(행동)을 일으키겠다는 의식적인 결정이 있고 난 뒤에야 비로소 뇌가 그 운동을 실행할 첫 움직임을 만들어낸다는 전제 말이다. 원인과 결과, 그것은 아주 간단한 인과관계다. 하지만 왜, 어느 누구도 이것을 진지하게 따져보지 않았을까? 아니면 누군가가 이미 따져보았을까?

리벳은 그 시간차를 정확히 측정해보고 싶었다. "나는 다음해 내내 도대체 어떻게 하면 의식적인 결정의 순간을 측정할 수 있을지를 고민했다." 코른후버와 데케는 준비전위와 행동의 순간만을 측정했을 뿐 의식적인 결정이 내려지는 순간은 측정하지 않았다. 왜냐하면 그 순간은 피실험자 자신만 아는 것이기 때문이다. 그것은 객관적으로 측정할 수 없으며, 뇌파를 통해서도 알 수 없다. 따라서 연구자는 여기서 손을 떼야 한다. 자유의지는 과학적 연구의 대상이 될 수 없는 것으로 간주되었다. 리벳은 말했다. "나는 사람들이 그걸 정말로 두려워한다고 생각한다."

리벳은 피실험자가 손을 움직이려는 결정을 내린 순간을 그에게 알려줄 수 있는 방법을 찾아나섰다. 하지만 그들은 말할 수도 없었고, 몸짓으로 신호를 보낼 수도 없었다. 그 신호 자체가 모든 의식적인 행동에 끼어드는 무의식적인 지연에 의해 영향을 받을 것이기 때문이었다.

그러던 어느 날, 문득 시계를 이용하자는 생각이 떠올랐다. 만약 피실험자가 빠르게 움직이는 시계를 보고 자기가 움직이기로 결정한 순간을 알 수 있다면, 그들은 나중에 실험 책임자에게 그 순간이 언제인지를 알려줄 수 있을 것이다. 처음에는 리벳 자신도 과연 그 아이디어가 통할지 의심스러웠다. "측정이 매우 정확해야 했기 때문에, 그것이 잘 될지 알 수가 없었다. 하지만 나는 한번 부딪쳐보기로 했다."

신경과학의 역사상 이 논문보다 논쟁거리가 된 논문도, 이 실험들보다 다양한 해석을 불러일으킨 실험도 없었다. 리벳의 발견은 곧 자유의지란 없다는 결론으로 이어졌기 때문이다.

1979년 3월, 다섯 명의 피실험자 가운데 가장 먼저 심리학과 여학생 C. M.이 샌프란시스코 마운트시온 병원 실험실의 안락의자에 앉았다. 그녀는 머리와 오른쪽 손목에 전극을 붙인 채 1.8미터 앞의 모니터를 주시했다. 모니터에는 초록빛 점이 2.56초마다 한 바퀴씩 동그라미를 그리며 돌았다. 그것이 바로 시계였다. 리벳은 C.M.에게

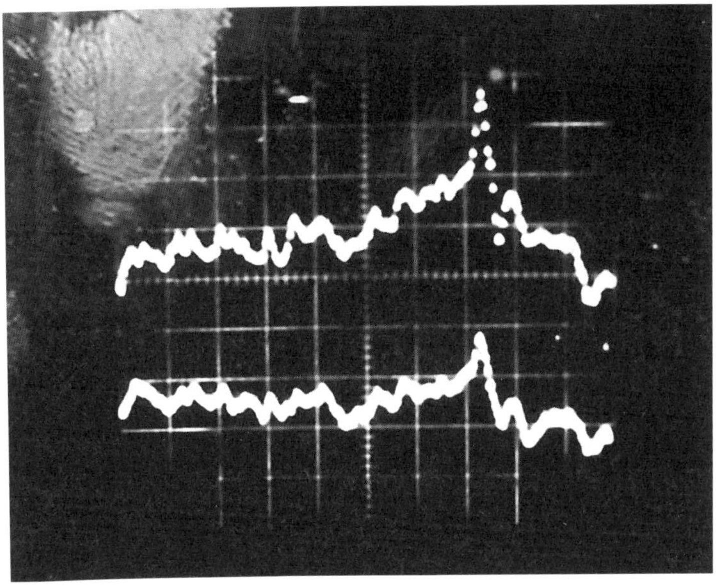

어떤 행동에 앞서 나타나는 이 뇌파를 측정함으로써, 과학자들은 인간에게 자유의지 같은 건 없다고 추론하게 되었다.

그녀가 선택한 순간에 오른쪽 손목을 까딱 움직이라고 지시했다. 그는 이제 그녀의 손목에 붙인 전극의 전위변화를 통해 운동이 실제로 일어난 정확한 시간을 알 수 있었고, 준비전위는 머리에 붙인 전극을 통해, 그리고 의식적인 결정의 순간은 C.M.이 자신의 뜻을 정했을 때 확인한 초록빛 점의 위치를 들어서 알 수 있었다.

"피실험자들은 내막을 전혀 몰랐기 때문에 다들 꽤나 궁금해했지요." 리벳은 회상했다. 하지만 어쨌든 한 번 앉을 때마다 25달러를 받았으므로, 그들은 자신이 선택한 시점에 기꺼이 손목을 움직였다.

"난 첫 번째 실험이 끝나자마자 이미 대단히 특이한 결과가 나올 거라는 걸 눈치챘습니다." 여든다섯 살이 된 리벳이 서랍에서 낡은 실험노트를 꺼내며 말했다. 마구잡이로 휘갈겨 쓴 숫자들로 가득 찬 한 뭉치의 종이에는 군데군데 모니터의 그래프를 찍은 사진들이 끼어 있었다. 바로 '준비전위'였다.

C.M.이 손목을 움직이기로 결정한 시점이라고 알려준 순간은 실제의 운동보다 정확히 0.2초 일렀다. 이것은 우리의 일상적인 경험과 일치하는 합리적인 결과다. 그러나 준비전위는 실제로 움직인 순간보

다 적어도 0.55초, 그리고 몇몇 경우에는 코른후버와 데케의 주장처럼 1초 전에 나타났다. 다시 말해 C.M.은 준비전위가 발생하고 3분의 1초(0.35초)가 지난 뒤에야 그 행동을 하기로 결정했으므로, 그녀의 뇌는 자신이 무슨 행동을 할지 아직 아무것도 알 수 없는 상태에서 이미 그 행동을 할 준비가 되어 있었다는 얘기가 된다. 다른 피실험자의 경우에도 마찬가지였다. 자유의지가 생기기 한참 전에 항상 준비전위가 있었다.

첫눈에는, 실험은 오직 하나의 결론으로 귀결되는 것처럼 보였다. 자유의지는 환상이다. 뇌는 마치 우리가 자유롭게 선택하는 것처럼 우리를 속이기 위해 의식을 허수아비로 내세운다. 하지만 무의식 깊숙한 곳에는 모든 것이 이미 이루어져 있다. 우리는 우리가 원하는 것을 하는 게 아니라 우리가 하는 것을 원하는 것이다.

그렇지만, 리벳은 이 결론이 마음에 들지 않았다. "그것은 우리가 본질적으로 정교하게 만들어진 자동기계일 뿐 우리의 의식과 의도는 아무런 원인도 없이 덧붙여진 부산물에 지나지 않는다는 것을 뜻했다." 그렇다면 이 실험은 우리 법체계의 기본 토대를 뒤흔들고 만다. 실제로 그 죄를 짓는 것밖에는 달리 방법이 없었던 사람에게, 과연 어느 법정이 벌을 내릴 수 있단 말인가?

그래서 리벳은 즉시 새로운 이론을 내놓았다. 비록 그 실험이 자유의지로 위장하고 무의식에서 솟아나오는 의도들에는 우리가 아무런 힘이 없다는 것을 분명히 보여주지만, 그래도 우리에게는 거기에 맞서 개입할 수 있는 능력이 있다는 것이다. 새로운 실험들을 통해 리벳은, 의식적인 결정을 한 다음에 다시 그 결정을 뒤집는 '비토 결정'을 내림으로써 예정된 행동을 취소하는 데에는 5분의 1초면 충분하다는 사실을 증명했다. 우리에게 엄밀한 의미의 자유의지는 없지만, 최소한 무엇인가를 '하지 않을' '자유무의지'는 있다는 것이다.

이 연구 결과는 "너희는 ~하지 말라"는 십계명처럼 자제심을 기르라고 훈계하는 윤리적이고 종교적인 규범들과 조화를 이룬다. 리벳이 재치 있게 표현했듯이, 그의 비토 이론은 심지어 '원죄原罪에 대한 심리학적 설명'을 제공해주기까지 했다. "악한 의도만으로도 이미 죄라고 간주하는 사람은, 심지어는 그것이 어떤 행동도 낳지 않은 경우에도, 모든 사람을 죄인으로 만든다."

그러나 비토 이론에는 결정적인 약점이 있다. 언제나 의식적인 결정보다 무의식적인 뇌파가 앞선다면, 리벳의 의식적인 비토 결정에는 왜 그것이 적용되지 않는단 말인가?

몇몇 과학자들은, 자신의 실험 결과가 보여주는 논리적 결론을 두려워한 리벳이 자유의지를 구하려고 한 것으로 생각한다. 예를 들어, 철학자 토머스 클라크는 그의 추론에는 이런 생각이 깔려 있었다고 썼다. "우리에게 자유의지가 없다는 것은 생각할 수 없으므로(결국 우리는 기계가 되고 싶지 않으므로, 그렇지 않은가?), 우리는 서둘러 자유의지가 존재한다는 증거를 찾아야 한다." 하지만 이런 추론은 과학이 아니다.

논쟁은 한없이 번져갔다. 비물질적인 정신은 있는가? 의식은 오로지 뇌에서 일어나는 화학적이고 물리적인 과정의 결과일 뿐인가? 두 번째의 결정론적 시각에서는, 리벳의 실험은 그리 주목할 만한 것이 되지 못한다. 정신이 뇌에서 일어나는 일련의 물질적인 반응이라면, 자유의지는 무의식적인 뇌 활동에 의해 시작되어야만 한다. 그렇지 않고서는, 자유의지는 불가능하다. 모든 결과에는 원인이 있다.

이렇게 보면, 리벳의 결과에 불가사의한 것은 아무것도 없다. 그저 그것이 우리의 개인적인 경험들과 충돌할 뿐이다. 우리는 우리에게 자유의지가 있다고 느끼기 때문에, 우리에게 자유의지가 있다고 믿는다. 신경학자들조차도 마찬가지일 수밖에 없다. 그들 가운데 많은 사람들이 개인적인 죄의식과 속죄의식을 버려야 한다고 주장하지만, 그들 역시 일상생활에서 과학적인 지식과 개인적인 느낌 사이의 모순을 해결하지 못한다고 고백할 수밖에 없는 것이다.

독일의 뇌 연구가 볼프 징어는 자유의지를 믿지 않는다. 하지만

★Bejamin Libet 외, 「뇌 활동 개시(준비전위)와 행동을 위한 의식적 의도 시간의 연관성. 자발적 행동의 무의식적 개시Time of Conscious Intention to Act in Relation to Onset of Cerebral Activity (Readiness-Potential). The Unconscious Initiation of a Freely Voluntary Act」, 『뇌Brain』 106(3), 1983, pp. 623-642.

그는 "저녁에 집에 갔을 때, 못된 짓을 한 아이는 혼을 낸다. 왜냐하면 나는 당연히 아이들이 달리 행동할 수 있었다고 믿기 때문이다."

1984
살짝 스치기만 하면 팁이 팍팍!

팁에 대한 연구가 다른 학문 분야에서는 그리 명성을 올려주지 못하겠지만, 그 연구 결과는 일상생활에서 꽤나 유용하게 써먹을 수 있다. 행동연구에서 이 실험이 인기가 높은 데에는 간단하고 비용이 적게 든다는 이점 또한 작용한다. 레스토랑은 얼마든지 있고, 피실험자는 손님이다. 실험의 효과는 팁만 세면 바로 확인된다.

미시시피 대학 심리학과에 다니던 에이프릴 크루스코는 사실 팁의 과학에는 별 관심이 없었다. 그녀의 연구주제는 치료과정에서의 접촉의 의미였기 때문이다. 하지만 그 분야의 현장연구는 너무 복잡했다. 어느 날, 레스토랑에서 아르바이트를 하고 있던 그녀에게 레스토랑에서 함께 일하는 동료들을 가짜 치료사로 써보면 어떨까 하는 아이디어가 떠올랐다. 치료할 때 치료사의 접촉이 교감을 불러일으키거나 어떤 힘을 보여주는 효과가 있다면, 레스토랑에서도 당연히 효과가 나타나야 한다. 그리고 그 효과는 팁의 크기로 나타날 것이다.

크루스코는 같이 사회심리학 강의를 듣던 크리스토퍼 웨첼과 함께 우선 웨이트리스들이 손님들을 어떻게 만져야 할지를 궁리했다. 그리고 그들은 하기도 쉽고 또 완전히 자연스럽게 보일 두 가지 방법을 뽑아냈다. '살짝 스치기'라고 이름 붙인 실험조건에서는 웨이트리스들이 손가락으로 손님의 손을 0.5초씩 두 번 만지게 되어 있었다. 이것은 긍정적인 효과를 발휘할 것으로 예상되었다. '어깨 만지기'라는 실험조건에서는 웨이트리스들이 1.5초 동안 손님의 어깨에 손을 올려놓았다. 크루스코는 그것이 지배적 행동으로 해석될 수 있으므로 부정적인 효과를 낳으리라고 생각했다.

웨이트리스들은 아무런 의심도 사지 않고 자연스럽게 해낼 수 있을 때까지 두 가지 접촉방법을 연습했다. 이 실험을 다시 해보려는 사람은 논문에 자세하게 묘사된 손동작을 정확히 확인해둘 필요가 있다. "웨이트리스들은 손님의 옆이나 약간 뒤쪽에서 다가가서 손님을 만졌고, 거스름돈을 줄 때는 몸을 약 10도 정도 숙이면서 친절하지만 명확한 어조로 '거스름돈, 여기 있습니다!'라고 말하되 웃음을 짓지는 않았으며, 손님을 만질 때는 눈을 마주치지 않았다."

실험은 미시시피 주 옥스퍼드 시의 레스토랑 두 곳에서 116명의 손님을 대상으로 하여 실행에 옮겨졌다. 손을 살짝 스쳤을 때는 팁이 평균 37퍼센트 많아졌고, 예상과 달리 어깨를 만졌을 때도 팁은 18퍼센트나 늘어났다.

덤으로, 이후의 실험들에서는 손님들과 살을 스치기 싫어하는 웨이트리스들도 팁을 더 많이 받을 수 있는 다양한 방법들이 발견되었다. 주문을 받을 때 성이 아닌 이름으로 소개하기, 주문받을 때 탁자 옆에 쪼그려앉기, 계산서에 '고맙습니다!'라고 써두거나 해 또는 스마일리 그려두기, 손님의 주문을 반복하기, 그리고 계산서를 건넬 때 유머 들려주기 등등이 그것이다. 한 실험에서 들려준 유머는 이렇다. "에스키모 한 사람이 극장 앞에서 오랫동안 애인을 기다리고 있었대요. 그런데 기다리는 여자친구는 오지 않고, 날씨는 점점 추워지는 거예요. 한참이 지나고, 추위에다 머리끝까지 치솟은 분노로 몸을 부들부들 떨던 그 남자가 외투를 열어젖히고 온도계를 꺼냈어요. 그러고는 크게 외쳤어요. '영하 10도가 될 때까지 안 오면, 그냥 가버린다!'" 이런 서투른 유머에도, 손님들은 팁을 무려 50퍼센트나 더 주었다.

★April H. Crusco & Christopher G. Wetzel, 「미다스의 접촉: 개인간의 접촉이 레스토랑의 팁에 미치는 영향The Midas Touch: The Effects of Interpersonal Touch on Restaurant Tipping」, 『개성과 사회 심리학 회보 Personality and Social Psychology Bulletin』 10(4), 1984, pp. 512-517.

1984
작업의 정석

마이클 커닝햄 교수가 지도하는 사회심리학 세미나가 이성 간의 매력이라는 주제에 이르렀을 때, 학생들이 그에게 학문적인 관점에서 가장 좋은 '작업 멘트'가 무엇이냐고 물었다. 교수님은 학술지를 몽땅

뒤진 끝에 마침내 논문 하나를 찾아냈다. 그 논문은 작업 멘트 100개를 인기순으로 나열한 다음 그것들을 '솔직한', '미온적인', '건방진'이라는 세 가지 범주로 분류해놓고 있었다. 하지만 그 인기순위는 설문조사의 결과였으므로, 그것을 현실에서 진지하게 써먹어본 적은 없다는 뜻이었다. 커닝햄은 그걸 실제상황으로 바꿔놓기로 했다.

몇 주 후, 시카고의 한 바에서 평균적인 외모의 어떤 남자가 혼자 있는 여자들에게 접근했다. 그가 구사한 멘트는 세 가지 범주에 속한 여섯 가지 방법 가운데 하나였다.

솔직한 방법: "쑥스럽지만, 당신과 사귀고 싶습니다." 또는 "당신에게 다가가려면 대단한 용기가 필요하겠군요. 당신 이름만이라도 물어도 될까요?"

미온적인 방법: "안녕하세요!" 또는 "저 밴드, 어떻게 생각하세요?"

건방진 방법: "당신을 보니, 그녀가 생각나는군요!" 또는 "내가 당신보다 더 많이 마실 수 있을지 없을지, 내기할래요?"

커닝햄은 약간 떨어져 앉아서 결과를 기록했다. 미소를 짓거나 눈을 마주치거나 호의적인 반응이 나오면 성공이었고, 고개를 돌려버리거나 일어나 가버리거나 부정적인 대꾸를 들으면 실패였다.

결과는, 솔직한 방법이 가장 성공적이었다. "쑥스럽지만……"이라는 멘트에는 11명의 여성 가운데 9명이, "당신에게 다가가려면 대단한 용기가……"에는 10명 가운데 5명이 호의적으로 반응했다. 미온적인 접근도 거의 비슷했다. 하지만 건방진 방법은 전혀 추천할 게 못 되었다. 여성의 80퍼센트가 부정적인 반응을 보였기 때문이다.

★Michael R. Cunningham, 「이성간의 작업 멘트에 대한 반응: 여성의 선택과 남성의 즉각적 반응 Reactions to Heterosexual Opening Gambits: Female Selectivity and Male Responsiveness」, 『개성과 사회 심리학 회보Personality and Social Psychology Bulletin』 15, 1989, pp. 27-41.

이후에 계속된 실험에서 커닝햄은, 여자들은 건방진 방식으로 작업을 걸어오는 남자들에게서 천박하거나 건방지다는 부정적인 인상을 받는다는 사실을 알아냈다.

한편, 커닝햄은 같은 실험을 거꾸로 하면 어떤 결과가 나올지는 실험을 시작하기도 전에 이미 잘 알고 있었다. 남자들은 여자가 어떤 방식으로 작업을 걸어와도 비슷한 반응을 보였다. 80~100퍼센트, 오케이!

1984 박테리아야, 내게 위염을 일으켜다오!

배리 마셜은 실험허가를 신청하지 않았다. 결코 허락받지 못한다는 걸 잘 알기 때문이었다. 그가 지난 화요일 오전 11시에 삼킨 특별한 죽에 대해서는 아내에게조차 입을 다물었다. 1984년 7월 10일이었다. 마셜은 오스트레일리아 퍼스에 있는 프리맨틀 병원 실험실에서 예순여섯 살 환자의 위에서 나온 약 10억 마리의 박테리아와 약간의 물을 섞었다. 마셜은 이렇게 회상한다. "신선한 고기에서 나는 것 같은 약간 역한 냄새가 나더군요." 그 세균은 극소수의 사람들에게만 알려진 까닭에 그 무렵에는 아직 이름도 없었다. 서른세 살 마셜의 바람은 오직 자신이 제대로 병드는 것뿐이었다.

3년 전, 수련의 과정에서 수행할 연구 프로젝트를 찾던 마셜은 왕립 퍼스 병원에서 위염 환자의 위벽에 기생하는 미확인 박테리아를 발견했던 병리학자 로빈 워런을 만나게 되었다. 다른 환자들을 조사한 마셜은 이들도 대부분 같은 박테리아에 감염되었다는 사실을 알아냈다. 그리고 그는 도서관에서 놀랍게도 그 박테리아를 처음 발견한 사람은 워런이 아니라는 사실을 확인했다. 19세기의 과학자들이 이미 인간과 짐승의 위에서 나선 모양의 병원균을 발견했던 것이다. 이 박테리아들이 위염과 무슨 관계가 있는 게 아닐까?

마셜이 그의 첫 환자에게 항생제를 처방했더니, 위염과 함께 미지의 병원균이 사라졌다. 시험 결과는 이 박테리아들이 위염뿐만 아니라 위궤양과 십이지장궤양까지 일으킨다는 마셜의 생각을 굳혀주었다.

동료들은 그 생각을 한동안 가슴 속 깊이 묻어두라고 충고했다. 첫째, 마셜은 아직 수련의 과정도 끝나지 않았고, 둘째로 자신의 주장에 대한 어떤 증거도 가지고 있지 않으며, 셋째로 박테리아 가설은 기

의사 배리 마셜은 박테리아가 위염의 원인임을 증명하기 위해 박테리아에 물을 타서 마셨다.

존 이론과 대립된다는 이유에서였다. 그때까지 사람들은 심리적인 문제들과 스트레스가 위장병의 원인이라고 믿었다. 분노, 근심 그리고 정서불안은 다른 어떤 병보다 위궤양을 일으킬 가능성이 높다는 것이었다.

그러나 거기에서 물러서기에는 마셜은 너무 고무되어 있었다. "나는 잃을 게 없었습니다. 내가 무슨 20년 동안 해온 연구를 지켜내야 할 저명한 학자도 아니었고요." 1983년 9월, 그는 브뤼셀에서 열린 캄필로박터 감염에 관한 제2차 국제 워크숍에서 자신의 발견을 발표했다. 선지자적 열의와 거의 오만불손에 가까운 자신감 탓에 그는 삽시간에 문제인물로 떠올랐다. 청중들은 그를 연구발표에서 지켜야 할 예의인 겸손과 자제력이 결여된 사람이라고 생각했다.

박테리아가 위염을 일으킨다는 것 자체가 대담한 주장이었지만, 그 박테리아가 위 안에서 몇 달, 아니 몇 년씩이나 살아남을 수 있다는 것은 그야말로 헛소리로 들렸다. 사람이 날마다 2리터씩 분비해내는 위액은 성분 대부분이 쇠못도 녹일 수 있는 염산이다. 만약 위에 두꺼운 점막이 없다면 위 자신이 녹아버리고 말 정도다. 그런 환경에서 병원균이 살아남는다는 것이 가능하겠는가.

전문가들은 마셜의 초기 연구들이 오염된 시료 때문에 잘못된 결론에 이른 것이라고 추측했다. 게다가 박테리아가 위 속에 실제로 존재하더라도 그것이 병을 일으킨다는 증거는 없었다. 위벽에 저절로 손상이 생기고, 그 부위에 박테리아가 살게 되었을 가능성이 높아 보였다.

마셜은 자기 주장의 빈 곳을 알게 되었다. 그의 주장에는, 어떤 질병과 그 질병의 원인이 되는 병원균病源菌의 관계를 입증하기 위해 독일 의사 로베르트 코흐가 1882년에 정립한 '코흐의 공리' 넷 가운데 마지막 두 개에 허점이 있었다.

1. 그 질병을 앓는 모든 경우(인간과 동물)에서 같은 세균이 발견되어야

한다.

2. 그 세균을 그 신체의 외부에서 배양할 수 있어야 한다.

3. 이렇게 배양한 세균을 실험동물에 감염시키면 그 질병이 발병해야 한다.

4. 그 실험동물에서 다시 세균을 채취하여 배양할 수 있어야 한다.

첫 번째 공리에서는 문제가 없었다. 워런과 마셜은 환자의 위벽에서 언제나 그 박테리아를 발견했다. 두 번째 공리는 충족시키기가 쉽지 않았다. 마셜의 동료들이 몇 달씩이나 실험실에서 그 박테리아를 배양하려고 시도했지만 소용이 없었던 것이다. 박테리아가 배양용기 가득 성장하는 데에는 보통 이틀도 걸리지 않고, 조금만 더 놓아두어도 박테리아가 배지에서 넘쳐나게 된다. 하지만 마셜의 박테리아는 48시간이 지난 뒤에도 증식할 기미를 전혀 보여주지 않았다.

아무런 성과도 없는 30여 차례의 시도가 이어지던 중 1982년 부활절에 터진 병원 환자들과 직원들의 위험스러운 감염사고가 갑자기 예기치 않은 돌파구를 제공해주었다. 직원이 모자라는 상황에서 마셜의 프로젝트는 우선순위에서 뒤로 밀릴 수밖에 없었는데, 덕분에 그의 배양용기는 통상의 이틀보다 훨씬 오랫동안 인큐베이터에 보관될 수 있었던 것이다. 닷새가 지났을 때, 박테리아는 마술이라도 부린 듯 놀랍게 증식해 있었다.

그러나 진짜 난관은 건강한 생물체에 병을 옮겨야 한다는 세 번째 공리에서 시작되었다. 마셜이 박테리아를 주입한 쥐 두 마리에서는 아무런 증상도 나타나지 않았고, 새끼돼지 두 마리는 "감염을 물리쳐버렸다."

실험동물을 이용해서 감염을 증명하지 못했으니, 이제 남은 것은 인간에 대한 전염병학적 연구뿐이었다. 연구를 위해서는 위에 문제가 있는 가능한 한 많은 환자들의 데이터를 통계적으로 분석해서 병의 원인을 추론해내야 한다. 하지만 그 방법으로 명백한 결론을 끌어내려면 몇 년이 걸릴지 알 수가 없다. 마셜은 그렇게 오래 기다리고 싶지 않았다. 알맞은 실험동물만 있다면 단 몇 주면 증거를 확보할 수 있다는 걸 알고 있었기 때문이다. 길은 하나밖에 없었다. 자신이 실험동물이 되는 것이었다.

박테리아죽을 먹은 지 한 시간이 지났을 때, 마셜은 '복부의 강력한 연동운동(밤에 들을 수 있는 꾸르륵 소리)'을 느꼈다. 그 후 일주일 동안은 아무 일도 일어나지 않았다. 시험 8일째 아침, 신물이 올라왔다. 둘째 주에 접어들어 어머니는 아들에게서 입냄새가 심하게 나는 것을 느끼고 있었다. 마셜은 두통과 속쓰림에 시달렸다. 10일째 되는 날, 드디어 그의 동료들이 마셜의 식도를 통해 위내시경을 집어넣어 위에서 시료 두 개를 채취했다. 마셜은 5주 전에도 위내시경을 집어넣어 실험에 들어가기 전의 자신의 위가 아주 건강하다는 것을 확인해둔 터였다.

시료를 염색하여 현미경으로 관찰했다. 위점막 상피세포들이 손상되어 점액층에 백혈구들이 몰려들어 있었다. 위염에 걸린 것이다. 이것으로 코흐의 세 번째 공리가 충족되었다.

네 번째 공리를 충족시키기 위해, 마셜은 두 번째 시료에서 박테리아를 분리해 배지에서 배양했다. 그것은 열흘 전에 자신이 삼킨 것과 같은 박테리아였다. 이제는 의심의 여지가 없었다. (나중에 헬리코박터 필로리Helicobacter Pylori로 명명된) 그 박테리아는 위염을 유발했다. 마셜은 뛸 듯이 기뻐했다. "이제 이 염증이 궤양으로 발전해주기만 하면 몇 년 안에 논문을 발표할 수 있겠다는 희망에 부풀었지요." 그러나 그의 실험에 대한 설명을 들은 아내는 당장 그를 양자택일의 기로에 세워놓았다. 항생제를 먹을 것인가, 아니면 집을 나갈 것인가! 마셜은 결국 항생제를 선택했다. 하지만 사실 그가 굳이 항생제를 고를 필요는 없었다는 것이 곧 증명되었다. 2주가 지나자 염증이 저절로 사라졌기 때문이다. 마셜의 면역체계가 침입자를 소탕한 것이다. 그것은 박테리아의 분포도하고도 맞아떨어졌다. 오늘날 전 세계

인구의 절반이 이 박테리아에 감염되어 있지만, 실제로 위염이나 위궤양에 시달리는 사람은 일부에 불과하다.

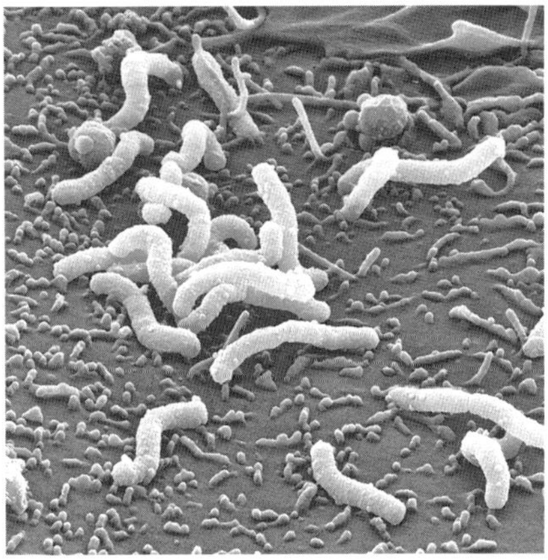

헬리코박터 필로리는 쇠못까지 녹여 버리는 위장 속의 험난한 환경 속에서도 끄떡없이 생존할 수 있다.

대중이 마셜의 실험을 알게 된 것은 일반적인 통로인 의학 전문 학술지가 아니라 미국의 타블로이드판 주간지 『스타Star』의 기사를 통해서였다. 결과가 확인되고 얼마 되지 않아, 마셜은 그가 이전에 쓴 논문에 관해 인터뷰를 하고 싶다는 어느 기자의 전화를 받았다. 마셜은 입을 다물고 있을 수가 없었다. 마침내, '모르모트 박사'의 실험은 영국 다이애나 왕세자비 기사와 명사들의 최신 다이어트요법 기사를 양쪽에 거느리며 『스타』의 지면을 화려하게 장식했다.

그러나 위궤양이 박테리아에 의해 감염되는 질병이란 사실이 의사들 사이에서 널리 인정받기까지는 10년을 더 기다려야 했다. 그것은 한편으로는 항생제가 몇 주 만에 위염을 영원히 사라지게 할 수 있다는 새로운 사실이 널리 퍼지는 걸 제약업계가 반기지 않았기 때문이었다. 제약업체들은 때로는 수년 동안이나 복용해야 하는 제산제制酸劑로 두둑한 수입을 올리고 있었으니까. 다른 한편, 마셜이 위염에 대해서는 코흐의 공리 넷 모두를 충족시켰지만 위궤양은 사정이 달랐기 때문이었다. 오늘날에는 보건당국이 위궤양 환자들에게 항생제를 처방하라는 권유를 내놓고 있긴 하지만, 아직도 적지 않은 저명한 전문가들이 마셜의 주장을 비판한다.

마셜은 2005년 노벨 생리의학상을 수상했다. 그의 실험 이후로 여러 질병들을 병원균에 의한 감염으로 해명해보려는 흐름이 생겨나서, 지금도 많은 학자들이 정신분열증과 심장마비 그리고 류머티즘과 당뇨병 역시 박테리아나 바이러스의 영향이 아닌지 확인하느라 바쁘다. 하지만 그것이 사실로 증명된 실험은 아직까지는 거의 없다.

★Barry J. Marshall 외, 「캄필로박터 필로리 균에 코흐의 공리를 충족시키기 위한 연구Attempt to Fulfil Koch's Postulates for Pyloric Campylobacter」, 『오스트레일리아 의학The Medical Journal of Australia』 142(8), 1985, pp. 436-439.

1986
1년 내내 침대에 누워서

그것은 '소가 될 게으름뱅이'에게 이상적인 일이겠다. 1986년 1월에 이 실험을 위해 선발된 남자 열한 명은 침대로 가서 누워 있으라는 지시를 받았다. 1년 내내 말이다. 370일의 낮과 밤 동안, 단 한 번도 일어나거나 앉을 필요가 없었다. 그들은 누운 채 씻기고, 먹고, 읽고, 텔레비전을 보고, 편지를 쓰게 되어 있었다. 모스크바 생의학문제연구소의 보리스 모루코프는 사람이 무중력상태에서 오랫동안 지내면 무슨 일이 벌어지는지를 알아내고 싶었다. 그는 의사이자 우주인이었다.

침대에 누워 지내기 실험은 우주인의 우주체류 기간이 점차 길어지던 1960년대에 시작되었다. 당장, 신체에 중력이 미치지 않으면 어떤 영향이 있는지를 규명하지 않으면 안 되게 되었다. 지구에서 무중력상태를 오랫동안 경험할 방법은 전혀 없었으므로(→ 150쪽), 효과는 시뮬레이션으로 측정하는 수밖에 없었다. 그리고 가장 간단한 시뮬레이션은 피실험자들을 머리 쪽이 6도 낮게 기운 침대에 눕히는 것이었다.

그 자세를 취한 사람은 무중력상태에서와 비슷한 조건에 놓였다. 심장은 더 이상 중력에 맞서 싸우며 일하지 않아도 되니 심장박동수가 줄어들었고, 부하가 적어진 근육과 뼈내는 부분적으로 퇴화했으며, 신체 활동이 줄어들어 산소 필요량도 떨어졌기 때문에 적혈구 수 역시 감소했다. 침대에 누워 지내기 실험은 처음에는 며칠 동안 진행되었지만, 나중에는 몇 주 또는 두세 달 동안으로 늘어났다. 하지만 370일짜리 연구는 그때까지 진행된 어떤 실험과도 차원이 다른 것이었다.

열한 명의 남자들이 실험에 참여하게 된 동기에 대해서는 알려진 바가 전혀 없다. 모루코프가 믿듯이, 과학의 발전을 위해 헌신하겠다는 열정이었을까? 아니면 그런 성과를 보여준 사람에게 수여하는 소비에트연방의 훈장이었을까? 그것도 아니라면, 그들에게 약속되었다는 자동차였을까? "그때는 소비에트 시대였습니다. 자동차를 가진다는 건 쉽지 않은 일이었지요." 모루코프는 말했다. 어쨌든, 실험 참가자들은 실험에 매우 진지하게 임했다. 단 한 명이 석 달 후에 실험을 포기했을 뿐이었다. 그는 이미 차를 가지고 있었다.

실험의 목적은 신체의 퇴화를 막아줄 새로운 방법을 시험하는 것이었다. 실험 참가자들은 침대에 누운 상태에서 근력운동을 하거나 침대 앞에 수직으로 세워놓은 러닝머신 위에서 산책을 했다. 하지만 5명에게는 넉 달이 지난 후에야 산책이 허락되었다. 이들은 질병이나 에너지 부족으로 우주선에서 운동을 오랫동안 쉰 사람들에 대한 시뮬레이션이었다.

넉 달과 여덟 달 후 그리고 실험이 끝날 무렵에 과학자들은 침대에 누운 사람들을 지구 중력의 8배로 가속하는 원심기에 넣었다. 이것은 우주여행이 끝나고 다시 지구 대기권으로 진입할 때 받는 것과 같은 값이다. 1년의 실험이 끝난 뒤, 두 달 동안의 재활훈련이 이어졌다. '침대 위의 우주인'들은 앉는 법, 걷는 법을 다시 배워야 했다.

몸의 부담보다 마음의 짐이 훨씬 더 컸다. 방 세 개에 나뉘어 수용된 피실험자들은 텔레비전을 보거나 책을 읽으며 시간을 보냈다. 이들은 처음에는 외국어 공부를 하겠다는 계획을 세웠지만, 두 주가 지나자 포기하고 말았다. 즐거운 식사시간이 되어도, 그들의 얼굴은 밝아지지 않았다. 우주인들이 먹는 것과 똑같은 알루미늄 캔 음식이었기 때문이다. 하지만 그 알루미늄 캔은 그들에게 생각지도 못한 취미를 만들어주었다. 그들은 침대에 묶인 채 알루미늄 캔으로 배를 만들거나 간호사들에게 선물할 메달을 만들기 시작했다. 모루코프는 빛나는 갑옷을 두른 기사를 선물받았다. 생일이면 서로 선물을 주고받았고, 명절에는 그들이 침대에 누워서 할 수 있는 한에서는 가장 성대한 파티를 열려고 애를 썼다.

지루함과 시도때도없이 벌어지는 건강검진 또한 그들의 신경을 날카롭게 만들었다. 5인실에 있던 참가자들이 사이가 아주 틀어지는

의사이자 우주인인 보리스 모루코프는 아마도 인류 역사상 가장 오랜 기간 벌어진 침대 실험을 이끌었다.

바람에 한 명은 방을 옮겨야 했다. "그러지 않았으면 뭔가 사단이 벌어졌을 것입니다." 모루코프는 이렇게 회상했다. 그리고 그는 피실험자들과 사이가 좋지 않았던 의료진도 교체했다. "나한테 세상에서 가장 중요한 건 바로 그 남자들이었거든요."

★Grigorev, A. I. & Boris V. Morukov, 「370일간의 반기립성 운동기능저하증370-Day Anti-Orthostatic Hypokinesia」, 『우주생물학 및 항공의학 Kosmischekaia Biologiia i Aviakosmischekaia Mestina』 23(5), 1989, pp. 47-50.

실험 참가자들은 스물일곱에서 마흔두 살 사이였고, 그들 자신이 모두 의사였다. 대부분 아내와 아이들이 있었는데, 일요일에 딱 한 번씩 얼굴을 볼 수 있었다. 실험의 무게를 견뎌내지 못한 부부들도 있었다. 그리고 실험 참가자 한 사람은 실험에 참여한 여성 연구자와 사랑에 빠졌다.

1992 MRI 스캐너 안에서 사랑을!

이다 사벨리스는 정말 독특한 곳에서 사랑을 나누었다. 1992년 10월 24일, 40세의 네덜란드 여성 이다는 그로닝겐 대학병원의 자기공명촬영장치MRI 검사대 위에 자신의 파트너 위프와 함께 발가벗고 누웠다. 방사선과 의사가 검사대를 지름이 50센티미터에 불과한 촬영기 통 속으로 밀어넣고 방에서 나왔다. 창문에 임시로 만든 커튼을 친 조종실에서는 빌리브로르트 베이마르 스훌츠와 페크 판 안델이 역사적인 사진을 기다리고 있었다. 그들은 환자의 무게 150킬로그램에 맞추어 기계를 조정했다.

레오나르도 다빈치는 15세기 말에 섹스를 하고 있는 남녀의 스케치를 완성했다. 그 단면도는 신체의 내부를 한눈에 보여주고 음경, 질, 자궁과 다른 내부 장기들을 보여준다. 다빈치가 시체가 해부되는 장면을 두 눈으로 직접 보고 그림을 그렸다는 것은 의심할 여지가 없다. 하지만 죽은 사람은 섹스를 하지 않는다. 따라서 섹스하는 동안의 여러 장기의 모습은 다빈치도 상상으로 그려낼 수밖에 없었을 것이다.

성교 행위를 그려내려는 두 번째 진지한 시도는 1933년에 이루어졌다. 성연구가 로버트 디킨슨이 발기한 음경 크기의 시험관을 성적으로 흥분된 여성의 질 속에 집어넣는 실험으로 얻어낸 새로운 지식들을 발표했던 것이다. 알프레드 킨지, 윌리엄 마스터스와 버지니아 존슨 같은 나중의 성연구가들은 인조음경과 자궁경을 이용했다. 하지만 그렇게 얻은 지식들은 섹스 중의 인체 내부의 모습을 알려주기에는 여전히 턱없이 부족했다.

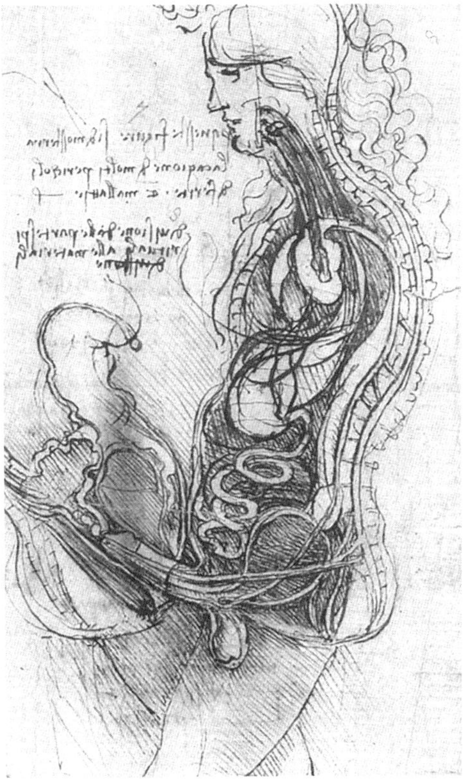

레오나르도 다빈치가 1493년 경에 그린 성교 중인 인간의 내부 장기들.

1991년 어느 날, 의사 페크 판 안델은 우연히 노래를 흥얼거리는 가수의 후두喉頭를 찍은 MRI 영상을 얻게 되었다. 그는 그 사진을 보고 레오나르도 다빈치의 그림을 떠올렸고, 같은 영상을 성교 도중에도 찍을 수 있을 거라고 생각했다. 그걸 시도해보려면 먼저 MRI가 있어야 했다. 불행히도, 그가 문의한 병원에서는 그의 제안을 진지하게 받아들이지 않았다. 하지만 그는 평소에는 꺼질 틈이 없을 만큼 바쁘게 돌아가는 MRI 스캐너도 주말에는 거의 쓰이지 않는다는 걸 알게 되었다. 마침내 그는 친구들의 도움을 받아 병원의 눈을 피해 MRI에 접근하는 데에 성공했다.

실험의 특성상 피실험자는 다음과 같은 조건 세 가지를 만족시켜야 했다. 첫째 날씬해야 하고, 둘째 몸이 유연해야 하며, 셋째 폐소공포증이 없어야 한다. 판 안델은 여기에 딱 맞는 사람으로 자신의 친구인 이다와 위프를 떠올렸다. 거리의 곡예사인 이들은 연구자가 지시하는 것과 같은 '스트레스를 견디며 공연하는 데'에 익숙했다.

일단 MRI 스캐너 안으로 들어간 뒤에는, 그들은 인터폰으로 조종실의 지시를 받게 되어 있었다. "발기한 모습이 뿌리까지 다 보인다. 이제 촬영할 테니까, 가만히 누워서 숨을 가라앉혀!"

X선 장치와는 달리 MRI는 인체에 해를 끼치지 않는다. 하지만

커다란 단점이 있다. 촬영하는 동안 움직이면 안 되는데, 그 시간이 길어서 위프와 이다는 무려 52초 동안이나 꼼짝도 할 수 없었다. 그나마 나중에 개선된 장비를 썼던 실험들에서는 12초로 단축되었다.

이 실험을 정리한 논문은 세 차례나 게재를 거절당했다. 의학 전문지 한 곳은 조작된 논문으로 장난치는 게 아닐까 하고 의심하기까지 했다. 하지만 『영국 의학』 지는 반대로, 단 한 쌍의 데이터만으로는 과학적인 결론을 이끌어낼 수 없다는 이유로 더 많은 데이터를 요구했다.

madsciencebook.com
해마다 괴이한 연구에 수여하는 이그 Ig 노벨상의 수상자 목록은 www.improbable.com/ig/ig-pastwinners.html에서 볼 수 있다.

판 안델은 또 다른 피실험자를 찾았다. 지방 텔레비전방송을 통해 참가 신청자를 모집했을 때는 엄청난 소동과 함께 뜨거운 논쟁이 벌어졌다. 어쨌든 추가실험에 참가하게 된 사람은 여덟 쌍, 그리고 혼자 참가하는 여성 세 명이었다.

이다 사벨리스는 연구자들과 함께 실험 참가자들이 너무 고된 일에 말려들었다고 느낄 만큼 거의 분 단위까지 자세하게 규정된 실험 지침을 만들었다. "사전촬영을 통해 여성의 골반이 제자리에 위치하도록 조정한 뒤, 먼저 누워 있는 여성의 사진을 찍는다(영상 1). 다음으로 남성이 장치 속으로 기어들어가 얼굴을 마주보는 정상위로 성교를 시작한다(영상 2). 두 번째 촬영이 끝나면, 성공 여부와 상관없이 남성은 장치를 떠난다. 그리고 여성은 자신의 손으로 클리토리스를 자극하고, 오르가슴 전 단계에 이르면 인터폰으로 연구자에게 알린다. 이때 세 번째 촬영을 위해 자위를 중단한다(영상 3). 촬영이 끝나면 오르가슴에 도달할 때까지 자위를 계속한다. 오르가슴에 도달한 후 20분이 지나면 네 번째 영상을 촬영한다(영상 4)."

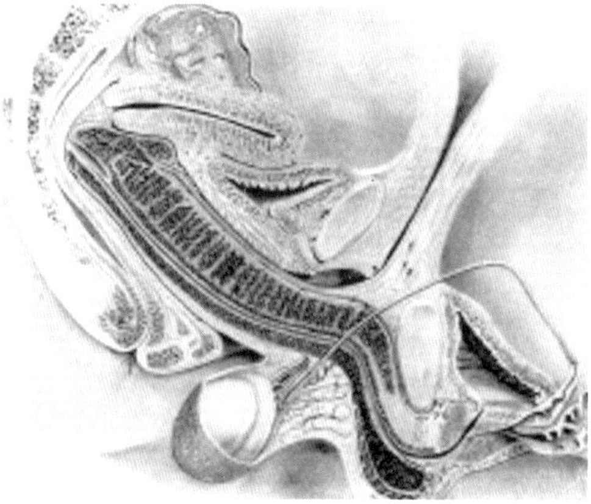
1933년 성연구가 로버트 디킨슨이 출판한 성교 도중의 종단면 해부도.

대부분의 커플이 지름 50센티미터의 통 속에서 벌어진 이 실험의 가혹한 요구조건을 만족시키지 못했다. "우리는 MRI 스캐너

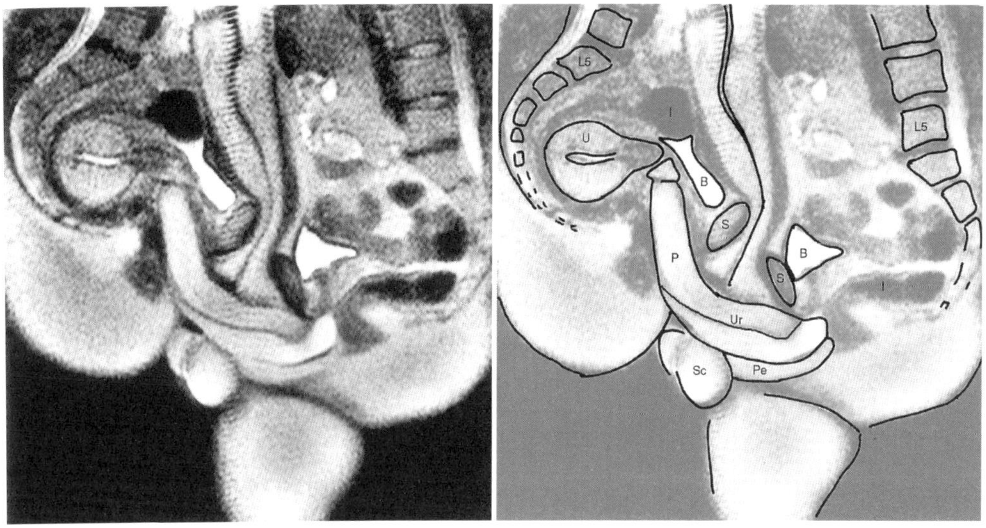

성교 도중의 종단면 MRI 영상(P: 음경, Ur: 요도, Pe: 회음, U: 자궁, S: 치골결합, B: 방광, I: 직장, L5: 5번 요추, Sc: 고환).

속에서 남자들이 자신의 성적 능력을 발휘하는 데(그러니까, 발기상태를 유지하는 데)에 여성들보다 더 많은 어려움을 겪을 거라고는 예상하지 못했다." 1998년에 네덜란드에서 비아그라가 시판되지 않았다면, 판 안델은 아마도 사진을 얻어내지 못했을 것이다. 실험에 몇 차례나 실패한 뒤, 참가자 가운데 두 남자가 이 발기촉진제를 복용했다. 한 시간 후, 난관이 타개되었다.

『영국 의학』이 마침내 1999년 성탄절호에 게재한 사진은, 음경 뿌리 부분은 전체 길이의 3분의 1을 차지하며 예상과는 달리 정상위에서는 부메랑 모양이 된다는 것을 보여주었다.

이 실험은 저자들에게는 이그Ig 노벨상의 영광을, 그리고 전문가들에게는 격렬한 논쟁을 안겨주었다. 어떤 의사는 이후의 실험들은 포르노배우들을 데려다가 하자고까지 제안했다. "그 사람들은 어떤 조건에서도 성행위를 완수해내도록 특별한 훈련을 거쳤으니까요." 다른 이들은 이 데이터의 유효성에 대해 의문을 표했다. 왜냐하면 MRI 스캐너 같은 비좁은 통에서는 여성이 '진정한 선교사 체위'가 가능할 만큼 다리를 충분히 벌릴 수 없기 때문이다.

★Willibrord Weijmar Schulz 외, 「성교와 여성의 성적 흥분 시의 남성과 여성 성기의 MRI 영상Magnetic Resonance Imaging of Male and Female Genitals During Coitus and Female Sexual Arousal」, 『영국 의학British Medical Journal』 319, 1999, pp. 1596-1600.

1995
무조건, 좋은 날씨예요!

1994년 3월, 뉴저지 주 애틀랜틱시티의 한 카지노 호텔에서는 룸웨이터가 희한한 일기예보 서비스를 하고 있었다. 매일 아침 손님의 객실에 아침식사를 가져다주기 전에, 그는 재킷에서 카드 한 벌을 꺼내어 그중에서 한 장을 뽑았다. 카드에는 '춥고 비', '춥고 화창', '따뜻하고 비', '따뜻하고 화창'이라는 네 가지 예보가 씌어 있었다. 호텔 객실은 방음이 잘 되고 유리창은 어두웠으므로, 안에서 바깥 날씨를 알 수는 없었다. 고객이 날씨를 물으면, 웨이터는 실제 날씨와 상관없이 자신이 뽑은 카드에 적힌 대로 알려주고는 방을 나섰다.

심리학자 브루스 린드가 이 실험으로 연구하고자 한 것은, 인간의 기분이 실제의 날씨뿐만 아니라 어떤 특정한 날씨에 대한 기대에 의해서도 영향을 받는가 하는 점이었다.

★Bruce Rind, 「날씨에 대한 믿음이 팁에 미치는 효과Effects of Beliefs About Weather Conditions on Tipping」, 『응용사회심리학Journal of Applied Social Psychology』 26(2), 1996, pp. 137-147.

웨이터가 받은 팁은 '인간의 행동이 반드시 감각적으로 노출된 실제 기상조건에 의해서만 영향을 받는 것은 아니다'는 것을 보여주었다. 다시 말해서, 날씨가 나쁠 때는 거짓말을 하는 것이 룸웨이터한테는 이득이라는 얘기다. 이 실험에서는, 손님에게 날씨가 좋다고 말하는 것만으로 팁이 3분의 1이나 늘었다. 한편 기온은 상관이 없었다.

상대방의 얼굴을 빤히 바라보면서 서슴말하는 짓 따위는 하고 싶지 않은 웨이터에게도 좋은 소식이 있다. 린드가 4년 후에 이탈리안 레스토랑에서 실험한 바에 따르면, 계산서 뒷면에 다음날의 날씨를 좋게 예보하기만 해도 팁을 25퍼센트 더 받을 수 있으니까.

1995
라스베이거스의 스트립쇼 실험

나이트클럽에서 무용수가 완전 나체로 춤추는 것을 법으로 금지한다면, 그것은 국가가 무용수의 표현의 자유를 침해한 것일까? 이 예민한 문제의 답을 찾는 실험이 1995년 8월 19일부터 23일 사이에 라스베이거스의 '리틀 달링스' 클럽에서 벌어졌다.

미국에서, 표현의 자유는 수정헌법 제1조에 의해 보장되며, 결코 침해될 수 없는 권리다. 표현의 자유를 제한하는 그 어떠한 법령도 위헌이다. 하지만 수많은 법정이 누드댄스의 금지, 그리고 댄서와 관객이 유지해야 하는 최소거리에 대한 규제는 위헌이 아니라고 판결했다. 이유는, 그 규세들이 댄서가 전달하는 관능적인 메시지를 실질적으로 변화시키지 않기 때문이라고 한다.

캘리포니아 대학의 대니얼 린츠와 몇몇 동료에게는 이 판결들이 뭔가 비현실적인 주장으로 비쳤다. 그래서 그들은 라스베이거스로 반증을 위한 여행을 떠났다. 그들은 실험 일주일 전에 안무가를 보내 '리틀 달링스'의 댄서 여덟 명이 공연이 시작된 후 정확히 30초 만에 검은 옷을 벗어젖힐 수 있도록 훈련을 시켰다. 이어지는 실험에서는, 댄서들에게 검은 옷 안에 브래지어와 팬티를 입히거나 아예 아무것도 입히지 않았다.

★Daniel Linz 외, 「댄서의 누드 여부와 고객 근접도가 관능적 표현에 미치는 효과에 대한 법적 가정의 검증Testing Legal Assumptions Regarding the Effects of Dancer Nudity and Proximity to Patron on Erotic Expression」, 『법과 인간행동Law and Human Behavior』 24(5), 2000, pp. 507-533.

18세에서 65세 사이의 실험 참가자 24명은 3분 동안 댄스 공연을 본 다음 자신들의 느낌을 묻는 설문지에 답했다. 그 답변에서 통계적 분석을 통해 도출한 결론은 이렇다. "누드와 비누드 조건 사이에서는 의미 있는 차이가 나타났다. 누드 조건의 손님들은 비누드 조건의 손님들보다 더 관능적인 메시지를 전달받은 것으로 보인다."

1997
음모 빗질에 관한 표준 지침

「성교에 따른 음모陰毛의 이동 빈도」라는 논문의 저자인 법의학자 데이비드 엑슬린과 그의 동료들은 자신들이 그 연구주제를 설정한 동기를 의심받지 않게 하려고 무척이나 고심해야 했다. 그리고 그들은 이렇게 분명하게 밝혀두었다. "우리는 사심 없이 오로지 연구의 촉진을 위해 실험에 나섰다."

앨라배마 주 버밍햄의 과학수사대 직원들과 그들의 파트너 여섯 쌍은 섹스 후에 '음모 빗질에 관한 표준 지침'대로 채취한 음모 시료를 총 10회 제출해달라는 요청을 받았다. 표준 지침에 따라, 피실험자들은 가로세로 90센티미터의 종이를 파트너의 엉덩이 밑에 깔고 사타구니를 꼼꼼하게 빗어 내린 다음 빠진 털을 모아서 빗과 함께 봉투에 넣어야 했다. 그리고 성교시간, 가장 최근의 목욕과 가장 최근의 성교로부터의 시간간격, 체위 등에 대한 세세한 사항을 묻는 설문지에 답한 뒤 봉투와 함께 제출했다.

★David L. Exline 외, 「성교에 따른 음모의 이동 빈도Frequency of Pubic Hair Transfer During Sexual Intercourse」, 『과학수사Journal of Forensic Sciences』 43(3), 1998, pp. 505-508.

총 110개의 시료(한 쌍의 남녀는 각각 다섯 개씩의 시료만 제출했다)에서, 과학자들은 344개의 음모와 20개의 체모 그리고 다섯 개의 머리카락과 한 개의 짐승털을 발견했다. 최소한 19개의 시료에서 파트너의 음모가 발견되어 음모의 이동률은 17.3퍼센트에 이르렀는데, 여자에게서 남자한테 이주한 비율(23.6퍼센트)이 남자의 음모가 여자한테 건너간 비율(10.9퍼센트)보다 훨씬 높았다. 남자에서 여자로, 동시에 여자에서 남자로, 음모가 양쪽으로 교차이동한 경우는 딱 한 개의 시료뿐이었다.

논문을 쓴 연구자들에 따르면, 이 정도로 낮은 이동률로는 음모를 가지고 성범죄자를 검거하기란 쉬운 일이 아닐 듯하다.

1998
여리고의 나팔소리

미국의 교육방송망 '러닝 채널'이 성서의 오래된 수수께끼 몇 가지를 근원적으로 파헤쳐보기로 했을 때, 수수께끼 목록의 제일 위에 자리 잡은 것은 바로 '여리고의 나팔소리'였다. 「여호수아서」에는 일곱 제사장이 율법궤 앞에서 나팔을 불자 여리고 성이 무너져내렸다고 기록되어 있다. 스위스의 자칭 UFO 연구자인 에리히 폰 대니켄은 여리고 성벽 앞에 섰던 제사장들의 폐활량을 믿을 수가 없다며, 성능 좋은 음향발생장치를 써서 과연 소리의 힘으로 정말로 벽을 무너뜨릴 수 있는지 확인해보자고 제안했다.

귀가 솔깃해진 프로듀서들은 캘리포니아의 와일 연구소를 찾아가, 연구소 실험실에 작은 벽돌 벽을 쌓아올린 다음 가능한 한 커다란 확성기로 그 벽에 음파를 쏘아달라고 의뢰했다.

와일 연구소를 위해 특수 제작된 확성기 WAS 3000은 보통의 가정용 하이파이 스피커 1만 대와 맞먹는 소리를 쏘아냈다. 음파의 공격이 6분 동안 이어지자, 시멘트가 부스러지기 시작하더니 이내 벽이 무너져내렸다. 프로그램의 담당 프로듀서 짐 매컬런은 그 결과는 '틀림이 없'었다고 말했다. 하지만 그 말은 폰 대니켄의 주장이 옳았다는 게 아니라, 실험이 '소리(말)는 모든 것을 파멸로 이끄나니……'라는 옛말을 확인해주었다는 뜻이었다.

슬기롭게도, 매컬런은 실험을 더 밀고 나가지 않고 거기에서 멈추었다. 여리고 성이 있었던 가나안의 도시들은 방어진지를 갖추고 있지 않았고, 따라서 거기에 일곱 제사장이 1만 개의 가정용 하이파이 스피커로 무너뜨릴 성 따위는 없었다는 건 벌써 오래전부터 알려진 사실이었기 때문이다.

★Wyle Laboratories의 보도자료, 「와일 연구소, 실험으로 성서의 수수께끼를 풀다Wyle Completes Unique Tests in Investigation of Biblical Mysteries for Television Program」(1998).

1999
다이어트엔 역시 수프라니까요!

인간의 허기는 과학에 언제나 새로운 수수께끼를 던져왔다. 펜실베이니아 주립대학의 바버라 롤스의 실험도 그 예다.

롤스는 실험실에서 세 모둠의 여성들에게 비슷한 전채요리를 내놓았다. 첫 번째 모둠은 닭고기와 쌀과 야채로 만든 라구ragout를, 두 번째 모둠에게는 같은 재료에 물을 356그램 추가해 만든 수프를 주었다. 물은 칼로리가 없으므로 두 요리의 에너지 함량은 같았지만, 수프가 더 포만감을 주었다. 전채요리로 수프를 먹은 사람들은 주요리를 거의 4분의 1이나 남겼다.

이 결과의 절반은 수프의 부피가 설명해준다. 하지만 정말로 괴이한 일은 세 번째 모둠에서 일어났다. 이들에게는 라구와 함께 두 번째 모둠의 수프에 넣었던 물의 양과 똑같은 356그램의 마실 물을 컵에 담아서 건네주었다. 그러므로 두 모둠은 동일한 시간(양쪽 다 12분이었다)에, 같은 성분, 같은 양의 음식을 먹은 셈이다. 그럼에도 불구하고 결과는 수프를 먹은 사람들이 훨씬 더 배부르다고 느꼈다는 것

세 가지 모두 재료와 칼로리가 같다. 하지만 포만감은 제각각이었다.

을 보여주었다. 그들은 또 주요리의 4분의 1을 남겼다.

이 결과에는 식욕 연구의 세계적인 권위자인 롤스마저도 당황할 수밖에 없었다. 그나마 그녀가 생각해낼 수 있었던 최선의 추측은, 수프는 라구보다 더 많은 공간을 차지하기 때문에 사람들은 수프를 보는 것만으로도 포만감을 더 크게 느낀다는 것이었다.

★Babara J. Rolls 외, 「칼로리는 같되 물을 넣은 음식이 다이어트에 미치는 효과Water incorporated a Food but not Served with a Food Decreases Energy Intake in Lean Women」, 『임상영양학Journal of Clinical Nutrition』 70, 1999, pp. 448-455.

롤스의 실험은 배고픔에 대해 과학이 알고 있는 것이 얼마나 보잘것없는가를 여실히 보여주었다. 다이어트엔 역시 수프라는 것과 함께 말이다.

2002
개는 그 방정식을 어떻게 풀까?

2002년 10월 어느 날, 미시간 호숫가의 홀랜드 인근에서 어떤 남자가 개 한 마리와 희한한 놀이를 하고 있었다. 남자는 호수 둑에 서서 테니스공을 물에 사선으로 던졌다. 개는 즉시 공을 쫓았고, 남자는 다시 개를 뒤쫓았다. 개는 둑을 따라 어느 정도 달리다가 물로 뛰어들었다. 남자는 그 지점의 모래 위에 드라이버를 재빨리 꽂고, 미리 충분히 떨어진 곳에 놓아두었던 줄자 끝을 잡고 물속으로 뛰어들어 공이 있는 곳까지 달려갔다. 이 희한한 놀이는 세 시간 동안 40차례 넘게 반복되었다.

이 남자 팀 페닝스는 미시간 주 홀랜드에 있는 호프 대학의 수학

교수다. 드라이버와 줄자를 도구 삼아 벌이는 이 특별한 기동훈련은 그의 개 엘비스가 계산을 할 수 있는가 없는가 하는 질문에 해답을 주는 실험이었다. 그것도 그저 간단한 구구단이 아니라 복잡한 수학 문제를 풀 수 있는지를.

결론부터 말하면, 엘비스는 계산할 수 있다. 그리고 이 사실은 이제 전 세계가 다 안다. 페닝스는 BBC와 인터뷰했고, 헐리우드 텔레비전 쇼에도 출연했으며, 심지어 베트남의 신문에까지 등장했다.

페닝스가 실험 아이디어를 떠올린 것은 2001년 8월에 엘비스를 얻은 때로부터 얼마 뒤였다. 산책 때마다, 엘비스는 그가 물속으로 던진 테니스공을 쫓아가 물어왔다. "엘비스가 물가를 따라 어떻게 달리고 또 언제 물로 뛰어드는가를 보다가, 내가 수학 수업시간에 학생들에게 최적화 문제를 설명할 때 그리는 정확한 경로를 이놈이 알고 있는 것 같다는 생각이 들었습니다." 숙제에서는 타잔이 강둑을 달리다가 건너편에 있는 제인을 구하기 위해 강으로 뛰어든다. 여기서 문제는 제인을 가장 빨리 구하려면 어느 지점에서 물에 뛰어들어야 하느냐는 것이다.

타잔처럼 엘비스에게도 다양한 가능성이 있다. 엘비스는 즉각 물에 뛰어들어 공을 향해 헤엄칠 수 있다. 이 경우 거리는 가장 짧지만,

엘비스의 주인은 줄자와 드라이버를 이용한 실험을 통해 개가 직감으로 어려운 수학 문제를 정확히 풀어낸다는 사실을 발견했다.

그렇다고 가장 빠르지는 않다. 달리는 것보다 헤엄이 속도가 느리기 때문이다. 엘비스는 공이 수직으로 있는 곳까지 강둑으로 달리다가 물에 뛰어들 수도 있다. 이 경우는 수영구간이 최대한 짧아지지만 전체 거리는 최대가 된다. 이 두 경로 사이에 가장 빠른 길이 있다. 그것은 처음에는 어느 정도 강둑을 따라 달리다가 공을 향해 사선으로 헤엄치는 방법이다. 수영을 시작하기에 가장 이상적인 위치는 수영과 달리기의 속도에 달려 있다.

페닝스는 자신이 테니스공을 물에 던졌을 때, 엘비스가 최적화 문제를 실제로 올바르게 풀 수 있는지 알고 싶었다. 그래서 그는 먼저 육지와 물에서의 엘비스의 속도를 쟀다. 엘비스가 달리는 속도는 초속 6.4미터였고, 헤엄치는 속도는 초속 0.91미터였다. 이제 엘비스가 육지에서 물로 경로를 바꿔야 하는 최적의 위치를 계산해낼 수 있다. 결과는 어땠을까? 엘비스는 거의 매번 옳은 위치를 선택했다.

엘비스가 이 복잡한 문제를 실제로 수학으로 풀까? 페닝스는 우선 과대해석을 경계한다. "엘비스가 아무리 훌륭한 선택을 한다고 하더라도, 그건 계산을 할 줄 안다는 뜻이 아니다. 사실 엘비스한테는 간단한 다항식의 미분도 무리다." 엘비스가 최적의 해결책을 찾아내는 것은 분명히 직감의 힘일 것이다.

논문의 결론 부분에서, 페닝스는 개가 언제 눈이 없는 길에서 벗어나 눈이 깊게 쌓인 길로 접어들어야 하는지를 결정하게 하는 실험을 제안했다. 그리고 같은 실험을 여섯 살짜리, 초등학생, 대학생과도 해보면 좋을 것이라면서. 다만, "그들의 명예를 고려하여, 교수님들은 이 연구에서 제외하는 게 좋겠다."

★Tim J. Pennings, 「개도 미적분을 알까Do Dogs Know Calculus」, 『대학 수학College Mathmatics Journal』 34(3), 2003, pp. 178-182.

2003
개에게도 로봇과 사귈 기회를!

행동연구의 초기에, 과학자들은 퍽이나 조잡한 인형으로 동물들을 속이려고 시도했다(→172쪽). 하지만 어느덧 동물행동학에도 로봇시대가 열렸다. 부다페스트의 외트뵈시 로란트 대학과 파리의 소니 컴퓨

동물행동학도 이제는 로봇시대에 접어들었다. 그 첫 테이프를 끊은 강아지로봇 아이보가 피와 살로 된 개들과 어울리고 있다.

터과학실험실의 연구자들은 개가 소니의 상업용 동물로봇 아이보AIBO를 자기와 같은 종으로 인식하는지 알아보는 실험을 벌였다. 그들은 코에서 꼬리까지의 길이가 30센티미터에 무게가 1.5킬로그램인 테크노-개와 개 40마리를 함께 지내게 했다. 몇몇 실험에서는 아이보에게 하루 전날 강아지 바구니에 넣어두었던 털옷을 입혔다.

과학자들은 대조를 위해 개들이 진짜 강아지, 그리고 모형자동차와도 함께 지내도록 했다. 개들이 동물로봇에게 접근하는 횟수와 거리, (앞과 뒤에서) 짖거나 으르렁대고 코로 냄새를 맡는 빈도에서, 연구자들은 "행동시험에 개 대신 아이보 로봇을 사용하는 데에는 아직 몇 가지 심각한 한계가 있다"는 결론을 내렸다. 개들이 로봇에게 반응을 보이기는 했지만, 강아지에게 보인 반응보다는 훨씬 약했기 때문이다.

연구자들의 웹사이트에서, 그들은 이 실험에서 부상당한 동물은 한 마리도 없었다고 밝혔다. 아이보가 여러 차례 공격에 시달리기는 했지만, 그 동물로봇은 끄떡없이 잘 움직였다. 그렇지만 연구자들은 이 실험을 집에서는 하지 말라고 충고한다. 이런 식으로 망가진 아이보는 애프터서비스를 받지 못할 테니까.

madsciencebook.com
진짜 개와 동물로봇 아이보의 만남이 얼마나 거칠었는지를 동영상으로 볼 수 있다.

★Eniko Kubinyl 외, 「중립 및 식이 상황에서 동물로봇 AIBO와 직면한 개의 사회적 행동Social Behavior of Dogs Encountering AIBO, an Animal-Like Robot in a Neutral and in a Feeding Situation」, 『행동과정Behavioral processes』 65, 2004, pp. 231-239.

감사의 말

이 책은 나 혼자만의 책이 아니다. 수많은 사람들의 도움과 관대함이 없었다면 이 책의 지면은 여전히 백지로 남아 있을 것이다. 우선 실험에 직접적으로 참여한 과학자들, 그리고 나를 만나주거나 전화 또는 전자우편을 통해 자기 연구의 배경을 알려준 과학자들에게 감사한다. 많은 분들이 오래된 서류철을 뒤져서 발표되지 않은 논문을 제공해주었고, 오래 전에 사라진 줄 알았던 사진들을 찾아내어 나를 흥분시켰다.

원천자료를 찾는 과정에도 많은 사람의 친절한 도움을 받았다. 베른트 베흐너는 리처드 포마잘을 통해 입수한 히치하이커에 관한 다수의 연구논문을 보내주었다. 그것들은 심지어 저자들조차도 이젠 갖고 있지 않는 것들이었다. 피터 코그먼은 단두대에 관한 프랑스 자료에 접근할 수 있도록 귀중한 조언을 해주었다. 모스크바에서 자료를 찾을 때는 사샤 안드레예프 안드리예프스키의 도움을 받았다. 러시아 자료들을 번역해준 블라디미르 비터에게도 감사한다. 한편 미국에서는 안드레아스 뤼에슈와 크리스티네 안드레스 그리고 가운덴츠 다누저가 우편물을 대신 수령해주었다.

이 책을 준비하는 동안 내 자료조사 담당 조수인 슈텔라 마르티노는 기묘한 과학저널의 전문가로 인정받을 수 있을 정도가 되었는데, 특히 괴이한 과학사진을 얻어내는 데에는 가히 최고라고 할 수 있을 것이다. 스캐닝의 마법사인 우르반 페츠는 옛 잡지에 실린 사진을 원본보다 더 선명하게 만들어주었다. 카르멘 차닌은 기록을 정리하는 동안에 시험적인 레이아웃을 만들어주었다. 토마스 호이슬러, 우르스 빌만, 안드레 슈나이더, 다니엘 베버는 내 원고를 전부 또는 부분적으로 읽고 내용의 결정적인 오류와 유치한 문체를 바로잡아 주었으며, 빈터후르에 있는 광고회사 파트너앤파트너의 대표 카스파르 힌터뮐러와 베노 마기는 크리스 켈러가 디자인한 웹사이트 www.verrueckte-experiment.de의 후원자가 되어주었다.

내 에이전트인 페터 프리츠는 이 책을 시작할 때부터 줄곧 내 뒤를 봐주었으며 에이전트 업무를 성심껏 수행해주었다.

C. 베르텔스만 출판사의 막스 비드마이어는 이 책을 멋지게 디자인해주었고, 디트린데 오렌디는 내가 특별히 원하는 사진의 저작권 문제를 조사해서 멋지게 해결해주었다.

NZZ-Folio의 직장동료들인 릴리 비체거, 안드레아스 디트리히, 안드레아스 헬러와 다니엘 베버는 저널리스트로서 쌓아온 그들의 경험을 총동원하여 나를 도와주었고, 에른스트 예거는 스캔 작업을 서둘러주었다. 그리고 에스터 바우만은 맛있는 초콜릿케이크로 나를 기쁘게 해주었다. 여기가 바로 내가 늘 상상해온 꿈의 직장이다.

마지막으로, 아내 레굴라 폰 펠텐은 내 원고를 모두 읽어주었을 뿐만 아니라 식사시간마다 벌어지는 '잘린 채 살아 있는 개의 머리' 또는 '병원 대기실의 홀아비냄새' 같은 실험들을 주제로 한 토론을 꾹꾹 참고 견디어주었다. 바라건대, 우리 부부의 실험이 영원히 계속되기를!

인명 찾아보기

가보, 레온 Leon Gabor 182, 184~187

갈런드, 하워드 Howard Garland 231~232

갈릴레이, 갈릴레오 Galileo Galilei 25~26, 251~252

갈바니, 루이기 Luigi Galvani 37

갤럽, 고든 Gordon G. Gallup 224~26

고어, 앨 Al Gore 171

골드슈미트, 에른스트 Ernst F. Goldschmidt 105~106

군틀라흐, 호르스트 Horst Gundlach 82~83

궤어, 존 John Guare 212~213

그로스, 앨런 Allan E. Gross 208~210

글릭, 레스터 Lester Glick 125, 127~129

길레스피, 리처드 Richard Gillespie 99

길리, 미키 Micky Gilley 286~287

길버트, 앨런 J. Allan Gilbert 61

깁슨, 제임스 James J. Gibson 201~202

내시, 존 John Nash 146

내프딜린, 노널드 Donald H. Naftulin 239

놀즈, 에릭 Eick Knowls 268

니차비토프스키, 에두아르트 리터 폰 Eduard Ritter von Niez-abitowski 64~65

니콜슨, 잭 Jack Nicholson 219

다빈치, 레오나르도 Leonardo da Vinci 306~307

다윈, 찰스 Charles Darwin 44, 51, 87, 224~225

달리, 존 John M. Darley 233

더튼, 도널드 Donald G. Dutton 264

데미호프, 블라디미르 Vladimir P. Demikhov 155~156

데케, 뤼더 Lüder Deecke 291~292, 294

델가도, 호세 José M. R. Delgado 205~207

도널리, 프랭크 Frank A. Donnelly 239

도블린, 릭 Rick Doblin 200

도플러, 크리스티안 Christian Doppler 45~48

두브, 앤서니 Anthony N. Doob 208~210

둔커, 카를 Karl Duncker 97

뒤셴 드 불로뉴, 기욤 뱅자맹 아르망 Guillaume Bejamin Armand Duchenne de Boulogne 48~52

드레셔, 멜빈 Melvin Dresher 145~149

드 마나세인, 마리 Marie de Manacéïne 58

드 매랑, 장 자크 도르투 Jean-Jacques d' Ortous de Mairan 29

드 솔라 풀, 이딜 Ithiel de Sola Pool 211~212

디킨슨, 로버트 Robert L. Dickinson 107, 306, 308

라보르드, 장 바티스트 뱅상 Jean Baptiste Vincent Laborde 54~56

라피에르, 리처드 Richard T. LaPiere 114~117

랭뮤어, 어빙 Irving Langmuir 130~134

러셀, 켄 Ken Russell 158

런던, 조지 George London 67

레빈, 길버트 Gilbert Levin 281~286

레빈, 아이라 Ira Levin 278

레이건, 로널드 Ronald Reagan 241

레이너, 로절리 Rosalie Rayner 90~94

로르빅, 데이비드 David Rorvik 275~280

로버슨, 데비 Debi Roberson 230

로슈, 엘리너 Eleanor Rosch Heider 227, 229~230

로웰, 퍼시벌 Percival Lowell 281~282

로젠한, 데이비드 David Rosenhan 216~220

로키치, 밀턴 Milton Rokeach 181~183, 185~187

로페즈, 로버트 Robert A. Lopez 214~216

롤스, 바버라 Babara J. Rolls 313~314

롱, 로이드 Lloyd Long 163~164, 166~167
리더, 한스 페터 Hans Peter Rieder 157
리바키, 아이린 Irene Rybacki 101~102, 104
리벳, 벤저민 Bejamin Libet 291~295
리스트, 프란츠 폰 Franz von Liszt 70~71
리어리, 티모시 Timothy Leary 196~198, 200
리처드슨, 브루스 Bruce Richardson 122, 124~125
리히텐베르크, 게오르크 크리스토프 Georg Christoph Lichtenberg 32
린드, 브루스 Bruce Rind 310
린드, 제임스 James Lind 37
린츠, 대니얼 Daniel Linz 311
릴리, 존 John C. Lilly 158~163
링겔만, 막스 Max Ringelmann 52~54
마레, 에티엔 쥘 Étienne Jules Marey 59~60
마셜, 배리 Barry J. Marshall 299~303
마스터스, 윌리엄 William Masters 307
마일스, 주디스 Judith Miles 266
매슬랙, 크리스티나 Christina Maslach 248
매쿼리, 크리스토퍼 Christopher McQuarrie 251
매퀼런, 짐 Jim McQuillan 313
맥두걸, 던컨 Duncan MacDougall 72~74
맥코넬, 제임스 James V. McConnell 90
맥클루어, 클리프턴 Clifton M. McClure 176~177
머레이, 헨리 Henry A. Murray 177~181
메이요, 엘튼 Elton Mayo 102
모건, 크리스티아나 Christiana Morgan 180
모루코프, 보리스 Boris V. Morukov 304~306
몽골피에, 자크 에티엔 Jacques Étienne Montgolfier 34~35
몽골피에, 조제프 미셸 Joseph Michael Montgolfier 34~35
미들미스트, 데니스 Dennis R. Middlemist 267~270
민츠, 비어트리스 Beatrice Mintz 275
밀그램, 스탠리 Stanley Milgram 188, 190, 192~195, 203~204, 212~214, 249
배런, 로버트 Robert A. Baron 270
뱃슨, C. 대니얼 C. Daniel Batson 233~236
베네케, 마르크 Mark Benecke 65
베를린, 브렌트 Brent Berlin 229
베이컨, 케빈 Kevin Bacon 213
벡위드, 조너선 Jonathan Beckwith 278
벤슨, 클라이드 Clyde Benson 182, 184~187
벤저민, 루디 Ludy T. Benjamin 120~122
보가토비치, 애들린 Adeline Bogatowicz 101~102, 104
보네거트, 버너드 Benard Vonnegut 133
보네거트, 커트 Kurt Vonnegut 133
보몬트, 윌리엄 William Beaumont 41~43
보애스, 에른스트 Ernst P. Boas 105~106
보애스, 프란츠 Franz Boas 230
보이스 발로트, 크리스토프 Christoph Byus(Bujis) Ballot 44~48
볼타, 알레산드로 Alessandro Volta 37
부슈, 파울 Paul Busch 78
부시, 조지 George W. Bush 171
브라운, 버트 Bert R. Brown 231
브라이언, 제임스 James H. Bryan 210~211
브래튼, 빌 Bill Bratton 223
브롬홀, 데릭 J. Derek Bromhall 279
브루호넨코, 세르게이 Sergei Brukhonenko 109
브룬세카르, 샤를 에두아르 Charles-Éduard Brown-Séquard 56~58
블랙든, 찰스 Charles Blagden 32~33
블룬크, 한스 Hans Blunck 96
비어, 아우구스트 August Bier 65~67
비커리, 제임스 James Vicary 167~171
비트, 페터 Peter N. Witt 139~141, 156, 266
비트코브스키, 얀 Jan A. Witkowski 86
빌리에 드 릴라당 Villiers de L'Isle-Adam 54
사벨리스, 이다 Ida Sabelis 306~308
사피어, 에드워드 Edward Sapir 227, 230
산체스, 라몬 Ramón Sánchez 205
산토리오, 산토리오 Santorio Santorio 24~25
생마르탱, 알렉시스 Alexis St. Martin 41~43
섀퍼, 빈센트 Vincent J. Schaefer 130~135
서먼, 하워드 Howard Thurman 195, 198
셜리, 제이 Jay Shurly 163
셸리, 메리 Mary Shelly 38
셸리, 퍼시 Percy Shelly 37
손다이크, 에드워드 리 Edward Lee Thorndike 69
슈빅, 마틴 Martin Shubik 237
슈테른, 윌리엄 William Stern 70~71
슈툼프, 카를 Carl Stumpf 78~79, 83

슈파이어, 발터 Walter Speyer 96
스몰, 윌러드 Willard S. Small 67~68
스미스, 윌 Will Smith 213
스콧, 데이비드 David Scott 252
스키너, 버러스 프레데릭 Burrhus Frederic Skinner 70, 77, 111~114, 287
스키아파렐리, 조반니 Giovanni Schiaparelli 282
스트래튼, 조지 George M. Stratton 62~64
스휼츠, 빌리브로르트 베이마르 Willibrord Weijmar Schulz 306
시고 드 라 퐁, 조제프 애냥 Joseph Aignan Sigaud de la Fond 31
시머, 로버트 Robert Symmer 29~31
아게산드로스 Agesandros 51
아렌트, 한나 Hannah Arendt 193
아이겐베르거, 프리드리히 Friedrich Eigenberger 107~109
아테노도로스 Athenodoros 52
알디니, 조반니 Giovanni Aldini 36~38
애런, 아서 Arthur P. Aron 264
애시, 솔로몬 Solomon Asch 190
액설로드, 로버트 Robert Axelrod 149
앤드루스, 크리스토퍼 하워드 Christopher Howard Andrews 136~139
앨키언, 아민 Armen Alchian 145~147
야코비-클레만, 마르그리트 Margrit Jacobi-Kleemann 154
엑슬린, 데이비드 David L. Exline 311
엘름스, 앨런 Alan Elms 195
오스텐, 빌헬름 폰 Wilhelm von Osten 78~83
와이즈, 헨리 Henry Wise 67
워드, 줄리언 Julian E. Ward 176
워런, 로빈 Robin Warren 299, 301
워프, 벤저민 리 Benjamin Lee Whorf 227~228, 230~231
왓슨, 메리 아이크스 Mary Ickes Watson 89~90
왓슨, 존 John Broadus Watson 89~94, 173
웨어, 존 John E. Ware 239~241
웨첼, 크리스토퍼 Christopher G. Wetzel 15
위고, 빅토르 Victor Hugo 54
윌리엄스, 존 John D. Williams 145~147
윌리엄스, 행크 Hank Williams 286
윌슨, 제임스 James W. Wilson 223
유나바머 Unabomber 177~178, 181
이거, 찰스 Charles E. ('Chuck') Yeager 151~152
인라이트, 크레이그 Craig Enlight 158
잉햄, 앨런 Alan C. Ingham 53
재프, 데이비드 David Jaffe 242~243
제노베스, 산티아고 Santiago Genovés 257~263
제임스, 래리 Larry James 250
존슨, 버지니아 Virginia Johnson 307
짐바르도, 필립 Philip G. Zimbardo 221~222, 241~251
징어, 볼프 Wolf Singer 295
차예프스키, 패디 Paddy Chayefsky 158
체이스, 앨스턴 Alston Chase 177, 180~181
체출린, S. S. Tchetchulin 109
카렐, 알렉시스 Alexis Carrell 84~87
카발로, 티베리우스 Tiberius Cavallo 36
카셀, 조지프 Joseph Cassel 182, 184~186
카진스키, 데이비드 David Kaczynski 181
카진스키, 테드(시어도어) Ted(Theodore) J. Kaczynski 177~181
캐시, 자니 Jonny Cash 286
커닝햄, 마이클 Michael R. Cunningham 297~298
커크스미스, 마이클 Michael Kirk-Smith 272~274
케이, 폴 Paul Kay 229
켈로그, 도널드 Donald Kellogg 117, 119~122
켈로그, 루엘라 Luela A. Kellogg 119~121
켈로그, 윈스럽 Winthrop N. Kellogg 117~121
켈링, 조지 George L. Kelling 223
코닝, 세임스 레너드 James Leonhard Corning 67
코른후버, 한스 Hans Kornhuber 291~292, 294
코헨, 만프레드 Manfred Kochen 211~212
코흐, 로베르트 Robert Koch 300
콜먼, 데크 Deke Coleman 89
쾰러, 볼프강 Wolfgang Köhler 87~89
쿠셔, 제럴드 Gerald P. Koocher 269
크랄, 카를 Karl Krall 83
크로스필드, 스콧 Scott Crossfield 151~152
크루스코, 에이프릴 April H. Crusco 296
클라이트먼, 너대니얼 Nathaniel Kleitman 122~125
클라인조르게, 헬무트 Hellmuth Kleinsorge 142~144
클라크, 러셀 Russel Clark 288~290
클라크, 토머스 Thomas W. Clark 295

클라크, 톰 Tom Clark 273
클라프로트, 위르겐 Jürgen Klapprott 274~275
클러리, 폴 Paul Cleary 251
클룸비스, 게르하르트 Gerhard Klumbies 142~144
클리퍼드, 마거릿 Margaret M. Clifford 251
키스, 안셀 Ancel Keys 126~129
키지, 켄 Ken Kesey 219
키팅, 리처드 Richard E. Keating 252~253, 255~256
킨지, 알프레드 Alfred C. Kinsey 307
타르드, 가브리엘 Gabriel Tarde 70
탤벗, 커티스 Curtis Talbot 130
터너, 클레어 Claire Turner 102
터커, 앨버트 Albert Tucker 147
테거, 앨런 Allan I. Teger 236~239
티거트, 윌리엄 William Tigertt 163, 166
파렌브루흐, 캐럴 Carol Fahrenbruch 271
파블로프, 이반 페트로비치 Ivan Petrovich Pavlov 75~77, 91, 111~112
판 안델, 페크 Pek van Andel 306~309
판 헬몬트, 얀 밥티스타 Jan Baptista van Helmont 26~28
판케, 발터 Walter Pahnke 196~200
패커드, 밴스 Vance Packard 169
패트릭, 조지 토머스 화이트 George Thomas White Patrick 61
퍼스, 스터빈스 Stubbins Ffirth 39~40
페닝스, 팀 Tim J. Pennings 314~316
페터스, 한스 Hans M. Peters 139
펜베이커, 제임스 James W. Pennebaker 286~287
포디스, 조디 George Fordyce 32
포터, 찰스 Charles E. Potter 170
폭스, 마이런 Myron L. Fox 239~241
폭스, 마이클 Michael J. Fox 239
폰 대니켄, 에리히 Erich von Däniken 312~313
폴리도로스 Polydoros 51
풍스트, 오스카 Oskar Pfungst 79~83
프라이베르크, 디트리히 폰 Dietrich von Freiberg 22~24
프리첼, 레프티 Lefty Frizzell 286
플러드, 메릴 Merrill M. Flood 142, 145~149
플레이스, 시어도어 Theodore Flaiz 166
피시번, 로렌스 Laurence Fishburne 213
핀클러, 발디 Walter Finkler 94~96
하버, 프리츠 Fritz Haber 150~151
하버, 하인츠 Heinz Haber 150~151
하이더, 카를 Karl Heider 227
하이버거, 호머 Homer Hibarger 100~101, 103
하펠, 조지프 Joseph C. Hafele 252~256
할로, 해리 Harry Harlow 172~175
해트필드, 일레인 Elain Hatfield 290
허트, 윌리엄 William Hurt 158
헤위에르달, 토르 Thor Heyerdahl 257~258
헤크, 루트비히 Ludwig Heck 78
헵, 도널드 Donald O. Hebb 152~154
호로비츠, 노먼 Norman Horowitz 281
힐데브란트, 아우구스트 August Hildebrandt 65~67

도판 목록

22, 23: Basel, Öffentliche Bibliothek der Universität, Mscr. F IV 30

25: Image courtesy of the Blocker History of Medicine Collections, Moody Medical Library. The University of Texas Medical Branch at Galveston, Galveston, Texas

29: Wellcome Library, London

30: aus: Lettres sur L'electricité, dans lequelles on trouvera les principaux phénomènes qui ont été découverts depuis 1760, avec des discussions sur les conséquences qu'on en peut tirer. Paris, 1767

32: Wellcome Library, London

35: Bibliotheque nationale, Paris

37: ETH-Bibliothek, Zürich(aus: Aldini, J. Essai théorique et expérimental sur le Galvanisme: avec une série d'experiences faites en présence des commissaires de L'Institut National de France, et en divers amphitéatres anatomiques de Londres, Vol. 1&2)

42: Library of Congress, Washington

43: Wellcome Library, London

45: Museum Boerhaave, Leiden

49, 51: école nationale supérieure des beaux-arts, Paris

53: Freundlicherweise zur Verfügung gestellt von Alan G. Ingham

56: Wellcome Library, London

57: aus: Aminoff, M. J.(1993) Brown-Séquard: a visionary of science, Raven Press, p. 168

60: Cinémathèque Française collections des Appareils, Paris

63: Freundlicherweise zur Verfügung gestellt von University of California, Berkeley, Department of Psychology

66: Wellcome Library, London

68: aus: Munn, Norman L., Handbook of Psychological Research on the Rat: An Introduction to Animal Psychology, 1950. Houghton Mifflin and Company, Boston:

69(위): CartoonStock/Jim Sizemore

69(가운데): Die New Yorker Kollektion 1994 Sam Gross von Cartoonbank.com. Alle Rechte vorbehalten

69(아래): Die New Yorker Kollektion 2002 Mike Twohy von Cartoonbank.com. Alle Rechte vorbehalten

73(위): aus: Washington Post, Mar. 18, 1907

73(아래): aus: Washington Post, Mar. 12, 1907

74: Focus Features, Los Angeles und New York

75, 76(위): Wellcome Library, London

76(아래): Nightmare records

77: Cartoonstock/Parolini+Eimer

79, 80: aus: Karl, K.(1912) Denkende Tiere: Beiträge zur Tierseelenkunde auf Grund eigener Versuche, Engelmann

81: Bildarchiv Preußischer Kulturbesitz, Berlin

82: aus: Kladderadatsch, 1909

83: aus: Stevens Point Daily Journal Oct. 13, 1904, Stevens Point, Wisconsin

84, 85(위): Lederle Labs

85(아래): aus: Reno Evening Gazette, Jan. 17, 1922

86: Wellcome Library, London

88: ⓒ Berlin-Brandenburgische Akademie der Wissenschaften(vormals Preuβ-ische Akademie der Wissenschaften)

92: Prof. Ben Harris, Department of Psychology, University of New Hampshire

95: aus: Finkler, W Kopftransplantation an Insekten. Archiv für mikroskopische Anatomie und Entwicklungsmechanik, 1923, p. 104-133

98: Freundlicherweise zur Verfügung gestellt von der AT&T Corp., USA

102: Mit freundlicher Genehmigung von Harvard University Archives

105: Titelbild von "Science and Invention", Mai 1927

107: aus: Dickinson, R. L., Human Sex Anatomy. 2nd Edition 1949(1st Edition 1933), Williams & Wilkins, Baltimore

109, 110: aus: Kraus, J. H., The Living Head, in Science and Invention, 1929, pp. 922-923

112: B. F. Skinner Foundation

113: ⓒ Die New Yorker Kollektion 1993 Tom Cheney von Cartoonbank.com. Alle Rechte vorbehalten

114: ⓒ www.Perspicuity.com

115: Stanford University News Service

118-122: aus: Kellog, W. N. and L. A., Theapeandthechild, 1933, Hafner Publishing Company, New York

123: Getty Images/Time Life Pictures

124: Corbis/Bettman Collection

127, 128: Getty Images/Kirkland

131: Getty Images/Time Life Pictures

133: aus: Iowa City Press Citizen, Nov. 14, 1946

137: Das Fotoarchiv/SVT Bild

138: Getty Images/Hulton Archive

140: Getty Images/Hulton Archive

141: NASA

151: NASA

153: aus: Menschliches Verhalten, Time Life Bücher 1976, p. 145

155(위): ITAR-TASS/P. Khorenko and Yu. Mosenzhnik

155(가운데): Lethbridge Harald, Dec. 16, 1954

155(아래): Reto U. Schneider, Zürich

158: Warner Home Video

159: Shurley, J. T., Profound experimental sensory isolation. Amer. J. Psychiat., 1960, Vol 117: p. 539-545. Mit freundlicher Genehmigung der American Psychiatric Association.

160: Corbis/Ressmeyer

161: J. Tapprich, Zürich

164: Freundlicherweise zur Verfügung gestellt von U.S. Army, Fort Detrick, Maryland

168: Freundlicherweise zur Verfügung gestellt von Fort Lee Film Commission, New Jersey, USA

169: aus: The New York Times, May 19, 1958

172, 173: University of Wisconsin Archives, USA

174: aus: Stevens Point Daily Journal, Nov. 15, 1958

176: aus: Ward, J. E. Physiologie Response to Subgravity I. Mechanics of Nourishment and Deglutition of Solids and Liquids. Journal of Aviation Medicine, 1959, 30: p.153

178: Associated Press

180: Mit freundlicher Genehmigung von Harvard University Archives

183: aus: The Herold-Press, Jan. 29, 1960

189: Collection of Alexandra Milgram, mit freundlicher Genehmigung von Alexandra Milgram

191, 193: Standbilder aus dem Film ‹Obedience›, 1965 by Stanley Milgram and distributed by Penn State Media Sales. Mit freundlicher Genehmigung von Alexandra Milgram

194: Pandemonium Records

196: Getty Images/Hulton Archive

203: aus: PsychologyToday, Vol. 3, No. 3(June 1969)

206: aus: Delgado, J. M. R. Physical control of the mind: toward a psychocivilized society. 1969, Harper & Row, New York

212: © 1998 by James McMullan mit freundlicher Genehmigung von Penguin/Penguin Group USA Inc.

217: Stanford University News Service

222: Freundlicherweise zur Verfügung gestellt von P. G. Zimbardo Inc.

228: Freundlicherweise zur Verfügung gestellt von Karl Heider

234: Freundlicherweise zur Verfügung gestellt von J. M. Darley und C. D. Batson

240: Freundlicherweise zur Verfügung gestellt von John Ware

242-247: Freundlicherweise zur Verfügung gestellt von P. G. Zimbardo Inc.

248: World Domination Music Group, Hollywood, California

249: P. G. Zimbardo

253, 254: Associated Press

258-260: mit freundlicher Genehmigung des Scherz Verlages, Zürich/Santiago Genovés

263: aus: News Journal, May 5, 1973

265: Dan Heller, Vancouver, Canada

267: NASA

271: aus: Baron, R. A. The reduction of human aggression: a field study of the influence of incompatible reactions. Journal of Applied Social Psychology, 1976, 6: pp. 260–274

274: Freundlicherweise zur Verfügung gestellt von Jürgen Klapprott

276: aus: New York Post, Mar 3, 1978

278: Wolfgang Krüger Verlag

281: NASA

293: Freundlicherweise zur Verfügung gestellt von Ben Libet

300: Freundlicherweise zur Verfügung gestellt von Barry Marshall

303: Bildagentur Focus/SPL, Hamburg

305: Reto U. Schneider, Zürich

307: Leonardo da Vinci, Koitus eines Mannes und einer Frau im

Längsschnitt, um 1492

308: aus: Dickinson, R. L., Human Sex Anatomy, 2nd Edition 1949 (1st Edition, 1933), Williams & Wilkins, Baltimore

309: Prof. W. W. Schultz/British Medical Journal

314: Freundlicherweise zur Verfügung gestellt von Barbara Rolls

315: Freundlicherweise zur Verfügung gestellt von Tim Pennings

317: Freundlicherweise zur Verfügung gestellt von Kubinyi Enikõ

매드 사이언스 북

엉뚱하고 기발한 과학실험 111

2008년 10월 31일 초판 1쇄 펴냄
2021년 2월 25일 초판 9쇄 펴냄

지은이 레토 슈나이더
옮긴이 이정모

펴낸이 정종주
편집주간 박윤선
편집 강민우 김재영
마케팅 김창덕
표지디자인 가필드
본문편집 디자인 위드

펴낸곳 도서출판 뿌리와이파리
등록번호 제10-2201호(2001년 8월 21일)
주소 서울시 마포구 월드컵로 128-4(월드빌딩, 2층)
전화 02)324-2142~3
전송 02)324-2150
전자우편 puripari@hanmail.net

종이 화인페이퍼
인쇄 · 제본 영신사
라미네이팅 금성산업

값 15,000원
ISBN 978-89-90024-85-5 (03400)